Otto von Guericke-Universität
Magdeburg
Institut für Apparate- und Umwelttechnik

Inventar-Nr.: *1997 / 6*

Meßgenauigkeit

von
Prof. Dr. rer. nat. habil. Hans Hart
Prof. Dr.-Ing. habil. Werner Lotze
Prof. Dr.-Ing. habil. Dr.-Ing. E. h.
Eugen-Georg Woschni

3., verbesserte und aktualisierte Auflage

Mit 153 Abbildungen und 44 Tabellen

R. Oldenbourg Verlag München Wien 1997

Die Deutsche Bibliothek - CIP-Einheitsaufnahme

Hart, Hans:
Meßgenauigkeit / Hans Hart ; Werner Lotze ; Eugen-Georg
Woschni. - 3., verb. und aktualisierte Aufl. - München ; Wien :
Oldenbourg, 1997
    ISBN 3-486-22774-2

© 1997 R. Oldenbourg Verlag
Rosenheimer Straße 145, D-81671 München
Telefon: (089) 45051-0, Internet: http://www.oldenbourg.de

Lektorat: Elmar Krammer
Herstellung: Rainer Hartl
Umschlagkonzeption: Kraxenberger Kommunikationshaus, München
Gedruckt auf säure- und chlorfreiem Papier
Gesamtherstellung: R. Oldenbourg Graphische Betriebe GmbH, München

Vorwort zur 3. Auflage

Diese Monografie hat das Ziel, Ingenieuren und Nturwissenschaftlern einen Überblick über die vielschichtige Thematik der Meßgenauigkeit zu vermitteln. Um auch den Studenten einschlägiger Fachrichtungen den Zugang zu den teilweise komplizierten Problemen einer richtigen Einschätzung von Meßgenauigkeiten zu erleichtern, tendiert der Charakter der Darstellung - fußend auf den Erfahrungen der Autoren als Hochschullehrer - in einigen Abschnitten (z.B. 5 und 6) bewußt in Richtung Lehrbuch.

Das Buch beschäftigt sich mit den Grundlagen und Ursachen von Meßfehlern, ihrer Abschätzung und ihrer Vermeidung, Reduzierung und Korrektur. Gleichrangig werden die Fehler von Messungen und die Ungenauigkeiten von Meßmitteln bis hin zu deren Prüfung in die Betrachtung einbezogen. Dabei wird deutlich, daß gerade in der Praxis Abschätzungen und Näherungsbetrachtungen eine große Rolle spielen.

An Vorkenntnissen werden die Grundlagen der Elektrotechnik, der Meßtechnik sowie der Physik und Mathematik soweit vorausgesetzt, wie sie im Rahmen des Grundstudiums an technischen Universitäten und Fachhochschulen vermittelt werden. Von wenigen Passagen abgesehen, sind die Ausführungen aber auch für Absolventen und Studenten von Ingenieur- und Fachschulen bzw. Technika verständlich.

Um den angesprochenen Leserkreis (zu dem neben Meßtechnikern auch Geräteentwickler, Laboringenieure, Elektrotechniker, Maschinenbauer, Physiker und andere Naturwissenschaftler gehören) entgegenzukommen, stehen Meßprobleme aus der industriellen Praxis im Vordergrund. Messungen höchster Genauigkeit, wie z.B. in den staatlichen metrologischen Institutionen durchzuführen sind, konnten wegen der notwendigen Begrenzung des Umfangs nicht besonders berücksichtigt werden.

Die hiermit vorliegende neue Fassung berücksichtigt gegenüber der 2. Auflage aus dem Jahre 1989 inzwischen eingetretene Weiterentwicklungen. An einigen Stellen wurden Fehler beseitigt und klarere Formulierungen gewählt. Wesentlich waren vor allem die Aktualisierung der für die Thematik relevanten Standards und die Überarbeitung des Literaturverzeichnisses. Dabei wurden wegen des Überblicks über die Entwicklung und wegen der Breite des Gebietes auch die älteren Literaturstellen bewußt beibehalten. Um nicht alle Numerierungen gegenüber der 2. Auflage neu zu setzen, haben sich die Autoren in Absprache mit dem Verlag entschlossen, veraltete Literaturstellen zu streichen und - soweit nicht durch neue ersetzbar - auf sie zu verzichten. Daher bitten wir um Verständnis dafür, daß bei der Numerierung des Literaturverzeichnisses einige Ziffern nicht besetzt sind.

Die Erörterung einer derart vielschichtigen und auch komplizierten Thematik muß zwangsläufig viele Wünsche offenlassen. Deshalb sind wir für Anregungen und kritische Hinweise jederzeit dankbar. Abschließend bedanken wir uns bei allen, die durch Materialbereitstellung sowie anregende Diskussionen zum Gelingen dieses Vorhabens beigetragen haben sowie besonders beim Oldenbourg-Verlag für die gute Zusammenarbeit.

Berlin und Dresden

H. Hart
W. Lotze
E.-G. Woschni

Inhaltsverzeichnis

Formelzeichen und Abkürzungen

A	Fläche	P	statistische Sicherheit, Wahrscheinlichkeit
α	Signifikanzniveau, Irrtumswahrscheinlichkeit	p_j	Gewichtsfaktor
$1 - \alpha$	Vertrauensniveau ($\triangleq$ statistische Sicherheit P)	R	Spannweite, elektrischer Widerstand
$\varDelta$	Differenz zweier Werte	ϱ	Dichte
$\triangle x$	Klassenbreite	S	Empfindlichkeit
δ	Fehlergrenze (Indizes vgl. unter e)	s	empirische Standardabweichung
$E\lfloor X \rfloor$	Erwartungswert von X	$s_{\bar{x}}$	Standardabweichung des Mittelwerts
e	(absoluter) Fehler, Meßfehler	σ	Standardabweichung (der Grundgesamtheit)
e_{add}	additiver Anteil des Meßfehlers	σ^2	Varianz
e_c	(korrigierbarer) systematischer Anteil des Meßfehlers	t	Student-Faktor, t-Faktor
e_f	zufälliger Anteil des Meßfehlers	ϑ	(Celsius-)Temperatur
e_{KP}	multiplikativer Fehleranteil	U	elektrische Spannung
e_s	nichterfaßter systematischer Fehleranteil (Restfehler)	u	Meßunsicherheit
		V	Volumen
e^*	relativer Fehler	v	Vertrauensgrenze
e°	reduzierter Fehler (lies: e-Kreis)	X	Zufallsvariable
		$\hat{X}$	obere Meßgrenze
f	Anzahl der Freiheitsgrade	x	physikalische Größe, Realisierung von X
$f_{k\Sigma}$	Summenhäufigkeit		
$\varPhi\,(\cdots)$	Verteilungsfunktion	x_a	Ausgangsgröße, ausgegebener Wert eines Meßmittels
$\varphi\,(\cdots)$	Wahrscheinlichkeitsdichtefunktion (WDF)	x_e	Eingangsgröße, Meßgröße
$G\,(p)$	Übertragungsfunktion	x_{gr}	Meßwert mit großer Abweichung von $\bar{x}$
$g\,(t)$	Gewichtsfunktion		
h_k	Häufigkeit	x_i	Einzelmeßwert (z. B. einer Meßreihe)
I	Stromstärke; Informationsfluß		
K	Übertragungsfaktor	x_m	gemessener Wert der Meßgröße
K_T	Toleranzkoeffizient nach (2.6) S. 28	x_r	richtiger Wert der Meßgröße
k	Sicherheitsfaktor, Vertrauensfaktor, Genauigkeitsmaß, Entropiekoeffizient	$\bar{x}$	(arithmetischer) Mittelwert
		χ^2	Testgröße des χ^2-Tests
$\varkappa$	Faktoren zur Berechnung von Vertrauensgrenzen	Y	Zufallsvariable (Ergebnisgröße)
l	Länge	y	Ergebnisgröße einer indirekten Messung
m	Masse	z	Störgröße
μ	Erwartungswert der Grundgesamtheit	AP	Arbeitspunkt
		BIPM	Bureau International des Poids et Mesures (Sèvres bei Paris)
N	Klassenanzahl	CIPM	Comité International des Poids et Mesures (Paris)
n	Stichprobenumfang, Anzahl der Meßwerte	DKD	Deutscher Kalibrierdienst

E	Einflußgröße
EG	Europäische Gemeinschaft
EWG	Europäische Wirtschaftsgemeinschaft
FFT	Fast Fourier transformation
IMEKO	Internationale Meßtechnische Konföderation
ITAE	Integral of time multiplied Absolute of Error Criterion
MB	Meßbereich
MG	Meßgenauigkeit
MSp	Meßspanne
OIML	Organisation Internationale de Métrologie Légale
PTB	Physikalisch-Technische Bundesanstalt
WDF	Wahrscheinlichkeitsdichtefunktion
WECC	Western European Calibration Cooperation

1. Entwicklungsstand der Fehlertheorie

Seitdem gemessen wird, ist die Frage, wie vertrauenswürdig ein Meßresultat ist, ein zentrales meßtechnisches Problem. Dabei hatte man es zunächst überwiegend mit mangelhaften, örtlich verschiedenen Einheiten-„Definitionen" und Maßverkörperungen zu tun. Die Ergebnisse von Messungen wichen schon deshalb oft so weit voneinander ab, daß Meßfehler gar nicht bemerkt werden konnten [460]. In Staaten mit hochentwickelter Wissenschaft und Kultur (z.B. im assyrisch-babylonischen Reich im 8. Jahrhundert v. u. Z., im Römischen Reich, im Reich Karls des Großen um 800 u.Z., in Frankreich im 17. Jahrhundert sowie in 17 europäischen Staaten mit der Meterkonvention vom 20. 5. 1875) wurden deshalb schon frühzeitig Festlegungen zur Vereinheitlichung der Einheiten getroffen und Bemühungen um ihre möglichst genaue Darstellung aufgenommen (vgl. z.B. [4] [29] [314] [315] [382]). Damit rückte auch die Frage nach den Meßfehlern beim Gebrauch dieser Einheiten ins Blickfeld der „Meßtechniker".

Es ist eine bekannte Tatsache, daß bei der Beschäftigung mit Meßfehlern zunächst die beim Messen unter Wiederholbedingungen auftretenden Abweichungen der einzelnen Meßwerte untereinander (also die zufälligen Fehler) auffallen. So verwundert es nicht, daß sich die ersten einschlägigen Publikationen mit der Theorie der zufälligen Fehler befaßten (z.B. [33] [47] [75] [128] [479]). Trotzdem kann auch dieses Gebiet nicht als abgeschlossen gelten; Fragen der Fehlerverteilung (Abschn. 3.4.2), der Korreliertheit von Meßwerten (Abschn. 9.6) oder der Zeitabhängigkeit zufälliger Fehler (Abschn. 3.5) sind auch heute z.T. noch offen.

Noch unbefriedigender ist die Situation auf dem Gebiet der systematischen Fehler, speziell soweit es den systematischen Restfehler (Abschn. 3.3.4 und 7. 4) betrifft. Erst neuere Veröffentlichungen befassen sich auch mit diesen Fehleranteilen (z.B. [148] [165] [179] [180] [256] [341] [442]). Ähnliches gilt für die Behandlung von Meß-mittelfehlern. Es gibt zwar Publikationen, die sich mit den Fehlern einzelner Meßverfahren und -geräte beschäftigen; aber Vorschläge für eine geschlossene Behandlung dieser Fragen sind noch selten (z.B. [52] [125] [204] [301] [302] [313] [341]). Durch die Integration von Mikroprozessoren in Meßmitteln ergaben sich neue Fehlerprobleme. Jedoch auch bei herkömmlichen elektronischen Meßmitteln sind modifizierte Fehlerbetrachtungen erforderlich [492]. Fragen wie Rechen- und Rundungsfehler, Softwaremängel, Leistungsgrenzen der rechnerunterstützten Fehlerkorrektur usw. bis hin zur Prüfung von Meßmitteln mit integrierten Rechnern sind z.T. noch ungeklärt. Erst für wenige Teilprobleme gibt es Lösungsvorschläge (z.B. [165] [341]).

Diese insgesamt unbefriedigende Situation spiegelt sich auch im Bereich der Terminologie wider (Abschn. 2), wodurch die Verständigung über derartige Fragen zusätzlich erschwert wird [135]. Die unterschiedliche Interpretation einzelner Termini ist Ursache für manches Mißverständnis. Deshalb erscheint es sinnvoll, den erreichten Stand der Fehlertheorie zu analysieren und das zusammenzustellen, was als allgemein akzeptierbar gilt, sowie die Fragen aufzuzeigen, die einer weiteren Klärung bedürfen.

Bei dem kaum noch überschaubaren Umfang des Gebiets war ein Kompromiß zwischen Breite und Tiefe der Darstellung unvermeidlich. Dies gilt in besonderem Maß für die „klassische" Theorie der zufälligen Fehler, für die Fachliteratur in ausreichendem Umfang vorhanden ist (s. Abschn. 3.4). Außerdem sind die Meßaufgaben, bei denen eine Meßgröße unter Wiederholbedingungen so oft gemessen werden kann, daß statistisch gesicherte Aussagen über Unsicherheitsgrenzen gemacht werden können, inzwischen als Ausnahmefall anzusehen. Insofern ist es zutreffend, wenn in [307] zur Standard-abweichung und ähnlichen Angaben bemerkt wird, daß diese für die betriebliche Praxis meist wertlos sind, da sie zu viele Randbedingungen einschließen, die nur auf konkrete, oft nicht gegebene Umstände zutreffen. Wenn *Mesch* [271] in der Arbeit „Opas Meß-technik" meßtechnische Standards dahingehend kritisiert, daß „das klassische mecha-nische Meßgerät mit unmittelbarer Anzeige überall durchschimmert", so gilt das auch für eine Überbetonung der statistischen Fehlerrechnung. Deshalb sind diese Probleme nicht Schwerpunkt der Darstellung.

Andererseits wird aber auch auf neue Konzepte, wie sie im Zuge der Entwicklung einer umfassenden Meßtheorie [165] vorgelegt werden (z. B. *Finkelstein* [112] [223], *Gonella* [134], *Tarbeyev* [440] u. a.), nur hingewiesen, da ihre detaillierte Erörterung den Rahmen dieser Darstellung sprengen würde.

2. Begriffsbildungen auf dem Gebiet der Meßgenauigkeit

2.1. Definition des Meßfehlers

Das Resultat einer Messung kann den Wert der gesuchten Meßgröße nicht beliebig genau abbilden. Mit *Meßresultat* wird im folgenden das Ergebnis einer direkten oder indirekten Messung bezeichnet, wenn die Unterscheidung von Meßwert, Meßergebnis, Ausgangssignal usw. belanglos ist. Die Abweichung des durch Messung ermittelten vom gesuchten Wert wird allgemein als Meßfehler bezeichnet. Allerdings gibt es trotz der jahrhundertelangen Benutzung dieses Begriffs noch immer abweichende Auffassungen darüber. Zunächst seien einige Begriffe der Größenlehre aufgeführt, die in den weiteren Betrachtungen verwendet werden. Die Größenlehre selbst wird hier ausgeklammert, da es dazu umfangreiche Literatur gibt (z.B. [16] [29] [305] [423] [473] [484] [488]). Eine (physikalische) *Größe* (als gesuchte Größe einer Messung: *Meßgröße* [634] ist ein Merkmal eines physikalischen Objekts (Gegenstand, Stoff, Zustand, Vorgang), das qualitativ charakterisiert und quantitativ bestimmt werden kann [152] [590] [630]. Die qualitative Charakterisierung wird aus der Erfahrung abgeleitet (Basisgrößen eines Größensystems), durch physikalische Gleichungen definiert (abgeleitete Größen) oder durch Meßvorschriften bzw. verbale Erklärungen gegeben [148] [305]. Die verschiedenen Arten von Größen (Größenarten [152], allgemeine und spezielle Größen [634], Quantitäts- und Extensitätsgrößen [29] u.a.) interessieren hier nicht.

Der Grad der Quantifizierbarkeit läßt sich aus der Wertigkeit der verschiedenen *Skalen* (**Tafel 2.1**) ablesen [178] [186]. Für die folgenden Betrachtungen werden, wenn nichts anderes gesagt wird, Proportionalskalen (und damit auch natürliche Nullpunkte) vorausgesetzt. Da die Abzählbarkeit von Objekten ebenfalls eine quantifizierbare Eigenschaft ist, sind *Zählgrößen* [29] [148] [350] auch meßbare Größen, und Zählen ist eine spezielle Form des Messens.

Die Quantität einer Größe heißt *Wert der Größe* [152] [337] [590] [634]. Messen ist also die experimentelle Bestimmung des Wertes einer Größe [148]. Der Meßvorgang

Tafel 2.1. Orientierende Übersicht über die verschiedenen Skalen [178]

Bezeichnungen	Erklärung
Nominalskale	einfache Unterscheidung der Eigenschaften nach gleich/ungleich
Ordinalskale, unscharfe (fuzzy) Skale	Einordnung nach Unterscheidungen der Art mehr/weniger
Intervallskale	quantitative Wertung, mit der auch Intervalle definiert werden (z. B. Temperaturskale in °C)
Proportionalskale, auch Verhältnis-, Rational-, Absolutskale	quantitative Einordnung mit natürlichem Nullpunkt

schließt somit die Bestimmung der Qualität einer Größe nicht mit ein, wie manche Definitionen (z. B. [164]) vermuten lassen, sondern die Zugehörigkeit zu einer bestimmten Größenart muß vor der Messung klar sein.

Die folgenden Betrachtungen gelten für den einfachen Fall der einmaligen oder unter Wiederholbedingungen mehrmaligen Messung einer Größe mit einem über die Meßzeit konstanten Wert (Ausnahmen s. Abschn. 5 und 7). Damit bleiben Fragen des Lehrens, der Objekt- und Lageerkennung sowie Spezialgebiete der Meßtechnik (Korrelationsverfahren [478] zur Strömungsgeschwindigkeitsmessung [26] [536] oder Signalanalyse [280], stochastisch ergodische Meßtechnik, Messung schnell ablaufender Vorgänge usw.) unberücksichtigt.

Die Bestimmung des Wertes einer Größe setzt einen „Maßstab", d. h. eine Vergleichsgröße mit konstantem, festgelegtem (vereinbartem) Wert, voraus. Als Vergleichsgrößen dienen vorzugsweise *Einheiten* (Maßeinheiten), gelegentlich auch Naturkonstanten (z. B. Lichtgeschwindigkeit, Elementarladung). Die Zahl, die angibt, wie oft die Einheit der Größe G (abgekürzt $[G]$) im Wert der Meßgröße enthalten ist, heißt *Zahlenwert* (abgekürzt $\{G\}$) [305]. Der Wert der Größe G ist also als Produkt aus Zahlenwert und Einheit angebbar:

$$G = \{G\} \, [G]. \tag{2.1}$$

Messen ist demnach die Realisierung der Beziehung $\{G\} = G/[G]$, da (2.1) wie eine normale Gleichung behandelt werden kann [54] [473]. Der Wert einer Größe ist einheiteninvariant, ihr Zahlenwert ist von der gewählten Einheit abhängig.

Ein Meßfehler ist durch die Differenz zweier Werte der Meßgröße beschreibbar. Minuend ist der gemessene Wert, der *Meßwert* x_m (auch *Rohergebnis* der Messung [139]). Dabei muß der Meßwert erst aus der Anzeige des Meßmittels, das einen Ablesewert in einem gerätespezifischen Format (Kodewort) ausgibt, gebildet werden. Bei analoger Anzeige beinhaltet die Bildung des Meßwerts einen Quantisierungsprozeß. Subtrahend ist der gesuchte „*wahre*" Wert der Meßgröße.

Der Begriff des wahren Wertes und die Frage seiner Existenz sind seit langem Gegenstand ausführlicher Diskussionen [134]. Auch wenn davon abgesehen wird, daß Wahrheit eine philosophische Kategorie ist [337], macht die Interpretation eines wahren Wertes gewisse Schwierigkeiten. Das hängt damit zusammen, daß mit diesem Begriff etwas Absolutes assoziiert wird. Für die Meßtechnik muß jedoch jeweils erst definiert werden, was darunter verstanden werden soll, wobei auch Modellvorstellungen über die Struktur der Materie, Quanteneffekte usw. eine Rolle spielen. Daran ändert sich nichts, wenn für die Anwendung des Begriffs „wahrer" Wert bestimmte Voraussetzungen gemacht werden, wie

- er existiert [146] [255]
- er ist durch Vergleich mit einer Maßverkörperung gesichert [571]
- er ist ein Grenzwert, dem man sich nähern, den man aber nie erreichen kann [146]
- er ist als mathematischer Erwartungswert gegeben [139] [648] usw.

Auch die vielen Termini, mit denen der wahre Wert erklärt oder umschrieben wird, sind Hinweise auf die unbefriedigende Situation. Man findet z. B. tatsächlicher Wert [139] [231] [626], realer Wert [231], wirklicher Wert [103], durch Sollkennlinie festgelegter Wert [139], Referenzwert [627], konventionell wahrer Wert [590], konventionell richtiger Wert [561] oder richtiger Wert [148] [571]. Auch die Erläuterungen, was der wahre Wert ist, differieren deutlich: [125] [571] [630] u. a.

Zwar verringern sich die Probleme kaum, wenn „wahrer" Wert durch einen anderen Ausdruck ersetzt wird; es lassen sich jedoch unerwünschte Assoziationen vermeiden. Deshalb wird im folgenden - so wie in vielen Publikationen und Normen (z.B. [618] [637] [638]) - vorzugsweise der in der Praxis zweckmäßigere Begriff richtiger *Wert* x_r verwendet. Darunter sei der Wert verstanden, den man bei einer Messung unter optimalen Bedingungen (hinsichtlich Meßmittel, Einflußgrößen, Meßdurchführung usw.) erhalten würde [571], wobei die Exaktheit dieses Wertes (Anzahl gültiger Ziffern) sowohl von der Definition der Meßgröße als auch von den aufgabenbedingten Genauigkeitsforderungen abhängt. Als für die Praxis irrelevant möge dahingestellt bleiben, ob ein wahrer Wert als etwas Abstraktes, prinzipiell nicht Bekanntes von zusätzlichem theoretischem Interesse ist.

Der *Meßfehler*, für den e (von lat. erratum) [116] [148] als Symbol benutzt wird (Δ bleibt Differenzen von Meßgrößenwerten, δ der Bezeichnung von Fehlergrenzen vorbehalten), ist also durch

$$e = x_m - x_r \qquad (2.2)$$

definiert und hat die Einheit der Meßgröße. Zur Verdeutlichung bestimmter Zusammenhänge werden durch Adjektive verschiedene Fehler unterschieden **(Tafel 2.2)**. Die Definition e = falsch — richtig anstelle von (2.2) ([177] [296] [453] u. a.) ist unzweckmäßig, weil sie die Auffassung nährt, daß beim Messen etwas falsch gemacht worden ist. Die Definition e = Ist(wert) – Soll(wert) [126] [164] [213] [296] [453] [568] ist abzulehnen [557] [571], weil sie Mißverständnisse geradezu herausfordert. Der *Istwert* des Meßobjekts (z.B. Prüfling in der Prüftechnik, Regelgröße im Regelkreis) wäre nämlich bei dieser Definition gerade der *Sollwert* der Messung!

Tafel 2.2. Übersicht über Fehlerbezeichnungen

Definition	Bezeichnung	Bemerkungen	Lit.
$e = x_m - x_r$ x_m gemessener x_r richtiger x_w wahrer Wert	Fehler (allg.) Fehler einer Messung Resultatfehler (konventioneller Fehler) Fehler der Anzeige ⎱ Anzeigefehler ⎰ statischer Fehler absoluter Fehler	⎰ bei Bezug auf ausge- ⎱ gebenen Wert ⎰ Unterscheidung zum ⎱ dynamischen Fehler ⎰ Unterscheidung zu ⎱ bezogenen Fehlern	[148] [627]
$e_w = x_m - x_w$	wahrer Fehler	nur theoretisch interessant	[115] [125]
$e_t = x_m - x_{tats}$	tatsächlicher Fehler	z. T. statt wahrer Fehler benutzt	
$e_{sch,i} = x_{m,i} - \bar{x}$	scheinbarer Fehler	Abweichung des ein- zelnen Meßwerts vom Mittelwert $\bar{x}$	[115] [146]
$\bar{e}_{sch} = \dfrac{1}{n} \sum\limits_{i=1}^{n} |e_{sch,i}|^{1)}$	durchschnittlicher scheinbarer Fehler	mittlere Abweichung der Einzelwerte vom Mittelwert $\bar{x}$	
$e/$Bezugswert	bezogene Fehler	s. Bild 2.7	

$^{1)}$ vgl. auch Abschnitt 3.4.2.3

Der richtige Wert ist, von Zählgrößen abgesehen, grundsätzlich nicht angebbar. Die manchmal als Beispiel angeführte Ausnahme, daß bei der Messung der Winkelsumme im Dreieck der richtige Wert (360°) exakt bekannt sei [146], beruht auf einem Irrtum denn Meßgrößen dieser Aufgabe sind die drei einzelnen Winkel, deren Werte man selbstverständlich nicht kennt. Dagegen ist es in bestimmten Fällen üblich (z.B. bei Maßverkörperungen), einen Wert als "richtig" zu vereinbaren.

2.2. Problematik zur Bezeichnung „Fehler"

Die Bezeichnung Fehler (bzw. Meßfehler) für die Differenz $x_m - x_r$ ist wenig glücklich, da i. allg. nur von Fehlern gesprochen wird, wo etwas „falsch gemacht" wurde. Mit Fehler sind also negative Assoziationen verbunden. Das gilt jedoch für die Meßtechnik - von subjektiven Fehlern abgesehen - nicht. Weiterhin dient das Wort Fehler im Qualitätsmanagement [623] bei Erzeugnissen als Synonym für Nichtkonformität, dem Gegenteil von Konformität, die als Erfüllung festgelegter Forderungen definiert ist [620] [644]; es hat also drei unterschiedliche Bedeutungen [17]:
- Meßfehler
- Fehler in der Qualitätssicherung, als „Abweichung des Prüflings von vorgeschriebenen Forderungen", womit die Bezugnahme auf Vorgaben dazu gehört
- Fehler im zivilrechtlichen Sinne (z. B. §§ 459, 537, 633 BGB [545]).

Es besteht also eine Bedeutungsdiskrepanz zwischen dem Erzeugnisfehler (im Sinne von Nichtkonformität bzw. Mangel), der die Nichterfüllung einer beabsichtigten Forderung oder einer angemessenen Erwartung darstellt [623], und dem Meßfehler als eine Abweichung von einem (normalerweise nicht bestimmbaren) richtigen Wert. In anderen Zusammenhängen werden derartige Abweichungen deshalb auch als solche bezeichnet (z.B. Regelabweichung). So ist es verständlich, daß Kritik an der meßtechnischen Verwendung dieses Begriffs geübt und gefordert wird, nur beim Überschreiten von Toleranzgrenzen von Fehlern zu sprechen [130]. Danach wäre die Meßabweichung $x_m - x_x$ allgemein nicht als Fehler zu bezeichnen [17] [129] [474] [634].
Die Verwendung von Abweichung anstelle von Fehler ist nicht neu. Sowohl im Russischen (z. B. [556]) als auch im Englischen (z. B. [67] [590]) werden die scheinbaren Fehler (s. Tafel 2.2) grundsätzlich als Abweichungen bezeichnet. Daraus resultiert dann konsequenterweise „mittlere Abweichung" für den mittleren Fehler (s. Tafel 3.13) [67] und Standardabweichung für s. Auch im Deutschen wurde schon früher z.T. Abweichung benutzt (z.B. DIN 879 [633]). In neueren Publikationen, insbesondere in DIN 1319 [634], wird durchgängig (Meß-)Abweichung anstelle von Meßfehler verwendet; andere Veröffentlichungen (z.B. [125] [341]) behalten den Begriff "Meßfehler" noch bei.
Es ist natürlich nicht viel gewonnen, in der Meßtechnik das Wort Fehler einfach durch Meßabweichung (oder, wo Verwechslungen mit Maßabweichungen nicht möglich sind, abkürzend durch Abweichung) zu ersetzen, wenn es nicht auch aus Zusammensetzungen, wie Fehlerrechnung, Fehleranalyse, Fehlergrenze [634], Fehlerkorrektur usw., getilgt wird. Um den Bezug zum bisher Gewohnten nicht zu verlieren, wird in folgenden der Begriff Fehler weiterverwendet, soweit er sich nicht zwanglos durch andere – oft sogar präzisere Termini – ersetzen läßt.
Es gibt auch keinen triftigen Grund, das Wort Fehler vollständig aus der Terminologie der Meßtechnik zu entfernen, wie folgende Überlegung zeigt. Ein konkretes Meßproblem kann als gelöst betrachtet werden, wenn der (korrigierte) Meßwert unter Berücksichtigung seiner Meßunsicherheit (s. Abschn. 7.4) innerhalb der *Meßtoleranz* liegt. Dies ist nach [164] die aufgabengemäß *zulässige* Grenze der Meßunsicherheit, oder besser, die Grenze, deren Einhaltung durch die Meßaufgabe gefordert wird. Ein gemessener Wert innerhalb der Meßtoleranz hat also eine zulässige Meßabweichung. Wird die Meßtoleranz überschritten, so wäre diese unzu-

lässige Meßabweichung in Übereinstimmung mit der Qualitätssicherung als Meßfehler zu bezeichnen. Da in den weiteren Betrachtungen im allgemeinen der Bezug auf eine bestimmte Meßaufgabe fehlt und somit keine Meßtoleranzen angebbar sind, wird im folgenden neben dem Terminus Abweichung z.T. auch das Wort Fehler weiter benutzt. Wichtig ist es vor allem, die mit Fehler zusammenhängenden Begriffe auf ihren Bedeutungsgehalt und auf ihren richtigen Gebrauch zu überprüfen. So sind Fehlergrenzen normalerweise Vertrauens- oder Unsicherheitsgrenzen. Beim Fehlerfortpflanzungsgesetz für zufällige Fehler handelt es sich um eine Vorschrift für die Zusammenfassung von Standardabweichungen usw. Für allgemeine Angaben kann auch ohne Bedenken der Ausdruck Meßgenauigkeit benutzt werden. Der Begriff *Meßgenauigkeit* (oder Genauigkeit [302] [630], wenn Mißverständnisse nicht möglich sind) soll für zahlenmäßige Angaben nicht verwendet werden. [571]; es wird aber immer wieder (auch in Normen, z.B. [615]) von dieser Empfehlung abgewichen. Für die allgemeine Verständigung ist der Ausdruck "Meßgenauigkeit" jedoch eindeutig und damit auch sinnvoll, denn die Aussage, daß ein Meßmittel oder ein Meßergebnis genauer ist als ein anderes, ist eindeutig, und die interessierende Eigenschaft wird damit (im Gegensatz zur Verwendung des Terminus Fehler) positiv ausgedrückt.

Aus diesen Gründen gibt es eine Reihe von Vorschlägen, wie der Ausdruck Genauigkeit für Zahlenangaben anwendbar werden könnte:

- ■ Meßgenauigkeit (MG) ist der *reziproke Wert* des relativen Fehlers (MS 14-71 [630], GOST 16263 - 70 [650]). Bei einem relativen Fehler von $0,1\% = 0,001 = 10^{-3}$ beträgt die Genauigkeit dann $10^3 = 1000$. Dementsprechend wird in [264] u.a. auch zwischen „wahrer" Genauigkeit ($= x_w/(x_m - x_w)$) und „tatsächlicher" Genauigkeit ($= x_r/(x_m - x_r)$) unterschieden. Nachteil: Es ergeben sich sehr große Zahlen; die Skala ist nach oben offen.
- ■ *Logarithmische Genauigkeitskennlinie*, wobei die Meßwerte x logarithmisch auf der Abszisse, die Reziprokwerte der doppelten relativen Fehler als MG auf der Ordinate aufgetragen werden [494]. **Bild 2.1** zeigt eine solche Kennlinie für einen rein additiven Fehler [302]. Nachteil: Rückschlüsse auf die Fehlerkurve sind erschwert.

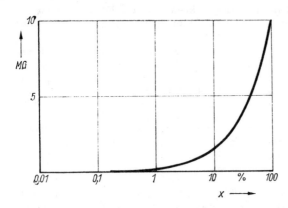

Bild 2.1. Beispiel für eine logarithmische Genauigkeitskennlinie bei rein additivem Fehler

$e_{add} = 5\%$, Meßgenauigkeit $MG = 1/2\,e_{add} = 1/0,1$ für $x = 1\,(\triangleq 100\%)$ [302]

- ■ Meßgenauigkeit ist der *dekadische Logarithmus* des Reziprokwerts des relativen Fehlers [302], also $MG = \log(1/e^*)$. Diese Festlegung ergibt sehr unübersichtliche Zahlenwerte, z.B. $e^* = 0,5\% \curvearrowright MG = 2,3$ und $e^* = 0,1\% \curvearrowright MG = 3,0$.
- ■ Meßgenauigkeit ist die *Differenz* zwischen 100% (bzw. 1) und dem relativen Fehler in % (bzw. als Quotient) [173]. Die theoretisch höchste Genauigkeit beträgt dann 100%. Es ist dies eine ähnliche Angabe, wie sie z.B. für die Reinheit von Chemikalien üblich ist.

Weitere Möglichkeiten für die Bildung von zahlenmäßigen Genauigkeitsangaben sind in [302] aufgeführt.

Der Begriff Genauigkeit taucht in der meßtechnischen Literatur in verschiedensten Zusammenhängen auf. In [192] wird Genauigkeit als allgemeiner Begriff von *Ablesegenauigkeit* unterschieden. Nach [44] kann die Genauigkeit von Meßmitteln und Meßverfahren [616] auch Präzision genannt werden (vgl. dazu S. 72). Verbreitet ist die Unterscheidung von *Richtigkeit* (auch Meßrichtigkeit [650]) und Genauigkeit [340] bzw. Konvergenz [650]. Ersteres ist die Freiheit von systematischen Fehlern, letzteres entspricht der Wiederholbarkeit [650] bzw. einer kleinen Meßunsicherheit [340]. Nach DIN 8120 [639] ist Richtigkeit ein allgemeiner Ausdruck für das Fehlerverhalten. Gegenwärtig gibt es die Tendenz [622], Genauigkeit als Oberbegriff für Richtigkeit und Präzision anzusehen (s. auch S. 72). Termini wie Genauigkeitsfehler [583] u.ä., die gelegentlich auftauchen, sind natürlich nicht akzeptabel. An eine Vereinheitlichung der Terminologie ist also noch zu arbeiten.

2.3. Fehleranteile

Jeder Meßfehler (Meßabweichung) setzt sich aus Anteilen unterschiedlichen Charakters zusammen. Der Begriff „Anteil eines Fehlers" (abkürzend: *Fehleranteil*, nach DIN 2257 [637] Fehlerart) sei am Beispiel der Meßreihe erläutert. Wird eine Meßgröße mit zeitlich konstantem Wert unter Wiederholbedingungen (s. Abschn. 3.2.2) n-mal gemessen, so schwanken die Einzelmeßwerte x_i erfahrungsgemäß um den Erwartungswert $E[X]$. Dabei ist oft die Annahme berechtigt, daß die x_i normalverteilt sind (vgl. Abschn. 3.4.3). Die Zahlenwerte der x_i, auf einer Zahlengeraden aufgetragen, ergeben demnach eine Werteverteilung nach **Bild 2.2.** Für $n \to \infty$ geht der arithmetische Mittelwert $\bar{x}$ ((3.9)

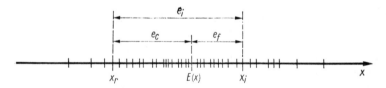

Bild 2.2. Fehler $e_i = x_i - x_r$ einer Einzelmessung als Summe aus systematischem Anteil e_c und zufälligem Anteil e_f

aus Tafel 3.4) in den Erwartungswert $E[X]$ der Grundgesamtheit über. Dieser fällt nicht mit dem richtigen Wert x_r der Meßgröße zusammen; sondern die Werte-„Wolke" ist um den Betrag $|E[X] - x_r|$ nach größeren Werten hin verschoben, und die x_i streuen nicht um x_r, sondern um $E[X]$. Damit setzt sich die einzelne Meßabweichung aus zwei ihrem Charakter nach unterscheidbaren Anteilen zusammen, dem für alle x_i konstanten Anteil

$$e_c = E[X] - x_r \qquad (2.3)$$

und einem stochastisch (zufällig) schwankenden Anteil

$$e_f = x_i - E[X]. \qquad (2.4)$$

Fehlersystematik. Eine Unterteilung der Meßfehler in ihre Anteile hat durchaus praktische Bedeutung: Unterschiedliche Fehleranteile sind ihrem Charakter entsprechend auch unterschiedlich zu behandeln. Es gibt verschiedene Gliederungen in Abhängigkeit davon, welcher Aspekt (Meßgröße, Meßbedingungen, Zielstellung usw.) jeweils in den Vordergrund gestellt wird.

2*

Beispielsweise berücksichtigt *Bock* [41] die Frage, wie die einzelnen Anteile zu behandeln sind, vorrangig. Er kommt damit zu einer Einteilung in

- *vermeidbare* Fehler (Bedienungs-, Einflußgrößen- und Reglerfehler)
- *korrigierbare* Fehler (Fehler der Meßinstrumente, systematische Fehler der Meßmethode und Meßeinrichtung)
- *nicht korrigierte* Fehler (Streuung, Vernachlässigung und Unkorrektheit).

Es gibt noch andere Einteilungen nach den Fehleranteilen, z. B. wahre, systematische, grobe und zufällige [16]. Die Auffassung, die sich am weitesten durchgesetzt hat und die **auch in den gültigen Standards DIN 1319 [634], OIML-Wörterbuch** [589] u. a.) ihren Niederschlag gefunden hat, ist die Dreiteilung in grobe, systematische und zufällige Fehleranteile (Bild 2.8). Dabei werden zunächst nur zeitlich konstante Anteile berücksichtigt (bezüglich der zeitabhängigen Anteile s. Abschn. 3.5 und 5).

Grobe Fehleranteile. Grobe Fehleranteile (falls Irrtümer ausgeschlossen sind, auch *grobe Fehler* haben im Vergleich zu den systematischen und zufälligen zwei Besonderheiten:

- Sie heißen mit Recht Fehler; denn sie sind auf gravierende Meßmittelmängel oder auf falsche Handhabungen zurückzuführen.
- Sie treten nur gelegentlich auf.

Die Abgrenzung der groben Fehleranteile gegenüber den anderen beiden Fehleranteilen ist nicht unproblematisch, da es keine von Willkür freie Festlegung für die Grenze gibt, von der an eine aufgetretene Meßabweichung als grober Fehler zu betrachten ist. Eindeutig ist nur der Fall, daß beim Messen „etwas falsch gemacht" wurde (z. B. unrichtige Schaltungen, Fehlablesungen, Irrtümer in der Interpretation des abgelesenen Wertes usw.). Abgrenzungsschwierigkeiten zwischen groben und zufälligen Fehlern treten auch bei Meßreihen auf, wo ein stark abweichender Wert in Abhängigkeit vom Vertrauensniveau als zufälliger oder als grober Fehler identifiziert werden kann (s. Abschn. 3.2.2).

Systematische Fehleranteile. Meßabweichungen, Systematische Fehler (nach **[296]** auch beherrschbare Fehler) resultieren aus solchen Ursachen, die sich unter Wiederholbedingungen im Laufe mehrerer Messungen nicht ändern. Sie bewirken eine Abweichung des gemessenen vom richtigen Wert, die nach Vorzeichen und Betrag unverändert bleibt, sooft die Messung auch wiederholt wird. Eine solche Abweichung kann als Korrektion im Meßergebnis berücksichtigt werden (s. Abschnitt 3.3.3).

Problematisch ist bei systematischen Fehlern vor allem, ob sie sich erkennen und nach Vorzeichen und Betrag bestimmen lassen. Gelingt dies, so ist die weitere Aufteilung in einen erfaßten und einen nicht erfaßten Anteil zweckmäßig [637] (Bild 2.8).

Zufällige Fehleranteile. Die Abweichungen der Einzelwerte vom Erwartungswert $E[X]$ werden als zufällige Anteile des Meßfehlers e_f (lat. fortuitus = zufällig) bezeichnet. Sie schwanken stochastisch nach Vorzeichen und Betrag und werden deshalb mit Methoden der Statistik behandelt. Vom nichterfaßten systematischen Anteil e_s sind sie unter den Bedingungen der Praxis nicht zu unterscheiden.

Während die Summe der erfaßbaren systematischen Fehleranteile e_c einen Meßwert bzw. den Mittelwert einer Meßreihe (Bild 2.2) unrichtig macht (in [170] wird e_c als *Unrichtigkeit* bezeichnet), wird durch e_f und e_s der korrigierte Meßwert unsicher. Vom Verhältnis der Werte dieser Fehleranteile zueinander hängt es z. B. ab, ob die Aufnahme von Meßreihen überhaupt sinnvoll ist oder nicht [170].

2.4.　Fehlerbeiträge

Für das Zustandekommen von Meßabweichungen sind die verschiedensten Ursachen (auch *Fehlerquellen* [637]) verantwortlich. Normalerweise gelingt es nicht, alle Fehlerquellen vollständig zu erkennen, so daß man die einzelnen *Fehlerbeiträge* weder hinsichtlich ihrer Anzahl noch nach ihrem Wert bestimmen und voneinander trennen kann. Bei einer Analyse der einzelnen Beiträge zum Gesamtfehler (Fehlerbeiträge, *Teilfehler*, nach [341] auch Fehleranteile) lassen sich mehrere Gruppen unterscheiden. Diese Unterscheidung hängt natürlich von der Betrachtungsweise ab; in [278] sind es beispielsweise sechs, in [296] fünf und in [341] drei Hauptgruppen, die als unterscheidbar angesehen werden. Im folgenden werden acht verschiedene Fehlerbeiträge behandelt, und zwar, um bestimmte Ursachen besonders herauszuheben. Es sind dies Fehlerbeiträge, die

- aus der Formulierung der Meßaufgabe
- vom Meßobjekt
- aus der Rückwirkung
- aus dem Meßverfahren
- von den **Meßmitteln**
- vom Messenden und
- aus den Einflußgrößen herrühren.

Fehler, die von einem zeitlichen Schwanken der Meßgrößen herrühren und bei der Mittelung den sogenannten *Integrationsfehler* verursachen [629], bleiben dabei unberücksichtigt, da alle Betrachtungen über statische Meßfehler hier von zeitlicher konstanten Meßgrößen ausgehen.

Aufgabenbedingte Fehlerbeiträge. Eine exakt formulierte Meßaufgabe kann nicht Ursache von Meßfehlern sein. Oft sind Meßaufgaben jedoch unklar oder zumindest unscharf formuliert, so daß ohne eine Präzisierung [148] [421] daraus mit hoher Wahrscheinlichkeit bestimmte Fehlerbeiträge resultieren, vor allem durch eine unzureichende Unterscheidung zwischen Aufgaben- und Meßgröße. *Aufgabengröße* ist diejenige Größe, deren Wert zur Lösung eines Problems gesucht ist, *Meßgröße* die, welche tatsächlich gemessen werden kann. (In [340] heißen sie Meßgröße und Ersatzmeßgröße.) Sehr oft sind beide nicht identisch.

Beispiele. Die Meßaufgabe „Bestimmung des Durchmessers eines Rundmaterials" ist unscharf formuliert. Handelt es sich um einen bestimmten Durchmesser (an einer definierten Stelle und in vorgegebener Richtung), so ist diese Aufgabengröße zugleich Meßgröße. Ist jedoch in einer derartigen Aufgabenstellung der mittlere Durchmesser dieses Materials gemeint, so ist dies eine fiktive, nicht unmittelbar meßbare Größe, die nur aus mehreren Meßgrößen (an verschiedenen Stellen und in unterschiedlichen Richtungen) bestimmt werden kann. Infolge der Unrundheit des Materials und der längenabhängigen Durchmesserschwankungen ist die Unsicherheit in der so bestimmten Aufgabengröße „mittlerer Durchmesser" i. allg. größer, als wenn ein bestimmter Durchmesser Aufgabengröße ist. Noch komplizierter ist es bei der Messung von Formabweichungen, wo für konkrete Fälle jeweils definiert werden muß, was unter dieser Aufgabengröße verstanden werden soll [381]. Ähnlich ist es, wenn ein Flüssigkeitsvolumen bei 20 °C gesucht ist, aber bei 25 °C gemessen werden muß. Deshalb wird die Umrechnung aus dem erhaltenen Wert der Meßgröße V_{25} auf den Wert der Aufgabengröße V_{20} nicht als Korrektur, sondern als *Reduktion* bezeichnet.

Die Beispiele zeigen, daß die gemessenen Werte der Meßgrößen, wenn von anderen Fehlern abgesehen wird, nicht „falsch" sind, sondern daß Fehler nur aus der falschen Interpretation der Aufgabe entstehen. So weist auch *Gonella* [135] darauf hin, daß unterschiedliche Meßresultate oft nur durch Meßgrößen begründet sind, die als gleich angenommen wurden, sich in Wirklichkeit aber unterscheiden.

Auf eine korrekte Aufgabenformulierung ist auch bei *vektoriellen Größen* zu achten, die zur Messung in Koordinaten zerlegt werden, um diese getrennt zu messen. Wird der vektorielle Charakter der Größe negiert, weil z.B. stillschweigend eine bestimmte Richtung als gegeben vorausgesetzt wird, so kann dies zur Fehlerquelle werden. Ist z.B. bei einer Drehmomentbestimmung die Voraussetzung nicht erfüllt, daß die Kraft senkrecht zum Radius wirkt, so sind Fehler unvermeidlich.

Meßobjektfehlerbeiträge. Obwohl die aus dem Meßobjekt resultierenden Fehlerbeiträge auch durch eine Unterscheidung von Aufgaben- und Meßgröße analysierbar sind, kann es anschaulicher sein, das Meßobjekt selbst als Fehlerquelle zu betrachten, wie z.B. die Nachgiebigkeit von elastischem Material gegenüber taktilen Sensoren [366]. Ähnliches gilt für die Oberflächenrauhigkeit [195]. Auch die im Abschnitt 9.5.3 behandelte Durchbiegung langer Meßobjekte bei Messung in waagerechter Lage ist zu erwähnen (s. [296] mit weiteren Beispielen). Die Meßgröße selbst kann dagegen nicht zur Fehlerquelle werden; denn ihr Wert ist in jedem Fall der richtige Wert x_r für die Messung. Allerdings kann die Meßgröße unzweckmäßig gewählt oder falsch definiert sein (aufgabenbedingter Fehlerbeitrag).

Beispiel. Aus dem Gebiet der Messung stochastischer Größen [95] [215] [452] sei die *Kernstrahlungsmessung* herausgegriffen [61] [147] [306] [483] [500]. Wie die Fehlerbetrachtungen in diesen Arbeiten zeigen, vergrößert der Charakter des Meßobjekts *Teilchenstrom* die Meßunsicherheit, wenn eine Teilchenstromdichte gesucht ist. Die Anzahl der Teilchen in einem bestimmten Zeitintervall ist zwar eine konkrete richtige Größe, fraglich ist jedoch, wie die (mittlere) Teilchenstromdichte widerspruchsfrei zu definieren ist und ob Teilchenanzahl sowie Zeitspanne mit der gewünschten Genauigkeit gemessen werden können.

Rückwirkungsfehler, -abweichung [634]. Bei vielen Messungen tritt das Meßmittel mit dem Meßobjekt in eine nicht mehr zu vernachlässigende Wechselwirkung. Dadurch sind Auswirkungen auf den Wert der zu messenden Größe (*Rückwirkungen*) unvermeidlich. Nach [341] handelt es sich um eine Rückwirkung 1. Art, wenn allein die Anwesenheit des Sensors die Meßgröße verfälscht, z.B. im Fall einer Sonde in einem elektrischen Feld, mit der (noch) nicht gemessen wird. Rückwirkungen 2. Art entstehen durch die Energieaufnahme aus dem Meßobjekt beim Messen.

Rückwirkungen treten nicht nur zwischen Sensor und Meßobjekt auf, sondern auch einzelne Glieder der Meßkette können die Signale aus vorangehenden Gliedern (durch Belastung) verfälschen. Bekannt ist das Beispiel des Verstärkers mit zu kleinem Eingangswiderstand für ein primäres Abbildungssignal auf niedrigem Pegel.

Rückwirkungen des Sensors auf das Meßobjekt sind z.B.

- Änderung einer elektrischen Stromstärke bei Zwischenschalten eines Strommeßgeräts mit endlichem Innenwiderstand
- Vergrößerung der Masse des Meßobjektes bei der Schwingungsmessung durch die Masse des mitbewegten Schwingungsaufnehmers [609].

Bei hinreichenden Kenntnissen über Meßobjekt und Meßmittel sind einfache Rückwirkungsfehler rechnerisch gut beherrschbar. Es gibt aber auch Fälle, wo ihre Bestimmung Schwierigkeiten bereitet (z.B. Potentialmessungen in komplizierten Schaltungen bei zu kleinem Eingangswiderstand des Voltmeters). Hier muß versucht werden, Fehler durch günstige Wahl von Meßverfahren und Meßmittel zu vermeiden oder wenigstens vernachlässigbar klein zu halten.

Meßverfahrensfehlerbeiträge (auch Fehler der Meßmethode [167] [590] oder methodische Komponente des Fehlers [275]). Dabei sind im wesentlichen zwei Gruppen von Fehlerquellen zu unterscheiden: unvermeidliche (durch Naturgesetze bedingte) und vermeidbare, die auf Vernachlässigungen zurückgehen. Unvermeidlich sind verfahrensbedingte Fehlerbeiträge, wenn der ausgenutzte physikalische Effekt durch andere Effekte überlagert ist, von denen er nicht getrennt werden kann, wie bei der in Tafel 2.10 erwähnten Querempfindlichkeit. Vermeidbare verfahrensbedingte Fehlerbeiträge werden dadurch verursacht, daß bei der technischen Realisierung eines Meßverfahrens Vereinfachungen vorgenommen werden.

Beispiele. Wird bei einem Ausdehnungsthermometer der Ausdehnungskoeffizient als konstant angenommen, obwohl er nach bekannten Gesetzmäßigkeiten leicht temperaturabhängig ist, führt dies zu einem Fehler. Das gleiche gilt für die Abweichung des tatsächlichen Formfaktors einer nicht sinusförmigen elektrischen Wechselspannung vom Formfaktor der Sinusspannung, der beim Kalibrieren des verwendeten Drehspulmeßgeräts zugrunde gelegt worden ist.

Fehlerbeiträge aus der Maßverkörperung. Die Einheiten, mit denen die Meßgröße verglichen werden soll, lassen sich nicht beliebig genau darstellen. Durch die Weitergabe der Einheiten bis zu der Maßverkörperung, mit der in einem Meßmittel wirklich verglichen wird, vergrößert sich diese Unsicherheit noch beträchtlich (Bild 3.1). Hier liegen prinzipielle Grenzen der erreichbaren Genauigkeit. Zu dieser unvermeidlichen Unsicherheit kommt dann in der Praxis noch die zeitliche Inkonstanz der im Meßmittel enthaltenen Maßverkörperung während der Benutzung hinzu (vgl. Abschn. 3.1).

Meßabweichungen des Meßgerätes [634], kurz Meßmittelfehlerbeiträge. Die aus den Meßmitteln resultierenden Beiträge zum Gesamtfehler (auch *Meßmittelfehler*, Instrumentenfehler u.ä.) lassen sich nur schlecht zusammenfassend betrachten, da sie an konkrete technische Lösungen gebunden sind. Sofern bei einer Messung die erforderliche Sorgfalt aufgebracht wird, stellen Meßmittelfehler die Hauptfehlerquelle dar, auch wenn sie bei Fehleranalysen oft übersehen werden [112]. In der modernen Meßtechnik sind diese Fehlerquellen immer schwerer zu erkennen, da die Meßgeräte komplizierter und für den Nutzer weniger durchschaubar

Tafel 2.3. Beispiele für Bedienungsfehlerbeiträge

Gruppe	Beispiele
1. Strategiefehler	1.1. fehlende oder falsche Präzisierung der Meßaufgabe [148] 1.2. falsche Auswahl von Meßprinzip, Meßmethode, Meßverfahren, Meßmittel (Meßbereich, Fehlerklasse, Zeitverhalten usw.) 1.3. falsche Vorgehensweise
2. Handhabungsfehler	2.1. falsche Meßmittelaufstellung und -justage 2.2. falsche Meßmittelbedienung 2.3. ungenügendes Abwarten von Ausgleichsvorgängen 2.4. Mißachtung von Störgrößen

3. Beobachtungsfehler ($\triangleq$ subjektive Fehler)	3.1. Ablesefehler bei analoger Ablesung
	   3.1.1. Fehlablesung (grobe Fehler!) [421]
	   3.1.2. Parallaxenfehler [618]
	   3.1.3. Interpolationsfehler
	   3.1.4. Interpretationsfehler [421] (z. B. falsche Skalenkonstante bei unbenannter Skale)
	3.2. Fehlablesung bei digitaler Anzeige

4. Auswertefehler	4.1. falsche Berechnung von Meßergebnissen (Mittelwert, Ergebnisgröße bei indirekter Messung usw.) 4.2. falsches Programm bzw. Programmierfehler bei maschineller Auswertung 4.3. Rundungsfehler 4.4. Anbringen falscher Korrektionen oder Reduktionen 4.5. Unterlassen notwendiger Korrektionen und Reduktionen 4.6. falsche (oder fehlende) Ermittlung der Meßunsicherheit (Außerachtlassung einzelner Beiträge, fehlende Angaben zum Vertrauensniveau usw.)

werden. So können beispielsweise bei rechnergestützten Meßmitteln unerkannte Fehler im Programm sowie Rechenungenauigkeiten zur zusätzlichen Fehlerquelle werden [341]. **Beispiele.** Meßmittelfehler, die besonders bei elektromechanischen Meßgeräten auftreten, sind Umkehrspanne [125] [173] [203] [515] [632], Reibungsfehler [441] und Beweglichkeitsfehler [231], die dadurch zustande kommen, daß Geräte (speziell Waagen) infolge der Reibung auf eine kleine Meßgrößenänderung nicht reagieren. Ein Meßmittelfehler von allgemeiner Bedeutung ist der Linearitätsfehler (vgl. Abschn. 3.3.1).

Bedienungsfehlerbeiträge. Darunter werden diejenigen Fehlerbeiträge zusammengefaßt, die durch den Messenden verursacht werden (früher *subjektive* oder persönliche [231] Fehler). Die wichtigsten Bedienungsfehler sind in **Tafel 2.3** zusammengefaßt. Einige der aufgeführten Fehlerbeiträge sind im folgenden unter der lfd. Nummer aus Tafel 2.3 kurz erläutert.

Zu 1. *Strategiefehler* resultieren aus Verletzungen von Grundsätzen der Meßstrategie [148] [164]. Sie können zwar die erreichte Meßgenauigkeit erheblich beeinträchtigen, treten aber in Form anderer Teilfehler in Erscheinung. Wird ein unzweckmäßiges Meßgerät ausgewählt, so ergeben sich größere Fehler, die aber im Endeffekt als Meßmittelfehler angesehen werden.

Zu 2. *Handhabungsfehler* ergeben im Gegensatz zu den Strategiefehlern unmittelbar Beiträge zum Gesamtfehler. Sie treten speziell dann auf, wenn der Messende beim Meßvorgang eine aktive Rolle zu spielen hat, wie beim Stoppen einer Zeitspanne von Hand. Auch wenn bei der Längenmessung der Meßschieber verkantet wird, ergibt das einen Fehler. Im Ergebnis dieser Handhabungsfehler entstehen oft grobe Fehleranteile.

Zu 3. *Beobachtungsfehler* gibt es nach [590] nur bei Meßverfahren, bei denen eine subjektive Beurteilung notwendig ist (z. B. Glühfadenpyrometer); sonst soll der Ausdruck Ablesefehler benutzt werden. Da der Terminus Ablesefehler nur für analoge Anzeigen (Anzeigemarke – Skale) zu verwenden ist, dient hier Beobachtungsfehler als Oberbegriff. Oft wird die Bezeichnung subjektiver Fehler(anteil) nur auf Beobachtungsfehler angewendet. Objektive Ursache für Ablesefehler ist die mehr oder minder gute Ablesegenauigkeit [365], besser Ablesbarkeit [639] des anzeigenden Meßgeräts. Sie hängt sehr von der Skalengestaltung ab [365] und ist nach [173] durch den halben Skalenwert bei 1 m Abstand quantifizierbar. Dagegen ist die *Ableseunsicherheit* als Standardabweichung für die Streuung der Ablesungen derselben Analoganzeige durch mindestens zehn verschiedene Beobachter definiert (DIN 8120 [639]). Diese Begriffe sind nicht zu verwechseln mit Anzeigefehler, wie die Fehler insgesamt bei anzeigenden Geräten z. T. genannt werden [274].

Die wichtigsten *Ablesefehler* sind im **Bild 2.3** erläutert. Im allgemeinen sind benannte Skalen günstiger als unbenannte (Zahlenskalen), vor allem hinsichtlich der Inter-

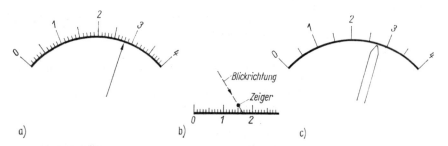

Bild 2.3. Ablesefehler bei Analoganzeigen (Anzeigemarke — Skale)

a) Fehlablesung (z. B. 2,7 statt 2,8) oder Interpretationsfehler (z. B. Skalenkonstante: 0,5 V/Skt, Meßbereich 20 V; Division statt Multiplikation: 5,6 statt 14 V); b) Parallaxenfehler (1,7 statt 1,5); c) Interpolationsfehler, Ableseunsicherheit (2,7 oder 2,8?)

pretationsfehler. Ablesefehler nehmen auch zu, wenn zeitlich veränderliche Größen ab-
zulesen sind [341].
In [277] werden die Auswirkungen der Ablesbarkeit auf die Meßgenauigkeit analysiert.
Auch auf die Möglichkeit des Einsatzes technischer Interpolatoren [219] sei hingewiesen.
Fehler können ferner durch falsche Deutung der Einheiten entstehen [184].
Bei digitaler Meßwertausgabe treten keine Ablesefehler auf. Wird jedoch, z.b infolge
ungünstiger Lichtverhältnisse, eine Ziffer falsch gelesen (beispielsweise 1 statt 7), so
kann der betreffende Fehlerbeitrag in Abhängigkeit vom Stellenwert außerordentlich
groß werden. Vor allem bei ununterbrochenen Messungen (Prüftechnik!) nimmt die
psycho-physische Belastung des Messenden allmählich so zu, daß sich Fehlerablesungen
häufen [275].
Zu 4. *Auswertefehler* spielen besonders bei indirekten Messungen (s. Abschn. 7) eine
Rolle. Dabei kann der Fehler sowohl im Ansatz (falsche Beziehung zwischen den Größen)
als auch in der Rechnung seine Ursache haben. Bei maschineller Auswertung können
unerkannte Mängel des Rechners oder Fehler im Programm [12] [366] auftreten. Aber
auch bei allen anderen Messungen kann eine falsche *Auswertehypothese* [340] (z. B. lineare
Ausgleichung bei nichtlinearem Zusammenhang oder Annahme normaler statt einer
schiefen Verteilung) Auswertefehler zur Folge haben. Schließlich sind noch die *Rundungsfehler* [496] zu erwähnen, die dem Quantisierungsfehler in der digitalen Meßtechnik
entsprechen [295] [340]. Bei Rundungsfehlern darf nicht nur an die Ablesung gedacht
werden; auch beim Runden von Zwischenergebnissen (evtl. auch in Rechnern) können
Fehler entstehen [455]. Fehlerhafte Berechnungen von Korrektionen und Meßunsicherheiten sind ebenfalls Auswertefehler.
Ein spezieller Fehlerbeitrag ist der *semantische Fehler* [358]. Dabei handelt es sich um
falsche Schlußfolgerungen aus dem Meßergebnis. Sie sind zwar keine Meßfehler im hier
diskutierten Sinne, aber da sie oft der Meßtechnik angelastet werden, müssen sie wenigstens erwähnt werden.
Einflußgrößen-Fehlerbeiträge. *Einflußgrößen* sind alle physikalischen Größen, die von
außen auf ein Meßmittel einwirken und seine Funktion beeinflussen können [634]. Einflußgrößen können zu *Störgrößen* werden, wenn sie eine Messung in ungewollter, schwer be-
herrschbarer Weise nachteilig beeinflussen [167]. Deshalb sollte Störgröße nicht generell
statt Einflußgröße benutzt werden, denn nach [638] zählen einstellbare Hilfsgrößen ebenfalls zu
den Einflußgrößen. Auch die Einteilung in äußere und innere Störgrößen [341] ist unzweckmäßig.
Bei Einflußgrößen unterscheidet man [308]:

● klimatische (Temperatur, Luftdruck, Feuchte, aber auch Sonneneinstrahlung, Fremdlicht, Luftzug usw.)

● mechanische (Lageabhängigkeiten, Vibrationen, Stöße usw.)

● elektrische
   – Stromversorgung (Frequenz, Sinusform usw.)
   – äußere Felder (verschiedene Einkopplungsmöglichkeiten).

Fehler, die auf Einflußgrößen(änderungen) zurückgehen, sind z.T. schwer erkenn- und
bestimmbar, da man kaum alle Größen kennt, die eine Messung beeinflussen können. So
ist zwar die Einflußgröße Temperatur mit ihren hauptsächlichen Wirkungen i. allg. bestimmbar [441], für die Temperaturverteilung in einem Meßgerät und ihre zeitlichen
Änderungen gilt das schon weit weniger. Luftströmungen, Felder jeder Art, Staubablagerungen, Luftverunreinigungen, Erschütterungen usw. sind oft noch schwerer
quantitativ erfaßbar und in ihren Auswirkungen zu beurteilen.
Damit der Meßmittelnutzer Einflußgrößen-Fehlerbeiträge quantitativ beurteilen kann,
sind für die wichtigsten Einflußgrößen Wertebereiche festgelegt, bei deren Nichteinhaltung Fehlerbeiträge auftreten, die nicht mehr vernachlässigt werden dürfen. Die Bezeichnungen für derartige Wertebereiche sind nicht einheitlich; **Tafel 2.4** gibt einen
Überblick. Im folgenden werden die Ausdrücke *Bezugs-* oder *Referenzbereich* bevorzugt.

Tafel 2.4. Begriffe für genauigkeitsbeeinflussende Umstände

Art	Bezeichnung	Erläuterung
Allgemeine Begriffe	Umgebungsbedingungen [430] (Umweltbedingungen [11]) Grenzbedingungen [650]	gelten für alle möglichen Situationen (Lagerung, Transport, Einsatz), auch spezielle (z. B. bei Hochdruck) wie vorstehend unter Berücksichtigung der Grenzen für irreversible Schäden
Auf EG bezogen	Bezugswert[1])	in Normen festgelegter Wert [632]
	Referenzwert[1])	wie ↑, Einhaltung von Garantiefehlergrenze [126] [557] [590] [627]
	Nenngebrauchsbereich	Erweiterung des Referenzbereichs, aber Einhalten zusätzlicher Fehlergrenzen [557] [638]
	Grenzarbeitsbedingungen	Erweiterung des Nenngebrauchsbereichs, ohne irreversible Schädigung der MM
	Nennbedingungen	alle EG im Nennbereich [167] [650]
	Betriebsbedingungen	Einhaltung der für den Betrieb festgelegten Bedingungen [167] [650];
	Normklima	für Messungen und Kalibrierungen festgelegte Klimawerte nach [611](zu bevorzugen: Normklima 23/50) [2])
Auf MM bezogen	(übliche [630]) Anwendungsbedingungen	beim Messen einzuhaltende Bedingungen allgemein
	Einsatzbedingungen	EG-Bereiche, in denen MM funktionstüchtig sind [173]
	spezielle Bedingungen	bezogen auf den Einsatz unter erschwerten Bedingungen [173]
	Auslegezustand	BD für das Erhalten "richtiger" Meßwerte [652]
Auf MM beim Prüfen bezogen	normale Prüfbedingungen [213], Prüfklima [612]	einzuhaltende BD bei Prüfungen bzw. Kalibrierungen
	Worst-case-Bedingungen	erschwerte (ungünstigste) BD, z. B. bei Zuverlässigkeitsprüfungen
Auf Meßgröße bezogen	Normzustand (Normbedingungen, Normalbedingungen)	Temperatur und Druck (Normaltemp. und Normaldruck), worauf die Meßergebnisse bezogen werden

[1]) Falls Schwankungen des Wertes in festgelegten Grenzen zulässig: ... bereich; Gesamtheit der entsprechenden Werte: ... bedingungen. 2) Werte für Normklima 23/50: Lufttemperatur: 23 °C, rel.Feuchte: 50%, Taupunkttemperatur: 12 °C, Luftdruck: 860 ... 1060 mbar, Luftgeschwindigkeit: < 1 m/s
EG Einflußgröße; MM Meßmittel; BD Bedingung

Eine Darstellung dieser Fehlerbeiträge ist durch Kennlinienfelder möglich [452] (z. B. **Bild 2.4**). Die *Einflußgrößenempfindlichkeit* (auch: Störgrößenempfindlichkeit oder Einflußeffekt [452]) ist in Analogie zur Meßempfindlichkeit (Tafel 2.10) definiert durch

$$S_E = \Delta\, x_a / \Delta\, E|_{AP}, \tag{2.5}$$

mit E Einflußgröße und AP Arbeitspunkt. Den maximalen Einfluß der Temperatur auf die Ausgangsgröße innerhalb des Arbeitstemperaturbereiches beschreibt der *Temperaturkoeffizient* [606].
Auf die Möglichkeiten, Einflußgrößenfehler zu vermeiden oder wenigstens zu verkleinern (z. B. [16] [93] [303] [441]), wird im Abschnitt 3 eingegangen,

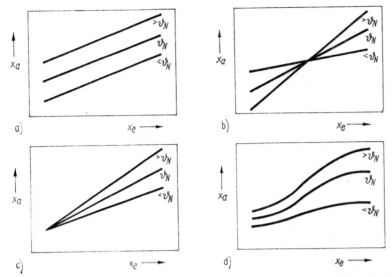

Bild 2.4. Kennlinien für den *Einflußeffekt* [618] der Temperatur (Temperaturzusatzfehler) [452]

a) additive Fehler; b) und c) multiplikative Fehler (Steigungsfehler); d) komplexer Zusammenhang für $e = f(\vartheta)$; ϑ_N Nennwert der Bezugstemperatur

2.5. Fehler und Fehlergrenzen

Fehler (Abweichung). Während bisher undifferenziert von Fehleranteilen und -beiträgen gesprochen wurde, wird nachfolgend zwischen Fehlern und Fehlergrenzen unterschieden. Dies ist wichtig, weil fälschlicherweise oft auch dort von Fehlern gesprochen wird, wo es sich um Grenzen oder Unsicherheitsangaben handelt. So ist z.B. schon die Bezeichnung Standardabweichung unkorrekt, weil σ keine Abweichung, sondern eine Grenze (s. Abschn. 3.4.2.3) ist.

Genaugenommen ist nur bei groben und korrigierbaren systematischen Anteilen die Bezeichnung Fehler (oder Abweichung) berechtigt, da sich über zufällige Anteile und systematische Restfehler stets nur Angaben im Sinne von Grenzen machen lassen. Auch die in Tafel 2.2 aufgeführten wahren, tatsächlichen und scheinbaren *Fehler* tragen diese Bezeichnung mit Recht.

Unsicherheitsgrenzen, Streugrenzen. Grenzen bezeichnen immer einen *Fehlerbereich* [125] und sind damit ein Maß für die Streuung von Meßwerten bzw. für die Unsicherheit von Meßresultaten (s. Abschn. 3.4.2.3). Den Charakter von Grenzen haben alle Streuungsmaße, also neben Standardabweichung auch Varianz, Dispersion, mittlerer Fehler, Meßunsicherheit, Reproduzierbarkeit u.ä.

Bei Meßmitteln verdienen von den im Abschnitt 2.3 als Meßmittelfehler bezeichneten Fehlerbeiträge nur die erfaßbaren systematischen Anteile den Namen Fehler. Der reduzierte Fehler sowie die daraus abgeleitete Fehlerklasse (s. Abschn. 6.1) haben durchweg den Charakter von Streugrenzen.

Typisch für diese „. . . grenzen" ist ihr statistischer Charakter. Sie trennen keine wohldefinierten Bereiche im Sinne von „falsch" und „richtig" voneinander, sondern es handelt sich stets um Wahrscheinlichkeitsaussagen. Insofern ist auch die Bezeichnung Fehler-

grenze noch nicht befriedigend, weil darin der Wahrscheinlichkeitscharakter nicht zum Ausdruck kommt.

Maximalfehler. Wird ein Maximalfehler angegeben, so impliziert diese Bezeichnung, daß es keine Abweichung geben kann, die größer als die damit gekennzeichnete Grenze ist. Das entspräche einem Vertrauensniveau von 100%. Somit scheidet die Annahme der durch (3.25) definierten Normalverteilung aus, da die Angabe von Grenzen im Unendlichen sinnlos ist. Bei gestutzten Normalverteilungen gibt es dagegen keine Festlegungen, wo die Verteilung abzubrechen ist. Allgemein gilt also, daß *Maximalfehlergrenzen* in der Regel zu weit ausfallen, womit sie für praktische Zwecke wertlos sind. Werden jedoch reale, praxisbezogene Grenzen angegeben, so gibt es keine Sicherheit dafür, daß bei ungünstigem Zusammenwirken aller Fehlerquellen nicht doch einmal sämtliche Fehlerbeiträge gleichsinnig mit ihren Größtwerten auftreten und es zu Abweichungen kommt, die diese Grenzen überschreiten. Das Konzept des Maximalfehlers ist also mathematisch nicht haltbar. Es ist allerdings etwas anderes, wenn *statistisch fixierte Grenzen*, z. B. Normalverteilung und ein Vertrauensniveau von 99,992% (4-σ-Grenzen), als Definitionsgrundlage für einen *praktischen Maximalfehler* benutzt werden. In der normalen Meßtechnik sind also Maximalfehlerangaben nur akzeptabel, wenn man die Formulierungen „... nie überschritten ...“ u.ä. als „... praktisch nie überschritten ...“ interpretieren darf.

Toleranzgrenzen. Den Charakter von Grenzen haben auch alle Angaben im Sinne von Toleranzen [154] [164] [281], was in Termini wie Toleranzbereich oder Toleranzgrenze zum Ausdruck kommt. Dabei handelt es sich allerdings um scharf definierte Grenzen, deren Überschreitung in der Regel Konsequenzen nach sich zieht. Nur für einzelne Probleme (z. B. statistische Methode für beherrschte unvollständige Austauschbarkeit [164]) werden auch „*statistische*“ Toleranzgrenzen [154] benutzt. Auf Toleranzprobleme und die vielen damit zusammenhängenden Begriffe, wie Einzeltoleranz [630], Grundtoleranz [109], Toleranzeinheit [177], Toleranzfeld [109] u.a., kann hier nicht eingegangen werden. Auch die Warn- und Kontrollgrenzen auf den *Kontrollkarten (Qualitätsregelkarten)* [296] [384] [453] sind definierte Grenzen.

Im Zusammenhang mit Fehlerproblemen sind noch zwei andere Begriffe bedeutsam. Dies ist einmal die bereits erwähnte *Meßtoleranz*, die sich auf Meßresultate bezieht. Sie legt zwar im Sinne des Toleranzbegriffs eine scharfe Grenze fest, von der jedoch wegen der Unsicherheiten in den Meßresultaten nicht eindeutig gesagt werden kann, ob sie eingehalten ist. Der andere Begriff ist der auf Meßmittel angewendete *maximal zulässige Fehler* [167] [650]. Er ist im Deutschen ungebräuchlich, da er sich mit dem Begriff Fehlerklasse deckt, und darf nicht mit der *zulässigen Abweichung* verwechselt werden, die sich auf Erzeugnisse bzw. deren Prüfparameter bezieht.

Sinnvolle Genauigkeitsforderungen. Die Festlegung objektiv begründeter Meßtoleranzen ist eine Kernfrage der Meßtechnik.

■ Als Grundregel gilt [148], daß nicht so genau wie möglich, sondern möglichst so genau wie nötig zu messen ist.

Das Wort „möglichst“ weist darauf hin, daß es sich dabei um ein Optimierungsproblem mit der Aufwand-Nutzen-Relation als Zielfunktion handelt. Die Frage, wie genau eine Messung sein muß, ist nicht allgemein zu beantworten. Sie setzt eine genaue Analyse der Meßaufgabe voraus. Oft werden höhere Genauigkeitsforderungen erhoben, als sachlich begründet ist [148]. Als Hilfsmittel für die Entscheidungsfindung dient der *Toleranzkoeffizient* K_T:

$$K_T = \frac{\text{Meßtoleranz}}{\text{Merkmalstoleranz}}. \tag{2.6}$$

Der Begriff Merkmalstoleranz ist sinngemäß zu interpretieren, z. B. als Toleranz geometrischer Maße in der Fertigungsmeßtechnik, als Grenze der geforderten Temperaturkonstanz bei einem Thermostaten oder als Toleranzgrenze eines Prüfparameters in der Prüftechnik. Bei der Meßmittelprüfung ist es die Fehlergrenze des Prüflings. In **Tafel 2.5**

Tafel 2.5. Beispiele für angestrebte Genauigkeitsforderungen

Meßproblem	K_T	Lit.
Fertigungsmeßtechnik allgemein	$0,1 \leqq K_T \leqq 0,2$	[296] [474] [637]
Kontrolle von ISO-Toleranzen	$0,2 \leqq K_T \leqq 0,35$	[541]
Prüftechnik	$K_T \leqq 0,3$	[99]
Meßmittelprüfung allgemein	$K_T \leqq 0,1$	DIN 2257 [637] [296]
Prüfung von Bauteilen für Meßmittel	$0,1 \leqq K_T \leqq 0,2$	[296] [637]
Prüfung digitaler Meßgeräte	$K_T \leq 0,1$	[614]

sind einige Beispiele für Genauigkeitsforderungen zusammengestellt, die in bestimmten Bereichen nach Möglichkeit eingehalten werden sollen. Dabei ist festzustellen, daß Meßaufgaben zunehmen, bei denen diese Forderungen überhaupt nicht mehr oder nicht mit vertretbarem Aufwand zu erfüllen sind. Simplifizierend läßt sich formulieren: *Genauigkeit kostet Geld* [193], wie **Bild 2.5** zeigt. Betrachtungen zum Verhältnis von Meß- zu Fertigungsgenauigkeit findet man in [166] und [491]. Beispiele für Fälle, in denen ,,höchste" Genauigkeit gerechtfertigt ist, enthält [531]. Probleme entstehen auch dadurch, daß sich bei der meßtechnischen Kontrolle von Maßabweichungen die nachzuweisenden Fertigungsfehler mit den Meßfehlern (Unsicherheiten) überlagern [148] (s. auch S. 255), so daß bei höheren Genauigkeitsforderungen, wenn $K_T \to 1$ geht, eine Trennung von Meß- und Fertigungsfehlern notwendig werden kann [96] [138] [381] [459].

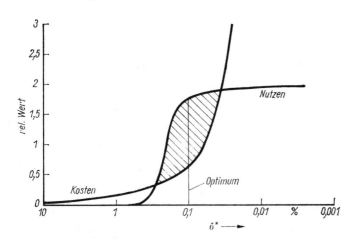

Bild 2.5. Optimierung des Kosten-Nutzen-Verhältnisses bei der Festlegung von Meßtoleranzen [393]

δ^* relative Fehlergrenze

2.6.　Terminologische Zusammenfassung

Da im Zusammenhang mit Betrachtungen zur Meßgenauigkeit sehr viele Begriffe verwendet werden [135], wird im folgenden ein Überblick gegeben. Dabei wird versucht, die Termini in ihren wechselseitigen Zusammenhang zu bringen und zu ordnen. Die folgenden Übersichten umfassen (zusammen mit den an anderer Stelle erläuterten) etwa 300 Begriffe. Daraus ergibt sich die Notwendigkeit, diese Begriffe – wenigstens in erster Näherung - zu werten. Deshalb sind die zur Benutzung empfohlenen Termini *kursiv* gedruckt; Synonyme und Begriffe ähnlicher Bedeutung sind in Klammern gesetzt. In einzelnen Fachgebieten werden bestimmte Termini z.T. auch in anderem Sinne gebraucht, was meistens in fachspezifischen Normen (z.B. [601]) ausdrücklich festgelegt wird.

In **Tafel 2.6** sind zunächst Begriffe zusammengefaßt, die für Angaben der Genauigkeit von Messungen und Meßmitteln gebräuchlich sind. Die mit Meß ... beginnenden Termini dienen vorzugsweise zur Charakterisierung der Genauigkeit von Meßresultaten. Die zum Vergleich mit angegebenen Bezeichnungen für die entsprechenden Eigenschaften von Waren (Erzeugnissen) allgemein bzw. von Produkten der Fertigungstechnik speziell haben orientierenden Charakter. Sie wurden mit aufgenommen, weil sie (z.B. als Aufgabengrößen) eng mit der (Längen-)Meßtechnik verknüpft sind.
Zwei oft kaum unterschiedene Begriffe sind Messen und Prüfen, wobei beim Prüfen noch mehrere Arten zu unterscheiden sind **(Bild 2.6)**. Während *maßliches Prüfen* meßbare Merkmale (*Variablenmerkmale*) bestimmt, bezieht sich das *nichtmaßliche Prüfen* auf nichtmeßbare Merkmale (*Attributmerkmale*), so daß dies hier nicht berücksichtigt zu werden braucht. Sind die Prüfobjekte Meßmittel, so handelt es sich um *meßtechnische Püfungen*, die *Kalibrierungen* genannt werden; mit ihnen beschäftigt sich Abschnitt 6.3. Im Unterschied zum Messen ist es für das Prüfen typisch, daß
• dabei über die Erfüllung oder Nichterfüllung einer Forderung entschieden werden soll,
• Eine Entscheidung über das weitere Schicksal des Prüflings im Anschluß an die Bestimmung der Objekteigenschaft unabdingbarer Bestandteil des Prüfprozesses ist und
• die geprüfte Eigenschaft vorrangig den Charakter eines Qualitätsmerkmals hat.
Auch auf eine Messung folgt in den meisten Fällen eine Entscheidung; aber sie ist nicht notwendigerweise integrierter Bestandteil des Meßprozesses. Beim Prüfen dagegen ist das Entscheiden oft auch hardwaremäßig in den Prüfprozeß einbezogen, wie beim automatischen *Sortieren* in „gut" und „schlecht" oder beim *Klassieren* in verschiedene

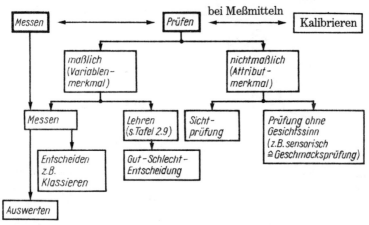

Bild 2.6. Unterscheidung von Messen und Prüfen sowie Arten des Prüfens

Tafel 2.6. Begriffe zur Bezeichnung von Meß-, Meßmittel- und Erzeugnisgenauigkeiten

Bezugnahme Art des Begriffs	Ausdrücke positiven Inhalts	Ausdrücke negativen Inhalts
Messungen und Meßmittel Allgemein	*Meßgenauigkeit* Genauigkeit Exaktheit	Meßungenauigkeit [629] Ungenauigkeit spez. zuf. F.: *Unsicherheit* syst. F.: *Unrichtigkeit* *Streuung* Veränderlichkeit [639]
Messungen und Meßmittel Präzisierend (auch Zahlenwerte)	*Genauigkeitsklasse*[1]) Genauigkeitsgrad[1]) Klassengenauigkeit[1]) Anzeigekonvergenz[1]) [167] Konformität [623] Nichtkonformität [623]	*Fehler, Meßfehler* Abweichung, Meßabweichung Streuungsmaße (Abschn. 3.4.2.3) Meßunsicherheit Fehlergrenze[1]) Fehlerklasse [1]) Anzeigefehler[1])
Messungen und Meßmittel Als Funktion der Zeit	Meßzuverlässigkeit (gutes) *Zeitverhalten* (Kennzeichnung s. Abschn. 5)	(zeitliche) Änderungen[4]) *Drift* (ungünstiges) Zeitverhalten (Kennzeichnungs. Abschn. 5)
Erzeugnisse Allgemein	Qualität Erzeugnis- ⎫ Fertigungs- ⎬ qualität Güte[2]) ⎭ Gebrauchswert	Mangel Unzulänglichkeit Defekt Ausschuß
Erzeugnisse Präzisierend	Güteklasse, -faktor Komplexkennziffer Fertigungsgenauigkeit Maßhaltigkeit Einhaltung von Toleranzen	Fehler[3]) Produktions- ⎫ Fertigungs- ⎬ fehler Fehlerquote Maßabweichung, Abmaß Toleranzüberschreitung

[1]) meist nur bei Meßmitteln angewendet
[2]) spezifiziert, z. B. Gesamtgüte, Mindestgüte, Funktionsgüte
[3]) spezifiziert, z. B. Hauptfehler, Nebenfehler, kritischer Fehler
[4]) spezifiziert, z. B. reversible, irreversible, zulässige Änderung

Zu den entsprechenden **englischsprachigen Termini** vgl. [628].

Zuf. F. zufällige Fehler; syst. F. systematische Fehler

Qualitätsklassen. Die enge Beziehung zwischen Messen und Prüfen zeigt sich auch darin, daß Prüfmittel überwiegend zu den Meßmitteln gehören (s. Abschn. 6) und Meßmittel z. T. allgemein Prüfmittel genannt werden.

Messen und Prüfen beziehen sich auf Objekteigenschaften, die quantitativ bestimmt werden sollen. Diese Eigenschaften werden ebenfalls unterschiedlich bezeichnet, wie **Tafel 2.7** zeigt.

Tafel 2.7. Verschiedene Ausdrücke für die zu messende Eigenschaft

Allgemein	Speziell bezogen auf	
	Messungen	Prüfungen
Größe[1]) (Bestimmungsgröße)	Meßgröße (Beobachtungsgröße, Observable)	Prüfgröße
Wert einer Größe	richtiger Wert (unzweckmäßig: Istwert)	Istmaß
Eigenschaft[2]) (Objekteigenschaft)	meßbare Eigenschaft	Erzeugniseigenschaft
Parameter	meßbarer Parameter	Prüfparameter[3]) (Erzeugnisparameter)
		Kontrollparameter
Merkmal, Merkmalswert		Qualitätsmerkmal
Variable (Prozeßvariable)	Beobachtungsvariable	Variablenmerkmal (Pendant: Attribut-
Komponente	meßbare Komponente	merkmal)
Als Resultat von Messungen bzw. Prüfungen:	Ausgangsgröße[4]) Meßwert[5]) Meßergebnis[6]) Meßresultat[7]) Beobachtungsergebnis[8])	Prüfergebnis (Prüfresultat) Prüfbefund

[1]) oft noch spezifiziert: Zufallsgröße, vektorielle Größe usw.
[2]) auf Geräte bezogen: Kenngrößen, Kenndaten usw. (vgl. Abschn. 6.1)
[3]) spezifiziert: Hauptparameter, Nebenparameter [167]
[4]) auch Ausgangssignal, speziell bei maschineller Weiterverarbeitung
[5]) spezifiziert: korrigierter Meßwert, berichtigter Meßwert usw.
[6]) speziell: vollständiges Meßergebnis (s. Abschn. 7.4)
[7]) zusammenfassende Bezeichnung für Meßwert und Meßergebnis [589]
[8]) auch: Beobachtung, beobachteter Wert, Beobachtungswert, Beobachtungsresultat u. a.
Zur Erläuterung der Begriffe vgl. [167] [178] [231] und einschlägige Standards

Von den zu messenden Eigenschaften sind diejenigen zu unterscheiden, die (in meist ungewollter Weise) die Messung beeinflussen. Begriffe, die in diesem Zusammenhang eine
Rolle spielen, sind in Tafel 2.4 enthalten. Für die unter den verschiedenen Bedingungen
auftretenden Fehler sind z. T. auch spezielle Bezeichnungen in Gebrauch **(Tafel 2.8).**
Um die Richtigkeit von Messungen zu gewährleisten, ist eine Reihe von Manipulationen
erforderlich. Diese meßtechnischen Tätigkeiten stehen alle mehr oder weniger mit der
Kalibrierung von Meßmitteln in Zusammenhang und sind in **Tafel 2.9** zusammengestellt.
Auch gibt es eine Reihe von Meßmitteleigenschaften, die nicht unmittelbar genauigkeits-
bestimmend sind, die aber mit solchen Eigenschaften in engem Zusammenhang stehen
oder die für die Definition bestimmter Fehlerkennwerte benötigt werden. Sie sind in
Tafel 2.10 aufgeführt. Besonders wichtig ist, daß Empfindlichkeit und Genauigkeit sorgfältig auseinandergehalten werden [100] [103] [148] [150]. Es gibt keinen unmittelbaren
Zusammenhang zwischen diesen beiden Eigenschaften, etwa in dem Sinne: hohe Empfindlichkeit $\triangle$ hoher Genauigkeit. Oft ist sogar das Gegenteil der Fall (Galvano-
meter; s. z. B. [148]).

Tafel 2.8. Genauigkeitsbeschreibende Begriffe für Meßmittel unter Bezug auf bestimmte Bedingungen oder Operationen

Bezeichnung	Bedeutung
Fehlergrenze	Fehlerextremwerte bei festgelegten Anwendungsbedingungen
Garantiefehlergrenze	(auch: Gewährleistungsgrenze [167] [557]), vom Hersteller gewährleistete Fehlergrenze[1]) [173] [571] [638]
Verkehrsfehlergrenze	durch Eichordnung [543] vorgeschriebene Fehlergrenze unter Betriebsbedingungen, die bis zur nächsten Prüfung (Eichung) eingehalten werden soll [359] [553] [638]
Eichfehlergrenze	die bei Eichung unter den dafür festgelegten Bedingungen vom Meßmittel einzuhaltende Fehlergrenze [231] [543] [638] [639]
Beglaubigungs-fehlergrenze	wie vorstehend, aber auf Beglaubigung bezogen [231]
Prüffehlergrenze	wie vorstehend, aber auf normale Prüfung bezogen
Grundfehlergrenze	Grenze des Meßmittelfehlers bei Einhaltung der Referenzbedingungen
Einflußeffekt	Differenz zwischen zwei angezeigten Werten derselben Meßgröße bei zwei unterschiedlichen Werten einer Einflußgröße [618]

---

[1]) Gilt bei Änderung einer Einflußgröße in den Grenzen des Bezugsbereichs (Referenzbereichs) und Konstanz aller anderen Einflußgrößen [638]

Die Einteilung des Meßfehlers in drei Hauptanteile (S. 20) berücksichtigt nur die einfachsten Fälle. In der Praxis müssen aber auch Zeitabhängigkeiten in Betracht gezogen werden, womit sich das im **Bild 2.8** wiedergegebene Schema ergibt.
Während sich die obigen Fehlereinteilungen auf die verschiedenen Anteile und die Fehlerbeiträge bezogen, muß noch die Unterscheidung nach dem Bezugswert erwähnt werden, die für alle Fehler gilt (**Bild 2.7**). Im folgenden sollen sich *relative Fehler* immer auf Meßresultate, *reduzierte* auf Meßmittel beziehen. Oft wird auf diese Unterscheidung verzichtet und in beiden Fällen von relativen Meßabweichungen bzw. Fehlern gesprochen (z.B. [557] [607]). Dies ist weniger zweckmäßig, weil sonst korrekterweise immer vom relativen Fehler der Messung, des Meßergebnisses usw. oder vom relativen Fehler des Meßgeräts gesprochen werden muß. In DIN 1319 [634] wird anstelle des Ausdrucks reduzierter Fehler der Terminus bezogene Meßabweichung (eines Meßgerätes) vorgeschlagen.
Auf jeden Fall soll bei der Angabe von bezogenen Fehlern für Meßmittel eindeutig klar sein, welcher Bezugswert verwendet worden ist [629]. Werden (systematische) Meßmittelfehler als Funktion der Meßgröße (Fehlerkennlinie) oder in Tabellenform angegeben, so existiert für den Wert des Fehlers an jedem Punkt dieser Kennlinie auch ein richtiger Wert, auf den der absolute Fehler bezogen werden kann. In diesem Fall ist die Angabe von Meßmittelfehlern in der Form von relativen Fehlern sinnvoll.
Für die Bildung von reduzierten Fehlern werden als *Bezugswerte* vornehmlich die Meßspanne (Meßbereichsumfang) oder der Meßbereichsendwert verwendet (bei Skalen mit natürlichem Nullpunkt dasselbe). Für Geräte mit anderen Skalen (unterdrückter Nullpunkt, Mittennullpunkt) ist die Meßspanne vorteilhafter. Bei nichtlinearen Skalen oder Längenänderungen bzw. Ausschlagwinkeln als Ausgangsgrößen dient die Skalenlänge bzw. der ihr entsprechende Gesamtwinkel als Bezugswert (z.B. Drehspulmeßgerät mit Widerstandsskale von $0 \, \Omega$ bis ∞). Für Normale (s. Abschn. 3.1), Längenmeßmittel (s. Abschn. 9) und digitale Meßgeräte (s. Abschn. 4) gelten noch einige Besonderheiten.

Tafel 2.9. Meßtechnische Tätigkeiten im Zusammenhang mit der Sicherung der Meßgenauigkeit

Beschreibung der Tätigkeit	Bezeichnungen	
	in der Literatur vorkommend	durch DIN empfohlen
Experimentelle Ermittlung des Zusammenhangs zwischen Eingangsgröße x_e und Ausgangsgröße x_a:	Einmessen [610]	Kalibrieren [571] [634] [637] [638]
Überprüfen der Gesamtheit genauigkeitsbestimmender Eigenschaften von Meßmitteln	Prüfen (von Meßmitteln) [236]	Kalibrieren [474]
Dto., mit amtlicher Bestätigung des Prüfresultats	Eichen (bzw. Nacheichen) [236] [395]	Eichen, auch: Eichen im amtlichen Sinne [571]
Kontrolle der Anzeige "Null" bei Eingangsgröße "Null"	Nullpunktkontrolle	Nullpunktkontrolle
Aufnahme der Fehlerkennlinie	Einmessen Prüfen	Kalibrieren [474] [575] [637] [644]
Beseitigen festgestellter Abweichungen	Korrigieren	Justieren [575] [644] Einstellen [637]
Dto., speziell am Nullpunkt	Nullpunktkorrektur	Nullpunktkorrektur, -einstellung [637]
Ermitteln der Abweichung einer Maßverkörperung vom Nennmaß	Prüfen oder Eichen	Kalibrieren [474]
Manipulationen an einem Meßmittel zur Verkleinerung von Meßabweichungen auf vorgegebene Werte	Justieren Abgleichen	Justieren [575] [637] [644]
Feststellen der Funktion Skalenteile $= f$ (Meßgröße)	Kalibrieren	Graduieren [557]
Beschriftung der Skalenteilung mit Werten von x_e	Beziffern	Graduieren [557]
Kontrolle der Einhaltung gestellter Forderungen allgemein (mit Entscheidung)	Prüfen	Prüfen [474]
Dto., unter Bezugnahme auf Sollwertüber- oder -unterschreitung; Ja-Nein-Entscheidung	Lehren	Lehren [474] [637]

Tafel 2.10. Meßmitteleigenschaften, die im Zusammenhang mit Genauigkeitsfragen eine Rolle spielen

Erläuterung der Eigenschaft	Bezeichnung	Weitere Bezeichnungen ähnlicher Bedeutung
Teil des Anzeigebereichs, in dem ein Meßmittel die Fehlerkennwerte einhält	Meßbereich [571] [618] [634]	
Meßbereichsendwert minus Meßbereichsanfangswert	Meßspanne [557] [613] [618]	Meßbereichsumfang
Dem Meßbereich entsprechender Wert bei Zählern	Belastungsbereich	
festgelegter Wert, auf den Meßabweichungen eines Meßmittels bezogen werden	Bezugswert [618]	Nenner im reduzierten Fehler
Änderung der Ausgangsgröße (Anzeige) bezogen auf die verursachende Änderung der Eingangsgröße (Meßgröße)	Empfindlichkeit [534] [557]	Übertragungsbeiwert [557]; bei linearer Kennlinie: Übertragungsfaktor, -beiwert [557], -koeffizient [608]
Dto., bei digitaler Ausgabe: Ausgangsgröße $\triangleq$ 1 digit	Empfindlichkeit	digitaler Meßschritt [557]
Anzeige bezogen auf den zugehörigen Wert der Meßgröße	bei Linearität: Empfindlichkeit	Ansprechvermögen [638]
Fähigkeit, auf kleine Eingangsgrößenänderung zu reagieren	Beweglichkeit [630]	Auflösung [340], Auflösungsvermögen [630] Ansprechempfindlichkeit [167] [173]
Kleinste nachweisbare Änderung von x_e (Quantifizierung der Beweglichkeit)	Ansprechschwelle [630]	Empfindlichkeitsschwelle, Nachweisgrenze (bei Analyse) [308]
Ansprechschwelle am Nullpunkt	Ansprechwert [557]	Meßschwelle
Dto., bei Zählern	Anlaufwert [557]	
Besonders bei Längen- und Zeitmessungen statt Ansprechschwelle	(räumliches und zeitliches) Auflösungsvermögen	Auflösung [340]
Dto., bei diskreten Werten (z. B. Potentiometer: Windung/Länge)	Auflösung	Unstetigkeitsschritt [173]

3*

Fortsetzung von Tafel 2.10.

Erläuterung der Eigenschaft	Bezeichnung	Weitere Bezeichnungen ähnlicher Bedeutung
Grenzwert, dessen Überschreiten Reaktion auslöst	Schwellwert [231] Grenzwert	Schwellenwert
Zustand bei konstantem x_e und konstanten Einflußgrößen	Beharrungszustand [557]	
Multiplikationsfaktor K_{Sk} in Meßwert = K_{Sk} · Skalenteil	Skalenkonstante	Kalibrierfaktor [638]
Zulässige Änderung der Nullage nach Belastung	Nullpunktbeständigkeit [639]	
Fähigkeit von Analysenmeßgeräten zur Unterscheidung der gesuchten von anderen Komponenten	Selektivität [139] [308]	Trennvermögen, Trennschärfe
Gegenteil von Selektivität	Querempfindlichkeit [139]	

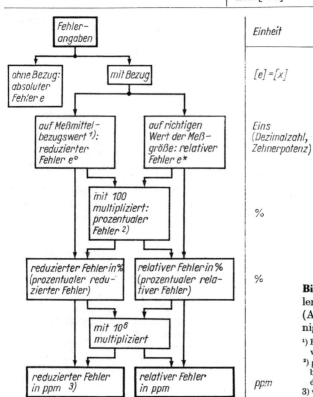

Bild 2.7. Einteilung der Fehler nach ihren Bezugswerten (Angaben in ppm sind weniger gebräuchlich)

[1] Bezugswerte (auch Normierungswerte), s. Text

[2] gelegentlich auch Prozentfehler, beide Begriffe möglichst vermeiden

3) vorzugsweise in englischsprachiger Literatur benutzt

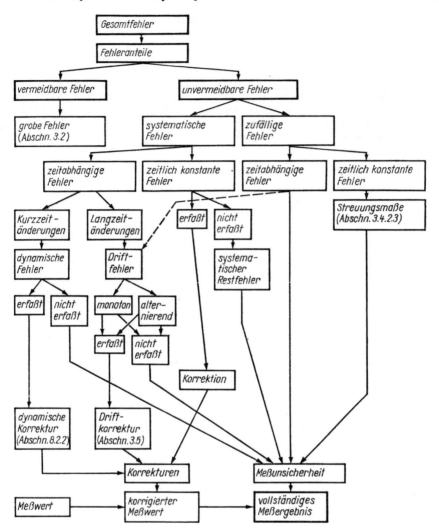

Bild 2.8. Gesamtübersicht über die verschiedenen Fehleranteile und ihre Berücksichtigung im vollständigen Meßergebnis

Beim relativen Fehler (eines Meßresultats) liegt eine Schwierigkeit darin, daß der Bezugswert unbekannt ist. Deshalb wird in der Praxis der absolute Fehler auf den Meßwert anstatt auf den richtigen Wert bezogen. Dabei sollte darauf geachtet werden, daß der Bezugswert dem richtigen Wert möglichst nahe kommt, daß also z. B. der korrigierte anstelle des unkorrigierten Meßwerts benutzt wird. Im Interesse der deutlichen Unterscheidung zwischen Meß- und Meßmittelfehlern ist es empfehlenswert, auf den Begriff *prozentualer* Fehler ([125] [164] [177] u. a.) zu verzichten.

Mit der Fehlerproblematik untrennbar verbunden ist auch die Frage der *Zuverlässigkeit*. Die Anwendung dieses Begriffs auf Messungen bzw. Meßresultate (Zuverlässigkeit
eines Meßergebnisses) sollte unbedingt vermieden werden, da es genügend präzisere
Termini gibt. Bei Meßmitteln spielt dagegen die Zuverlässigkeit eine wichtige Rolle.
Nach [131] ist *Meßzuverlässigkeit* (auch Meßbeständigkeit) gegeben, wenn ein Meß-
mittel während einer bestimmten Zeit richtig mißt. Als spezifizierte Zielgröße der all-
gemeinen technischen Zuverlässigkeit [39] ist Meßzuverlässigkeit eine statistische
Größe, für deren Einhaltung nie die Wahrscheinlichkeit 100 % gefordert werden kann.
Die Zuverlässigkeitsarbeit ist ein Spezialgebiet, das hier nicht behandelt werden kann.
Deshalb muß auf die Literatur verwiesen werden: [27] [39] [55] [131] [218] [351] [391].

3. Ermittlung und Beschreibung statischer Fehleranteile

Ehe die groben, systematischen und zufälligen Fehleranteile besprochen werden, ist der Hinweis wichtig, daß der erreichbaren Genauigkeit prinzipielle Grenzen gesetzt sind, und zwar durch die Unsicherheit in den beim Meßvorgang benutzten Maßverkörperungen.

3.1. Unsicherheiten der Maßverkörperungen

Von Zählgrößen abgesehen, wird bei jedem Meßvorgang der Wert der Meßgröße mit einer Einheit verglichen, die im allgemeinen als interne Maßverkörperung in das Meßmittel integriert ist [606]. Deshalb kann bei keiner Messung die Unsicherheit kleiner sein als die des benutzten Meßmittels, und dessen Unsicherheit ist durch seine interne Maßverkörperung begrenzt. Diese ist durch Kalibrierung an die Einheit der zu messenden Größenart angeschlossen. Die über mehrere Stufen erfolgende Rückführung auf die höchsten Normale geschieht durch Meßvorgänge, deren Resultate mit Unsicherheiten behaftet sind, so daß die Maßverkörperung eines Meßgeräts den angegebenen Wert (Sollwert) nur innerhalb bestimmter Grenzen repräsentieren kann. Bei zeitlicher Konstanz der geräteinternen Maßverkörperung ist diese Unsicherheit, die selbstverständlich in den Fehlerkennwerten des Meßmittels, z.B. in der Genauigkeitsklasse, enthalten ist, ein Maß für eine (an verschiedenen Stellen des Meßbereiches meistens unterschiedliche) Abweichung des ausgegebenen vom richtigen Wert. Diese grundsätzlich unbekannten Abweichungen wirken sich natürlich nur auf den Absolutwert des ermittelten Meßresultats aus. Es kann also keinnach (2.1) gemessener Zahlenwert in bezug auf die Einheit [G] genauer sein als die interne Maßverkörperung. Da dies bei der Bestimmung der Meßmittelkennwerte (vgl. Abschn. 6.1) berücksichtigt wird, resultieren daraus keine zusätzlich zu beachtenden Fehleranteile.

Wird jedoch als Maß für die Meßmittelgenauigkeit die Wiederholbarkeit, Reproduzierunsicherheit oder eine ähnliche Kenngröße gewählt, so erhält man keine Auskunft darüber, wie sich die Unsicherheit der internen Maßverkörperung auf den Absolutwert eines Meßresultatsauswirkt. Relativmessungen werden dagegen durch diese unerkannten Abweichungen vom richtigen Wert nicht beeinflußt.

Soll z. B. ein als optimal festgestellter Prozeßparameter mit dem gleichen Meßgerät im laufenden Betrieb überwacht werden, so ist es praktisch bedeutungslos, ob der Absolutwert dieses Parameters „richtig" oder infolge einer Abweichung der internen Maßverkörperung fehlerhaft ermittelt wurde. Oft werden solche Prozeßsollwerte ohnehin nur durch Skalenmarkierungen fixiert. In derartigen Fällen ist eine Abweichung im Wert der geräteinternen Maßverkörperung vom richtigen Wert nur von theoretischem Interesse.

Im Zusammenhang mit Fehlerbetrachtungen müssen jedoch auch die erreichbaren Meßunsicherheiten der zum Messen verwendeten Maßverkörperungen diskutiert werden. Die meisten Basiseinheiten sind derzeit durch Naturkonstanten definiert [29] [550] [579]. Die Definition stellt i. allg. eine Vorschrift zur Darstellung der betreffenden Einheit dar [29]. Das Verfahren zur *Darstellung einer Einheit* kann sich mit dem Fortschreiten der Technik immer wieder ändern (z. B. die neue Meterdefinition [389] [486]). Abgesehen von der Masseeinheit, die (noch!) durch einen Prototyp dargestellt wird, sind die Meßeinrichtungen zur Darstellung der Einheiten sehr aufwendig. Die Verkörperung bzw. Darstellung einer Einheit wird als Normal oder Normal-Meßeinrichtung bezeichnet [595]. Die genauesten Normale befinden sich in Paris im BIPM (internationale Normale); die höchsten Normale der Bundesrepublik sind die nationalen Normale in der PTB (auch Primärnormale [634] genannt). Mit den nationalen Normalen werden die Gerätekonstanten von Meßmitteln hoher zeitlicher Konstanz bestimmt, die als Sekundärnormale zur Bewahrung (Konservierung) der Einheiten und zur Kalibrierung niederer Normale dienen.

Bei manchen Einheiten ist es auch zweckmäßig, Teile und Vielfache der Einheit gesondert darzustellen und mit Hilfe spezieller Sekundärnormale zu bewahren. An die Sekundärnormale werden weitere Normale, die *Bezugsnormale* (auch Referenznormale), angeschlossen. Da zum Kalibrieren von Arbeitsmeßmitteln sehr viele Referenznormale benötigt werden, stellt man Referenznormale unterschiedlicher Ordnungen her (**Bild 3.1**). Es ergibt sich also eine (oft verzweigte) Kette von Bezugsnormalen. Dabei sind die verschiedenen Normale keineswegs Meßmittel gleicher Art (vgl. Bild 3.1). Auch die als Normale dienenden Meßmittel unterliegen einer ständigen Weiterentwicklung, wie neuere Arbeiten zu den Normalen für die verschiedenen Größenarten erkennen lassen (z.B. Länge [293] [486], Masse [1] [190] [191] [486] [504], Zeit [25], Druck [188], Temperatur [290], elektrische Spannung, ,,Josephson-Element" [161], andere elektrische Größen [67] [125], Stoffzusammensetzung [293] [486]:

Als Maß für die Genauigkeit der durch die Normale verkörperten Werte wird normalerweise die Meßunsicherheit benutzt. Durch die Rückführung eines Normals auf ein höheres vergrößert sich die Unsicherheit von Stufe zu Stufe, und zwar um einen Faktor, der etwa zwischen 2 und 5 liegt [29] [309]. Der größte Faktor gilt für die untersten Referenznormale und für den Anschluß der

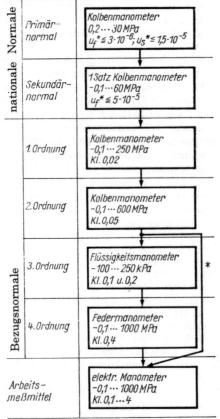

Bild 3.1 Schema ausgewählter Normale für die Einheit des Druckes (ohne Verzweigungen) [139] als Beispiel für die Rückführung von Arbeitsmeßmitteln auf nationale Normale. Der Bezugsnormale niederer Ordnung bedienen sich die Kalibrierlaboratorien des DKD, die der höheren Ordnungen können als *Gebrauchsnormale* (*Werksnormale*) dienen.

u_f^* relative Meßunsicherheit; u_S^* relative Unsicherheit infolge des systematischen Restfehlers
✴ direkter Anschluß einer Arbeitsmeßmittels an ein genaueres Referenznormal

Arbeitsmeßmittel; für die höheren Normale wird $K_T \approx 0{,}1$ (in begründeten Fällen $K_T \sim 0{,}2$) angestrebt und vielfach erreicht [575]. Mit Problemen bei der Rückführung von Normalen beschäftigen sich u.a. die Arbeiten [103] [309] [576]; Fehlerbetrachtungen finden sich in [1] [257], für den Einsatz von Rechnern in [191]. Über die Hierarchie der Normale und organisatorische Fragen findet man Angaben in [163] [164] [393] [590] **(Bild 3.2).**
Um die Unsicherheit in den letzten Bezugsnormalen so klein, wie möglich zu halten, soll die Meßmittelkette möglichst wenig Glieder enthalten [575]. Bei hohen Genauigkeitsforderungen werden deshalb Arbeitsmeßmittel auch an höhere Bezugsnormale angeschlossen (✳ im Bild 3.1). Aus der Meßmittelkette mit den angegebenen Meßunsicherheiten ist zu entnehmen, welche Meßunsicherheiten von einem konkreten Meßmittel prinzipiell nicht unterschritten werden können. Wird ein Manometer mit einem Bezugsnormal 4. Ordnung (Bild 3.1) kalibriert, so kann die Fehlerklasse nie besser als 1,0 sein, unabhängig davon, wie hochwertig dieses Meßgerät an sich ist.
Da die erreichbare Genauigkeit aller Arbeitsmeßmittel davon abhängt, mit welcher Unsicherheit das Primärnormal der betreffenden Größenart behaftet ist, werden die Einheiten der einzelnen Größen in geeigneten Instituten (z.B. den metrologischen

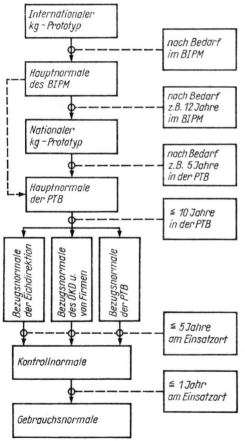

Bild 3.2 Schematische Darstellung der Hierarchie der Massennormale mit Eichgültigkeitsdauern [474]

BIPM Bureau International des Poids et Mesures;
PTB Physikalisch-Technische Bundesanstalt;
DKD Deutscher Kalibrierdienst

Staatsinstituten) mit großer Sorgfalt und entsprechend hohem Aufwand dargestellt. Über Einzelheiten informiert die einschlägige Literatur: [29] [85] [126] [160] [164] [189] [196] [259] [309] [388] [474] u.a. Für eine erste Information sind nach Angaben aus der PTB einige Werte in **Tafel 3.1** zusammengestellt. Daraus ist ersichtlich, daß bei elektrischen Größen, die vom Ampere abgeleitet sind, mit erheblichen Unsicherheiten gerechnet werden muß, während die höchsten Genauigkeiten bei der Messung von Zeitintervallen und damit auch bei Zählverfahren zu erwarten sind. Dies ist einer der Gründe, warum in der Präzisionsmeßtechnik sehr oft versucht wird, die zu messenden Größen auf Zählgrößen bzw. Frequenzen abzubilden.

Abschließend sei betont, daß diese Genauigkeitsbetrachtungen nur für die Messung von *Absolut*werten praktische Bedeutung haben und weder etwas über die Unsicherheit von *Relativ*messung noch über die Wiederholpräzision von Meßmitteln aussagen. So ist z. B. ein Widerstandsnormal mit einer Unsicherheit von $2 \cdot 10^{-7}$ darstellbar, obwohl die Unsicherheit in der Basiseinheit Ampere $4 \cdot 10^{-6}$ beträgt.

Tafel 3.1. Derzeit erreichbare relative Unsicherheiten u^* bei der Darstellung einiger Einheiten

Größenart	Einheit	Kurzzeichen	u^*
Länge	Meter	m	$5 \cdot 10^{-9} \cdots 10^{-8}$
Masse	Kilogramm	kg	$1 \cdot 10^{-9} \cdots 10^{-8}$
Zeit	Sekunde	s	$5 \cdot 10^{-13} \cdots 10^{-12}$
Stromstärke	Ampere	A	$4 \cdot 10^{-6}$
Widerstand	Ohm	Ω	$2 \cdot 10^{-7} \cdots 2 \cdot 10^{-6}$
Temperatur	Kelvin	K	[1])

[1]) Die Unsicherheiten bei der Darstellung der Temperaturskale sind abhängig vom darzustellenden Wert; in der Nähe von 0 °C werden z. B. 0,002 K, bei 1000 °K etwa 0,1 K erreicht [29] [163] [164] [290]

3.2.   Grobe Fehleranteile

3.2.1.   Begriff des groben Fehlers

Die Definitionsschwierigkeiten für die groben Fehleranteile (abkürzend: grobe Fehler) spiegeln sich schon in der heterogenen Terminologie wider. So findet man beispielsweise Bezeichnungen wie uneigentliche [126], offensichtliche [213], parasitäre [590] oder Höchstfehler [264], auch Fehlleistungen [531] und Versehen. Meist wird der Ausdruck grober Fehler (auch grobe Abweichung [630]) benutzt, und zwar werden Fehler, die deutlich „größer" sind, als es unter den gegebenen Umständen zu erwarten wäre, als grob bezeichnet. Hierin kommt klar die Willkür zum Ausdruck, die bei der Identifizierung grober Fehler nie ganz zu vermeiden ist; denn es gibt kein sicheres Kriterium dafür, welche Fehlerbeträge im konkreten Fall zu erwarten sind.

Diese Schwierigkeiten sind auch dadurch nicht zu beheben, daß man die Fehler*ursachen* als Kriterium benutzt. Erhebliche Mängel der benutzten Meßmittel, kurzzeitige größere Abweichungen einzelner Einflußgrößen von ihren Sollwerten oder fehlerhafte Durchführung bzw. Auswertungen von Messungen führen zu groben Fehlern, ebenso wie eine falsche Wahl der Meßgröße für eine bestimmte Aufgabengröße (in [295] als mangelnde Repräsentativität des Meßwerts bezeichnet). So ist z. B. die über einem Heizkörper gemessene Temperatur kein Maß für die mittlere Raumtemperatur [295] (Repräsentativfehler [342]). Daraus ist jedoch keine brauchbare Definition für grobe Fehler zu gewinnen. Wie groß muß beispielsweise ein Parallaxenfehler sein, damit er eine Fehlablesung ergibt? Eindeutig sind nur wirkliche Fehlbedienungen, Falschablesungen und Rechenfehler bei der Auswertung. Aber auch sie bleiben i. allg. unerkannt; denn man müßte es dem Meßwert ansehen können, daß er das Ergebnis einer Fehlhandlung ist, was wieder auf die ursprüngliche Begriffserklärung führt.

Es gibt also keine befriedigenden Definitionen für die als grobe Fehler bezeichneten Beiträge zum Meßfehler, so daß ihr Erkennen sehr problematisch ist.

3.2.2. Erkennen grober Fehler

Einzelmessungen. Infolge der Unkenntnis des richtigen Wertes gibt es bei Einzelmessungen keine Möglichkeit, den Wert einer Meßabweichung zu bestimmen und zu entscheiden, ob er evtl. „zu groß" ist. Auch über Mängel ist nichts bekannt; denn sonst wären sie vermieden oder in Form einer Korrektion berücksichtigt worden (vgl. Abschnitt 8.2). Gibt es keine Möglichkeit, die Messung zu wiederholen, so kann nur eine Plausibilitätsbetrachtung weiterhelfen, wie sie *grundsätzlich* zu jeder Messung gehören sollte.

Eine meßtechnische *Plausibilitätsbetrachtung* bedeutet, alle A-priori-Informationen über Meßobjekt, Meß- und Einflußgrößen sowie verwendetes Meßsystem so auszuwerten, daß das zu erwartende Meßresultat und seine Genauigkeit vorausschauend abschätzbar sind [112] [272]. Bei rechnergestützten Meßsystemen können solche Plausibilitätsbetrachtungen auch im laufenden Betrieb durch den Rechner vorgenommen werden (Beispiele: [78]). Man entwickelt also ein *Modell des gesamten Meßprozesses*, das Meßobjekt, Meßmittel und Umwelteinflüsse umfaßt ([114] [203] [313] [361] [421] u. a.). Oft wird man dabei auf einen speziellen Formalismus verzichten können, wenn ausreichende Erfahrungen vorliegen. Nur selten gibt es keine A-priori-Kenntnisse über Meßobjekt und Meßgröße.

Falls nichts über den zu erwartenden Wert der Meßgröße bekannt ist, kann die Plausibilitätsbetrachtung auch durch eine *Orientierungsmessung* ersetzt werden. Dazu dienen normalerweise einfachere (ungenauere) Meßmittel und/oder vereinfachte Meßanordnungen. Bei schwierigen Problemen können zusätzlich die Meßbedingungen vereinfacht werden, auch wenn dann das eigentliche Ziel der Messung nicht erreichbar ist. Selbstverständlich lassen sowohl Plausibilitätsbetrachtungen als auch Orientierungsmessungen nur grobe Fehler mit großen Werten erkennen. Insofern sind gerade diejenigen groben Fehler besonders gefährlich, welche die zu erwartenden Meßunsicherheiten nur wenig übersteigen. Generell gilt, daß kleine Unrichtigkeiten, die schwer erkennbar sind, oft schlimmere Folgen haben als große Meßabweichungen, deren Unrichtigkeit offensichtlich ist, vgl. S. 149 und [521].

Meßreihen (Mehrfachmessungen unter Wiederholbedingungen; deshalb auch Wiederholmeßreihe genannt [637]). Wird die gleiche Größe unter Wiederholbedingungen gemessen, so hilft dies auch nicht weiter, wenn der gleiche Bedienungsfehler ständig wiederholt bzw. das gleiche defekte Gerät benutzt wird. Tritt dagegen infolge der zufälligen Wirkung unerkannter Ursachen, wie einmalige Änderung von Einflußgrößen (z.B. Spannungsspitzen, Abkühlung durch Luftzug) oder einmalige Bedienungsfehler, in einer Meßreihe ein Meßwert auf, der ungewöhnlich stark vom Mittelwert abweicht, so ist dies ein grober Fehler, der auch *Ausreißer* genannt wird. Nach statistischer Betrachtungsweise ist er eine Realisierung, die aus einer anderen Grundgesamtheit stammt als die übrigen Meßwerte. Fehlen Ausreißer in einer Meßreihe, so ist dies ein Zeichen dafür, daß die Meßwerte der gleichen Grundgesamtheit entstammen, also Wiederholbedingungen vorlagen.

Wiederholbedingungen sind gegeben, wenn eine Größe durch denselben Beobachter, mit demselben Meßmittel und demselben Meßverfahren, unter gleichen Meßbedingungen (z.B. stets aus einer Richtung kommend [606]) sowie in hinreichend kurzen Zeitintervallen gemessen wird [634]. Bei Variation von Beobachter; Meßmittel, Meßverfahren sowie von Meßort und/oder Zeitpunkt spricht man von *erweiterten Vergleichsbedingungen* [634]. Als Schnellorientierung darüber, ob bei der Aufnahme einer Meßreihe Wiederholbedingungen vorgelegen haben, eignet sich z.B. der Vorzeichentest [375].

Ausreißer sind zwar mit Hilfe von statistischen Verfahren zu erkennen, aber die Grenze zwischen Ausreißer und „normaler" Streuung ist stets mehr oder weniger willkürlich, denn es müssen bestimmte Voraussetzungen (z.B. über die Meßwertverteilung) gemacht und Signifikanzniveaus festgelegt werden. *Ausreißerkriterien* sind in der einschlägigen Literatur beschrieben ([15] [73] [164] [170] [264] [279] [431] [531] [641] u.a.); entsprechende Ableitungen finden sich z.B. in [141]. Es gibt grafische und rechnerische Verfahren. Die *grafischen Verfahren* bedienen sich des Wahrscheinlichkeitspapiers (Abschnitt 3.4.2.2), wobei die Voraussetzung normalverteilter Meßwerte zwangsläufig mit kontrolliert wird. Diese Voraussetzung muß bei den üblichen Ausreißerkriterien allgemein erfüllt sein. Um zu entscheiden, wann Einzelwerte einer Meßreihe als Ausreißer vernachlässigt werden dürfen, ist zunächst zu überlegen, mit welcher Wahrscheinlichkeit extrem große Abweichungen vom Mittelwert überhaupt zu erwarten sind [279]. Am sichersten ist das bei Kenntnis der Meßwertverteilung abzuschätzen.

Beispiele. Sind die Werte normalverteilt, so können bei einer Grundgesamtheit oder einer sehr umfangreichen Meßreihe immerhin 5% aller Werte außerhalb des Bereichs $\langle \mu - 1{,}96\,\sigma\,;\ \mu + 1{,}96\,\sigma\rangle$ liegen. Bei Abweichung von der Normalverteilung bleibt man auf der sicheren Seite der Abschätzung, wenn der Bereich auf $\langle \mu - 3\,\sigma\,;\ \mu + 3\,\sigma\rangle$ vergrößert wird, sofern die Verteilung zumindest als eingipflich und symmetrisch angenommen werden kann. Ist auch diese Annahme unbegründbar, so ist der Bereich nach *Tschebyscheff* mit $\langle \mu - 4{,}47\,\sigma\,;\ \mu + 4{,}47\,\sigma\rangle$ anzusetzen. Da man die normalerweise vorliegenden Meßreihen als Stichproben anzusehen hat, sind in der Praxis die genannten Grenzen noch deutlich weiter auszudehnen. So kann für weniger umfangreiche Meßreihen, bei denen über das Vorliegen einer bestimmten Verteilung ohnehin kaum etwas auszusagen ist, zur ersten Abschätzung die 4-*s*-Regel benutzt werden [375] [474]. Bei Normalverteilung liegen 99,99% aller Werte innerhalb der 4-*s*-Grenzen, bei eingipfligen symmetrischen Verteilungen 97% und bei beliebigen Verteilungen noch 94%. Für diese Abschätzungen wird zur Berechnung von $\bar{x}$ und s der vermutete Ausreißer weggelassen. Obwohl Realisierungen außerhalb der genannten Grenzen bei einem stochastischen Prozeß vorkommen können, werden sie unter praktischen Gesichtspunkten als Ausreißer angesehen.

Für viele Zwecke sind orientierende Abschätzungen völlig ausreichend. Werden jedoch genauere Aussagen gewünscht, so muß ein *statistischer Test* durchgeführt werden. Dazu ist als erstes die Meßwertverteilung zu untersuchen (s. Abschn. 3.4.2.2). Die verschiedenen Verfahren unterscheiden sich nach dem Meßreihenumfang n sowie danach, welche statistischen Kennwerte bekannt sind. Es ist logisch, daß Ausreißer als um so unwahrscheinlicher zu gelten haben, je kleiner eine Stichprobe (Meßreihe) ist.

Die Entscheidung, ob ein bestimmter Meßwert x_{gr} ein Ausreißer ist, basiert darauf, daß die *Nullhypothese* „Alle Werte gehören einer Grundgesamtheit an" auf einem vorgegebenen *Signifikanzniveau* (auch *Irrtumswahrscheinlichkeit*, Überschreitungswahrscheinlichkeit [641]), wofür üblicherweise 5% angesetzt werden, abgelehnt wird. Das Signifikanzniveau ist mit dem *Vertrauensniveau* [634] [644] (auch *statistische Sicherheit* P, Aussagewahrscheinlichkeit oder Sicherheitswahrscheinlichkeit) durch die Beziehung

$$\alpha = 1 - P \tag{3.1}$$

verknüpft. Bei Aussagen über aufgetretene (und folglich vernachlässigte) Ausreißer ist das gewählte Vertrauensniveau stets mit anzugeben.

Beispiel 1: Meßreihe aus $n \leq 25$ Meßwerten (*Dixon* [86] [87])
Die Meßwerte werden ihren Werten nach so geordnet, daß x_{gr} den Index 1 bekommt, also $x_1 < x_2 < x_3 \ldots$ bzw. $x_1 > x_2 > x_3 \ldots$ usw. Entsprechend dem gewählten Signifi-

kanzniveau α und dem Meßreihenumfang n ist aus **Tafel 3.2** der Testquotient T_α zu entnehmen und damit die Nullhypothese $T_{\alpha,n} < z_\mathrm{T}$ zu testen, daß kein Ausreißer vorliegt. Wird diese Hypothese abgelehnt, so muß $x_1 = x_\mathrm{gr}$ als Ausreißer angesehen werden. Im Fall einer zweiseitigen Fragestellung ist das Signifikanzniveau zu verdoppeln. Dieser *Dixon-Test* ist in [175] für die praktische Anwendung aufbereitet und algorithmiert; er wird oft (z.B. auch in DIN 2257 [637]) zur Anwendung empfohlen.

Beispiel 2: Meßreihe aus $n \geq 20$ normalverteilten Meßwerten x_i, Standardabweichung s bekannt [82] [324]
Es wird ohne x_gr auf Normalverteilung getestet und aus den nach ihren Werten geordneten Meßwerten die Spannweite $R = |x_n - x_1|$ gebildet. Als Testgröße dafür, ob x_n bzw. x_1 ein Ausreißer ist, dient R/s. Ist diese größer als der aus **Bild 3.3** zu entnehmende Grenzwert z_T, so liegt ein Ausreißer vor. Ob x_1 oder x_n der Ausreißer ist, richtet sich danach, welcher dieser beiden Werte von $\bar{x}$ weiter entfernt ist (vgl. [141] [375]).

Beispiel 3: Meßreihe aus $n > 8$ normalverteilten Meßwerten x_i, Mittelwert $\bar{x}$ und Standardabweichung σ bekannt [164]
Ist die Standardabweichung der Grundgesamtheit aus vorangegangenen gleichartigen Messungen bekannt, so ist x_gr ein Ausreißer, wenn die Ungleichung

$$|x_\mathrm{gr} - \bar{x}| > z_\mathrm{T} \cdot \sigma \qquad (3.2)$$

Tafel 3.2. Grenzwerte z_T für den Ausreißertest nach *Dixon* [86] [87]

n	z_T			$T_{\alpha,n}$
	$\alpha = 0{,}10$	$\alpha = 0{,}05$	$\alpha = 0{,}01$	
3	0,886	0,941	0,988	$\dfrac{\|x_1 - x_2\|}{\|x_1 - x_n\|}$
4	0,679	0,765	0,889	
5	0,557	0,642	0,780	
6	0,482	0,560	0,698	
7	0,434	0,507	0,637	
8	0,479	0,554	0,683	$\dfrac{\|x_1 - x_2\|}{\|x_1 - x_{n-1}\|}$
9	0,441	0,512	0,635	
10	0,409	0,477	0,597	
11	0,517	0,576	0,679	$\dfrac{\|x_1 - x_3\|}{\|x_1 - x_{n-1}\|}$
12	0,490	0,546	0,642	
13	0,467	0,521	0,615	
14	0,492	0,546	0,641	$\dfrac{\|x_1 - x_3\|}{\|x_1 - x_{n-2}\|}$
15	0,472	0,525	0,616	
16	0,454	0,507	0,595	
17	0,438	0,490	0,577	
18	0,424	0,475	0,561	
19	0,412	0,462	0,547	
20	0,401	0,450	0,535	
21	0,391	0,440	0,524	
22	0,382	0,430	0,514	
23	0,374	0,421	0,505	
24	0,367	0,413	0,497	
25	0,360	0,406	0,489	

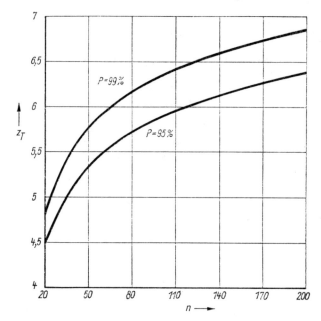

Bild 3.3. Grenzwerte z_T für den Ausreißertest mit der Spannweite $R = |x_n - x_1|$ für statistische Sicherheiten von 95 und 99 % [279]

erfüllt ist. Der Ausreißerfaktor z_T für drei verschiedene statistische Sicherheiten P ist **Tafel 3.3** zu entnehmen. Bei unbekannter Standardabweichung werden $\bar{x}$ und s ohne Berücksichtigung von x_{gr} aus den Meßwerten ermittelt. x_{gr} ist ein Ausreißer, wenn

$$|x_{gr} - \bar{x}| > k|s| \tag{3.3}$$

gilt. Das Vertrauensniveau dieser Entscheidung ist durch die entsprechende Spalte von Tafel 3.3 gegeben.

Tafel 3.3. Ausreißerfaktoren z_T und k

n	$P = 95\%$		$P = 99\%$		$P = 99,73\%$	
	z_T	k	z_T	k	z_T	k
9	2,53	4,42	3,05	7,48	3,45	11,49
10	2,57	4,31	3,08	6,99	3,48	10,26
12	2,63	4,16	3,14	6,38	3,53	8,80
15	2,71	4,03	3,22	5,88	3,57	7,66
20	2,80	3,90	3,30	5,41	3,63	6,73
25	2,87	3,84	3,35	5,14	3,68	6,25
30	2,93	3,80	3,42	5,00	3,72	5,95
40	3,01	3,75	3,50	4,82	3,76	5,56
50	3,08	3,73	3,55	4,70	3,79	5,34
100	3,29	3,76	3,70	4,48	4,03	5,07
200	3,49	3,83	3,89	4,43	4,19	4,90

z_T und k in den Ungleichungen (3.2), (3.3); aus [164] für drei statistische Sicherheiten von P und Meßreihen von n Werten (nach Aussonderung von x_{gr})

Im Gegensatz zu den grafischen Verfahren entfällt bei den rechnerischen die subjektiv beeinflußte Abschätzung, ob eine Abweichung von einer Kurve „unzulässig groß" ist; die prinzipiell unvermeidliche Willkür liegt lediglich noch in der Wahl von P. Außer diesen drei Ausreißertests sind in der Literatur weitere Verfahren beschrieben (z. B. in [141] [279] [375]), auch für Meßwerte, die nicht normal verteilt sind. Für die Weibull-Verteilung findet man entsprechende Ergebnisse in [200] mit weiterführender Literatur. Je schwerwiegender die Konsequenzen aus dem Ergebnis eines Ausreißertests werden und je unzureichender die A-priori-Kenntnisse über Untersuchungsobjekt, Meßsystem und Einflußgrößen sind, um so höher ist die statistische Sicherheit zu wählen. Ein einmal gewähltes Vertrauensniveau sollte für alle Untersuchungen beibehalten werden, auch wenn beispielsweise die obigen Ungleichungen eben gerade noch erfüllt sind und ein Fehler erster Art (vgl. Abschn. 3.4) durchaus denkbar ist. Dann ist es zweckmäßig, die Analyse der Verteilung und den Test mit dem vermuteten Ausreißer zu wiederholen [279].

Meßmittel. Das Erkennen grober Fehler in Meßmitteln unterscheidet sich nicht von den Methoden zum Auffinden von systematischen Fehleranteilen, so daß auf Abschnitt 3.3.2 verwiesen werden kann.

3.2.3. Behandlung grober Fehler

Die Grundregel für die Behandlung grober Fehleranteile besteht darin, bei jeder Messung soviel Sorgfalt walten zu lassen, daß grobe Fehler weitestgehend vermieden werden. Dies unterstreicht, daß zur Erzielung guter Meßresultate entsprechende Fähigkeiten und Fertigkeiten vorhanden sein müssen.

Einzelmessungen. Besteht trotz entsprechender Sorgfalt beim Messen der Verdacht, daß ein grober Fehler vorliegen könnte, so ist die Messung nach Möglichkeit zu wiederholen. Dabei ist alles zu vermeiden, was zum erneuten Auftreten des gleichen Fehlers führen kann. Am günstigsten ist es, wenn Meßmittel und/oder Meßbedingungen gegenüber der vorangegangenen Messung variiert werden und ein anderer die Messung wiederholt [531].

Meßreihen. Ist ein Meßwert als Ausreißer erkannt, so wird er ausgesondert. Auch ohne Testverfahren anzuwenden, werden Meßwerte mit großen Abweichungen vom Mittelwert oft weggelassen. Nach Untersuchungen von *Winsor* (nach [375]) sind viele empirische Verteilungen nur in ihrem Mittelteil annähernd normal, und man erhält eine Verbesserung der Stichprobennormalität durch Weglassen des größten und des kleinsten Meßwerts, bei großem n auch durch Weglassen von etwa $\leq 5\%$ aller Werte an beiden Enden der Verteilung. Dieses *Stutzen der Verteilung* verkleinert zwar die Varianz (in nicht begründbarer Weise), verbessert aber den Mittelwert. Auch für das Aussondern von Ausreißern wird das Stutzen empfohlen [375]. Dabei werden insgesamt $\leq 3\%$ aller Meßwerte vernachlässigt, und zwar an beiden Enden der Verteilung gleich viele. Beim *Winsorieren* (nach [456]) werden die Meßwerte ihren Werten nach geordnet und die Ausreißer durch benachbarte Werte ersetzt. Damit werden die groben Fehler weitgehend eliminiert; aber ihre Vorzeichen bleiben für die Mittelwertbildung erhalten [375].

Weder diese noch die statistischen Verfahren können eine absolut zuverlässige Aussage liefern, sondern der ermittelte Ausreißer kann trotz allem mit einer aus dem Vertrauensniveau resultierenden Wahrscheinlichkeit zur Grundgesamtheit gehören. Seine Aussonderung verfälscht also möglicherweise die Schlußfolgerungen hinsichtlich Verteilungstyp, Mittelwert und Streuung und damit das Meßresultat. Je weitreichender die Schlußfolgerungen sind, die aus einer *bereinigten Meßreihe* gezogen werden, um so größere Vorsicht ist geboten. Es ist falsch, einen Meßwert mit „unbequem" großer Abweichung nur deshalb als mit grobem Fehler behaftet auszusondern, weil er z.B. den Mittelwert in eine Richtung verschiebt, die den Erwartungen nicht entspricht. Das gilt auch für die durch Testverfahren erkannten Ausreißer. Werden einzelne Meßwerte ausgesondert, so ist dies bei der Angabe des Meßergebnisses auf jeden Fall zu vermerken, um falschen Interpretationen vorzubeugen.

Meßmittel. Grobe Fehler in Meßmitteln sind Defekte, die dazu führen, daß die Fehlerkennwerte dieser Meßmittel nicht mehr eingehalten werden. Dagegen kann man sich nur durch regelmäßige Prüfungen der eingesetzten Meßgeräte schützen, wobei die Festlegung von richtigen Prüffristen (vgl. Abschn. 6.3) besonders wichtig ist. Aber auch *vor* Ablauf der Prüffrist muß ein Meßmittel kontrolliert werden, wenn Verdacht auf einen Defekt besteht, der zur Nichteinhaltung der Fehlerkennwerte führen könnte. Rechnerunterstützte Plausibilitätsbetrachtungen [78] können für das Erkennen grober Fehler in Meßmitteln ebenfalls eine gute Hilfe sein.

3.3.   Systematische Fehleranteile

3.3.1 Wesen systematischer Fehler, Meßabweichungen

Die systematischen Fehleranteile (gelegentlich auch: regelmäßige oder konstante Fehler [115]) sind auf Ursachen zurückzuführen, die zeitlich konstant oder mit determinierter, oft allerdings nicht bekannter Zeitabhängigkeit auf den Meßprozeß wirken. Infolge einer eindeutigen Ursache-Wirkung-Beziehung haben die resultierenden Meßabweichungen zu jedem Zeitpunkt einen nach Betrag und Vorzeichen definierten Wert, um den sie den gemessenen Wert *unrichtig* machen. Deshalb muß der Meßwert (auch *Rohergebnis*) hinsichtlich des systematischen Fehleranteils korrigiert werden (s. Abschn. 3.3.3). Das Problem der systematischen Fehler konzentriert sich also auf die Fragestellungen:

- Inwieweit ist in einem konkreten Fall die Voraussetzung zeitlicher Konstanz bzw. determinierter Zeitabhängigkeit erfüllt?
- Wie genau und mit welcher Sicherheit ist dieser Fehleranteil erkenn- und bestimmbar (Abschn. 3.3.2)?

Man darf also nicht nur zeitlich konstante Abweichungen als systematische Fehleranteile betrachten, sondern auch Driftfehler und dynamische Fehler sind ihrer Natur nach systematische Fehler. Diese Auffassung hat sich in den letzten Jahren weitgehend durchgesetzt [45] [264] [650] u.a. In [213] heißen die zeitabhängigen systematischen Fehler variable Fehler und werden in periodische und progressive (fortlaufend wachsende bzw. fallende) unterteilt. Die Driftfehler und dynamische Fehler werden in den Abschnitten 3.5 und 5.5 besprochen.

Alle im Abschnitt 2.4 aufgeführten Fehlerursachen können systematische Fehleranteile zur Folge haben. Deshalb sollte eine gründliche Analyse der systematischen Fehler die einzelnen Beiträge getrennt erfassen. Dabei gibt es auch andere Unterteilungsmöglichkeiten, die genauso gut akzeptiert werden können (z. B. [125] [264] [302] [340]). Die Vielfalt der Ursachen für das Auftreten systematischer Fehler sei an wenigen Beispielen demonstriert:

Beispiele. Fehlerhafte Interpretation der Meßaufgabe (Wahl der falschen Meßgröße für eine bestimmte Aufgabengröße). Ist die Reindichte eines porösen Plastmaterials gesucht und werden Masse und Gesamtvolumen gemessen, so enthält das Meßresultat eine negative systematische Abweichung, weil das Gesamtvolumen das Porenvolumen mit umfaßt, also eine falsche Meßgröße darstellt. Als Ergebnis erhält man die Rohdichte.

Fehler aus dem Meßobjekt. Bei der optoelektronischen Verschiebungsmessung mit Hilfe der Lichtrückstreuung gilt die statische Kennlinie nur für ein bestimmtes Rückstreuvermögen. Ändert sich die Oberflächenbeschaffenheit der rückstreuenden Fläche des Meßobjekts (z. B. durch Staubablagerungen), so tritt ein systematischer Fehler auf.

Rückwirkungsfehler. Wird eine wenig belastbare Spannung mit einem Spannungsmeß-gerät gemessen, das einen relativ niedrigen Innenwiderstand hat, so enthält der Meß-wert einen negativen systematischen Fehler, wenn der Wert der unbelasteten Spannung gesucht ist.

Fehler des Meßverfahrens bzw. des zugrunde gelegten Meßprinzips. Da Stoffzusammen-setzungen ohne Trennung der einzelnen Komponenten nicht unmittelbar gemessen wer-den können, benutzt man die verschiedensten Effekte, wobei möglichst nur die Meß-komponente ein Signal hervorrufen sollte. Vielfach tragen aber auch andere Komponen-ten des Stoffgemisches in geringerem Maße zum Meßsignal bei. Dieser die *Selektivität* des Verfahrens verschlechternde Effekt heißt *Querempfindlichkeit* (vgl. z. B. [139] [148] [168] [295] [308]) und ist ein typischer verfahrensbedingter systematischer Fehler.

Fehler infolge unrichtiger Maßverkörperung. Bei geräteinternen Maßverkörperungen sind eventuelle Unrichtigkeiten in der Regel nicht bekannt; sie gehen in die übrigen Meßmittelfehler mit ein. Werden jedoch externe Maßverkörperungen benutzt (z. B. Massestücke bei Hebelwaagen oder Endmaße bei Längenmessungen nach einer Ver-gleichsmethode), so wirken sich Unrichtigkeiten dieser Maßverkörperungen voll als systematische Fehler im Meßresultat aus, sofern sie sich nicht teilweise gegenseitig auf-heben.

Meßmittelfehler. Ein entscheidender Anteil der systematischen Abweichungen eines Meßwerts vom richtigen Wert ist auf Meßmittelmängel zurückzuführen. Bei ihrer Analyse ist es zweckmäßig, *additive* und *multiplikative Anteile* zu unterscheiden ([52] [93] [148] [164] [222] [227] [302] u. a.). Danach wäre ein Meßgerät mit linearer Kenn-linie durch

$$x_{\mathrm{a}} = (K_{\mathrm{P}} \pm e_{\mathrm{KP}})\, x_{\mathrm{e}} \pm e_{\mathrm{add}} \tag{3.4}$$

zu beschreiben (Bild 3.4). Die additiven Fehler werden auch als *Nullpunktfehler* und die multiplikativen als *Steigungsfehler* (nach [204] auch als superponierende oder defor-mierende Fehler) bezeichnet. Bei dieser Betrachtungsweise ist jedoch zu berücksich-tigen, daß

● es sich um eine simplifizierende Modellvorstellung handelt, welche die tatsächlichen Gegebenheiten oft nur sehr unvollkommen wiedergibt (normalerweise ist e_{KP} in (3.4) keine Konstante)

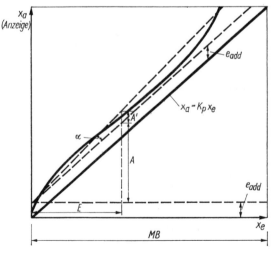

Bild 3.4. Lineare statische Kennlinie $x_{\mathrm{a}} = K_{\mathrm{p}}\, x_{\mathrm{e}}$ mit additivem Fehleranteil e_{add} und multiplikativem Fehler-anteil $e_{\mathrm{KP}} = \mathrm{A'/E} = \tan \alpha$ ge-mäß (3.4)

- der Hauptteil der systematischen Fehler korrigiert wird (Abschn. 3.3.3); Schlußfolgerungen der Art, daß die Meßmittelfehler wegen des multiplikativen Anteils gegen Ende des Meßbereichs zunehmen müssen, sind also nicht gerechtfertigt.

Die wichtigsten Ursachen systematischer Meßmittelfehler sind folgende:

- *Meßschwelle* (am Meßbereichsanfang) und *Beweglichkeit*(smangel) innerhalb des Meßbereichs (vgl. Tafel 2.10)
- *Nullpunktverschiebung*
- *Umkehrspanne.* Dies ist die innerhalb des Meßbereichs maximale Differenz zwischen zwei für gleiche Eingangsgrößen erhaltenen Meßwerten, wenn einmal von größeren und einmal von kleineren Werten her kommend gemessen wird [139] [561] [602] [634]. Die Umkehrspanne ist also eine durch einen einzelnen Zahlenwert charakterisierbare Strecke **(Bild 3.5).** Zurückzuführen ist sie auf Lagerspiel (Lose), trockene Reibung, innere Reibung von Federn, elastische Nachwirkungen, Hystereseerscheinungen u.a. [340]. Der Ausdruck *Hysterese* sollte nicht anstelle von Umkehrspanne gebraucht werden; er ist dem physikalischen Effekt vorbehalten, der nicht durch einen Zahlenwert, sondern nur durch einen Kurvenverlauf (Bild 3.5) zu beschreiben ist.

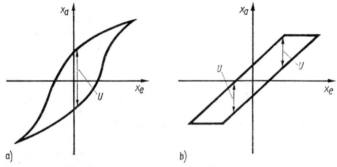

Bild 3.5. Schematische Darstellung von Hysterese und Umkehrspanne U [340] (die dargestellte Hysterese hat eine Umkehrspanne vom Wert U zur Folge)

a) Hysterese; b) Umkehrspanne

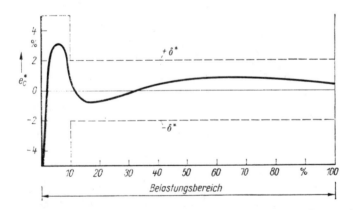

Bild 3.6. Beispiel für eine Fehlerkurve $e_c^* = f(x_e)$ [139] (Woltmann-Zähler)

δ^* Fehlergrenzen

● *Kennlinienfehler.* Dies ist die Abweichung der im Meßmittel realisierten Kennlinie vom tatsächlichen funktionellen Zusammenhang zwischen Meßgröße und Ausgangsgröße; sie umfaßt prinzipiell alle Meßmittelfehler. Diese Abweichungen e_{KL} über der Eingangsgröße x_e aufgetragen, ergeben das Abweichungsdiagramm [600] bzw. die *Fehlerkennlinie, Abweichungskurve* oder *Fehlerkurve* (**Bild 3.6**). Um nicht einen Kurvenverlauf beschreiben zu müssen, versucht man, durch einen geeigneten Kennwert etwas über die Abweichung zwischen tatsächlicher und realisierter Kennlinie (auch Soll- und Istkennlinie) auszusagen. Dieser Kennwert ist der *Linearitätsfehler* [203] [222] [227] [295] [557] [568] [602].

Er ist unterschiedlich definiert, nach [557] beispielsweise durch den größten Abstand zwischen Ist- und Sollkennlinie (s. Bild 3.9), wenn
– diese Linien sich im Meßbereichsanfang und -ende schneiden
– diese Linien sich im Meßbereichsanfang und einem anderen Punkt so schneiden, daß die Summe der Quadrate der Abweichungen ein Minimum wird
– diese Linien sich in zwei beliebigen Punkten so schneiden, daß die Summe der Quadrate der Abweichungen ein Minimum wird.

Auch andere Definitionen, z. B. mit Hilfe der Steigungsdifferenzen beider Kennlinien [148], sind möglich. Ausführliche theoretische Betrachtungen findet man in [302], praktische Beispiele in [93] [230] [303] [363] u. a.

Bedienungsfehler. Bei einfachen Meßmitteln sind die wichtigsten Bedienungsfehler die Beobachtungsfehler. So kann z. B. ein falsch plaziertes anzeigendes Meßgerät (ungünstiger Blickwinkel!) Ursache eines Parallaxenfehlers sein, der infolge seines annähernd konstanten Wertes systematischen Charakter hat. Da bei komplizierten Meßmitteln leichter Bedienungsfehler möglich sind, ist der durch Mikrorechnerunterstützung erzielbare Bedienkomfort nicht nur eine Erleichterung für den Messenden, sondern gewährleistet vor allem zusätzliche Sicherheit und damit höhere Genauigkeit.

Einflußgrößenfehler entstehen dadurch, daß ein oder mehrere Einflußgrößenwerte außerhalb ihrer Bezugsgrenzen liegen. Die daraus resultierenden systematischen Fehler sind unangenehm, weil

● nur selten sichere Angaben über den räumlichen und zeitlichen Verlauf aller Einflußgrößen vorliegen; oft fehlt sogar jeder Hinweis auf ihr Vorhandensein (z.B. bei elektrischen Feldern)
● in vielen Fällen, speziell bei etwas komplexeren Meßanordnungen, nur schwer (oder gar nicht) abzuschätzen ist, welche Auswirkungen bestimmte geänderte Einflußgrößenwerte haben.

3.3.2. Ermittlung systematischer Fehler

Meßresultate. Ob in einem Meßwert ein systematischer Fehleranteil enthalten ist, läßt sich i. allg. nur schwer erkennen. **Bild 3.7** zeigt die verschiedenen Möglichkeiten als Überblick.

Der *experimentelle Weg* ist zwar der einfachste und erfolgversprechendste; er ist aber leider nur anwendbar, wenn

● eine Vergleichsmessung überhaupt möglich ist und
● gesichert ist, daß bei der Vergleichsmessung keine oder nur beherrschbare systematische Fehler auftreten.

In der Regel sind diese Voraussetzungen unter praktischen Gegebenheiten nicht erfüllbar.

Der *theoretische Weg* läuft auf eine quantitive Abschätzung der systematischen Fehler hinaus. Dabei ist ein Vergleich mit den rechnerisch aus einem Modell ermittelten Werten selten möglich, weil die Ausgangsdaten kaum so zuverlässig sind, daß ein Meßresultat

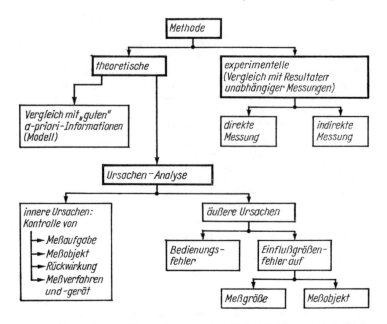

Bild 3.7. Methoden zur Ermittlung systematischer Fehleranteile in Meßresultaten

vorhergesagt werden kann, das die Aufdeckung von Abweichungen in den gemessenen Werten gestattet. Damit beschränkt sich das Erkennen systematischer Fehler in Meßresultaten praktisch auf die Analyse ihrer Ursachen.

Eine Untersuchung der verfahrensbedingten (*inneren*) *Ursachen* muß Meßobjekt und Meßmittel mit ihren gegenseitigen Wechselwirkungen (Rückwirkung!) sowie den Zusammenhang zwischen Aufgabengröße und tatsächlich gemessener Größe umfassen. Für solche Untersuchungen können vor allem Methoden der Systemanalyse (z. B. Signalflußbilder; s. [148]) eingesetzt werden. Fraglich bleibt allerdings, ob der erforderliche Aufwand im konkreten Fall gerechtfertigt ist.

Eine wichtige Rolle bei der Analyse der *äußeren Ursachen* für systematische Fehler spielt die quantitative Abschätzung der Auswirkungen von Einflußgrößen auf das Meßobjekt und die Meßgröße. Sofern die Werte der Einflußgrößen zum Zeitpunkt und am Ort der Messung sowie die physikalischen Gesetzmäßigkeiten bekannt sind, lassen sich die entstehenden systematischen Fehler i. allg. gut berechnen. Es genügt z. B. die Kenntnis von Luft- und Meßobjektdichte, um den durch Luftauftrieb verursachten systematischen Fehler bei einer Wägung zu bestimmen.

Die Veränderungen der Meßgröße infolge von Einflußgrößenänderungen spielen zwar bei der Auswertung von Messungen ebenfalls eine Rolle; es handelt sich dabei aber nicht um Meßfehler im eigentlichen Sinne (s. S. 22).

Beispiel. Wird eine Größe z. B. bei 30 °C gemessen (*Betriebszustand*), obwohl ihr Wert im *Auslegezustand* [652] von 20 °C gesucht ist und ist die Größe (beispielsweise eine Länge) temperaturabhängig, so enthält - wenn alle anderen Fehler vernachlässigbar sind – der gemessene Wert keine systematische Abweichung; denn der tatsächlich vorliegende Wert der Größe wird richtig bestimmt. Die Meßaufgabe ist aber damit noch nicht gelöst; denn im Rahmen der Auswertung ist der (richtig) gemessene Wert noch auf den gesuchten Wert, der bei 20 °C vorliegen würde, umzurechnen. Diese Umrechnung ist eine *Reduktion* (vgl. auch [652]).

Bei der Berücksichtigung von Umwelteinflüssen gilt allgemein, daß Temperatureinflüsse meist leicht zu überschauen und zu korrigieren sind; bei anderen Einflußgrößen sind die entsprechenden Abschätzungen oft schwieriger.

Meßmittel. Einen schematischen Überblick über die Möglichkeiten zur Bestimmung systematischer Fehler von Meßmitteln gibt **Bild 3.8.** Hier ist die *experimentelle Methode* normalerweise zu bevorzugen. Dabei wird die Anzeige des Meßgeräts mit dem bekannten Wert einer am Eingang anliegenden Größe verglichen, und man erhält den resultierenden systematischen Fehler ($\triangle$ Summe aller systematischen Anteile). Kernpunkt der experimentellen Methode ist die Realisierung von Eingangsgrößen mit zeitlich konstantem, bekanntem Wert. Für den Wert Null ist dies i. allg. einfach: *Nullpunktfehler.* Damit ist der additive Anteil des systematischen Fehlers bestimmt (vgl. Bild 3.4). Um einen multiplikativen Anteil zu ermitteln, muß bei linearer Kennlinie noch ein weiterer Eingangsgrößenwert realisiert werden. Da in der Praxis nur selten ein konstanter (meßwertunabhängiger) Steigungsfehler auftritt, sind oft noch weitere Eingangsgrößenwerte erforderlich. Ihre Anzahl richtet sich danach, wie genau die systematischen Abweichungen an jedem Punkt des Meßbereichs bekannt sein müssen.

Definierte Eingangsgrößen sind realisierbar durch
- die Verwendung von Maßverkörperungen (Normalen, Referenzmaterialien [605] [626]) mit bekannten Werten
- Anlegen beliebiger Eingangsgrößen, deren Werte gleichzeitig (oder kurz hintereinander) durch ein genaueres Meßmittel bestimmt werden.

Für diese Vergleichsmeßmittel wird $K_T \approx 0{,}1$ angestrebt (s. (2.6)), und diese Genauigkeit muß zum gegebenen Zeitpunkt auch eingehalten werden. Dafür kommen also normalerweise nur geprüfte Meßmittel (vgl. Abschn. 6.3) in Frage.

Welches Verfahren vorteilhafter ist, hängt vor allem von den Meßgrößen ab. So stehen z. B. in den Endmaßen bzw. Prüfgasen geeignete Maßverkörperungen für die Prüfung von Längen- bzw. Gasanalysenmeßgeräten zur Verfügung, während für Meßgrößen, wie elektrische Stromstärke oder Durchfluß, der Vergleich mit einem genaueren Meßmittel in der Regel zweckmäßiger ist. Beide Verfahren ergeben eine Reihe von Meßpunkten (Stützstellen) für die Fehlerkurve des Meßmittels. Oft genügt ein grafischer Ausgleich

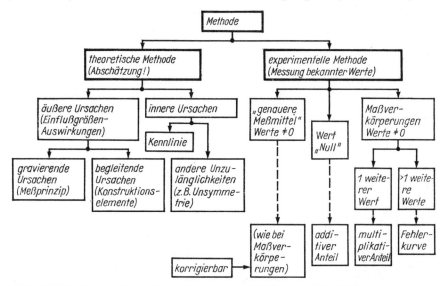

Bild 3.8. Methoden zur Ermittlung systematischer Fehler von Meßmitteln

dieser Kurve. Die Angabe in analytischer Form kann erhebliche Schwierigkeiten bereiten, weil die Methoden der Ausgleichsrechnung wegen des vielfach komplizierten Kurvenverlaufs versagen. In [171] wird die Anwendung von Spline-Funktionen vorgeschlagen. Um auch die zufälligen Fehleranteile zu berücksichtigen (Unsicherheit in der experimentell bestimmten Fehlerkurve), müssen die einzelnen Punkte der Fehlerkurve bei konstantem Wert der Eingangsgröße jeweils mehrfach gemessen werden. In [213] ist ein einfaches Verfahren zur Trennung beider Fehleranteile beschrieben.

Bei der (*theoretischen*) *Abschätzung* systematischer Meßmittelfehler wird zweckmäßigerweise wieder zwischen inneren und äußeren Ursachen unterschieden [331]). Das Erkennen *innerer Ursachen* und die Abschätzung ihrer Auswirkungen setzt sehr gute Kenntnis des Meßsystems und seiner Funktionsweise sowie viel praktische Erfahrung voraus. Meist ist es nur bei einfachem Aufbau des Meßgeräts möglich, abzuschätzen, welche systematischen Abweichungen auf bestimmte Geräteunzulänglichkeiten zurückzuführen sind. Angesichts der unterschiedlichen Meßprinzipien und der großen Vielfalt der gerätetechnischen Realisierungen sind allgemeingültige Aussagen kaum zu machen. *Äußere Ursachen*, also Änderungen von Einflußgrößenwerten über die vereinbarten Grenzen hinaus, spielen im Zusammenhang mit systematischen Meßmittelfehlern eine besondere Rolle. *Tarbeyev* [440] hat für den Komplex der Einflußgrößen-Auswirkungen und der entsprechenden Gegenmaßnahmen zusammenfassend den Terminus *Metrecology* vorgeschlagen.

Bei der Analyse der Einflußgrößen-Auswirkungen sind gravierende und begleitende zu unterscheiden. Um eine *gravierende Wirkung* handelt es sich, wenn die betrachtete Einflußgröße die physikalische Gesetzmäßigkeit beeinflußt, die dem ausgenutzten Meßprinzip zugrunde liegt.

Beispiele. Wird zur Messung einer kleinen elektrischen Stromstärke die Spannung benutzt, die an einem Arbeitswiderstand abfällt, so ist die temperaturbedingte Widerstandsänderung eine gravierende Wirkung. Das gleiche gilt auch für die thermische Ausdehnung eines Maßstabs. Derartige aus gravierenden Wirkungen entstehende systematische Abweichungen sind gut zu berechnen, wenn die betreffenden physikalischen Gesetzmäßigkeiten sowie die benötigten Stoffkonstanten bekannt und die Einflußgrößenänderungen erfaßbar sind.

Als *begleitende Wirkungen* gelten diejenigen, die andere Baugruppen und Konstruktionselemente des Meßmittels betreffen, z. B. Längenänderungen von Hebeln oder Parameteränderungen elektronischer Bauelemente infolge einer Temperaturerhöhung. Sie sind normalerweise schwer zu erkennen und quantitativ zu bestimmen, und zwar um so schwerer, je komplizierter ein Meßgerät ist.

Was für die Einflußgröße Temperatur gilt, trifft auch auf alle anderen Einflußgrößen zu, bei denen die Auswirkungen jedoch meist schwieriger abzuschätzen sind. Auch ihre räumlichen und zeitlichen Abhängigkeiten sind allgemein weniger gut erfaßbar. Luftdruck, Feuchte, Versorgungsspannung und ihre Frequenz sind noch leicht meßbar, wogegen elektrische und magnetische Felder, Luftströmungen, Fremdlicht, mechanische Schwingungen u. a. oft Schwierigkeiten bereiten.

3.3.3. Behandlung systematischer Fehler

Für die Behandlung systematischer Fehleranteile, deren Ursachen erkennbar und deren Werte bestimmbar sind, gibt es drei Möglichkeiten:

• ihre Vermeidung bei der Messung auf Grund bekannter Ursachen
• ihre Bestimmung nach Betrag und Vorzeichen sowie Berücksichtigung durch entsprechende Korrekturmaßnahmen
• ihre Vernachlässigung und Einbeziehung in die Meßunsicherheit.

Sofern prinzipiell möglich, ist es sicherlich die beste Lösung, das Auftreten systematischer Fehler von vornherein zu vermeiden. Leider ist

• nur ein Teil dieser Fehler überhaupt vermeidbar und/oder
• der Aufwand für ihre Vermeidung oft ungerechtfertigt groß.

Vermeidung systematischer Fehler. Wenn alle systematischen Fehler und ihre Ursachen bekannt sind, macht es keine Schwierigkeiten, die vermeidbaren zu erkennen. Beispielsweise sind additive Anteile durch eine *Nullpunktkorrektur* vor der Messung und dejustagebedingte, wie Abweichungen von einer geforderten Lage, durch Nachjustieren vermeidbar. Bei der Vermeidung systematischer Fehler, die durch äußere Ursachen, also durch Änderungen von Einflußgrößen, bedingt sind, spielen deren Konstanthaltung bzw. geeignete Abschirmungen gegen sie die entscheidende Rolle. Die besten Ergebnisse erzielt man mit der Einrichtung von speziellen Meßräumen, ggf. auch mit Meßplätzen bzw. der Abschirmung einzelner Geräte oder Baugruppen. In *Meßräumen*, die z.B. das Messen bei Normklima [612] gestatten, lassen sich Temperatur, Luftfeuchte, Versorgungsspannung usw. auf ihren Bezugswerten halten. Von außen einwirkende Einflußgrößen, wie elektromagnetische Felder oder mechanische Erschütterungen, können durch geeignete bauliche Maßnahmen ferngehalten werden. Natürlich bleiben noch elektrische Beeinflussungen von Elektrogeräten innerhalb des Meßraums zu berücksichtigen, die durch ohmsche, kapazitive und/oder induktive Kopplungen auf die Meßmittel übertragen werden. Es sind die unterschiedlichsten Arten von Störungen (Gegentakt-, Gleichtakt-Funkstörungen usw.) zu unterscheiden. Ihre Wirkungen und der Schutz gegen sie werden als *elektromagnetische Verträglichkeit* (EMV) bezeichnet (s. z.B. [118] [145] [328] [495]).

Meßplätze sind nicht so wirkungsvoll wie Meßräume, dafür ist der Aufwand erheblich niedriger. Sie sind vor allem dann vorteilhaft, wenn es um die Fernhaltung *einzelner* Einflußgrößen, wie störendes Fremdlicht oder Erschütterungen, geht. Ökonomisch noch günstiger kann in bestimmten Fällen das Einschließen einzelner Baugruppen sein. Ein typisches Beispiel ist das Thermostatisieren von Arbeitswiderständen, deren Konstanz ausschlaggebend für die Genauigkeit des betreffenden Meßverfahrens ist.

Korrektur systematischer Fehler. Das Korrigieren (Berichtigen) [634] erkannter, quantitativ bestimmter systematischer Abweichungen ist grundsätzlich immer anwendbar.

Meßresultate. Eine systematische Abweichung in einem Meßwert wird durch eine *Korrektion* [571] [634] (auch Berichtigung [192] [231] [340] u.a.) eliminiert. Dies ist die systematische Abweichung mit umgekehrtem Vorzeichen. Die Addition kann während der Messung (online) (s. Abschn. 8) oder nachträglich, und zwar manuell oder maschinell, erfolgen. Besonders einfach ist die Korrektur additiver Anteile, da die Korrektion für den ganzen Meßbereich konstant ist. Sonst muß die Korrektion für den jeweils vorliegenden Meßwert der Fehlerkurve entnommen werden (Bild 3.6; s. auch [173] [327] [452] [463] u.a.). Wie genau die Korrektion auf diese Weise bestimmt werden muß und kann, hängt einerseits von der Meßaufgabe und andererseits von der Genauigkeit ab, mit der die Fehlerkurve bestimmt worden ist.

Liegt keine Fehlerkurve vor, so müssen die einzelnen Fehlerursachen analysiert und ihre quantitiven Auswirkungen abgeschätzt werden. Die so erhaltenen einzelnen systematischen Fehleranteile (*Teilfehler*) sind dann zum systematischen Gesamtfehler zusammenzufassen. Wegen der Kleinheit der einzelnen Teilfehler ist es i. allg. zulässig, ihre relativen Werte einfach algebraisch zum Gesamtfehler zu addieren [192]. Betrachtungen zur Zusammenfassung von Teilfehlern zum Gesamtfehler findet man z.B. in [164] [652].

Meßmittel. Folgende Methoden sind zu unterscheiden:

1. Behebung der Abweichung durch Verstellen eines Einstellorgans (z.B. Nullpunktkorrektur, Ausbalancieren eines Waagebalkens)
2. Anbringen von Korrekturelementen mit festem Wert (korrigierende Eingriffe in das Meßmittel; z.B. Veränderung von Gewichtsstücken, Auswechseln von Teilen)

3. Einfügen von Korrekturelementen, die ihren Wert in Abhängigkeit von der Meßgröße oder der fehlerverursachenden Einflußgröße (meist der Temperatur) selbsttätig verändern (z. B. temperaturabhängige Längenänderungen, Kurvenscheiben, elektrische Korrekturschaltungen mit temperaturempfindlichen Bauelementen usw.)
4. Korrekturelemente, deren Wert in Abhängigkeit von gemessenen Einflußgrößenwerten (entsprechend einer angegebenen Einflußfunktion) laufend automatisch verändert wird (Regelkreis)
5. Korrektur mit Hilfe von Rechnern nach eingegebenem Korrekturprogramm (gespeicherte Fehlerkurve).

Die Verfahren nach 1. und 2. eignen sich nur für additive Fehleranteile, die nach 3. auch für multiplikative, und die nach 4. und 5. sind universell anwendbar, da bei ihnen jeder Fehlerkurvenverlauf berücksichtigt werden kann. Bei additiven Korrekturen ergibt sich der Korrekturwert aus e_{add} in (3.4); bei multiplikativer Korrektur muß die Wirkung von e_{KP} kompensiert werden. Dies geschieht durch einen (multiplikativen) *Korrekturfaktor* [650]. Bei einflußgrößenbedingten Fehlern, die durch einen *Einflußkoeffizienten* (z. B. Temperatur-Widerstandskoeffizient oder Temperatur-Längenausdehnungskoeffizient [227]) charakterisierbar sind, ergibt dessen negativer Wert den entsprechenden Korrekturfaktor. Die Bezeichnung Temperaturkompensation anstelle von -korrektur ist nicht zu empfehlen.

Von besonderer Bedeutung ist die Behebung des Linearitätsfehlers, die allgemein als *Linearisierung* bezeichnet wird [148] [227] [272] [521].

Es sind folgende Methoden zu unterscheiden:

1. die rein *mathematische Linearisierung* für theoretische Betrachtungen [148] [200] [303]. Dabei wird für bestimmte Abschätzungen, Empfindlichkeitsberechnungen usw. die tatsächliche Kennlinie

$$x_a = f(x_e) \text{ (nichtlinear)}$$

durch eine Ersatzkennlinie, und zwar durch die Tangente an die reale Kennlinie im Arbeitspunkt AP, ersetzt:

$$x_a = \frac{dx_a}{dx_e}\bigg|_{AP} x_e \quad \left(\frac{dx_a}{dx_e}\bigg|_{AP} = const\right).$$

Somit kann dieses Meßgerät (Übertragungsglied) für theoretische Betrachtungen als lineares Übertragungsglied behandelt werden.
2. *Minimierung des Linearitätsfehlers* durch günstiges Einmessen (Kalibrieren) oder durch Wahl eines Kennlinienbereichs geringer Nichtlinearität. Die Nichtlinearität der realen Kennlinie (physikalische Gesetzmäßigkeit) wird nicht verändert, sondern die lineare Gerätekennlinie wird so gelegt, daß die Abweichungen an bestimmten Stellen des Meßbereichs oder ihre Summen oder die Summen ihrer Quadrate zu einem Minimum werden **(Bild 3.9)** (vgl. z. B. [125] [463] [557]).
3. *Gerätetechnische Linearisierung* ([203] [204] [313] u.a.). Dafür gibt es viele Möglichkeiten, z. B.
   – Verkleinerung des Meßbereichs
   – Zuschalten eines Korrekturglieds mit entgegengesetzter Nichtlinearität (vgl. Bild 8.1)
   – Parallelschaltung ähnlicher Bauelemente, Differenzmethode
   – Kompensationsmethode, Gegenkopplung
   – Kompensationsmethode mit festliegendem Arbeitspunkt [148].
4. Linearisierung durch *rechnerische Korrektur* des Linearitätsfehlers im On-line-Betrieb bei rechnerunterstützten Meßsystemen [93] [380]. Die kennlinienbedingten Abweichungen werden im Rechner gespeichert; der einzelne Meßwert wird hinsichtlich dieses Fehlers korrigiert.

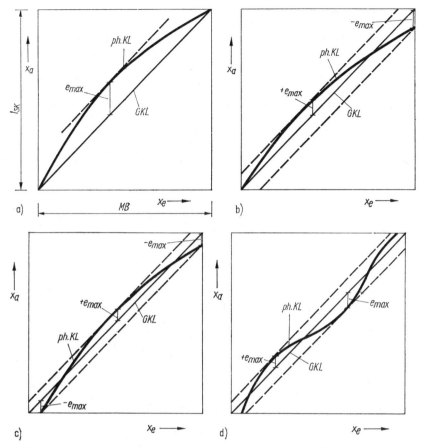

Bild 3.9. Methoden zur Verkleinerung des Linearitätsfehlers [557]

a) Festpunktmethode (Übereinstimmung an Meßbereichsenden); b) Minimummethode (Σ Abweichungsquadrate → Minimum!); c) Toleranzbandmethode (Kriterium wie bei der Minimummethode); d) Toleranzbandmethode allgemein
GKL Gerätekennlinie; ph. KL Kennlinie des physikalischen Gesetzes (Meßprinzips)

Vernachlässigung systematischer Fehler. Ergibt eine Abschätzung der systematischen Fehleranteile so kleine Werte, daß die geforderte Genauigkeit noch sicher erreicht wird, kann es sinnvoll sein, den systematischen Fehler (trotzdem er bekannt ist) zu vernachlässigen. Dabei darf über die Größenordnung dieses Fehleranteils kein Zweifel bestehen; ein Raten reicht in solchen Fällen keineswegs aus. Bei geringen Genauigkeitsforderungen sind solche Vernachlässigungen oft möglich. Werden bei einem Meßmittel bekannte systematische Fehleranteile vernachlässigt, dann ist die Fehlergrenze so festzulegen, daß der größte verbleibende Fehler noch mit Sicherheit innerhalb dieser Grenze liegt. Die Frage, ob bekannte systematische Fehler korrigiert oder vernachlässigt werden sollen, ist oft ein Optimierungsproblem, und die moderne Mikrorechentechnik hat die On-line-Korrektur vielfach auch dort zweckmäßig werden lassen, wo noch vor einigen Jahren die Vernachlässigung dieser Fehleranteile als ökonomisch günstiger erschien.

3.3.4. Systematischer Restfehler

Ein Problem, das in der Meßtechnik viel diskutiert wird, ist der sog. *systematische Restfehler* e_s. Er wird auch als *nichterfaßter systematischer* Anteil eines · Fehlers (VDI/VDE 2600 [557]) und als unbekannte systematische Abweichung [474] u.ä. bezeichnet. Die Auffassung über die Ursachen differieren in vielen Veröffentlichungen teilweise etwas.

Nach DIN 2257 [637] enthält e_s sowohl nicht *erfaßbare* als auch nicht *erfaßte* Bestandteile. Nicht erfaßbar sind die Fehleranteile, die sich einer Bestimmung überhaupt entziehen. Nicht erfaßt sind diejenigen Anteile, die man zwar kennt oder kennen könnte, die jedoch wegen ihrer Kleinheit vernachlässigt werden. Eine Zusammenfassung von so unterschiedlichen Fehleranteilen ist eigentlich unzulässig und bringt in jedem Fall Probleme mit sich.

Bei den nicht erfaßbaren Anteilen sind zwei Gruppen zu unterscheiden:

• Fehleranteile, die auf gar nicht erkannte Ursachen zurückgehen oder deren Ursachen man (in Grenzen) kennt, wo jedoch die Auswirkungen auf das Meßresultat nicht zu ermitteln sind

• Fehleranteile, die daraus resultieren, daß die Bestimmung eines systematischen Fehlers nur mit begrenzter Genauigkeit möglich ist, so daß die ermittelte Korrektion evtl. unrichtig, mit Sicherheit aber unsicher ist.

Die Möglichkeit, daß Ursachen systematischer Abweichungen nicht erkannt werden, ist um so größer, je weiter man sich von Meßraumbedingungen entfernt. Bei Meßmitteln im mobilen Einsatz ist z. B. ein sicheres Erkennen aller Störeinflüsse (Erschütterungen, Luftfeuchteschwankungen, Luftverunreinigungen usw.) praktisch unmöglich. In der modernen Meßtechnik ist eine umfassende Kenntnis des Meßmittels und seiner Reaktion auf verschiedene Einflußgrößen immer schwerer zu erlangen, da die Meßgeräte leistungsfähiger, aber auch komplizierter werden, so daß sie immer mehr den Charakter eines „schwarzen Kastens" bekommen. Diese nicht erkennbaren Anteile von e_s sind nicht zu trennen von denen, die aus der Unsicherheit bei der Ermittlung von Korrektionen resultieren. So liefern z. B. die experimentellen Methoden zur Bestimmung systematischer Fehler von Meßmitteln oft hinreichend genaue Werte, während andere Methoden nur Schätzwerte ergeben, die mit hoher Unsicherheit behaftet sind. Somit ist die statistische Sicherheit der daraus abgeleiteten Korrektionen sehr unterschiedlich, und der systematische Fehleranteil wird nie vollständig aus dem Meßresultat getilgt; es verbleibt ein systematischer Restfehler.

Über den Wert des nicht erfaßbaren Bestandteils von e_s lassen sich grundsätzlich keinerlei Angaben machen. Werden Fehlerursachen überhaupt nicht erkannt, so sind Vermutungen darüber unsinnig, wie sie sich quantitativ im Meßresultat auswirken könnten. Das gleiche gilt für erkannte Fehlerursachen, deren Wirkungsmechanismen im Meßsystem unbekannt und nicht zu ermitteln sind **(Bild 3.10)**.

Bestimmung des Wertes des systematischen Restfehlers e_s. Während über die nicht erfaßbaren Anteile von e_s nichts ausgesagt werden kann, lassen sich über den Teil, der aus der Unsicherheit in der Korrektionsbestimmung resultiert, quantitative Annahmen ableiten, wenn bekannt ist, wie diese Korrektion ermittelt wurde. Bei experimenteller Bestimmung können z. B. recht zuverlässige Angaben aus den Unsicherheiten der verwendeten Maßverkörperungen abgeleitet werden. Dabei handelt es sich um Wahrscheinlichkeitsaussagen, so daß man für diesen Restfehleranteil Normalverteilung annehmen kann.

Natürlich gibt es bestimmte Ausnahmefälle, in denen über einzelne Bestandteile von e_s zuverlässigere Aussagen möglich sind.

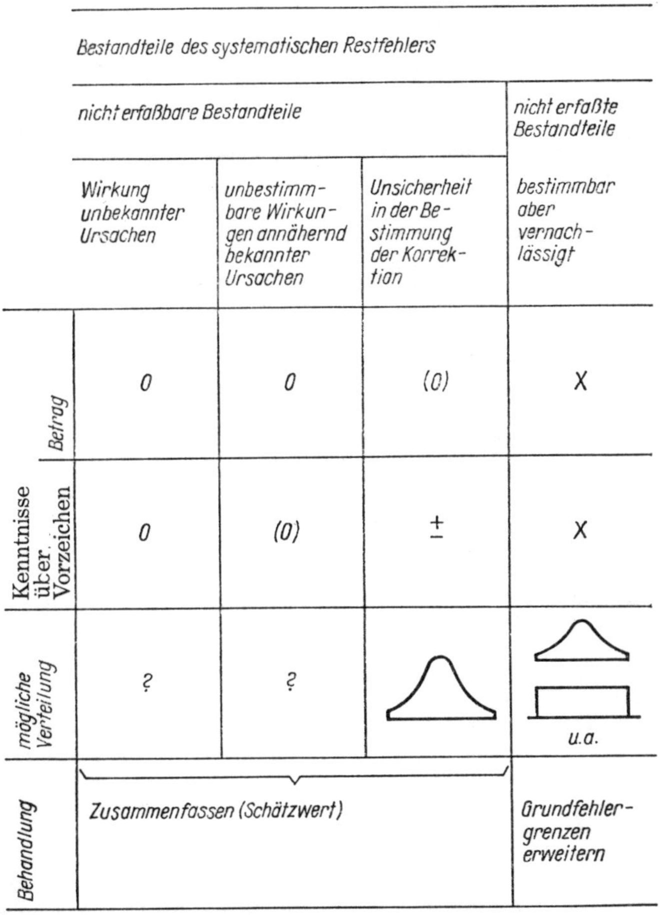

Bestandteile des systematischen Restfehlers

	nicht erfaßbare Bestandteile			nicht erfaßte Bestandteile
	Wirkung unbekannter Ursachen	unbestimmbare Wirkungen annähernd bekannter Ursachen	Unsicherheit in der Bestimmung der Korrektion	bestimmbar aber vernachlässigt
Kenntnisse über: Betrag	0	0	(0)	X
Kenntnisse über: Vorzeichen	0	(0)	$\pm$	X
Kenntnisse über: mögliche Verteilung	?	?		u.a.
Behandlung	Zusammenfassen (Schätzwert)			Grundfehlergrenzen erweitern

Bild 3.10. Bestandteile des systematischen Restfehlers
X Kenntnis vorhanden; 0 keine Kenntnisse

Beispiel. Bei Zähl- und Quantisierungsfehlern (Abschn. 4.2) kann man auf Grund ihres Zustandekommens eine Rechteckverteilung in den Grenzen $\pm$ 0,5 digit annehmen. Die Quantisierungsstufen werden jedoch so gewählt, daß diese Fehler klein bleiben und nur wenig zum Restfehler beitragen.

Eine Ausnahmesituation stellen die Meßaufgaben aus der Präzisionsmeßtechnik dar, vor allem, wenn es sich um die Kalibrierung von Normalen handelt. Dort sind Abschätzungen des Wertes von e_s in gewissen Grenzen möglich, weil auf Grund der Umstände oft

- alle wesentlichen Fehlerbeiträge erkennbar
- begründete Annahmen über ihre Verteilungsfunktion machbar sind.

Diese Situation ist in der normalen Meßtechnik i. allg. nicht gegeben.

Behauptungen, daß der systematische Restfehler aus den Fehlerkennwerten (z. B. Fehlerklassen) der benutzten Meßmittel abgeleitet werden könnte (z. B. [637]), sind dagegen ausgesprochen falsch. Diese Angaben enthalten zu einem erheblichen Teil auch zufällige Fehleranteile. Wird also mit einem solchen Meßmittel eine Meßreihe aufgenommen, nach Abschnitt 3.4.2.3 eine Vertrauensgrenze berechnet und diese mit einem aus der Fehlerklasse abgeleiteten e_s zur Meßunsicherheit zusammengezogen (Abschn. 7.4), so werden die zufälligen Fehleranteile doppelt berücksichtigt (vgl. dazu Abschn. 3.4.2.5).

Verteilungsfunktionen systematischer Restfehler. Für den aus der Unsicherheit in der Korrektion abgeleiteten Anteil von e_s ist die Annahme einer Normalverteilung sicherlich plausibel. Aber auch darüber hinaus hat diese Annahme, solange nichts anderes über die Verteilung bekannt ist, viel für sich [442]. Dafür spricht, daß

• mehrere Fehlerursachen zusammenwirken
• die dadurch verursachten Abweichungen sehr wahrscheinlich unterschiedlich groß sind und verschiedene Vorzeichen haben
• kleine Abweichungen i. allg. eher unerkannt bleiben und damit wahrscheinlicher sind als größere.

Die Annahme einer Normalverteilung hat zusätzlich den Vorteil, daß die daraus abgeleiteten Streuungsmaße (z. B. Varianzen) bequem berechnet und additiv zusammengefaßt werden können.

Während nach [104] [442] [637] eine (evtl. gestutzte) Normalverteilung plausibler ist, wird auch oft das „vorsichtige" Fehlerverteilungsmodell der Rechteckverteilung empfohlen [104] [209] [256] [257] [302] [332] [347] [471] [570] [635] [638]. Im Fall der Zähl- und Quantisierungsfehler entspricht die Annahme einer Rechteckverteilung natürlich der Realität am besten; in vielen anderen Fällen ist sie jedoch unbegründbar. Außerdem wird die Frage der Verteilung sowieso irrelevant, wenn e_s Anteile enthält, über deren Werte nur vage Vermutungen möglich sind.

Zusammenfassung der Bestandteile. Wie die zu verschiedenen Gruppen gehörenden Einzelbestandteile von e_s zu einem einzigen Zahlenwert, *dem* systematischen Restfehler, zusammenzufassen sind, ist nicht eindeutig begründbar, da man bei den Anteilen, die aus überhaupt nicht erkennbaren Ursachen resultieren, nur auf Vermutungen angewiesen ist. Das gilt in der Regel sogar für das Vorzeichen, weshalb zunehmend die Ansicht vertreten wird, auch diese Fehleranteile so zu behandeln, als ob sie aus stochastisch wirkenden Ursachen resultierten. Dies wird i. allg. *Randomisierung systematischer* Fehler [179] [507] (anstelle: Randomisierung *nicht erfaßter* systematischer Anteile) genannt und bezieht sich natürlich nicht auf die erfaßbaren systematischen Fehler. Allerdings ändert auch die Randomisierung nichts an der Tatsache, daß man über viele Bestandteile des Restfehlers so gut wie gar nichts weiß. Der Vorteil liegt also nur in vereinfachten Rechenmethoden, weniger in einer Verbesserung der erhaltenen Schätzwerte. Auch hier gilt wieder, daß selbst die sorgfältigste mathematische Bearbeitung einen Mangel an Primärinformationen nicht ausgleichen kann, sondern „bestenfalls" über die Unsicherheit in den ermittelten Werten hinwegtäuscht. Aus der Auffassung, daß die Anteile von e_s als Realisierungen von Zufallsvariablen angesehen werden können, ergibt sich die Berechtigung, normalverteilte Fehleranteile anzunehmen und sie in Form der Varianzen additiv zusammenzufassen. Auch die Quadrate von abgeschätzten Unsicherheiten können als Schätzwerte für entsprechende Varianzen angesehen werden, deren Existenz vermutet wird [179].

Schwieriger wird es, wenn man Rechteckverteilungen annimmt [570]. Dann kann bei mehr als vier Fehlerbeiträgen ($m > 4$) die Zusammenfassung nach

$$\delta_s = k \sqrt{\sum_{j=1}^{m} \delta^2{}_{s,j}} \tag{3.5}$$

erfolgen, in der $\delta_{s,j}$ die Grenzen des j-ten Fehlerbeitrags sind. k ist ein durch das Vertrauensniveau gegebener Faktor. Für $P = 95\%$ ist $k = 1{,}1$, und für $P = 99\%$ ist $k = 1{,}4$. Mathematisch erfolgt das Zusammenfassen von Rechteckverteilungen durch nacheinander erfolgende Faltungen [332]. Um diesen Rechenaufwand zu vermeiden, werden aus den Ergebnissen von Faltungen abgeleitete Modellverteilungen vorgeschlagen, die die „richtigen" Grenzen von der sicheren Seite annähern [256] [257] [332]. Eine Verteilung wird von „der sicheren Seite" (s. S. 82) angenähert, wenn für ein vorgegebenes Vertrauensniveau $1 - \alpha$ der erhaltene Wert der Unsicherheit $u_{\text{s. s.}}$ nicht kleiner ist als der „richtige", durch Faltungen erhaltene Wert u_r:

$$u_{\text{r}, 1-\alpha} \leqq u_{\text{s.S.}, 1-\alpha}. \tag{3.6}$$

In [332] sind zahlreiche Modellverteilungen und ausführliche Hinweise enthalten. Nach [257] ist es günstig, die Annäherung der Verteilung, die sich durch Faltung von Rechteckverteilungen ergibt, an eine Normalverteilung durch den Faktor

$$c = v_{\Sigma, \text{RV}} / v_{\text{NV}} \tag{3.7}$$

zu beschreiben. Die v sind die für gleiches Vertrauensniveau aus den Verteilungen resultierenden Vertrauensgrenzen. Mit diesen in [257] [258] als Diagramme angegebenen c-Faktoren lassen sich nicht nur die Vertrauensgrenzen des Meßfehlers abschätzen, sondern auch die aus den Faltungen entstandenen Verteilungen auf Normalverteiltheit prüfen.

Nicht erfaßte Bestandteile des Restfehlers. Entscheidend dafür, ob ein bestimmbarer oder bereits bestimmter Fehleranteil vernachlässigt werden darf, ist die Aufgabenstellung.

Beispiel. Bei der Darstellung und Weitergabe von Einheiten in einem Staatsinstitut (Abschn. 3.1), wo „so genau wie möglich" gemessen werden muß, ist die Frage nach der Vernachlässigung von erkannten und quantitiv ermittelten Fehleranteilen sicherlich gegenstandslos. Wenn ein Maurer das fertiggestellte Mauerwerk „aufmißt", dürfte sich diese Frage ebenfalls nicht stellen, allerdings aus anderen Gründen. Als genereller Grundsatz sollte gelten, daß alle Kenntnisse über Meßobjekt, Meßmittel, Meßverfahren und Umwelt zur Verbesserung des Meßresultats zu nutzen sind, wenn dadurch gerechtfertigten Genauigkeitsforderungen entsprochen werden kann.

Beispiel. Steigt im Laufe eines Tages die Temperatur von $+\,15\,°\text{C}$ auf $+\,35\,°\text{C}$ an, was systematische Abweichungen von $-\,0{,}1\%$ am Morgen bis $+\,0{,}1\%$ am Abend zur Folge haben möge, so ist es zweifellos besser, die Vormittagswerte auf- und die Nachmittagswerte abzurunden, anstatt die Meßunsicherheit pauschal um $0{,}1\%$ zu erhöhen, vorliegende Kenntnisse also nicht optimal zu nutzen. Liegen jedoch die Genauigkeitsforderungen so niedrig, daß sie auch bei Überschreitung der Temperaturbereichsgrenzen ($+\,25\,°\text{C} \pm 5\,\text{K}$) um $5\,\text{K}$ noch mit Sicherheit zu erfüllen sind, so kann man darauf verzichten, die Auswirkungen dieser Temperaturschwankungen zu ermitteln. Damit ist dieser Restfehleranteil kein vernachlässigter mehr, sondern ein unbekannter (nicht erfaßter).

Es kann also folgende grobe Orientierung gegeben werden: Systematische Fehler, die quantitativ bekannt sind, sollten weitgehend berücksichtigt werden, so daß der systematische Restfehler vorrangig aus nicht erfaßbaren Anteilen besteht.

3.4. Zufällige Fehleranteile

3.4.1 Wesen zufälliger Fehler, Meßabweichungen

Zufällige Fehleranteile (auch aleatorische [340] oder unregelmäßige [115] Fehler) gehen auf stochastisch schwankende Ursachen zurück, nehmen also bei Messungen unter Wiederholbedingungen (Abschn. 3.2.2) nicht vorherbestimmbare, nach Betrag und Vorzeichen unterschiedliche Werte an. Infolge des stochastischen Charakters sind Wahrscheinlichkeitsrechnung und Statistik geeignete Hilfsmittel für die Behandlung zufälliger Fehler. Dieses mathematische Instrumentarium wird hier nicht behandelt, da es umfangreiche Literatur zu dieser Thematik gibt. Die nachstehenden Zitate sind nur eine kleine Auswahl davon. Wahrscheinlichkeitsrechnung: [34] [76] [110] [117] [283] [287] [292] [354] [373] [424] [435] [472]; Statistik (mit wahrscheinlichkeitstheoretischen Grundlagen): [31] [71] [77] [106] [141] [175] [183] [202] [237] [242] [278] [284] [298] [323] [329] [335] [344] [349] [375] [384] [411] [425] [461] [503] [609] [627] [643].

Die Möglichkeit, die Auswirkungen zufälliger Fehler mit Hilfe der Statistik gut abschätzen zu können, hat dazu geführt, daß man sich gerade mit diesen Fehlern schon sehr früh eingehend befaßt hat (z. B. [4] [33] [47] [479]). Die mathematischen Methoden gehen auf *Legendre* (1806) zurück (z. B. [170] [176] [283]) und wurden von *Gauß* zu einer geschlossenen Fehlertheorie weiterentwickelt [98] [128]. Seit dieser Zeit (etwa 1809) sind eine Vielzahl von Veröffentlichungen zur statistischen Fehlerrechnung erschienen. Die folgenden Buchzitate sind noch kein annähernd vollständiger Überblick über das vorhandene Angebot: [3] [9] [13] [20] [28] [31] [42] [45] [52] [62] [64] [76] [84] [90] [146] [170] [175] [176] [209] [224] [238] [250] [264] [274] [291] [321] [345] [347] [348] [355] [362] [372] [373] [400] [410] [418] [432] [433] [442] [448] [449] [469] [476] [479] [483] [531] [540] [583] [609] [627]. Weitere Bücher mit der Ausgleichsrechnung als Schwerpunkt sind auf S. 201 zitiert.

Durch die Überbetonung der *statistischen* Fehlerrechnung wurde verbreitet der Eindruck erweckt, als sei sie die eigentliche Fehlerrechnung, mit anderen Fehleranteilen brauche man sich also nur am Rande zu befassen. Dies ist jedoch ein Irrtum; denn die systematischen Fehleranteile, die ein Meßresultat *unrichtig* machen, sind oft viel gravierender als die zufälligen, die es *unsicher* werden lassen.

Es liegt in der Natur der zufälligen Fehler, daß über ihre Ursachen nur wenig ausgesagt werden kann. Als Beispiele werden zufällige **Meßabweichungen von Meßmitteln** [634] (z.B. Reibung), unbemerkte Einflußgrößenschwankungen sowie Unzulänglichkeiten der menschlichen Sinne angeführt (z.B. [148] [164] [170]). Eine typische Ursache für zufällige Fehler in der elektronischen Meßtechnik ist das *Rauschen* [61] [119] [204] [385]. Zur Behandlung des Einflusses derartiger Störungen auf Meßmittel gehören Aussagen zum Leistungsspektrum und zur Wahrscheinlichkeitsdichteverteilung des Störsignals [227]. Die Wirkung des Rauschens auf die Meßunsicherheit wird i. allg. durch das Verhältnis der maximalen Signalamplitude zum Rauschpegel, das *Signal-Rausch-Verhältnis* (S/N: Signal to Noise ratio), oder durch den Rausch- bzw. *Störabstand* [356] quantifiziert. Wird die Ausgangsgröße in Form des Nennwerts der Ausgangsspannung u_a und das Störsignal in Form des Effektivwerts der Störspannung $u_{Stör}(t)$ angegeben, so ist

$$D = 20 \lg (u_a/u_{Stör,\,eff}) \text{ in dB} \tag{3.8}$$

der Störabstand. Auf Einzelheiten, wie Einteilung dieser stochastischen Störungen [216], Besonderheiten bei frequenzanalogen [357] bzw. digitalen Signalen [498] usw., kann nicht eingegangen werden.

Natürlich ist das Zustandekommen des einzelnen Meßwerts eindeutig von bestimmten Ursachen abhängig, also kausal bedingt; lediglich die Vielzahl dieser Ursachen und ihre zufälligen Schwankungen führen zu dem stochastischen Charakter der zufälligen Fehler. Das Zusammenwirken vieler Ursachen und ihre Nichterfaßbarkeit unterscheiden den Entstehungsprozeß der zufälligen Fehler von dem der systematischen. Gelingt es, eine Einflußgröße hinsichtlich räumlicher Verteilung und zeitlichem Verlauf exakt zu erfassen, so scheidet sie als Quelle für zufällige Fehler aus.

Das Entstehen zufälliger Fehler ist ein *stationärer Zufallsprozeß*. Determiniert zeitabhängige Änderungen von monotonem oder langzeitlich periodischem Charakter (Driftfehler) (Abschn. 3.5) werden ausgeklammert. Stationarität bedeutet, daß die betrachteten Meßwerte unter Wiederholbedingungen erhalten worden sind [474], was in der

Praxis nicht immer der Fall ist [112]. Das Resultat von Mehrfachmessungen unter Wiederholbedingungen ist die „klassische" Meßreihe aus n Meßwerten, also eine Stichprobe vom Umfang n. Insofern sind viele Überlegungen aus der Stichprobenprüfung [586] [619] [620] [644] auch auf die folgenden Betrachtungen übertragbar. Die Zahl aller denkbaren Messungen (theoretisch $n \to \infty$) kann als Grundgesamtheit angesehen werden. Da die einzelnen Meßwerte x_i Realisierungen einer Zufallsgröße X sind, ist es das Ziel der statistischen Auswertung, aus den n Meßwerten Schätzwerte für statistische Kenngrößen zu ermitteln, die etwas über die Grundgesamtheit aussagen, aus der die Stuchprobe (Meßreihe) stammt. Die *Lokalisationskennwerte* (Mittelwert, Median u.a.) sollen einen möglichst guten Ersatz für den - von systematischen Fehlern befreiten - unbekannten richtigen Wert der Meßgröße ergeben, und die *Disperionskennwerte* (Standardabweichung, Spannweite usw.) sollen die Streuung der Meßwerte charakterisieren.

Wichtig sind besonders solche Dispersionskennwerte, die als *Unsicherheits-* oder *Streuungsmaße* (auch Variabilitätsmaße [231]) dem Nutzer eines Meßergebnisses die Möglichkeit geben, die Erfüllung der gestellten Genauigkeitsforderungen einzuschätzen. Die Wahl eines geeigneten Unsicherheitsmaßes ist ein Optimierungsproblem zwischen der Forderung nach maximaler Information und möglichst weitgehender Vereinfachung derartiger Angaben. Sie sollten außerdem soweit vereinheitlicht sein, daß sie von jedem Empfänger in gleicher Weise interpretiert werden können.

Der Begriff *Schätzung von Kennwerten* hat die Bedeutung von Hochrechnen, nicht von Raten, wie er im täglichen Leben meist benutzt wird [442]. Das bedeutet, die gewonnenen statistischen Kennwerte sind dann die bestmöglichen, wenn die Schätzung folgende Eigenschaften aufweist [375]:

- *erwartungstreu* (unbiased, unverzerrt), d. h. frei von systematischen Fehlern,
- *übereinstimmend* (consistent, konsistent), d. h. gegen den entsprechenden Parameter der Grundgesamtheit strebend,
- *wirksam* (efficient, effizient), d. h. die für den vorliegenden Stichprobenumfang kleinste Streuung aufweisend,
- *erschöpfend* (sufficient, suffizient), d. h., kein Kennwert gleicher Art liefert eine weitergehende Information.

3.4.2. Bestimmung zufälliger Fehler

Für eine Einzelmessung ist ein zufälliger Fehler grundsätzlich nicht angebbar, da alle Informationen über meßwertverfälschende Einflüsse zur Ermittlung des systematischen Fehleranteils verwertet werden. Zur Frage des zufälligen Fehleranteils einer Einzelmessung, d. h., wie unsicher ein einzelner Meßwert ist, vgl. Abschn. 3.4.2.5. Die folgenden Betrachtungen gelten primär für n statistisch unabhängige, unter Wiederholbedingungen gemessene, zeitlich konstante Werte, wie sie in der Präzisions- und Labormeßtechnik noch häufig vorliegen. Zeitlich regelmäßig oder regellos schwankende Meßwerte, bei denen eine Mittelung erfolgen muß, erfordern zusätzliche, hier nicht berücksichtigte Überlegungen, wie man sie z.B. in [629] findet. In der modernen Meßpraxis sind die Möglichkeiten für Wiederholungsmessungen demgegenüber nur selten gegeben; denn bei kontinuierlichen Messungen, aber auch in der Prozeßmeßtechnik allgemein, ist die einmalige Messung einer Größe der Normalfall.

3.4.2.1. Grundüberlegungen zur Wahl von Unsicherheitsmaßen

Da das Meßergebnis entscheidend davon abhängt, ob der Schätzwert für den richtigen Wert diesem möglichst nahe kommt, muß zunächst die Ermittlung des besten Schätzwerts (auch *Bestwerts* [115]) für den Wert der Meßgröße diskutiert werden.

Solange nicht bekannt ist, nach welcher Gesetzmäßigkeit die zufällig streuenden Meßwerte einer Meßreihe verteilt sind, ist die Frage nach dem Lokalisationskennwert, der den besten Schätzwert für den richtigen Wert der Meßgröße darstellt, nicht eindeutig zu beantworten [115]. Einige Lokalisationskennwerte sind in **Tafel 3.4** zusammengestellt. Der Aufwand für die Bestimmung dieser Kennwerte ist sehr unterschiedlich. Hinweise zur Bildung von Schätzwerten und zu den dabei begangenen „Schätzfehlern" findet man in [375] [412] u.a.

Es gibt verschiedene Kriterien zum Auffinden des Bestwerts. So führt z.B. das Kriterium der Minimierung der Summe der scheinbaren Fehler auf den *Median*. Er nutzt die in den n Meßwerten enthaltenen Informationen nur unzureichend; denn er ändert sich nicht, wenn die auf einer Seite von ihm gelegenen Meßwerte beliebig auseinandergezogen werden. Dagegen ergibt die Forderung, daß die Summe der Quadrate der scheinbaren Fehler ein Minimum werden soll, den arithmetischen Mittelwert $\bar{x}$ als Schätzwert. Dies läßt sich auch mit der *Maximum-Likelihood-Methode* zeigen [250]; denn $\bar{x}$ ist derjenige Schätzwert, für den die Glaubwürdigkeitsfunktion (likelihood function) ein Maximum hat [216], d.h. der Wert maximaler Wahrscheinlichkeitsdichte. Das Kriterium $\Sigma (x_i - \bar{x})^2 \rightarrow$ Min! geht auf *Gauß* zurück und ist die Gaußsche *Methode der kleinsten Quadrate* (besser: der kleinsten Abweichungsquadratsumme [154] [264]). Auch die langjährige Erfahrung hat gezeigt, daß das arithmetische Mittel meist der beste Schätzwert für x_r ist [115]. In [176] finden sich darüber hinaus eingehende Überlegungen und theoretische Begründungen für die Methode der kleinsten Quadrate.

Vom gewählten Lokalisationskennwert hängt es ab, welcher Dispersionskennwert als Unsicherheitsmaß am besten geeignet ist. So läßt sich zeigen (z.B. [146]), daß die Methode der kleinsten Quadrate, mit $\bar{x}$ als bestem Schätzwert für x_r, auf den mittleren quadratischen Fehler s der n unabhängigen Einzelmeßwerte x_i der Meßreihe führt.

$$s = \sqrt{\frac{1}{n-1} \sum_{i=1}^{n} (x_i - \bar{x})^2} = \sqrt{\frac{n \sum\limits_{i=1}^{n} x_i^2 - \left(\sum\limits_{i=1}^{n} x_i \right)^2}{n(n-1)}}. \tag{3.18}$$

s, die Standardabweichung der Stichprobe (Meßreihe), mit der jedes einzelne x_i im Mittel behaftet ist [595], auch empirische Standardabweichungen genannt; sie ist das dem arithmetischen Mittelwert adäquate Unsicherheitsmaß [353], s.S. 76. Zur Verdeutlichung spricht man beim Vorliegen von Wiederholbedingungen von Wiederholstandardabweichung und bei Vergleichbedingungen von Vergleichsstandardabweichung [634]. Für andere Lokalisationskennwerte (als Schätzwerte für x_r) müssen auch andere Streuungsmaße verwendet werden. So kommt für die Spannweitenmitte als Lokalisationskennwert nur die Spannweite selbst als Maß für die Streuung in Frage. Die Wahl der besten Schätzwerte (für x_r und die Streuung) ist also nicht zwingend. Deswegen sprach *Gauß* auch bei $\bar{x}$ (3.9) und s (3.18) von plausiblen Werten, da sie sinnvolle, widerspruchsfreie Schlußfolgerungen ergeben.

Um sich nicht mit Plausibilität zu begnügen, müssen weitere Voraussetzungen über die Eigenschaften der betrachteten Meßreihen gemacht werden. So läßt sich aus der Erfahrung ableiten, daß für rein zufällige Fehleranteile i. allg. folgendes gilt:

• Positive und negative Fehler gleichen Betrags sind gleich häufig.
• Mit dem Betrag der Fehler nimmt die Häufigkeit ihres Auftretens monoton ab.
• Die Häufigkeitsverteilung hat beim Fehler Null ihr Maximum.

Diese Annahmen werden auch in der Wahrscheinlichkeitsrechnung und Statistik gemacht (z.B. [50] [146] [170] [250]). Mit der Voraussetzung, daß die einzelnen x_i statistisch unabhängig voneinander sind, führen diese Annahmen auf symmetrische, eingipflige Verteilungen, unter denen die Normalverteilung besonders ausgezeichnet ist. Sie gibt die Verteilung zufälliger Fehler wieder, weshalb ihre Dichtefunktion von *Gauß* als *Fehlerkurve (Gaußsche Glockenkurve)* bezeichnet wurde [424]. Bei vielen Grenzwertsätzen ergibt sich die Normalverteilung als Grenzverteilung. So folgt aus dem zentralen Grenzwertsatz, daß die Summe unabhängiger Zufallsgrößen, wie es bei der Überlagerung vieler Ursachen von Einzelbeiträgen zum zufälligen Fehler der Fall ist, unter bestimmten Bedingungen normalverteilt ist.

Tafel 3.4. Beispiele für mögliche Lokalisationskennwerte

Bezeichnung	Berechnung	Gleichungs-Nr.	Bemerkung	Lit.
Arithmetisches Mittel	$\bar{x} = \dfrac{1}{n} \sum\limits_{i=1}^{n} x_i$	(3.9)	auch Durchschnitt genannt	[170]
Gewogenes (arithm.) Mittel	$\bar{x}_p = \dfrac{1}{\sum\limits_{i=1}^{n} p_i} \sum\limits_{i=1}^{n} p_i x_i$	(3.10)	auch gewichteter Mittelwert	[167]
Quadratisches Mittel (allg.)	$\bar{x}_q = \sqrt{\dfrac{1}{n} \sum\limits_{i=1}^{n} x_i^2}$	(3.11)	speziell für kontinuierl. Funktionen (Integr.)	[173]
Quadratisches Mittel (spez.)	$M(x^2) = \bar{x}^2 + \sigma^2$	(3.12)	$\bar{x}$ arithm. Mittel σ^2 Varianz	[178]
Geometrisches Mittel	$\bar{x}_g = \sqrt[n]{\prod\limits_{i=1}^{n} x_i}$	(3.13)		
Reziprokes Mittel	$\bar{x}_r = n \Big/ \sum\limits_{i=1}^{n} \dfrac{1}{x_i}$	(3.14)	auch harmonisches Mittel, z. B. bei Errechnung mittl. Geschwindigkeit	[178] [375]
Median	$\tilde{x} = x_{\frac{n+1}{2}}$	(3.15a)	für n ungerade	[164]
	$\tilde{x} = \dfrac{1}{2}\left(x_{\frac{n}{2}} + x_{\frac{n}{2}+1} \right)$	(3.15b)	für n gerade	[164]
Spannweitenmitte	$R_M = \dfrac{1}{2}(\sup x_i + \inf x_i)$	(3.16)	vgl. (3.35)	[164]
Dichtemittel, Mode, Modalwert[1]	$D = U + b \times \left(\dfrac{f_U - f_{U-1}}{2f_U - f_{U-1} - f_{U+1}} \right)$	(3.17)	Grobschätzung für das Dichtemittel	[375]
Interdezilbereich[2]			auch für Schnellschätzung von $\bar{x}$ und s	[375]

[1]) Der bei Klassierung der Meßwerte am häufigsten auftretende Wert. In (3.17) ist U die untere Klassengrenze der am stärksten besetzten Klasse, f_U bzw. f_{U-1}, f_{U+1} sind die Klassenbelegungen der am stärksten besetzten bzw. der benachbarten Klassen, und b ist die Klassenbreite.
[2]) Interdezilbereich umfaßt die 2. bis 9. Klasse bei Klassierung in 10 Klassen.

In der statistischen Fehlerrechnung wird i. allg. von normalverteilten Fehlern ausgegangen, oft ohne diese Voraussetzung zu prüfen. So entsteht der Eindruck, als sei die Normalverteilung zufälliger Fehler ein Naturgesetz, das keiner Begründung bedürfe. Das stimmt nicht, auch wenn die Annahme einer Normalverteilung oft gerechtfertigt ist

[112] [119]. Immer dann, wenn Zweifel darüber bestehen können, ob eine Meßreihe als normalverteilt betrachtet werden kann, sind ihre Verteilungseigenschaften zu untersuchen.

3.4.2.2. Meßwertverteilungen

Um die Frage nach einem geeigneten Unsicherheits- oder Streuungsmaß beantworten zu können, muß die Verteilung der Meßwerte bekannt sein. Normalerweise hat man festzustellen, ob die Meßreihe als Stichprobe aus einer normalverteilten Grundgesamtheit angesehen werden darf.

Charakterisierung von Verteilungen. Zur Beschreibung einer Meßwertverteilung läßt sich entweder die *Verteilungsfunktion*

$$\Phi(z) := P(-\infty \leqq x \leqq z) \tag{3.19}$$

oder ihre Dichtefunktion

$$\varphi(z) := \frac{\mathrm{d}\,\Phi(z)}{\mathrm{d}z} \tag{3.20}$$

verwenden. Dieser Zusammenhang zwischen beiden Funktionen ist am Beispiel einer Rechteckfunktion im **Bild 3.11** dargestellt. Oft wird die Verteilungsdichtefunktion vorgezogen, da sie auch als Darstellung der Wahrscheinlichkeit für das Auftreten von Meßwerten des jeweiligen Wertes interpretiert werden kann: *Wahrscheinlichkeitsdichtefunktion* (WDF). Nach Bild 3.11 ist also das Auftreten eines Meßwerts x_i in den Grenzen $x_1 \leqq x_i \leqq x_2$ gleich wahrscheinlich. Die für die Verteilungsfunktion vorausgesetzte Stetigkeit (vgl. (3.19) und (3.20)) ist bei einer Meßreihe nicht erfüllt, da n eine endliche Zahl ist. Bei diesen diskreten Verteilungen treten anstelle von Integralen Summen auf. Die Wahrscheinlichkeit für alle vorkommenden Möglichkeiten ist

$$\sum_{i=1}^{n} P(x_i) = 1. \tag{3.21}$$

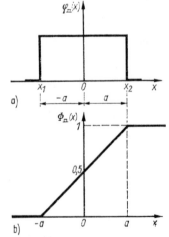

a)

b)

Bild 3.11. Wahrscheinlichkeitsdichtefunktion (WDF) und Verteilungsfunktion einer Rechteckverteilung der Breite 2 a

a) Wahrscheinlichkeitsdichtefunktion $\varphi_\sqcap(X)$; b) Verteilungsfunktion $\Phi_\sqcap(X)$

Für großes n kann eine diskrete Verteilung durch eine stetige angenähert werden. Von dieser Möglichkeit wird weitgehend Gebrauch gemacht, oft auch bei Meßreihen geringen Umfangs. Die Konsequenzen dieser Vorgehensweise sind z.B. in [174] untersucht, wo

u. a. gezeigt wird, daß eine hinreichend gute Auflösung der Meßgeräte eine weitere Voraussetzung sein muß.

Eindimensionale Häufigkeitsverteilungen. Sie werden außer durch Lokalisations- und Dispersionskennwerte (bzw. -maße [375]) durch zusätzliche *Formmaße* (Schiefe, Wölbung usw.) oder durch Momente charakterisiert. Das *Moment 1. Ordnung*, der mathematische Erwartungswert $E\;]X]$, ergibt den Schätzwert für x_r:

$$E\,[X] = \sum_{i=1}^{n} x_i\,P\,(x_i) = \mu \qquad (3.22)$$

und das *Moment 2. Ordnung* (als Zentralmoment) einen Schätzwert für die Streuung:

$$E\,[X^2] = \sigma^2 = E\,[(X - E\,[X])^2] = \lim_{n \to \infty} \sum_{i=1}^{n} (x_i - \mu)^2\,P\,(x_i). \qquad (3.23)$$

Aus den Momenten höherer Ordnung lassen sich die Formmaße ableiten (Abschn. 3.4.2.4). Ausführliche Untersuchungen zu Fehlerverteilungen (auch *Fehlermodelle*) sind in [105] [154] und anderen Arbeiten zu finden.

Bei der *Summierung einzelner Teilfehler*, die oft unterschiedlich verteilt sind, kommt es i. allg. zu einer Deformierung der Verteilungsgesetze [302] [433]. **Bild 3.12** zeigt dies an einem Beispiel.

Um die aufwendige mathematische Komposition von Verteilungen, die Faltungsoperation [216] [302], zu umgehen, verwendet man vielfach Standardfunktionen, die als Ergebnis numerisch durchgeführter Faltungen [332] erhalten worden sind (z. B. [257]

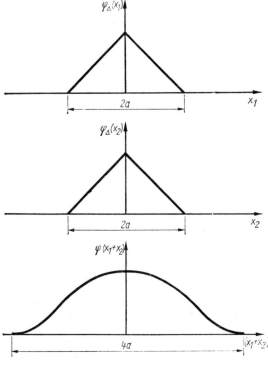

Bild 3.12. Komposition zweier Dreieckverteilungen [302]

[333]), oder die Momentenmethode [154], d.h. eine zweckentsprechende additive Zusammenfassung der interessierenden Kennzahlen.

Beispiele für Fehlerverteilungen. Die bei ausschließlich stochastisch wirkenden Ursachen (zufällige Fehler) und linearem Übertragungsverhalten zu beobachtende Häufigkeitsverteilung einer Meßreihe wird durch die WDF φ_{NV} der Gaußschen Normalverteilung beschrieben:

$$\varphi_{NV}(x; \mu, \sigma^2) = \frac{1}{\sqrt{2\pi\sigma^2}}\, e^{-\frac{(x-\mu)^2}{2\sigma^2}}. \qquad (3.24)$$

Die zugehörige Verteilungsfunktion

$$\Phi_{NV}(x; \mu, \sigma^2) = \frac{1}{\sqrt{2\pi\sigma^2}} \int_{-\infty}^{x} e^{-\frac{(t-\mu)^2}{2\sigma^2}}\, dt \qquad (3.25)$$

gibt die Wahrscheinlichkeit dafür an, daß ein Meßwert im Intervall von $-\infty$ bis x liegt (vgl. [146] [170] [442] u.a. sowie Tafel 3.6). Für Fehlerbetrachtungen ist die Verteilung der Abweichungen vom Erwartungswert μ interessanter, die sich ergibt, wenn $\mu = 0$ gesetzt wird. Unter Benutzung des sog. *Genauigkeitsmaßes* (oder Genauigkeitsfaktor [274]) $h = 1/\sqrt{2\sigma^2}$ kann (3.24) dann in der Form

$$\varphi(x; h) = \frac{h}{\sqrt{\pi}}\, e^{-h^2 x^2} \qquad (3.26)$$

geschrieben werden [101] [274]. Im Interesse der Vergleichbarkeit wird die Varianz $\sigma^2 = 1$ gesetzt: WDF der *standardisierten Normalverteilung* (auch Standardnormalkurve [375])

$$\varphi_{NV}(x; 0,1) = \frac{1}{\sqrt{2\pi}}\, e^{-\frac{x^2}{2}} = 0,4\, e^{-\frac{x^2}{2}}. \qquad (3.27)$$

χ^2-*Verteilung.* Zum Vergleichen mehrerer Stichproben

$$\bar{X}_j = \frac{1}{n} \sum_{i=1}^{n} X_{ji}$$

aus einer Grundgesamtheit eignet sich die mit der empirischen Streuung

$$S^2 = \frac{1}{n-1} \sum_{i=1}^{n} (X_i - \bar{X})^2 \qquad (3.28)$$

gebildete Stichprobenfunktion

$$\chi^2 = \frac{f S^2}{\sigma^2} = \frac{1}{\sigma^2} \sum_{i=1}^{n} (X_i - \bar{X})^2 \qquad (3.29)$$

mit $f = n-1$ Freiheitsgraden. Sie genügt einer stetigen Verteilungsfunktion mit der WDF

$$\varphi_{\chi^2}(x) = C_f\, e^{-\frac{x}{2}}\, x^{\frac{f}{2}-1} \qquad (x > 0). \qquad (3.30)$$

C_f hängt von den Freiheitsgraden ab und wird so gewählt, daß die Normierungsbedingung für die WDF (Fläche unter der Dichtekurve = 1; vgl. (3.21) und [424] [442] u.a.) erfüllt ist.

t-Verteilung. Sind μ und σ bekannt, so folgt die Größe $\sqrt{n}\,(\bar{X} - \mu)/\sigma$ einer Normalverteilung, wenn die x_i normalverteilt sind. Daraus läßt sich als Maßzahl für die Abweichungen die Stichprobenfunktion

$$t = \sqrt{n}\,(\bar{X} - \mu)/s \qquad (3.31)$$

bilden, die eine stetige Verteilungsfunktion mit der WDF

$$\varphi_t(x) = D_f \left(1 + \frac{x^2}{f}\right)^{-(f+1)/2} \tag{3.32}$$

aufweist, in der D_f eine von $f = n - 1$ abhängige Konstante ist. Die Dichte dieser *Student-* oder *t-Verteilung* ist symmetrisch bezüglich $x = 0$ und verläuft mit kleiner werdenden Freiheitsgraden f immer flacher (Bild 3.15). Für $f \to \infty$ geht sie gegen die WDF der standardisierten Normalverteilung. Als weitere Verteilungen seien genannt:

- die F-Verteilung für die Prüfung von Streuungen
- die Exponentialverteilung (z. B. bei diskreten Signalen)
- die Weibull-Verteilung (für Zuverlässigkeitsuntersuchungen) (z.B. [643]).

Verteilungen für die Digitaltechnik s. [91].

Bei der Normal- bzw. Student-Verteilung reicht die WDF von $-\infty$ bis $+\infty$, was den Realitäten in der Meßtechnik nicht entspricht. So kommen z.B. große Abweichungen vom Mittelwert i.allg. nicht vor, obwohl sie eine von Null verschiedene Wahrscheinlichkeit haben, oder es handelt sich um grobe Fehler, die ausgesondert werden (s. Abschnitt 3.2). Der Bereich inf $x_i \leqq x_i \leqq$ sup x_i, in dem die Meßwerte einer Meßreihe liegen, ist also kleiner als der mathematisch formulierte. Ferner ist es nicht selten, daß Fehler nicht normalverteilt sind (z. B. Gleichverteilungen, unsymmetrische Verteilungen). Deshalb werden für zufällige Fehler zunehmend weitere, sog. *Modellverteilungen* benutzt. Sie entsprechen den Realitäten besser (z.B. gestutzte Normalverteilungen), oder sie nähern die Bedingungen der Praxis hinreichend gut an und lassen sich mathematisch einfach beschreiben. Einige Modellverteilungen sind in **Tafel 3.5** zusammengestellt [600].

Oft wird eine *gestutzte Normalverteilung* (**Bild 3.13**) die tatsächliche Situation (annähernd normalverteilte Meßwerte innerhalb endlicher Grenzen) am besten beschreiben [557]. Allerdings ist im Fall von Bild 3.13a die Normierungsbedingung nicht mehr erfüllt (Fläche unter der Kurve < 1). Entweder führt man die Breite der so erhaltenen Verteilung als dritten Parameter neben μ und σ^2 zur Beschreibung ein, oder man verändert die Verteilung an ihren Grenzen so, wie es im Bild 3.13b, c angedeutet ist. Dies führt aber zu mathematisch aufwendigen Beschreibungen der WDF. Ausführungen zu dieser Problematik finden sich in [117] [154] [646], Anwendungshinweise in [7] [8] [334].

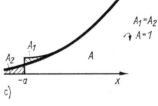

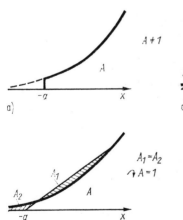

Bild 3.13. Möglichkeiten zum Stutzen von Normalverteilungen (am Beispiel des linken Kurvenastes der WDF)

A Fläche unter der WDF; A_1 hinzukommende Fläche; A_2 wegfallende Fläche

Tafel 3.5. Beispiele für einige Modellverteilungen

Verteilungstyp	Ab-kürzung	Wahrscheinlichkeits-dichtefunktion (WDF)	c_{Str}	c_{Asy}
Normalverteilung (gestutzt)	NV	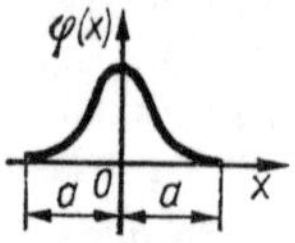	0,333	0
Dreieckverteilung (Simpson-Verteilung)	△	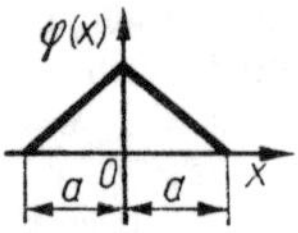	0,408	0
Trapezverteilung	TV	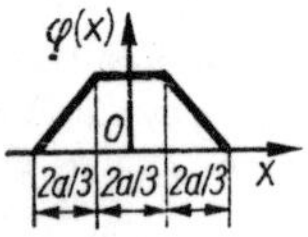	0,43	0
Rechteckverteilung (auch: Gleichverteilung)	⊓	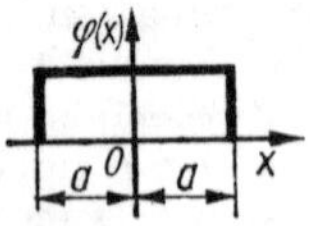	0,58	0
Antimodale I	AM I	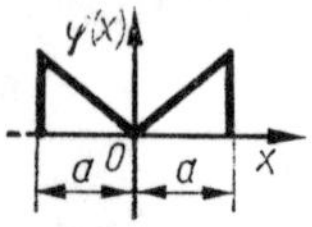	0,71	0
Antimodale II	AM II		0,83	0
Gleichmäßig wachsende Verteilung	◁	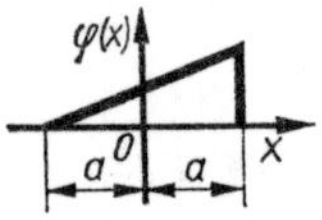	0,48	0,14

$2\,a$ Breite der Verteilung s empirische Standardabweichung
$c_{Str} = s/a$ Streumaß c_{Asy} Koeffizient der relativen Asymmetrie (s. S. 82)

Prüfung von Meßreihen auf ihren Verteilungstyp. Die Prüfung auf Normalverteilung kann auf grafischem oder rechnerischem Wege erfolgen. Das grafische Verfahren ist einfacher und anschaulicher und genügt meist den Ansprüchen. Durch den systematischen Restfehler werden die Angaben ohnehin soweit relativiert, daß eine Unsicherheit im verteilungsbezogenen Streuungsmaß für die zufälligen Fehler belanglos wird. Für die *grafische Prüfung* sind die Meßwerte zu klassieren, um ein Histogramm aufstellen zu können. Die *Klassenanzahl N* kann nach

$$N \approx \sqrt{n} \qquad (3.33)$$

bestimmt werden. (Nach DIN 53804 [641] soll (3.33) für $30 < n \leq 400$ benutzt, für $n > 400$ besser $N \approx 20$ gewählt werden.) Bei größerem n ist die Beziehung [424]

$$N \leq 5 \lg n \qquad (3.34)$$

vorzuziehen. Aus der Binomialverteilung wurde die seltener benutzte Beziehung $N = (\log n/\log 2) + 1$ abgeleitet [425]. N sollte die Forderung $6 \leq N \leq 20$ erfüllen; in Zweifelsfällen ist ein kleineres N besser als ein zu großes [474]. Bei gegebener *Spannweite* [637] (*Variationsbreite*)

$$R = \sup x_i - \inf x_i \qquad (3.35)$$

liegt mit N auch die Klassenbreite $\triangle x$ fest. Diese sollte stets größer sein als die Unsicherheit des einzelnen Meßwerts; eine Faustregel fordert $\triangle x \approx R/(N-1)$ [474]. Die Klassenbreiten können so gerundet werden, daß sich gut handhabbare Zahlenwerte ergeben. Es ist günstig, wenn keine Meßwerte auf Klassengrenzen fallen; andernfalls ist festzulegen, wie zu verfahren ist (z.B. einseitig offene Klassengrenzen). Nach DIN 53804 [641] soll die *untere* Grenze zur Klasse gehören.
Aus den *Klassenbelegungen* (Häufigkeiten h_k) werden durch schrittweises Aufsummieren die prozentualen *Häufigkeitssummen* [341] (auch *Summenhäufigkeiten*)

$$f_{k\Sigma} = \frac{\overset{N}{\underset{k=1}{\Sigma}} h_k}{0,01\, n} \qquad (3.36)$$

gebildet und über den oberen Klassengrenzen in ein Wahrscheinlichkeitsnetz (*Wahrscheinlichkeitspapier*) eingetragen, dessen Ordinate nach der Verteilungsfunktion der Normalverteilung (3.25) geteilt ist. Bei normalverteilten Meßwerten liegen die Werte der Häufigkeitssummen auf einer Geraden. Abweichungen an den Enden (nach [340] unterhalb 10% und oberhalb 90%) gelten nicht als Zeichen für Nichtnormalität. Für $n < 25$ (also $N < 5$) sollte das Verfahren nicht kritiklos eingesetzt werden. Bei den Ordinatenwerten 50 bzw. 15,87 und 84,13% können auf der Abszisse die Werte für $\bar{x}$ und s abgelesen werden (vgl, z. B. [148]). Dafür gibt es noch andere grafische Hilfsmittel, die z.T. auch bei kleineren Stichprobenumfängen einsetzbar sind [424].
Rechnerische statistische Tests. Zur rechnerischen Prüfung auf Normalverteilung gibt es statistische Tests unterschiedlicher Prüfschärfe [154] [242] [375] [424]. Mit dem χ^2-*Anpassungstest* kann z.B. die Anpassung experimentell ermittelter Verteilungen an theoretisch erwartete Verteilungen überprüft werden. Nach Aufstellung des N-klassigen Histogramms werden die Klassenbelegungen h_k mit den zu erwartenden, aus der theoretischen Verteilung abgeleiteten Besetzungszahlen φ_k verglichen. Die Testgröße ist also

$$\chi^2 = \overset{N}{\underset{k=1}{\Sigma}} \frac{(h_k - \varphi_k)^2}{\varphi_k}. \qquad (3.37)$$

Ist der einer Wertetafel für die χ^2-Verteilung (in Abhängigkeit vom Signifikanzniveau α und Freiheitsgrad $f = N - 1$) entnommene Wert größer als die Testgröße χ^2, so gelten die Abweichungen als zufällig, d.h., die experimentellen Werte entsprechen der ange-

nommenen Verteilung. Liegt der Punkt (χ^2, f) im nichtschraffierten Gebiet von **Bild 3.14**, so ist anzunehmen, daß die Stichprobe aus einer Grundgesamtheit mit der angenommenen Verteilung (z. B. Normalverteilung) stammt.
Falls in einer Klasse $\varphi_k \leqq 5$ sein sollte, müssen benachbarte Klassen zusammengefaßt werden [424]. Bei all diesen Tests liegen die Aussagen stets auf einem Vertrauensniveau $< 100\%$, so daß eine bestimmte Irrtumswahrscheinlichkeit in Rechnung zu stellen ist. Bei den möglichen Fehlentscheidungen aus Testergebnissen unterscheidet man Fehler 1. und 2. Art. Wird die Nullhypothese abgelehnt, obwohl sie richtig ist, so ist dies ein *Fehler 1. Art*, wird sie angenommen, obwohl sie falsch ist, ein *Fehler 2. Art*.
Es gibt viele statistische Testverfahren (vgl. Literaturhinweise auf S. 62), z. B. der W-Test nach *Shapiro-Wilk* für $7 \leqq n \leqq 30$, der D-Test nach *D'Agostino* für $30 \leqq n \leqq 100$ und der χ^2-Test nach *Pearson* für $n > 100$ [154]. Auch die geschätzten Verteilungsparameter lassen Rückschlüsse auf die Art der Verteilung zu [154] [175] [644].
Abschließend sei auf Möglichkeiten hingewiesen, in der Praxis auftretende Meßwertverteilungen experimentell zu bestimmen (z. B. [392] oder unter Einsatz von Rechnern [175]). Bei der laufenden Bestimmung der Verteilungsparameter von gemessenen Werten lassen sich Rückschlüsse auf Fertigungsinstabilitäten ziehen [151] [155] [181] [367] [369] [370]. Außerdem können Verteilungen für theoretische Untersuchungen experimentell modelliert werden [36] [37] [156]. Darüber hinaus sei auf [302] [372], bezüglich digitaler Meßverfahren auf [91] und mehrdimensionaler Messungen auf [412] verwiesen.

3.4.2.3. Unsicherheitsmaße bei normalverteilten Meßwerten

Zunächst sei Normalverteilung und statistische Unabhängigkeit der einzelnen Meßwerte angenommen, was in der Praxis nicht immer der Fall ist. Außerdem wird von systematischen Fehlern abgesehen. Unter diesen Bedingungen ist der nach (3.9) bestimmte Mittelwert $\bar{x}$ der beste Schätzwert für den Erwartungswert μ der Grundgesamtheit. Dieser Schätzwert ist mit einer Unsicherheit behaftet, die vom Meßreihenumfang und der Streuung abhängt.
Streuung. Sie ist ein nicht einheitlich benutzter Begriff. Oft wird darunter die Varianz verstanden [167] [178], z. T. auch die Standardabweichung [340]. Manchmal wird statt Streuung auch Ungenauigkeit benutzt, die aber nach [590] auch die systematischen Fehler einschließt. Die aus dem Englischen übernommene Unterscheidung zwischen Genauigkeit (accuracy) im Sinne von Annäherung an den richtigen Wert und Präzision (precision), gelegentlich auch Exaktheit, für die Angabe eines Meßresultats mit vielen gültigen Ziffern, auch wenn es vom richtigen Wert abweicht [67] [621] [622], hat viel für sich, weil sie Unklarheiten vermeiden hilft. *Wiederholbarkeit* [606] [617] [634] [638] ist ein Maß für die Übereinstimmung von Meßwerten, die unter

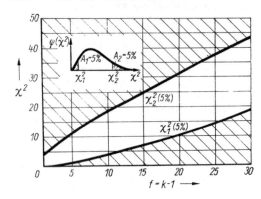

Bild 3.14. Vertrauensgrenzen für den χ^2-Test bei einem Vertrauensniveau von $1 - \alpha = 90\%$ [340]

$f = k - 1$ Freiheitsgrade;
$A - A_1 - A_2 = 0,9 A = 90\%$ von A;
A Fläche unter der Kurve $\varphi(\chi^2)$

Wiederholbedingungen aufgenommen worden sind: je kleiner die Streuung, um so größer die Wiederholbarkeit. Daher wird teilweise auch die Standardabweichung als Maß für die Wiederholbarkeit benutzt (z.B. [617]). *Reproduzierbarkeit* bezieht sich demgegenüber auf Vergleichsbedingungen [590]. Nachfolgend wird Streuung nur im allgemeinen Sinn benutzt. Da der Terminus (Meß-)Unsicherheit vergeben ist (s. Abschn. 7.4), werden die Dispersionskennwerte zusammenfassend als *Streuungs-* oder *Unsicherheitsmaße* bezeichnet. Auch sie sind, wenn sie aus Meßreihen endlichen Umfangs gewonnen werden, nur Schätzwerte. Sie beschreiben keine scharfen Grenzen, die ein „Innerhalb" (in dem Meßwerte liegen können) von einem „Außerhalb" (wo kein Meßwert auftreten kann) exakt trennen, sondern sind ihrerseits ebenfalls unsicher.

Einfache Streuungsmaße. Ein Streuungsmaß, das unabhängig von der vorliegenden Verteilung gebildet werden kann, ist die durch (3.35) formulierte *Spannweite* (auch Abweichungsspanne [599] [600] [606], Streuspanne, Streubreite, *Variationsbreite* [167] oder Extrembereich [375]. Sie wird oft in Verbindung mit dem Median (3.15) oder der Spannweitenmitte (3.16) benutzt und ist sehr unsicher, besonders bei kleinen Stichproben (z.B. Fertigungskontrolle mit $n = 3$ oder $n = 5$). Es wird leicht übersehen, daß die Spannweite bei gleichbleibender Streuung der Grundgesamtheit mit n größer wird [474]. Für $n \to \infty$ bekommt die Spannweite den Charakter von Maximalfehlergrenzen (s.S. 28). Da R von den Extremwerten (evtl. grobe Fehler!) abhängt, ist bei hinreichend großem n die Aussage durch Verwendung der *Quasispannweite* zu verbessern [641]. Dazu werden die Meßwerte ihrem Wert nach sortiert (*Rangieren* genannt), und statt $R = x_{(n)} - x_{(1)}$ wird

$$R_{(n-2)} = x_{(n-2)} - x_{(3)} \tag{3.38}$$

oder $R_{(n-1)} = x_{(n-1)} - x_{(2)}$ usw. benutzt. Die Quasispannweiten entsprechen im Prinzip den Interquantilen. Das *Interquantil* d_d auf dem Vertrauensniveau von 90% ist der Abstand zwischen dem 5-%- und dem 95-%-Quantil, d.h. den beiden Abszissenwerten, die die Senkrechten markieren, durch die an beiden Seiten 5% der Fläche unter der WDF abgeschnitten werden [302]. Für $n \to \infty$ und Normalverteilung entspricht dieses Interquantil der 1,65-σ-Grenze.

Abschätzung von Streugrenzen durch Ungleichungen. Eine andere Möglichkeit, Grenzen abzuschätzen, die von den Beträgen der Abweichungen vom Erwartungswert mit der Wahrscheinlichkeit P nicht überschritten werden, stellen Ungleichungen dar [154] [283] [287]. Sie benutzen die statistischen Kennwerte μ und σ, z.B. die Ungleichungen von *Gauß* (für eingipflige, symmetrische Verteilungen), *Bernstein* sowie *Bienaymé* und *Tschebyschev*:

$$- Gauß \qquad P\left(|X - \mu| > k\,\sigma\right) < \frac{4}{9\,k^2}\,; k \geqq 2/\sqrt{3} \tag{3.39}$$

$$- Bernstein \qquad P\left(|X - \mu| < k\,\sigma\right) \leqq 1 - 2\exp\left(-\frac{k^2}{2}\right) \tag{3.40}$$

$$- Tschebyschev \quad P\left(|X - \mu| < k\,\sigma\right) > 1 - 1/k^2. \tag{3.41}$$

Das in den Ungleichungen auftretende Genauigkeitsmaß k ist ein Proportionalitätsfaktor zwischen der Standardabweichung σ und der einzuhaltenden oberen Schranke δ des Fehlers: $\delta = k\,\sigma$ mit $k > 1$ [132]. Bei der Ungleichung nach *Gauß* liegt die 5-%-Schwelle etwa bei 3 σ, bei der Tschebyschevschen Ungleichung bei 4,47 σ, weil für letztere keine Voraussetzungen hinsichtlich der Verteilungsform gemacht werden. Wegen der großen Breite dieses Vertrauensintervalls gibt es Überlegungen hinsichtlich günstigerer verteilungsfreier Vertrauensbereiche. Das in [482] vorgeschlagene Verfahren ergibt z.B. Werte, die nur um 6 bis 23% größer sind als die Breite, die sich bei einer Normalverteilung (68,3% $\leqq 1 - \alpha \leqq 95$%) ergeben würde.

Varianz und Standardabweichung. Das wichtigste Streuungsmaß für die Beschreibung zufälliger Fehler ist die durch (3.23) beschriebene Varianz σ^2. Bei normalverteilten Meßwerten ist die *Standardabweichung* (der Grundgesamtheit)

$$\sigma = \sqrt{\sigma^2} \tag{3.42}$$

direkt aus der WDF ablesbar, und zwar als Abszissenwerte der Wendepunkte. Die Varianz wird auch als *Dispersion*, mittlere quadratische Abweichung oder Streuung bezeichnet. Sie kann als Erwartungswert des Quadrats des mittleren Fehlers einer Meßreihe [3], σ als mittlerer quadratischer Fehler für $n \to \infty$ aufgefaßt werden. Die durch (3.23) gegebene Definition kann auch in der Form

$$s^2 = \sum_{i=1}^{\infty} x_i^2 \, p_i - \mu^2 = \overline{x^2} - (\bar{x})^2 \tag{3.43}$$

geschrieben werden (Verschiebungssatz) [424]. Bei anderen stochastischen Vorgängen (z. B. wenn $\overline{x^2}$ Effektivwert einer Spannung ist [385]) spielt (3.43) ebenfalls eine Rolle. Auch die Berechnung der Varianz ist manchmal leichter, wenn (3.43) benutzt wird. Andere Rechenvorteile sind u. a. in [3] [375] angegeben.

Die Fläche unter der WDF der Normalverteilung zwischen zwei Grenzen gibt die Wahrscheinlichkeit dafür an, daß ein Meßwert zwischen diesen Grenzen liegt bzw. wie viele der Werte einer Meßreihe innerhalb dieser Grenzen zu erwarten sind. So liegt z. B. ein Meßwert aus einer Meßreihe mit sehr großem n mit einer Wahrscheinlichkeit von 68,27 % innerhalb der Grenzen

$$\mu - \sigma \leqq x_i \leqq \mu + \sigma \tag{3.44}$$

(Tafel 3.6). Andere als diese Grenzen werden üblicherweise in Vielfachen von σ angegeben. **Tafel 3.7** zeigt einige in der Praxis oft benutzte Grenzen mit den zugehörigen Wahrscheinlichkeiten.

Da das Vertrauensniveau von σ nur 68,27 % beträgt, liegen auch alle davon abgeleiteten Streuungsmaße auf diesem Niveau, was bei der Interpretation solcher Angaben oft nicht beachtet wird. Während in manchen Bereichen Angaben auf diesem Vertrauensniveau üblich sind (z. B. Physik, Geodäsie), bevorzugen andere Wissenschaften abweichende Werte (z. B. Biologie: früher 99,73 %, jetzt oft 99 %; Industrie: 95 %; bei **Naturkonstanten: 99,73 %; bei Normalen: 99 %.** Am gebräuchlichsten sind die Werte 95 und 99 % [231]. Die freie Wählbarkeit des Vertrauensniveaus zwingt dazu, das gewählte Niveau (statistische Sicherheit) unbedingt mit anzugeben. Es wäre ein großer Fortschritt, wenn man Einigung darüber erzielen könnte, grundsätzlich *ein* Vertrauensniveau zu benutzen und nur bei begründetem Abweichen davon dies zu vermerken. Bemühungen in dieser Richtung gibt es: Nach DIN 2257 [637] und [571] werden 95 % allgemein empfohlen, und in England sind 95 % einheitlich zu bevorzugen [634].

Ein besonderer Vorteil der Varianz ist die Möglichkeit ihrer einfachen additiven Zusammenfassung. Setzt sich ein Meßresultat Y additiv aus zwei Meßwerten $K_1 X_1$ und $K_2 X_2$ zusammen, so lauten die allgemeinen Glieder der Meßfolge:

$$y_i = K_1 x_{1i} + K_2 x_{2i}. \tag{3.45}$$

Dies ergibt für den Erwartungswert von Y

$$E[Y] = K_1 E[X_1] + K_2 E[X_2] \tag{3.46}$$

und für die Varianz ($n \to \infty$)

$$\sigma_Y^2 = \frac{1}{n} \sum_{i=1}^{n} (y_i - E[Y])^2$$

$$= \frac{1}{n} \sum_{i=1}^{n} [K_1 (x_{1i} - E[X_1]) + K_2 (x_{2i} - E[X_2])]^2$$

$$= K_1^2 \sigma_{X1}^2 + K_2^2 \sigma_{X2}^2$$

$$+ \frac{2 K_1 K_2}{n} \sum_{i=1}^{n} (x_{1i} - E[X_1]) (x_{2i} - E[X_2]). \tag{3.47}$$

Tafel 3.6. Funktionswerte $\Phi(x)$ der Normalverteilung nach (3.25) für den rechten Kurvenast $0 \leqq x \leqq \infty$ [474]

$x = \dfrac{t-\mu}{\sigma}$	0,00	0,01	0,02	0,03	0,04	0,05	0,06	0,07	0,08	0,09
+ 0,0	0,5000	0,5040	0,5080	0,5120	0,5160	0,5199	0,5239	0,5279	0,5319	0,5359
+ 0,1	0,5398	0,5438	0,5478	0,5517	0,5557	0,5596	0,5636	0,5675	0,5714	0,5753
+ 0,2	0,5793	0,5832	0,5871	0,5910	0,5948	0,5987	0,6026	0,6064	0,6103	0,6141
+ 0,3	0,6179	0,6217	0,6255	0,6293	0,6331	0,6368	0,6406	0,6443	0,6480	0,6517
+ 0,4	0,6554	0,6591	0,6628	0,6664	0,6700	0,6736	0,6772	0,6808	0,6844	0,6879
+ 0,5	0,6915	0,6950	0,6985	0,7019	0,7054	0,7088	0,7123	0,7157	0,7190	0,7224
+ 0,6	0,7257	0,7291	0,7324	0,7357	0,7389	0,7422	0,7454	0,7486	0,7517	0,7549
+ 0,7	0,7580	0,7611	0,7642	0,7673	0,7704	0,7734	0,7764	0,7794	0,7823	0,7852
+ 0,8	0,7881	0,7910	0,7939	0,7967	0,7995	0,8023	0,8051	0,8079	0,8106	0,8133
+ 0,9	0,8159	0,8186	0,8212	0,8238	0,8264	0,8289	0,8315	0,8340	0,8365	0,8389
+ 1,0	0,8413	0,8438	0,8461	0,8485	0,8508	0,8531	0,8554	0,8577	0,8599	0,8621
+ 1,1	0,8643	0,8665	0,8686	0,8708	0,8729	0,8749	0,8770	0,8790	0,8810	0,8830
+ 1,2	0,8849	0,8869	0,8888	0,8907	0,8925	0,8944	0,8962	0,8980	0,8997	0,9015
+ 1,3	0,9032	0,9049	0,9066	0,9082	0,9099	0,9115	0,9131	0,9147	0,9162	0,9177
+ 1,4	0,9192	0,9207	0,9222	0,9236	0,9251	0,9265	0,9279	0,9292	0,9306	0,9319
+ 1,5	0,9332	0,9345	0,9357	0,9370	0,9382	0,9394	0,9406	0,9418	0,9429	0,9441
+ 1,6	0,9452	0,9463	0,9474	0,9484	0,9495	0,9505	0,9515	0,9525	0,9535	0,9545
+ 1,7	0,9554	0,9564	0,9573	0,9582	0,9591	0,9599	0,9608	0,9616	0,9625	0,9633
+ 1,8	0,9641	0,9649	0,9656	0,9664	0,9671	0,9678	0,9686	0,9693	0,9699	0,9706
+ 1,9	0,9713	0,9719	0,9726	0,9732	0,9738	0,9744	0,9750	0,9756	0,9761	0,9767
+ 2,0	0,9773	0,9778	0,9783	0,9788	0,9793	0,9798	0,9803	0,9808	0,9812	0,9817
+ 2,1	0,9821	0,9826	0,9830	0,9834	0,9838	0,9842	0,9846	0,9850	0,9854	0,9857
+ 2,2	0,9861	0,9864	0,9868	0,9871	0,9875	0,9878	0,9881	0,9884	0,9887	0,9890
+ 2,3	0,9893	0,9896	0,9898	0,9901	0,9904	0,9906	0,9909	0,9911	0,9913	0,9916
+ 2,4	0,9918	0,9920	0,9922	0,9925	0,9927	0,9929	0,9931	0,9932	0,9934	0,9936
+ 2,5	0,9938	0,9940	0,9941	0,9943	0,9945	0,9946	0,9948	0,9949	0,9951	0,9952
+ 2,6	0,9953	0,9955	0,9956	0,9957	0,9959	0,9960	0,9961	0,9962	0,9963	0,9964
+ 2,7	0,9965	0,9966	0,9967	0,9968	0,9969	0,9970	0,9971	0,9972	0,9973	0,9974
+ 2,8	0,9974	0,9975	0,9976	0,9977	0,9977	0,9978	0,9979	0,9979	0,9980	0,9981
+ 2,9	0,9981	0,9982	0,9983	0,9983	0,9984	0,9984	0,9985	0,9985	0,9986	0,9986
+ 3,0	0,99865	0,99869	0,99874	0,99878	0,99882	0,99886	0,99889	0,99893	0,99896	0,99900
+ 3,1	0,99903	0,99906	0,99910	0,99913	0,99915	0,99918	0,99921	0,99924	0,99926	0,99929
+ 3,2	0,99931	0,99934	0,99936	0,99938	0,99940	0,99942	0,99944	0,99946	0,99948	0,99950
+ 3,3	0,99952	0,99953	0,99955	0,99957	0,99958	0,99960	0,99961	0,99962	0,99964	0,99965
+ 3,4	0,99966	0,99967	0,99969	0,99970	0,99971	0,99972	0,99973	0,99974	0,99975	0,99976
+ 3,5	0,99977	0,99978	0,99978	0,99979	0,99980	0,99981	0,99981	0,99982	0,99983	0,99983

Die Werte für den Bereich $-\infty \leqq x \leqq 0$ ($\triangleq$ negative Werte von x) erhält man aus der Beziehung $1 - \Phi(x)$.
Die Wahrscheinlichkeit dafür, daß ein Meßwert zwischen den Grenzen $-x_1 \leqq x \leqq x_1$ liegt ($\mu = 0; \sigma = 1$), beträgt $P = 2\,\Phi(x_1) - 1$.

Tafel 3.7. Beispiele für Vertrauensniveaus $1 - \alpha$ verschiedener Streubereiche
$\mu - k\,\sigma \leqq x_i \leqq \mu + k\,\sigma$

$1 - \alpha$ in %	50	68,27	90	92	95	95,45	99	99,73	99,9
k	0,675	1	1,65	1,73	1,96	2	2,58	3	3,29

In (3.47) ist

$$\frac{1}{n} \sum_{i=1}^{n} (x_{1i} - E[X_1])(x_{2i} - E[X_2]) = \operatorname{cov}(X_1, X_2) \tag{3.48}$$

die *Kovarianz*, die auch durch den *Korrelationskoeffizienten* $\varrho(X_1, X_2)$ ausgedrückt werden kann:

$$\operatorname{cov}(X_1, X_2) = \varrho(X_1, X_2)\,\sigma_{X1}\,\sigma_{X2}. \tag{3.49}$$

Damit läßt sich (3.47) in der Form schreiben:

$$\sigma_Y{}^2 = K_1{}^2 \sigma_{X1}{}^2 + K_2{}^2 \sigma_{X2}{}^2 + 2 K_1 K_2 \sigma_{X1} \sigma_{X2} \cdot \varrho \, (X_1, X_2). \tag{3.50}$$

Sind X_1 und X_2 statistisch unabhängig voneinander (nicht korreliert), so folgt daraus wegen $\varrho \, (X_1, X_2) = 0$:

$$\sigma_Y{}^2 = K_1{}^2 \sigma_{X1}{}^2 + K_2{}^2 \sigma_{X2}{}^2. \tag{3.51}$$

Von dieser Eigenschaft der Varianz wird bei Fehlerbetrachtungen sehr häufig Gebrauch gemacht; denn daraus folgt die wichtigste Methode, Fehleranteile zusammenzufassen (Abschn. 7.2).

Die Voraussetzung der Nichtkorreliertheit ist zwar in der meßtechnischen Praxis oft erfüllt, muß aber im Einzelfall überprüft werden. Leider treten korrelierte Werte häufiger auf, als oft angenommen wird (vgl. Abschn. 9.6 und [42]).

Empirische Standardabweichung. In der Praxis ist die Standardabweichung σ nicht bekannt. Auch wenn (z. B. S. 45) für ein Verfahren σ als bekannt angenommen wird, bedeutet das nur, es gibt einen so guten Schätzwert für σ, daß er anstelle von σ benutzt werden kann. Normalerweise muß man aus den Meßwerten einer Meßreihe einen Schätzwert für σ bilden, z. B. aus dem Verschiebungssatz (3.44) in der Form [641]

$$s^2 = \frac{1}{n-1} \left[\sum_{i=1}^{n} x_i{}^2 - \frac{1}{n} \left(\sum_{i=1}^{n} x_i \right)^2 \right]. \tag{3.52}$$

Daraus folgt als Schätzwert für die Standardabweichung der Grundgesamtheit (3.18):

$$s = \sqrt{\frac{1}{n-1} \sum_{i=1}^{n} (x_i - \bar{x})^2}.$$

s ist die *Standardabweichung der Stichprobe* (auch *empirische Standardabweichung* [353], mittlere quadratische Abweichung [344] oder *mittlerer quadratischer Fehler*, was nach [353] trotz des gleichen Wertes begrifflich nicht dasselbe ist). Die auf $\bar{x}$ bezogene empirische Standardabweichung $s^* = s/\bar{x}$ wird *relative Standardabweichung* [634] und bei Angabe in Prozent

$$s^* = 100 \, s/\bar{x} \text{ in } \% \tag{3.53}$$

Variationskoeffizient (Variabilitätskoeffizient [231]) genannt. Als Streuungsmaß hat s gegenüber s^2 den Vorteil, mit x dimensionsmäßig übereinzustimmen, also $[s] = [x]$. Nach DIN 1319 [634] ist anzugeben, wenn sich s nicht auf Wiederhol-, sondern auf Vergleichsbedingungen bezieht. (In der Geodäsie wird bei Bezug auf Wiederholbedingungen von *innerer*, bei Vergleichsbedingungen von *äußerer Genauigkeit* gesprochen [634].)

Bei bekanntem Erwartungswert μ ergibt

$$s_0 = \sqrt{\frac{1}{n} \sum_{i=1}^{n} (x_i - \mu)^2} \tag{3.54}$$

einen besseren Schätzwert für σ als s [375]. Da die Berechnung von (3.18) bei vielen mehrstelligen Meßwerten aufwendig ist, sind in der Literatur viele Rechenvorteile für diese Berechnungen angegeben worden (z. B. [3] [250] [375] [641] [642]).

Bei kleinen Stichproben aus normalverteilten Grundgesamtheiten kann s auch mit Hilfe von R (3.35) geschätzt werden [474]:

$$s_R \approx R/d_n. \tag{3.55}$$

Der Faktor $1/d_n$ ist **Tafel 3.8** zu entnehmen [474] [637]. Das Verfahren ist nur bis $n = 25$ anwendbar. Bei größeren Meßreihen (ab $n > 12$) werden mehrere Stichproben aus 3 bis 10 Einzelwerten gebildet, und statt R wird die mittlere Spannweite $\bar{R}$ in (3.55) eingesetzt. Weitere Verfahren zur Schätzung von s aus der Spannweite enthält [375].

Tafel 3.8. Faktoren d_n^{-1} für die Schätzung empirischer Standardabweichungen s

n	2	3	4	5	6	7	8	9	10
$1/d_n$	0,887	0,591	0,486	0,429	0,395	0,370	0,351	0,337	0,325

n	11	12	13	14	15	16	17	18	20	22	25
$1/d_n$	0,315	0,307	0,299	0,293	0,288	0,283	0,279	0,275	0,267	0,262	0,254

Schätzung von s aus Spannweiten R bei normalverteilten Grundgesamtheiten nach (3.55); [474] [637]

Unsicherheit der empirischen Standardabweichung. Der Schätzwert s weicht mehr oder weniger stark von σ ab. Die Unsicherheit in der empirischen Standardabweichung kann berechnet werden [164] [302] [375] [531] [638]. Außerdem ist s nicht nur unsicher, sondern weist auch eine mit steigendem n kleiner werdende, negative systematische Abweichung auf [302]. Dies berücksichtigt das in DIN 53804 [641] angegebene Verfahren zur Bestimmung des Vertrauensbereichs für σ mit Hilfe von s. Dieser Vertrauensbereich schließt σ mit einem Vertrauensniveau $1 - \alpha$ ein und ist gegeben durch

$$\varkappa_u \, s \leqq \sigma \leqq \varkappa_o \, s. \tag{3.56}$$

$\varkappa_u$ und $\varkappa_o$ resultieren aus der χ^2-Verteilung und sind **Tafel 3.9** zu entnehmen.

Standardabweichung des Mittelwerts. Die empirische Standardabweichung ist der Fehler, mit dem im Mittel jeder Einzelwert behaftet ist; sie stellt also kein günstiges Streuungs-

Tafel 3.9. $\varkappa$-Faktoren zur Berechnung von Vertrauensgrenzen für die Standardabweichung σ gemäß (3.56), Vertrauensniveau 95 bzw. 99 % [474]

n	$1 - \alpha = 95\%$		$1 - \alpha = 99\%$	
	$\varkappa_u$	$\varkappa_o$	$\varkappa_u$	$\varkappa_o$
6	0,62	2,45	0,55	3,48
7	0,64	2,20	0,57	2,98
8	0,66	2,03	0,59	2,66
9	0,67	1,91	0,60	2,44
10	0,69	1,82	0,62	2,28
12	0,71	1,70	0,64	2,05
14	0,72	1,61	0,66	1,91
16	0,74	1,55	0,68	1,80
18	0,75	1,50	0,69	1,73
20	0,76	1,46	0,70	1,67
30	0,80	1,35	0,74	1,49
40	0,82	1,28	0,77	1,40
50	0,84	1,24	0,79	1,34
70	0,86	1,20	0,82	1,27
100	0,88	1,16	0,84	1,22
150	0,89	1,13	0,87	1,17
200	0,91	1,11	0,88	1,15
500	0,94	1,07	0,92	1,09
1000	0,96	1,04	0,94	1,06

maß für den arithmetischen Mittelwert $\bar{x}$ dar. Den *mittleren quadratischen Fehler des Mittelwerts* $s_{\bar{x}}$ erhält man durch Division von s durch $\sqrt{n}$ [3] [146] [170] [442] [595]:

$$s_{\bar{x}} = \frac{s}{\sqrt{n}} = \sqrt{\frac{\sum\limits_{i=1}^{n}(x_i - \bar{x})^2}{n\,(n-1)}}. \tag{3.57}$$

Auch die Bezeichnung Standardabweichung des Mittelwerts [634], Standardfehler oder Unsicherheitsmaß [231] kommen vor. Das Vertrauensniveau von s_x ist dasselbe wie das von s, also 68,27 %. Der mittlere Fehler des Mittelwerts fällt nur allmählich mit n. Wie schnell die Anzahl der Messungen für eine geforderte Genauigkeit anwächst, zeigt **Tafel 3.10**, wo K_T in Bruchteilen einer gegebenen empirischen Standardabweichung s als Maßstab gewählt ist [531]. Auch das Signal-Rausch-Verhältnis von Abtastverfahren verbessert sich mit der Anzahl der Abtastpunkte um $\sqrt{n}$ [126].

Tafel 3.10. Anzahl der zur Erfüllung bestimmter Genauigkeitsforderungen benötigten Messungen [531]

K_T/s	$1-\alpha$					
	0,5	0,7	0,9	0,95	0,99	0,999
1,0	2	3	5	7	11	17
0,5	3	6	13	18	31	50
0,4	4	8	19	27	46	74
0,3	6	13	32	46	78	127
0,2	13	29	70	99	171	277
0,1	47	169	273	387	668	1089
0,05	183	431	1084	1540	2659	4338
0,01	4543	10732	27161	38416	66358	108307

Vertrauensgrenzen. Um die von n abhängige Unsicherheit (3.56) in der Standardabweichung zu berücksichtigen sowie das Vertrauensniveau zweckentsprechend wählen zu können, lassen sich die durch $s_{\bar{x}}$ gegebenen Grenzen mit Hilfe des k-Faktors aus Tafel 3.7 entsprechend erweitern. Ist σ aus früheren Messungen bekannt, so stellt

$$v_k = k\,\sigma/\sqrt{n} \tag{3.58}$$

ein brauchbares Streuungsmaß dar [637]. Normalerweise ist σ unbekannt, und es steht nur s zur Verfügung. Dann müßte anstelle der Normalverteilung die t-Verteilung dem Streuungsmaß zugrunde gelegt werden. Da diese (s. (3.32)) mathematisch schlecht handhabbar ist, werden in der Praxis die aus der Student-Verteilung **(Bild 3.15)** entnommenen Tabellenwerte (t-*Faktoren*) verwendet. Durch Multiplikation von $s_{\bar{x}}$ mit den aus **Tafel 3.11** für die Vertrauensniveaus von 95 und 99 % abzulesenden t-Faktoren erhält man die *Vertrauensgrenzen*

$$v_{1-\alpha} = s_{\bar{x}}\,t = s\,t/\sqrt{n}. \tag{3.59}$$

Das damit gebildete *Vertrauensintervall* (*Vertrauensbereich*)

$$\bar{x} - v_{1-\alpha} \leqq x_r \leqq \bar{x} + v_{1-\alpha} \tag{3.60}$$

gibt an, wie sicher die Aussage ist, daß dieser Bereich den richtigen Wert der Meßgröße mit der angenommenen Wahrscheinlichkeit einschließt. Der Begriff Vertrauensbereich für ein aus Stichprobenwerten berechnetes Intervall, das den wahren, aber unbekannten

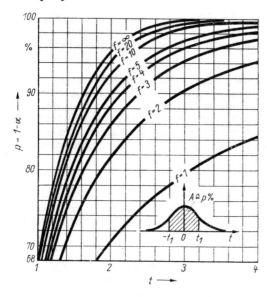

Bild 3.15. Statistische Sicherheiten P, die für Freiheitsgrade $f = n - 1$ den Student-Faktoren t entsprechen [340]

Tafel 3.11. t-Faktoren für statistische Sicherheiten von 95 und 99 % für $f = 1 - n$ Freiheitsgrade [474]

f	n	95 %	99 %	f	n	95 %	99 %
1	2	12,71	63,66	18	19	2,101	2,878
2	3	4,303	9,925	19	20	2,093	2,861
3	4	3,182	5,841	20	21	2,086	2,845
4	5	2,776	4,604	22	23	2,074	2,819
5	6	2,571	4,032	24	25	2,064	2,797
6	7	2,447	3,707	26	27	2,056	2,779
7	8	2,365	3,499	28	29	2,048	2,763
8	9	2,306	3,355	30	31	2,042	2,750
9	10	2,262	3,250	40	41	2,021	2,704
10	11	2,228	3,169	50	51	2,009	2,678
11	12	2,201	3,106	60	61	2,000	2,660
12	13	2,179	3,055	80	81	1,990	2,639
13	14	2,160	3,012	100	100	1,984	2,626
14	15	2,145	2,977	200	200	1,972	2,601
15	16	2,131	2,947	500	500	1,965	2,586
16	17	2,120	2,921	∞	∞	1,960	2,576
17	18	2,110	2,898				

Parameter mit einer vorgegebenen Wahrscheinlichkeit überdeckt, ist von *Neyman* und *Pearson* [292] eingeführt worden. Die Vertrauensgrenzen erlauben also, auf den richtigen Wert zu schließen [506].

Meßunsicherheit. Die Vertrauensgrenzen geben eine ausreichende Information über die Sicherheit eines (korrigierten) Meßergebnisses, wenn zusätzlich der systematische Restfehler berücksichtigt wird. Ein Unsicherheitsmaß, das auch diese Fehleranteile einbezieht, ist die *Meßunsicherheit* (auch *Unsicherheit*); z.B. [601] [634] $u_{1-\alpha}$ bzw. u_{b} (früher auch Genauigkeit [231]). Es soll dies die Grenze sein, die der Betrag des Fehlers $|e_y|$ des korrigierten Meßergebnisses mit der statistischen Sicherheit P nicht überschreitet, also

$$P\left(|u_{1-\alpha}| \leqq |e_y|\right) = 1 - \alpha. \tag{3.61}$$

Da derartige Konfidenzschätzungen einen hohen Informationsgehalt haben [476], ist $u_{1-\alpha}$ ein befriedigendes Streuungsmaß, wenn es „richtig" geschätzt werden kann.

Für die Zusammenfassung der beiden Bestandteile von u gibt es zwei Varianten. Nach der älteren Verfahrensweise DIN 1319/3, Ausg. 8.83 soll die Vertrauensgrenze (3.59) um einen abgeschätzten (hier nicht im Sinne einer statistischen Schätzung zu verstehen) Betrag für den systematischen Restfehler e_s additiv vergrößert werden, um die Meßunsicherheit u_{alg} zu erhalten:

$$u_{\text{alg}} = v_{1-\alpha} + e_{\text{s}}. \tag{3.62}$$

Dabei wird für e_s Rechteckverteilung angenommen. Nach neuerer Auffassung hat der Restfehler, wie im Abschnitt 3.3.4 diskutiert wurde, den Charakter einer Zufallsgröße [180] [507]. Die beiden Bestandteile der Meßunsicherheit sind pythagoreisch zu addieren:

$$u_{\text{pyth}} = \sqrt{v_{1-\alpha}^2 + e_{\text{s,f}}^2}. \tag{3.63}$$

Unter theoretischen Gesichtspunkten ist die Interpretation der Meßunsicherheit im Sinne einer (wahrscheinlichkeitstheoretischen) Vertrauensgrenze abzulehnen. Dies gilt insbesondere für Einzelmessungen (Abschn. 3.4.2.5). Bei ihnen ist die Aussagefähigkeit von Vertrauensgrenzen logischerweise geringer als bei Meßreihen, wo die Häufigkeitsinterpretation der Wahrscheinlichkeit direkt verifiziert wird [257]. Außerdem ist e_s in (3.62) unter Praxisbedingungen in den seltensten Fällen ein Schätzwert im statistischen Sinne, sondern in der Regel ein geratener Wert. Daher wird neuerdings auf die Einbeziehung eines systematischen Restfehlers oft verzichtet [595] [634].

Akzeptiert man jedoch $e_{\text{s,f}}$ in (3.63) als Realisierung einer Zufallsgröße, so darf das Vertrauensniveau der Meßunsicherheit u_{pyth} als Wahrscheinlichkeit dafür aufgefaßt werden, daß (3.61) erfüllt ist. Das entspricht der bei (3.60) gemachten Aussage, daß der durch

$$x_y - u_{\text{pyth}} \leqq x_{\text{r}} \leqq x_y + u_{\text{pyth}} \tag{3.64}$$

(x_y korrigiertes Meßergebnis) formulierte Vertrauensbereich den richtigen Wert der Meßgröße auf dem gewählten Vertrauensniveau $1 - \alpha$ einschließt.

Vergleich von Meßreihen. Der Vertrauensbereich eignet sich auch zur Entscheidung darüber, ob zwei (oder mehrere) Meßreihen der gleichen Grundgesamtheit entstammen. In dem Fall müssen sich die Vertrauensbereiche überlappen. Als Entscheidungshilfe kann **Tafel 3.12** dienen [474]. Ob zwei normalverteilte Meßreihen einer Grundgesamtheit entstammen, ist auch mit Hilfe des t-Tests zu entscheiden [474], sofern die Varianzen der beiden Meßreihen übereinstimmen. Das ist mit dem F-Test überprüfbar [424].

Weitere Unsicherheitsmaße. Aus den für qualitative Angaben gebräuchlichen Begriffen Wiederholbarkeit und Vergleichbarkeit abgeleitet werden gelegentlich auch Wiederhol- bzw. Vergleichsgrenze als Unsicherheitsmaße vorgeschlagen [616]. Weiterhin lassen sich auch aus wahrscheinlichkeitstheoretischen Fehlermodellen Unsicherheitsmaße ableiten. Mit der Bezeichnung *Meßspiel* als Unsicherheitsmaß wird in [629] die relative Vertrauensgrenze für ein Vertrauensniveau von 95% als Unsicherheitsmaß benutzt. Die Bedeutung der Termini *mittlerer arithmetischer* $\bar{e}$, wahrscheinlicher $\tilde{e}$ und maximaler Fehler $\delta_{\text{max}} = 3\,\sigma$ einer Meßreihe kann der **Tafel 3.13** entnommen werden. Mit (3.26) ist die Proportion aufzustellen [213]:

$$\bar{e} : \tilde{e} : \sigma : 1/h = 0,477 : 0,564 : 0,707 : 1$$
$$= 0,675 : 0,798 : 1 : 1,414. \tag{3.65}$$

Abweichungen von diesen Werten können ein Hinweis auf das Wirken weiterer Fehlerursachen (z. B. Drift) sein.

Tafel 3.12. Schlußfolgerungen aus dem Überlappen der Vertrauensbereiche mehrerer Meßreihen [474]

Überlappung?			Entscheidung
$\alpha < 1\%$	$1\% \leqq \alpha \leqq 5\%$	$\alpha > 5\%$	
ja	nein	nein	Meßreihen entstammen verschiedenen Grundgesamtheiten
ja	ja	nein	unsicher, weitere Messungen notwendig
ja	ja	ja	Meßreihen entstammen wahrscheinlich derselben Grundgesamtheit (Abweichungen der $\bar{x}_j$ haben zufälligen Charakter)

Tafel 3.13. Definitionen für spezielle „Fehler" der statistischen Fehlerrechnung

Bezeichnung	Definition	Beziehung zu σ	Quellenhinweise
Genauigkeitsmaß (Genauigkeitskoeffizient)	$h = (2\,\sigma^2)^{-\frac{1}{2}}$	$2\,h^2 = 1/\sigma^2$	[101]
Mittl. F einer MR mittl. arithm. F (auch durchschnittl. F oder mittlere Abweichung)	$\bar{e} = \dfrac{\sum\limits_{i-1}^{n} |x_i - \bar{x}|}{\sqrt{n\,(n-1)}}$ ($\bar{e}_r$ für $n \to \infty$)	$\bar{e} = \sqrt{2/\pi}\,\sigma$ $\approx 4/5\,\sigma = 0{,}8\,\sigma$	[42] [101] [213] [531] [556]
Wahrscheinl. F mittl. wahrsch. F Median der Fehler	$\tilde{e} = \dfrac{h}{\sqrt{\pi}} \int\limits_{-\tilde{e}}^{+\tilde{e}} e^{-h^2 x^2}$ $\times \mathrm{d}x = \dfrac{1}{2}$ $\tilde{e} = $ Interquantil d_d ($P_d = 50\%$)	$\tilde{e} = 0{,}6745\,\sigma$ $\approx 2/3\,\sigma$	[29] [42] [101] [192] [213] [302] [556] [634]
Max. F einer MR	$\delta_{max} = 3\,\sigma$ ($1 - \alpha = 99{,}73\%$)	$\delta_{max} = 3\,\sigma$ $\approx 4{,}5\,\tilde{e}$	[213]

F Fehler; MR Meßreihe

3.4.2.4. Unsicherheitsmaße bei nichtnormalverteilten Meßwerten [154] [362]

Bei Vorliegen nichtnormaler symmetrischer Verteilungen ist die empirische Verteilung oft durch eine der Modellverteilungen anzunähern, die in Tafel 3.5 zusammengestellt sind. Alle diese Verteilungen sind stark idealisiert. Der Zusammenhang zwischen Breite $2\,a$ und Standardabweichung ergibt sich aus der Dispersion; z. B. folgt für die Rechteckverteilung aus

$$D_\square = \frac{1}{2\,a} \int\limits_{-a}^{+a} \delta^2 \, \mathrm{d}\delta = \frac{(2\,a)^2}{12} \tag{3.66}$$

die Standardabweichung $\sigma_{\sqcap} = 2a/\sqrt{12}$ [557]. Bei der Dreieckverteilung ist $\sigma_{\triangle} = \sqrt{2}\,a/\sqrt{12}$ [42].

In der Praxis sind jedoch die Verteilungsform und ihre Breite nicht gegeben, sondern die Verteilungsparameter müssen aus den Werten der Meßreihe (Stichprobe) geschätzt werden. Für die Rechteckverteilung erhält man folgende Schätzwerte [627]:

* für μ den Median $\tilde{x} = R/2$ mit R gemäß (3.35)
* für σ die empirische Standardabweichung $s = R/\sqrt{2\,(n+1)\,(n+2)}$.

Die Vertrauensgrenze für eine statistische Sicherheit P ist

$$\tilde{v} = h\,R/2 \quad \text{mit} \quad h = 1/(\sqrt[n-1]{1-P} - 1).$$

Ein anderes System von Standardverteilungen wird durch Faltung von Rechteck- mit Normalverteilungen erhalten. Sie sollen die empirische Verteilung von der sicheren Seite annähern (3.6). Die Standardabweichungen dieser Standardverteilungen sind

$$\sigma = \sqrt{\sigma_{NV}^2 + \frac{1}{3}\,a_R^2}. \tag{3.67}$$

Durch Variation der Breiten und unterschiedliche Kombinationen ist eine beliebige Anzahl von Standardverteilungen zu gewinnen. In [333] ist das Verfahren ausführlich beschrieben.

Unsymmetrische Verteilungen. Unsymmetrische Verteilungen treten häufig auf, z.B. als Realisierungen von Prüfparametern in der Fertigungsüberwachung und Qualitätskontrolle [96] [132] [151] [154] [362] [367]. Aber auch Meßwertverteilungen sind keineswegs immer symmetrisch [112] [302]. So genügt ein nichtlineares Übertragungsglied in der Meßkette, um die Verteilung der normalverteilten Abbildungssignale aus dem vorangehenden Übertragungsglied unsymmetrisch werden zu lassen (**Bild 3.16**). Ob eine Verteilung als unsymmetrisch (schief) anzusehen ist, läßt sich aus dem zentralen Moment 3. Ordnung erkennen:

$$\mu_3 = E\,[(X - \mu)^3]. \tag{3.68}$$

Nach einer praktischen Näherungsformel ist eine Verteilung dann als schief anzusehen [375], wenn die Differenz zwischen dem arithmetischen Mittel $\bar{x}$ und dem Dichtemittel D (3.17) gleich oder größer dem zugehörigen doppelten Standardfehler ist:

$$(\bar{x} - D) \geqq 2\,\sqrt{\frac{3\,s}{2\,n}}. \tag{3.69}$$

Aus (3.68) ist die *Schiefe* der Verteilung, das auf die 3. Potenz der Standardabweichung bezogene Moment 3. Ordnung, abzuleiten [34]:

$$\gamma_1 = \mu_3/\sigma^3 = 1/\sigma^3 \int\limits_{-\infty}^{+\infty} (x - \mu)^3\,P\,(x)\,dx. \tag{3.70}$$

Oft wird auch $\beta_1 = \gamma_1^2 = \mu_3^2/\sigma^6$ als Schiefe bezeichnet [154]. Zur näherungsweisen quantitativen Beschreibung der Schiefe gibt es verschiedene Kennzahlen, z.B. den in Tafel 3.5 benutzten Koeffizienten der relativen Asymmetrie c_{Asy}. Er ist die relative Differenz zwischen dem Erwartungsabmaß und dem Toleranzmittenabmaß und wird bei Toleranzberechnungen benutzt. Ein Schätzwert für die Schiefe folgt aus dem Median x [375]:

$$\gamma_1 = \frac{3\,(\bar{x} - \tilde{x})}{s}. \tag{3.71}$$

Weitere Maße für die Kennzahl Schiefe s. [42] [375] [411] u.a.

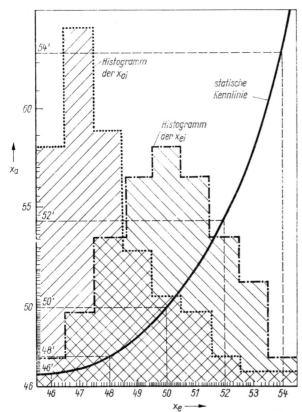

Bild 3.16. Entstehung einer schiefen Verteilung (punktiertes Histogramm) aus einer Normalverteilung (strichpunktiertes Histogramm) durch ein Übertragungsglied mit quadratischer Kennlinie (die Ziffern mit ′ markieren die ungleichmäßige Skalenteilung)

Logarithmische Normalverteilung. Mathematisch einfach zu handhaben ist die Verteilung, die durch eine logarithmische Transformation von x aus der Normalverteilung entsteht. Ihre Wahrscheinlichkeitsdichte für nichtnegative Zufallsgrößen ist durch

$$\varphi_{\log}(x;\mu,\sigma^2) = \frac{1}{\sqrt{2\pi\sigma^2}}\, e^{-\frac{(\ln x - \mu)^2}{2\sigma^2}} \tag{3.72}$$

gegeben. Die Parameter μ und σ^2 entsprechen nicht unmittelbar den Kenngrößen Erwartungswert und Varianz der logarithmisch verteilten Zufallsgröße. Die rechtsseitige Schiefe dieser Verteilung vergrößert sich mit wachsendem σ.

Diese Verteilung läßt sich verallgemeinern, indem $\ln(x-a)$ als normalverteilt angesetzt wird [284]. Hinweise zur Anwendung der logarithmischen Normalverteilung geben [136] [339] [475].

arcsin-Verteilung. Bei der additiven Überlagerung von Nutzsignalen durch Störgrößen mit sinusförmigem Zeitverlauf und bei der Untersuchung der Formabweichungen von Kreisprofilen [51] [502] treten Fehlerdichten auf, die dem arcsin-Gesetz genügen [302] [357] [464].

Die arcsin-Verteilung hat die normierte Dichtefunktion

$$\varphi_{\mathrm{arc}}(x) = \frac{1}{\pi c \cos\left(\arcsin\dfrac{x}{c}\right)}. \tag{3.73}$$

Die Konstante c bestimmt den Wert der Standardabweichung:

$$\sigma = \frac{1}{\sqrt{2}}\, c. \tag{3.74}$$

Pearson-Verteilung. Eine leistungsfähige, flexible Methode zur Beschreibung von Meß-wertverteilungen stammt von *Pearson* [325]. Er gibt die Dichtefunktion durch eine Differentialgleichung an:

$$\frac{f_X'(x)}{f_X(x)} = \frac{\tilde{a}_0 + x}{\tilde{b}_0 + \tilde{b}_1 x + \tilde{b}_2 x^2}. \tag{3.75}$$

Die Lösung führt auf die allgemeine WDF

$$\varphi_X(z) = \exp\left(\int\limits_{-\infty}^{+\infty} \frac{\tilde{a}_0 + x}{\tilde{b}_0 + \tilde{b}_1 x + \tilde{b}_2 x^2}\, \mathrm{d}x + C \right). \tag{3.76}$$

Durch die vier reellen Parameter $\tilde{a}_0$, $\tilde{b}_0$, $\tilde{b}_1$ und $\tilde{b}_2$ sind diese Verteilungen vollständig beschrieben. Damit werden neben schiefen auch hoch- und flachgipflige Verteilungen beschreibbar, die außer durch μ, σ und γ_1 zusätzlich durch den *Exzeß*

$$\gamma_2 = \frac{\mu_4}{\sigma^4} - 3 = \frac{1}{\sigma^4} \int\limits_{-\infty}^{+\infty} (x - \mu)^4\, \varphi_X(x)\, \mathrm{d}x - 3 \tag{3.77}$$

charakterisiert werden, für den oft die Verallgemeinerung

$$\beta_2 = \gamma_2 + 3 = \frac{\mu_4}{\sigma^4} \tag{3.78}$$

benutzt wird. Die Differentialgleichung (3.75) hat in Abhängigkeit von der Struktur bzw. der Art der Wurzeln des Nennerpolynoms mehrere Lösungstypen [154] [155] [211]. Um die Koeffizienten von (3.76) für die Beschreibung von Verteilungsdichten zu quantifizieren, benötigt man einen aus Mittelwert μ, Standardabweichung σ, Schiefe $\sqrt{\beta_1}$ und Exzeß β_2 bestehenden Kenngrößensatz, der sich bei standardisierten Zufallsgrößen formal auf $\sqrt{\beta_1}$ und β_2 reduziert. So wird z. B. mit $\sqrt{\beta_1} = 0$ und $\beta_2 = 1{,}8$ eine Rechteck- und mit $\sqrt{\beta_1} = 0$ und $\beta_2 = 3$ eine Normalverteilung beschrieben. Eine Übersicht über verschiedene zum *Pearson-System* gehörende WDF in Abhängigkeit von $\sqrt{\beta_1}$ und β_2 bietet **Bild 3.17.** Es zeigt, welche symmetrischen Verteilungen ($\sqrt{\beta_1} = 0$) und schiefen Verteilungen ($\sqrt{\beta_1} \neq 0$) mit diesem System beschrieben werden können.
Zur Berechnung von Unsicherheitsmaßen auf der Basis dieser Fehlermodelle sei hier der Lösungstyp herangezogen, der bei Auswertungen in der Praxis besonders häufig auftritt [151] [154]. Seine WDF ist geschlossen analytisch angebbar:

$$\varphi_P(u;\, \beta_1,\, \beta_2) = \frac{(u_1 - u_2)^{-(p_1 + p_2 + 1)}}{B(p_1 + 1;\, p_2 + 1)}\, (u_1 - u)^{p_1} (u - u_2)^{p_2}, \tag{3.79}$$

die über $\langle u_2,\, u_1 \rangle$ durch Variation der Parameter $p_1 > -1$ und $p_2 > -1$ eine zur Beschreibung unimodaler Fehlerverteilungen geeignete zweiparametrige Kurvenschar bestimmt [154] [155]. Das entsprechende Fehlerintegral ermöglicht die Berechnung statistischer Unsicherheitsgrenzen [151] [154] [155]. **Bild 3.18** zeigt die k_P-Faktoren für die unteren ($k_{P,\mathrm{u}}$) und oberen ($k_{P,\mathrm{o}}$) Grenzen, mit denen die für das Vertrauensniveau von $99{,}73\,\%$ geltenden Standardabweichungen (3-σ-Werte) zu multiplizieren sind, um die (unsymmetrischen) Grenzen für verschiedene Verteilungen zu erhalten. Für eine deutlich schiefe ($\sqrt{\beta_1} = 1{,}6$) und hochgipflige ($\beta_2 = 6$) Verteilung entnimmt man Bild 3.18 z. B. die Werte

$$k_{P,\mathrm{u}} = -1 \quad \text{und} \quad k_{P,\mathrm{o}} = 4{,}7.$$

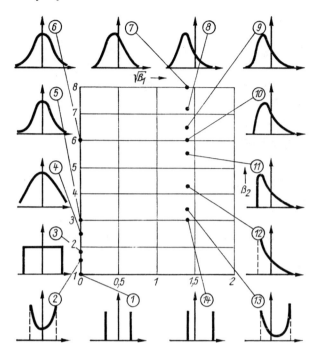

Kurven-Nr.	$\sqrt{\beta_1}$	β_2	Bemerkung
1	0	1	sym. Zweipunktverteilung
2	0	1,5	U-Form, arcsin-Verteilung
3	0	1,8	Gleichverteilung
4	0	2,5	
5	0	3	Normalverteilung
6	0	6	
7	$\sqrt{2}$	8	
8	$\sqrt{2}$	7,2	log. Normalverteilung
9	$\sqrt{2}$	6,5	
10	$\sqrt{2}$	6	Gamma-bzw. Exponentialverteilung
11	$\sqrt{2}$	5,5	Betaverteilung
12	$\sqrt{2}$	4,25	J-Form, Betaverteilung
13	$\sqrt{2}$	3,4	U-Form, unsym. Betaverteilung
14	$\sqrt{2}$	3	unsym. Zweipunktverteilung

Bild 3.17. Übersicht über einige durch das Pearson-System beschreibbare Wahrscheinlichkeitsdichtefunktionen in Abhängigkeit von Schiefe $\sqrt{\beta_1}$ und Exzeß β_2 [154]

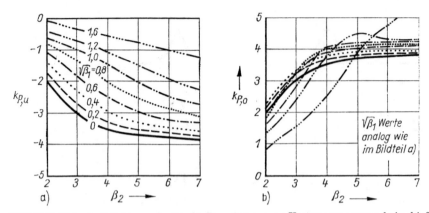

Bild 3.18. Sicherheitsfaktoren k_P für die Berechnung von Vertrauensgrenzen bei schiefen Verteilungen in Abhängigkeit vom Exzeß β_2 mit der Schiefe $\sqrt{\beta_1}$ als Parameter [155]

a) $k_{P,\,u}$; gültig für untere Vertrauensgrenze; b) $k_{P,\,o}$; gültig für obere Vertrauensgrenze

Das ergibt für $1 - \alpha = 99{,}73\%$ den Vertrauensbereich

$$\bar{x} - \sigma \leqq \mu \leqq \bar{x} + 4{,}7\,\sigma. \tag{3.80}$$

Weitere Fehlermodelle. Fehlermodelle auf der Basis von verallgemeinerten symmetrischen Exponentialverteilungen werden in [5] [260] [301] [302] [304] behandelt. Auch mit Hilfe von Reihenentwicklungen nach Hermiteschen Polynomen (Gram-Charlierbzw. Edgeworth-Reihen) sind Verteilungen beschreibbar [122] [123] [136] [154] [211] [250] [446]. Die Näherung 2. Ordnung nach *Edgeworth* weist die günstigsten Approximationseigenschaften auf [154]. Bei der Reihenentwicklung nach Jakobischen Polynomen [211] [446] ist die Approximation besonders dann gut, wenn als Ausgangspunkt einer der Lösungstypen des Pearson-Systems als angepaßte Gewichtsfunktion gewählt wird.

Die auf *Burr* [63] zurückgehenden Verteilungen basieren auf statistischen Kenngrößen bis zur 4. Ordnung, die von den Konstanten $c \geqq 1$ und $k \geqq 1$ in der für positive x gültigen Verteilungsfunktion

$$\Phi_{\mathrm{B}}(x) = 1 - (1 + x^c)^{-k} \tag{3.81}$$

abhängen. Über Anwendungen wird in [71] [136] [538] berichtet.

3.4.2.5. Unsicherheitsmaße bei Einzelmessungen

Für die Bestimmung der Unsicherheit einer Einzelmessung gibt es zwei Möglichkeiten. Bei einer der statistischen Betrachtungsweisen geht man z. B. davon aus, daß aus früheren, ähnlich gelagerten Messungen eine empirische Standardabweichung s bekannt ist. Dann ist die Vertrauensgrenze v_e, die der nach (3.58) für Meßreihen gültigen entspricht,

$$v_e = k\,k_n\,s. \tag{3.82}$$

Der Tafel 3.7 zu entnehmende Faktor k berücksichtigt die gewünschte statistische Sicherheit, k_n die Anzahl der Messungen und die statistische Sicherheit, die bei der Errechnung von s nach (3.18) vorlagen. Für ein Vertrauensniveau von $1 - \alpha = 95\%$ sind die Faktoren k_n **Tafel 3.14** [164] [637] zu entnehmen.

Tafel 3.14. Faktoren zur Berechnung von Vertrauensgrenzen bei Einzelmessungen für $1 - \alpha = 95\% \, [164] \, [637]$

n	5	6	7	8	9	10	11	12	13	14	15
k_n	2,35	2,08	1,92	1,80	1,71	1,64	1,59	1,55	1,51	1,49	1,46
k_R	2,6	2,2	2,05	1,90	1,80	1,72	1,67	1,62	1,58	1,54	1,51

n	16	17	18	20	22	25	30	40	50
k_n	1,44	1,42	1,40	1,37	1,34	1,32	1,28	1,23	1,20
k_R	1,48	1,46	1,44	1,40	1,37	1,34			

Diese Tafel enthält außerdem noch die Faktoren k_R, die zu benutzen sind, wenn in (3.82) anstelle von s die nach (3.55) aus der Spannweite R ermittelte Standardabweichung s_R verwendet werden soll, also $v_e = k \, k_R \, s_R$.

Diese oft empfohlene Vefahrensweise (z. B. [126] [170] [311] [637]) ist sehr fragwürdig. *Novickij* [302] hat bereits bei den Rechenverfahren für Vertrauensgrenzen darauf hingewiesen, wie schlecht begründet diese Methoden sind, wenn sie auf 20 bis 30 Beobachtungen basieren und alle Schlußfolgerungen auf der meist nicht begründeten Annahme beruhen, daß eine Normalverteilung vorliegt. Er spricht von einem durch ,,Wissenschaftlichkeit'' verbrämten Schwindel (S. 52 in [302]). Dies gilt für eine Einzelmessung erst recht. Schon bei den Berechnungen im Abschnitt 3.4.2.3 ist unter praktischen Gegebenheiten die Einhaltung der Wiederholbedingungen nicht immer zu garantieren. Wer will dann für einen durch einmalige Messung zu einem *späteren* Zeitpunkt erhaltenen Wert behaupten, daß alle Voraussetzungen für die Anwendung von (3.82) erfüllt waren? Derartige Berechnungen sind also immer nur eine sehr grobe Näherung.

Die zweite Möglichkeit besteht darin, Unsicherheitsangaben aus den Genauigkeitskennwerten der verwendeten Meßmittel zu entnehmen (s.z.B. [652]). Diese Angaben sind oft uneinheitlich und schwer interpretierbar (s. Abschn. 6.1). Außerdem handelt es sich bei diesen Angaben in der Regel um Maximalfehlergrenzen (Garantiefehlergrenzen, Prüffehlergrenzen usw.), die in *jedem* Fall eingehalten werden sollen. Sie müssen also den ungünstigsten Fall des Zusammenwirkens aller Fehlerursachen berücksichtigen. Deshalb liegt nicht nur die Reproduzierunsicherheit oft unterhalb dieser Grenzen; auch die einzelne Messung ist vielfach genauer, als aus diesen Angaben abgeleitet werden kann.

Soll aus einem Fehlerkennwert des Meßmittels auf die Unsicherheit einer Messung geschlossen werden, so ist genau zu prüfen, wie dieser Kennwert definiert ist. Wenn (z. B. bei elektrischen Meßgeräten) die Angabe auf einem im gesamten Meßbereich gleichen reduzierten Fehler beruht, steigt der relative Fehler der Messung schnell an, falls im unteren Teil des Meßbereichs gemessen wird (vgl. Bild 6.6). Bei Längenmeßmitteln gilt dies nicht, da dort die Klassen anders festgelegt sind. Auch bei digitalen Meßgeräten kann möglicherweise nahezu im ganzen Meßbereich mit etwa gleichbleibendem relativem Fehler gerechnet werden.

Nachteilig ist auch, daß für die aus Meßmittelkenngrößen abgeleiteten Unsicherheitsangaben kein Vertrauensniveau bestimmt werden kann. Damit verlieren derartige Angaben weiter an Wert. Insgesamt ist festzustellen, daß in der normalen Meßtechnik Unsicherheitsangaben für Einzelmessungen grundsätzlich fragwürdig sind und in jedem Fall angegeben werden sollte, wie sie zustande gekommen sind, damit sie nicht falsch interpretiert werden.

3.4.2.6. Fehlermodelle auf informationstheoretischer Grundlage

Einleitende Bemerkungen. Seit *Shannons* grundlegender Arbeit [407] haben informationstheoretische Betrachtungen Eingang in viele Gebiete gefunden: Von der Nachrichtentechnik als ursprünglichem Anwendungsgebiet ausgehend wurden sie zunächst in den verschiedensten Gebieten der Technik und seit der Mitte dieses Jahrhunderts in der Biologie, Medizin und anderen nichttechnischen Disziplinen durchgeführt. In der Meßtechnik gingen durch die Betrachtung von Meßsystemen als informationsverarbeitende Einrichtungen neue Impulse zur Analyse, aber auch zur Optimierung aus [112]. Es ergaben sich interessante neue Erkenntnisse, die vor allem bei der Kopplung verschiedener Systeme und zur Abschätzung der Leistungsfähigkeit von Bedeutung sind.

Abschätzung der Anzahl unterscheidbarer Amplitudenstufen. Für eine erste Abschätzung wird der Fehler des Meßgeräts durch $\pm\,\triangle\,x$ gekennzeichnet. Bei einem möglichen Maximalausschlag $\hat{X}$ und bei sich gerade berührenden, durch den Bereich $\pm\,\triangle\,x$ um einen Wert x herum gelegenen fehlerbedingten Unsicherheitsbereichen erhält man für die Anzahl der unterscheidbaren Amplitudenstufen

$$m = \frac{\hat{X}}{2\,\triangle\,x} + 1. \tag{3.83}$$

Der Summand 1 berücksichtigt die Tatsache, daß auch der Wert 0 ein möglicher Meßwert ist und daher mitgezählt werden muß. Ähnliche Abschätzungen kann man von der Leistung ausgehend durchführen. Für einen durch den mittleren quadratischen Fehler $\overline{e^2}$ festgelegten Unsicherheitsbereich der Leistung erhält man bei einer möglichen maximalen Leistung P_y

$$m_p = \frac{P_y}{\overline{e^2}} + 1 \tag{3.84}$$

unterscheidbare Leistungsstufen. Damit errechnet sich die Anzahl der unterscheidbaren Amplitudenstufen zu

$$m = \sqrt{m_p} = \sqrt{\frac{P_y}{\overline{e^2}} + 1}\,. \tag{3.85}$$

Da es keinen Sinn hat, die Skale von Meßgeräten feiner zu unterteilen, als es der Anzahl der unterscheidbaren Amplitudenstufen entspricht, folgt daraus die wichtige Feststellung:

■ Durch die Anzahl der unterscheidbaren Amplitudenstufen m wird die zweckmäßige Teilung der Skalen für Meßgeräte festgelegt.

Speicherbedarf. Um eine Dezimalziffer m speichern zu können, benötigt man s Speicherplätze (bit). Das folgt unmittelbar aus der Beziehung

$$s = {}^2\log m = \text{lb } m = {}^2\log 10 \cdot {}^{10}\log m = 3{,}32 \cdot {}^{10}\log m \tag{3.86}$$

für die Anzahl der Möglichkeiten m, die mit s „binären Verzweigungsstellen" erreicht werden können. Dies ist im **Bild 3.19** anschaulich erklärt:

$$m = 2^s. \tag{3.87}$$

Damit kann der erforderliche Speicherbedarf s zur Speicherung einer Dezimalzahl mit b Stellen zu

$$s = 3{,}32\,b \text{ bit} \tag{3.88}$$

angegeben werden. Dieser Wert wird auch als Maß für die Information in bit benutzt und stellt den sog. „Entscheidungsgehalt" dar [519]. In **Tafel 3.15** sind die entsprechenden Werte für gebräuchliche Speicher in integrierter Technik angegeben, wobei die

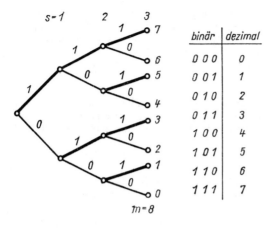

binär	dezimal
0 0 0	0
0 0 1	1
0 1 0	2
0 1 1	3
1 0 0	4
1 0 1	5
1 1 0	6
1 1 1	7

Bild 3.19. Zusammenhang zwischen der Anzahl der unterscheidbaren Amplitudenstufen m und der für die Speicherung erforderlichen Anzahl von Binärstellen s (Speicherkapazität)

übliche Bezeichnung s^* als aus s abgerundete Größe ebenfalls eingetragen wurde. Anstelle des Vorsatzes k = 1000 wird hier K = 2^{10} = 1024 verwendet.

Auf der anderen Seite folgt aus den bisher angestellten Überlegungen, daß man bei m Möglichkeiten – wenn m eine ganze Zahl ist – nicht genauer ablesen kann (Dezimalzahl m, z. B. dargestellt auf einem digital anzeigenden Zähler als ,,Stellen nach dem Komma"). Damit entsteht eine Unsicherheit von $\triangle\, m = 1$ Einheit, d. h., ein durch m dargestellter Wert ist mit dem relativen Fehler

$$\frac{\triangle\, m}{m} = \frac{1}{m} \tag{3.89}$$

behaftet. Da außerdem das Vorzeichen des Fehlers meist nicht festgestellt werden kann und daher $\pm\,\triangle\, m$ als ungünstigster Wert einzusetzen ist, wird vielfach mit dem doppelten Wert, dem sog. ,,*digitalen Restfehler*", gerechnet [379]:

$$\pm\,\frac{\triangle\, m}{m} = \pm\,\frac{1}{m}. \tag{3.90}$$

Nach (3.88) benötigt man zur Erhöhung der Genauigkeit, d. h. zur Verkleinerung des Fehlers um jeweils eine Größenordnung (Zehnerpotenz), $\triangle\, s = 3{,}32$ bit. Folglich ergeben sich die in **Tafel 3.16** zusammengestellten Richtwerte für den Fehler bei einigen charakteristischen Werten für s. Dieser ist auf die jeweils größere ganze Zahl aufzurunden, da nur ganze Zahlen als Anzahl der erforderlichen Speicherplätze auftreten können.

Tafel 3.15
Speicherkapazitäten

s in Bit	s^* in Bit
256	256
1024	1 K
4096	4 K
16384	16 K
32768	32 K
65536	64 K
131072	128 K
262144	256 K

Tafel 3.16. Werte für den relativen Fehler $\triangle\, m/m$ und zugehörige erforderliche Speicherkapazität

$\triangle\, m/m$	s in Bit
10^{-1}	$3{,}32 \triangleq 4$
10^{-2}	$6{,}64 \triangleq 7$
10^{-3}	$9{,}96 \triangleq 10$
10^{-4}	$13{,}28 \triangleq 14$
10^{-5}	$16{,}6 \;\triangleq 17$
10^{-6}	$19{,}92 \triangleq 20$

Beispiel. Es sei die Frage beantwortet, wie viele Speicherplätze — z. B. Lochungsmöglichkeiten auf einer Lochkarte oder einem Lochstreifen – mindestens erforderlich sind, wenn ein Wert auf $\Delta\, m/m = \pm\, 0{,}5\%$ genau dargestellt werden soll. Nach (3.90) ergibt sich $m^{-1} = 0{,}5 \cdot 10^{-3}$, d.h. $m = 2 \cdot 10^3$, und damit sind nach (3.88)

$$s = 3{,}32 \cdot {}^{10}\!\log 2000 = 3{,}32\,(3 + {}^{10}\!\log 2) = 11$$

Speicherplätze erforderlich.

In der Praxis wird für die manuelle Dateneingabe vorwiegend der Denärkode (Dezimal-Binär-Kode) verwendet, bei dem jede Stelle der dezimalen Ziffer für sich allein binär verschlüsselt wird. Es werden daher $3{,}32 = 4$ Bit, d.h. vier Binärstellen (sog. Tetrade), benötigt [519]. Dann ändert sich (3.88) in

$$s = 4\, b \text{ bit.} \tag{3.91}$$

Meist wird zur Sicherung gegenüber Fehlern ein weiteres Bit, das sog. Prüfbit, zur Prüfung auf Geradzahligkeit bzw. Ungeradzahligkeit der 1-Stellen (parity-check) verwendet [330] [519].

Die bisherigen Überlegungen lassen sich umkehren. Man kann nämlich genauso berechnen, mit welcher Genauigkeit sich ein binär gespeicherter Wert einstellen läßt. Beispielsweise würde dem auf einem Lochband durch $s = 17$ Lochungsmöglichkeiten (z. B. Lochbandspuren) gespeicherten Wert eine Genauigkeit von etwa $\pm\, 1/2 \cdot 10^{-5}$ entsprechen.

Beispiel. Eine numerisch gesteuerte Bohrmaschine mit Zweikoordinatensteuerung (x; y-Steuerung) soll bei einer maximalen Verstellung in x-Richtung von 2 m und in y-Richtung von 0,5 m eine Einstellgenauigkeit von $\triangle x = \triangle y = \pm\, 10\,\mu\text{m}$ haben. **Wieviel bit Lochbandspuren benötigt man zur Steuerung?**

Für die x-Koordinate ergibt sich eine Genauigkeitsforderung von

$$\pm\, 10\,\mu\text{m}/2\,\text{m} = \pm\, 5 \cdot 10^{-6}.$$

Das entspricht dem zulässigen relativen Fehler einer entsprechenden Meßeinrichtung. Nach (3.88) ergibt dies

$$s = 3{,}32193\,{}^{10}\!\log\left(\frac{1}{2 \cdot 5 \cdot 10^{-6}} + 1\right) = 5 \cdot 3{,}32193 = 16{,}61 \text{ bit.}$$

Man benötigt also 17 Lochungsmöglichkeiten für die Steuerung eines Wertes auf der x-Achse mit der geforderten Genauigkeit. Für die y-Richtung wird der gleiche absolute Fehler von $\pm\, 10\,\mu\text{m}$, jedoch bei einer maximalen Verstellung von 0,5 m gefordert. Der relative Fehler beträgt dann

$$\pm\, 10\,\mu\text{m} : 0{,}5\,\text{m} = \pm\, 2 \cdot 10^{-5}.$$

Nach (3.88) errechnet sich damit

$$s = 3{,}32193\,{}^{10}\!\log\left(\frac{1}{2 \cdot 2 \cdot 10^{-5}} + 1\right) = 14{,}61 \text{ bit.}$$

Zusätzlich zu den 17 Lochungsmöglichkeiten für die Einstellung der x-Richtung werden also noch 15 Lochungsmöglichkeiten für die y-Richtung benötigt. Zur numerischen Steuerung eines zu bohrenden Loches auf der 2 m × 0,5 m großen Fläche mit einer Genauigkeit von $\pm\, 10\,\mu\text{m}$ in x- und in y-Richtung würden sich damit $s = 32$ Bit ergeben. Führt man die Dateneingabe im Denärkode durch, so erhält man nach (3.91) für die x-Richtung $s_x = 24$ Bit und für die y-Richtung $s_y = 20$ Bit, d.h. insgesamt 44 Bit bzw. mit Prüfbit 45 Bit.

Genauere Betrachtung des Zusammenhangs zwischen Fehler und Entropie. Bei den bisherigen Betrachtungen ist angenommen worden, daß eine Gleichverteilung der Meßgröße im Bereich von 0 bis X und ebenso eine Gleichverteilung des Fehlers im Unsicherheitsintervall $\pm \triangle x$ vorliege und daß völlige statistische Unabhängigkeit zwischen Signal und Störung besteht, d. h.

$$p(x) = w(x)\, \triangle x = \frac{\triangle x}{\hat{X}}. \tag{3.92a}$$

Die Wahrscheinlichkeit, daß der Wert innerhalb des Fehlerbereichs $\pm \triangle x$ liegt, ergibt sich zu

$$p(\triangle x) = \frac{\hat{X}}{2\,\triangle x}. \tag{3.92b}$$

Bei vorgegebener Wahrscheinlichkeitsdichte $w(x)$ wird nach *Shannon* [406] ein *mittlerer Informationsgehalt* eingeführt und als *Entropie H* bezeichnet [519].

$$H(x) = - \int\limits_{-\infty}^{+\infty} w(x)\,\mathrm{lb}\,w(x)\,\mathrm{d}x. \tag{3.93}$$

Damit läßt sich der Informationsgehalt von Signalen unter Berücksichtigung der Wahrscheinlichkeitsdichte $w(x)$ bestimmen. So kann man z. B. die Frage klären, für welche Wahrscheinlichkeitsdichte $w(x)$ die Entropie ein Maximum wird. Bei Ausschlagsbegrenzung $\hat{X}$ erhält man als Wahrscheinlichkeitsdichte die bereits oben vorausgesetzte Gleichverteilung [407] [519]

$$w(x) = \mathrm{const} = 1/\hat{X}. \tag{3.94a}$$

Für die Leistungsbegrenzung P ergibt sich die Gaußsche Verteilungsdichte [198] [519]

$$w(x) = \frac{1}{\sqrt{2\,\pi\,P}}\,\mathrm{e}^{-x^2/2P}. \tag{3.94b}$$

Bei der Anwendung der Informationstheorie speziell in der Meßtechnik steht die Frage nach der Menge der durch eine Messung gewonnenen Information $H(x; y)$ im Mittelpunkt des Interesses. Hierfür ist die Differenz zu bilden zwischen dem mittleren Informationsgehalt vor Beginn der Messung – der *Entropie H(x)* – und dem mittleren bedingten Informationsgehalt – der *bedingten Entropie H(x/y)*, die auch als Rückschlußentropie oder *Äquivokation* bezeichnet wird – [111] [133] [407] [519]

$$\begin{aligned} H(x; y) &= H(x) - H(x/y) \\ &= H(y) - H(y/x). \end{aligned} \tag{3.95}$$

Dies ist die von *Shannon* hergeleitete Transinformation $H(x; y)$, wobei in der Beziehung (3.95) auch die Schreibweise bezüglich der Ausgangsentropie $H(y)$ und der Irrelevanz oder *störungsbedingten Entropie H(y/x)* angegeben wurde. Bezüglich näherer Einzelheiten sei auf die Literatur verwiesen [111] [133] [407] [519].

Beispiel. Bei dem bereits im vorigen Abschnitt behandelten Fall der Gleichverteilung der Meßgröße im Bereich $0 \leq x < \hat{X}$ erhält man nach Gl. (3.92a)

$$w(x) = 1/\hat{X}$$

und für den im Bereich $\pm \triangle x = 2 \triangle x$ gleichverteilten Fehler

$$w(x/y) = w(e) = 1/2\,\triangle x.$$

Damit ist der mittlere Informationsgehalt je Meßwert, die *Transinformation H(x; y)* nach Gl. (3.95)

$$H(x; y) = \mathrm{lb}\,\hat{X} - \mathrm{lb}\,(2\,\triangle x) = \mathrm{lb}\,\frac{\hat{X}}{2\,\triangle x} \approx \mathrm{lb}\,m, \tag{3.96}$$

in Übereinstimmung mit Gl. (3.86). Genaugenommen ist noch der Summand 1 zu berücksichtigen; er spielt jedoch wegen $m \gg 1$ meist keine Rolle.

Man kann einen sog. *Entropiefehler* $\triangle_e$ als relativen Fehler einführen, der für verschiedene Verteilungsdichten $w(x)$ über die der Gleichverteilung entsprechende Anzahl der Amplitudenstufen definiert ist [302]. Man setzt nach [3.95] mit der Normierung $\hat{X} = 1$

$$H(x/y) = \text{lb } m = - \text{lb } 1/2 \triangle_e = \text{lb } 2 \triangle_e \tag{3.97a}$$

und erhält für den Entropiefehler

$$\triangle_e = \frac{1}{2} \, 2^{H(x/y)}. \tag{3.97b}$$

So berechnet man z.B. bei normalverteilten Fehlern mit der Streuung σ bzw. der Störleistung $P = \sigma^2$ (vgl. auch Gl. (3.94b))

$$w(x) = \frac{1}{\sqrt{2 \pi} \, \sigma} \, \text{e}^{-x^2/2 \sigma^2} \tag{3.98a}$$

die bedingte Entropie $H(x/y)$ in bit zu

$$H(x/y) = - \int\limits_{-\infty}^{+\infty} w(x) \, \text{lb } w(x) \, \text{d}x$$

$$= \text{lb } \sqrt{2 \pi \, \text{e}} \, \sigma. \tag{3.98b}$$

Damit erhält man für den Entropiefehler bei Normalverteilung

$$\triangle_e = \frac{1}{2} \, 2^{H(x/y)} = \frac{\sqrt{2 \pi \, \text{e}}}{2} \, \sigma = \sqrt{\frac{\pi \, \text{e}}{2}} \, \sigma = 2{,}07 \, \sigma. \tag{3.98c}$$

Eine entsprechende Rechnung liefert für die Gleichverteilung [302]

$$\triangle_e = \sqrt{3} \, \sigma = 1{,}73 \, \sigma \tag{3.99a}$$

und für die Simpson-Verteilung (Dreieckverteilung)

$$\triangle_e = \sqrt{3 \, \text{e}/2} \, \sigma = 2{,}02 \, \sigma. \tag{3.99b}$$

Gelegentlich wird ein sog. *Entropiekoeffizient k*

$$k = \triangle_e/\sigma \tag{3.99c}$$

eingeführt, der den auf die Standardabweichung bezogenen Entropiefehler angibt [302]. Damit sind die Zusammenhänge zwischen der Entropie und den entsprechenden Fehlerdefinitionen hergestellt. Auch die Grenzen der Meßgenauigkeit bzw. die sinnvolle Anzahl an Quantisierungsstufen bei Vorliegen eines Störsignals mit einer bestimmten spektralen Leistungsdichte lassen sich mit diesen Hilfsmitteln berechnen [200]. Abschließend sei noch erwähnt, daß der Entropiefehler etwa dem Schätzwert für zufällige Fehler (bei Berechnung aus 20 bis 30 Beobachtungswerten) entspricht [302].

Informationsfluß, Kanalkapazität. Bezieht man die Informationsmenge auf die Zeit, so entsteht die Definition des *Informationsflusses I*.

■ Unter dem Informationsfluß I versteht man die in der Zeiteinheit übertragene Informationsmenge mit der Einheit bit/s.

Der mittlere Informationsgehalt je Messung ist als Entropie H eingeführt worden. Für einen Meßwert benötigt man nach Abschnitt 5.3.2 die Einschwingzeit T_E, d.h., man erhält für den Informationsfluß I

$$I = \frac{1}{T_\text{E}} \, H \tag{3.100a}$$

bzw. unter Verwendung der Grenzfrequenz mit dem Abtasttheorem $f_\text{g} = 1/(2 \, T_\text{E})$

$$I = 2 f_\text{g} \, H. \tag{3.100b}$$

Bei digitalen Meßsystemen (Impulssystemen) ist bei der Impulsfrequenz bzw. Wortfolgefrequenz f_i entsprechend anzusetzen:

$$I = f_i \, H. \tag{3.100c}$$

Für den maximal möglichen Wert $H_{\max}$ – nach *Shannon* für optimale Kodierung [406] [407] – erhält man den größtmöglichen Informationsfluß, die sog. *Kanalkapazität* C_t

$$C_t = I_{\max} = \frac{1}{T_E} H_{\max} = 2 f_g \, H_{\max} = f_i \, H_{\max}. \tag{3.101}$$

Diese Kanalkapazität stellt eine informationstheoretische Kenngröße dar und eignet sich sehr gut zum Vergleich verschiedener Meßsysteme.

Beispiel. Für Abschätzungen können die Näherungen der vorhergehenden Abschnitte verwendet werden. Bei einem Fehler $\pm \triangle x$ erhält man mit

$$H_{\max} = \text{lb } m = \text{lb } \left(\frac{\hat{X}}{2 \triangle x} + 1 \right)$$

für die Kanalkapazität

$$C_t = \frac{1}{T_E} \, \text{lb } \left(\frac{\hat{X}}{2 \triangle x} + 1 \right). \tag{3.102a}$$

Dieser Wert gilt für den Fall gleichverteilter Signale und Fehler in den jeweiligen Bereichen $0 \leq x < \hat{X}; \pm \triangle x$.

Ebenso kann man als Näherung bei gegebenen Leistungen für Signal P_y und Störungen $\overline{e^2}$ nach (3.84) schreiben

$$C_t \approx \frac{1}{T_e} \, \text{lb } \sqrt{\frac{P_y}{\overline{e^2}} + 1} = f_g \, \text{lb } \frac{P_y + \overline{e^2}}{\overline{e^2}}. \tag{3.102b}$$

Shannon hat gezeigt, daß diese Beziehung exakt für den Fall optimaler Kodierung (d.h. normalverteilter Signale und nichtkorrelierter, ebenfalls normalverteilter Störungen mit der Störleistung P_z) gilt [406] [407]:

$$C_t = \frac{1}{T_e} \, \text{lb } \sqrt{\frac{P_y + P_z}{P_z}} = f_g \, \text{lb } \frac{P_y + P_z}{P_z}. \tag{3.102c}$$

Im **Bild 3.20** sind einige Werte der Kanalkapazität für typische Gruppen von Systemen zusammengestellt.

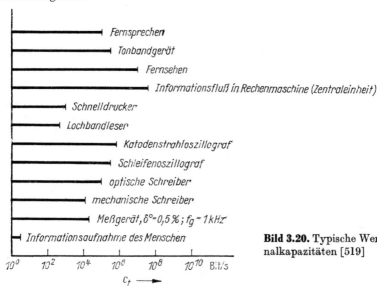

Bild 3.20. Typische Werte für Kanalkapazitäten [519]

3.4.3. Behandlung zufälliger Fehler

Verkleinerung der Auswirkungen zufälliger Fehler. Ein Vermeiden zufälliger Fehler ist nicht möglich, auch wenn sie manchmal so klein sind, daß sie praktisch unbemerkt bleiben bzw. nicht berücksichtigt zu werden brauchen. Allgemeine Ratschläge hinsichtlich äußerster Sorgfalt beim Messen oder in den Bemühungen, die Wiederholbedingungen weitestgehend zu gewährleisten, um diese Fehler möglichst klein zu halten, sind wenig hilfreich. Eine Analyse der Ursachen zufälliger Abweichungen mit dem Ziel, sie abzustellen oder ihre Wirkungen zu reduzieren, ist nur im konkreten Fall möglich. Die allgemein anwendbaren Möglichkeiten beschränken sich auf

● Vergrößerung des Meßreihenumfangs (Stichprobenumfangs) n

● Verwendung verteilungsbezogener Streuungsmaße.

Die Auswirkung einer Vergrößerung des Meßreihenumfangs auf die Streuungsmaße wurde im Zusammenhang mit (3.57) bereits diskutiert. Seltener wird jedoch beachtet, daß durch verteilungsadäquate Streuungsmaße ebenfalls eine verbesserte Aussage über die Unsicherheit von Meßresultaten und eine Einengung des Streubereichs möglich ist. Falls wirklich symmetrische, insbesondere normal verteilte Meßwerte (bzw. Abweichungen) vorliegen, ist dies unproblematisch, und die Angabe in der Form $\pm u$ ist völlig korrekt und informativ. (Da diese Vorzeichen erst beim vollständigen Meßergebnis im Abschnitt 7.4 eine Rolle spielen, wurden sie bisher weggelassen.) Wird jedoch nicht beachtet, daß eine Meßwertverteilung unsymmetrisch ist, so ist die daraus resultierende Angabe symmetrischer Unsicherheitsgrenzen unkorrekt. Sie geben nicht nur den Sachverhalt falsch wieder, sondern der Unsicherheitsbereich wird auch i. allg. zu groß [155] [207]. Im **Bild 3.21** ist z. B. demonstriert, wie unzweckmäßig die Verwendung symmetrischer Streugrenzen bei schiefen Verteilungen sein kann. In der Fertigungskontrolle bringt die Festlegung verteilungsbezogener Toleranzgrenzen ebenfalls deutliche Vorteile [151].

Angabe der Auswirkung zufälliger Fehler. Zur Beschreibung der Auswirkungen zufälliger Fehler im Meßergebnis ist möglichst die Meßunsicherheit anzugeben (vgl. Abschn. 7.4). Unabhängig vom gewählten Unsicherheitsmaß sind stets die folgenden Grundsätze zu beachten:

■ Es muß eindeutig klar sein, welches Unsicherheitsmaß benutzt wurde. Eine Angabe in der Form

$$\text{Meßergebnis} = (\{G\} \pm \{A\})\,[G] \qquad (3.103)$$

ist praktisch wertlos, wenn A eine Spannweite, eine Standardabweichung, eine Meßunsicherheit oder irgendeine andere Grenze sein kann. Wünschenswert wäre eine (auch international) verbindliche Vereinbarung, daß A beispielsweise stets die Meßunsicherheit sein soll, falls nicht anders angegeben ist, so wie es beispielsweise DIN 1952 [601] empfiehlt.

■ Wenn der Schätzung des verwendeten Unsicherheitsmaßes eine andere als die Normalverteilung zugrunde gelegt worden ist, muß dies mit angegeben werden. Das gilt nicht nur für schiefe Verteilungen (unterschiedliche Zahlenwerte für untere und obere Grenze), sondern auch für symmetrische Verteilungen; denn die Standardabweichung einer Rechteckverteilung ergibt andere Werte als die der Normalverteilung.

■ Eine Unsicherheitsangabe ist völlig wertlos, wenn ihr Vertrauensniveau nicht bekannt ist. Dieses ist also stets mit anzugeben, wenn nicht für einen bestimmten Anwendungsbereich ein einheitliches Vertrauensniveau festgelegt ist (z.B. [601]). Zur Form dieser Angabe siehe Abschnitt 7.4.

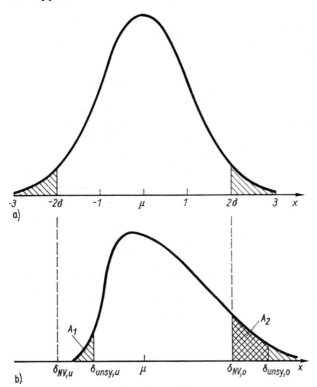

Bild 3.21. Verkleinerung des Anteils von Meßwerten außerhalb der Vertrauensgrenzen (2 σ-Grenzen bei Normalverteilung) durch verteilungsbezogene Grenzen $A_1 < A_2$ (gleicher Vertrauensbereich)
a) symmetrische Verteilung; b) unsymmetrische Verteilung

3.5. Driftfehler

3.5.1. Meßtechnische Bedeutung von Drifterscheinungen

Im Gegensatz zu älteren Auffassungen (z. B. [170] [250] [302] [341]) haben auch zeitabhängige Abweichungen systematischen Charakter, wenn Vorzeichen und Betrag dieser Abweichungen zu einem bestimmten Zeitpunkt angebbar sind [124] [417] [648]. Andernfalls spricht man auch von Langzeitstreuung [644]. Man sollte also Driftfehler nicht als spezielle Fehleranteile neben den systematischen betrachten [302]. Bei zeitabhängigen systematischen Fehlern sind dynamische Fehler und Driftfehler zu unterscheiden. Dynamische Fehler sind durch hohe Änderungsgeschwindigkeiten des Betrags dieser Abweichungen gekennzeichnet. Bei Schwingungssystemen kann sich dabei auch das Vorzeichen alternierend ändern. Bei driftbedingten Fehlern sind die Änderungsgeschwindigkeiten der Abweichungen im Unterschied zu den dynamischen Fehlern deutlich kleiner. Für die üblichen Meßzeiten können driftbedingte Meßabweichungen während der einzelnen Messung als zeitlich konstant angesehen werden. In einem Einzelmeßwert ist dies also ein Fehleranteil, der sich nicht von den im

Abschnitt 3.3 besprochenen unterscheidet. Oft wird auch im Zusammenhang mit Einflußgrößenänderungen von Drift gesprochen, z. B. Temperaturdrift [340] [509]. Die Abweichung wird also nicht auf die Zeit direkt, sondern auf eine zeitliche Einflußgrößenänderung bezogen; in [474] wird z. B. die *Nullpunktdrift* eines Verstärkers in der Einheit V/K angegeben. Diese Bezeichnungsweise entspricht nicht der ursprünglichen Bedeutung des Begriffs Drift (vgl. OIML-Wörterbuch [590]). Die Ausdrücke Gang und Trend [167] haben nahezu die gleiche Bedeutung wie Drift.

Ursachen der Drift sind die Alterung von Bauelementen, wie Widerständen, Kondensatoren, Federn usw., Entladung von Versorgungsspannungsquellen, Deformation und Verschleiß mechanischer Teile [302], wenn sie eine wachsende Abweichung in gleicher Richtung verursachen. Eine Zunahme der Lagerreibung bewirkt i. allg. keine Drift, sondern eine Vergrößerung der zufälligen Fehler. Allerdings sind Driftvorgänge oft mit dem Anwachsen zufälliger Fehleranteile verbunden. **Bild 3.22** zeigt beispielsweise eine in etwa äquidistanten Zeitabständen aufgenommene driftende Meßwertfolge, die erkennen läßt, daß – von der Streuung in der Einlaufphase abgesehen – mit zunehmender Driftabweichung auch die Streuung wächst. Die Temperaturänderungen blieben während der Aufnahme der Meßwertfolge unter 0,5 K. Das Meßsystem bestand aus einem Halbleiter-DMS-Wegaufnehmer in Brückenschaltung und Digitalvoltmeter [119]. Ähnliche Beobachtungen wurden auch an anderen Meßsystemen gemacht [218].

Die Beseitigung driftbedingter Parameterabweichungen bei Meßmitteln ist nur im Rahmen regelmäßiger Prüfungen möglich, durch die solche Abweichungen ermittelt werden (für additive Anteile: regelmäßige *Nullpunktkorrektur* [270]). Je höher die Genauigkeitsforderungen sind, um so kürzer müssen die Kalibrier- bzw. Beglaubigungsintervalle gewählt werden. Soll die Drift vermieden oder zumindest verkleinert werden, so ist eine Ursachenanalyse erforderlich. Während bei herkömmlichen Meßmitteln aufgetretene Abweichungen durch entsprechende Einstellvorgänge korrigiert werden, können bei mikrorechnergestützten Meßeinrichtungen die ermittelten Abweichungen gespeichert und bei den nachfolgenden Messungen rechnerisch berücksichtigt werden (s. Abschn. 6.4).

3.5.2. Beschreibung und Analyse von Driftprozessen

Für die theoretische Behandlung von Drifterscheinungen benötigt man geeignete Beschreibungsmethoden in Form entsprechender Modellvorstellungen (*Driftmodelle*) [316] [535]. Man geht dabei von einem nichtstationären Zufallsprozeß aus [43] [210], wie er vorliegt, wenn eine zeitlich konstante Größe in bestimmten (der Einfachheit halber äquidistanten) Zeitabständen mit einem „driftenden" Meßgerät gemessen wird. Unter Berücksichtigung der Streuung ergibt sich eine Meßwertfolge, wie sie z. B. im Bild 3.22 gezeigt wird. Oft ist auch die Verteilung der Meßwerte zeitabhängig **(Bild 3.23)**.

Eine erste Orientierung über das Vorliegen von Drifterscheinungen gibt der Vorzeichentest [146]: Häufungen von positiven oder negativen Vorzeichen an einzelnen Stellen der zeitlich geordneten Vorzeichenfolge sind ein Hinweis auf Drift. Weitere Möglichkeiten ergeben sich aus Verfahren der Zeitreihenanalyse [64].

Genauere Analysen. Bei normalverteilten zufälligen Fehlern (mit den Parametern μ_0 und σ_0) ergibt sich die zeitabhängige WDF

$$\varphi_i(x) = \frac{1}{\sigma_0 \sqrt{2\pi}} \exp\left\{ -\frac{[x-\mu_0-a(t)]^2}{2\sigma_0^2} \right\}, \tag{3.104}$$

wenn eine stetige, monotone Mittelwertdrift $\mu(t) = a(t)$ vorausgesetzt wird. Daraus folgt nach der Theorie der Mischkollektive in Abhängigkeit von der Meßzeit t_M die Mischverteilungsdichte zu

$$f_M(x; t_M) = \frac{1}{\sigma_0 \sqrt{2\pi}} \frac{1}{t_M} \int_0^{t_M} \exp\left\{ -\frac{[x-\mu_0-a(t)]^2}{2\sigma_0^2} \right\} dt. \tag{3.105}$$

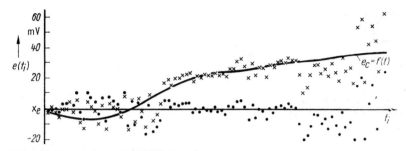

Bild 3.22. Zeitliche Meßwertefolge (Kreuze), mit driftendem Meßgerät aufgenommen für konstanten Eingangswert x_c [119]

Punkte bedeuten Meßwerte nach Driftkorrektur — $e_C = f(t)$

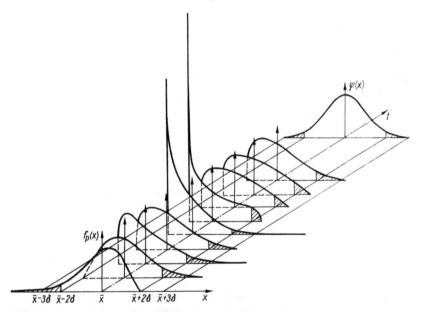

Bild 3.23. Beispiel für die Zeitabhängigkeit der Wahrscheinlichkeitsdichtefunktion, bestimmt durch gleitende Kennwertanalyse (Stichprobenumfang $n = 32 = $ const) [151]

Solche Mischverteilungen wurden auch für andere Driftfunktionen $a(t)$ untersucht, wie die einschlägige Literatur zeigt: [113] [154] [316] [535].
Man kann (3.105) auch als Faltungsintegral schreiben:

$$f_F(x; t_M) = f_1(x - a) \ast f_2(a; t_M) = \int_{a(0)}^{a(t_M)} f_1(x - a) f_2(a; t_M)\, da. \qquad (3.106)$$

In [154] sind die verschiedenen Ansätze zur Beschreibung zeitabhängiger Mittelwerte und Standardabweichungen zusammengestellt.
Auch *systemtheoretische Driftmodelle* eignen sich zur Beschreibung von Datensätzen „driftender" Meßmittel [154] [316]. Dabei wird der instationäre Prozeß gemäß **Bild 3.24**

7 Hart

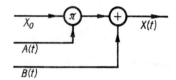

Bild 3.24. Modell für die Verknüpfung additiver und multikativer Driftanteile [316]

durch eine Verknüpfung additiver und multiplikativer Fehleranteile (nach [227] Nullpunktdrift und Drift des Übertragungsfaktors) beschrieben:

$$X(t) = X_0 A(t) + B(t), \tag{3.107}$$

worin X_0 einen stationären Prozeß (mit Normal- oder Pearson-Verteilung), $A(t)$ und $B(t)$ Polynome in t darstellen. Für den Startzeitpunkt $t = t_0 = 0$ haben die Störfunktionen die Werte

$$A(t_0) = 1 \text{ und } B(t_0) = 0.$$

Weitere Ausführungen und Anwendungsbeispiele zu diesem Driftmodell enthalten [316] [317] [319]. Vorschläge für Modellansätze, die auch auf Driftprozesse anwendbar sind, finden sich darüber hinaus in [197] [335] [371] [487] u. a. Von besonderem Interesse für die Praxis ist die Frage nach den Möglichkeiten zur Entfaltung von (3.106), d.h. nach Wegen zur Separation des Driftanteils in Datensätzen, wie einer im Bild 3.22 wiedergegeben ist. Diese Aufgabe wird dadurch erschwert, daß oft auch die für die Streuung angenommene Verteilung zeitabhängig ist (Bild 3.23).
Zur Frage der Aufspaltung von Mischverteilungen wurden von *Pearson* [325] u. a. (z. B. [88] [143] [265] [266]) viele Untersuchungen angestellt. Wegen des hohen Rechenaufwands können auch Kombinationen aus numerischen und grafischen Verfahren vorteilhaft sein [77] [243] [300]. Mit nichtnormalen Verteilungen befassen sich u. a. [35] [110] [214]. Für die praktische Anwendung sind diese Vorschläge meist nur bedingt geeignet.
Andere Möglichkeiten der Separation von Fehleranteilen unterschiedlichen Charakters bieten bekanntlich die Methoden der Regressions- und Korrelationsanalyse. Sie erlauben es, die stochastischen und zeitlich konstanten systematischen Fehleranteile von den zeitabhängigen systematischen zu trennen. Nach Zentrierung und Normierung läßt sich der stationäre Prozeß X_0 in (3.107) durch

$$X_0 = U_0 \sigma_0 + \mu_0 \tag{3.108}$$

mit den Erwartungswerten für die Varianz $\sigma_0{}^2$ und für $E[X_0] = \mu_0$ beschreiben, worin U_0 der standardisierte stationäre Prozeß ist. Da bei diskreten Meßwertfolgen die Realisierungen $X(t_i) = x_i$ nur zu den Zeitpunkten t_i vorliegen, folgt aus (3.107) und (3.108) für die Beschreibung der driftenden, stochastisch schwankenden Meßwertfolge

$$X(t_i) = U_0 \sigma_0(t_i) + \mu_0 A(t_i) + B(t_i). \tag{3.109}$$

Darin sind die sich systematisch monoton ändernden Fehleranteile durch Regressionsverfahren auf der Basis allgemeiner Polynomansätze

$$A(t_i) = \sum_{\nu=0}^{n} a_\nu t_i \text{ und } B(t_i) = \sum_{\nu=0}^{n} b_\nu t_i$$

berechenbar [316] [318] [320]. Zur Schätzung systematisch zeitabhängiger Fehleranteile aus einem Gemisch zufälliger und konstanter systematischer Fehler kann auch das Marquard-Verfahren [493] dienen. Gegenüber der Separation periodischer Fehleranteile mit Hilfe von Korrelationsverfahren (vgl. z. B. [217]) ist die Analyse von Driftvorgängen mit diesen Methoden weniger verbreitet. Zusammenfassende Darstellungen dazu gibt

Palm [316] [320], und zwar unter besonderer Berücksichtigung von Polaritätskorrelationsfunktionen und Scatterdiagrammen (s. auch [208] [443] [444]). Auch der Trendtest ist zu erwähnen [361].
Es gibt auch zahlreiche Vorschläge für die experimentelle Verteilungsanalyse von Meßwerten, die z. T. über Driftvorgänge Aufschluß geben können. Bezüglich Einzelheiten derartiger Analyseanordnungen sei auf die Literatur verwiesen: [23] [59] [60] [123] [155] [185] [211] [212] [252] [336] [392] [398] [399]. Werden die Momente 3. und 4. Ordnung in die Analyse einbezogen, so können Änderungen in den Meßwertverteilungen (vgl. Bild 3.23) ebenfalls festgestellt werden.
Das Problem bei gleitenden Datenauswertungen besteht u. a. darin, daß hohe Nachweisempfindlichkeiten für eine beginnende Drift kurze Auswerteintervalle verlangen, was der Forderung nach einer möglichst sicheren Unterscheidung zwischen Drift und zufälligen Fehlern zuwiderläuft. Die Festlegung der Auswerteintervallbreite ist also ein Optimierungsproblem [207] [367] [390] [472] [529]. Die speicherplatzaufwendige gleitende Analyse läßt sich durch die Anwendung gewichteter Verfahren umgehen [30] [192] [199] [208] [367] [415] [429]. Bei modernen Kenngrößenanalysatoren werden überwiegend Mikroprozessoren [199] [232] [392] [462] [566] oder Taschenrechnerschaltkreise [151] [155] [367] [368] [369] [370] verwendet. Auch Modellstrecken zur Simulation von Mischverteilungen (z. B. [36] [37] [156] [207] [367]) enthalten Analysatoren, mit denen das Auftreten von Drifterscheinungen nachgewiesen werden kann.
Für die Meßtechnik bieten vor allem mikrorechnerunterstützte Meßmittel Möglichkeiten der Drifterkennung und auch der Beseitigung driftbedingter Abweichungen. Geringe Driftfehler sind z. B. softwaremäßig korrigierbar [78]. Schon länger bekannt sind die digitale Hochpaßfilterung und die periodische Nullpunktkorrektur [270] sowie die getrennte Messung der störbehafteten Meßgröße und der Störgröße selbst. In [107] sind vier Verfahren, bei denen alternierend das Störsignal und das Summensignal erfaßt werden, beschrieben. Allerdings berücksichtigen die meisten dieser Driftkorrekturverfahren nur additive Anteile, da ein Driften des Übertragungsfaktors schwerer zu erkennen ist.

4. Fehler bei digitalen Messungen

4.1. Einteilung der Fehler

Digitale Meßmittel gewinnen zunehmend Bedeutung, da durch die Entwicklungen auf
dem Gebiet der Mikroelektronik die entsprechenden Voraussetzungen geschaffen wurden.
In erster Näherung ergibt sich bei digitalen Verfahren etwa eine Verdoppelung der Kosten je Verkleinerung der Fehler um eine Größenordnung, während analoge Verfahren
einen wesentlich schnelleren Kostenanstieg erfordern **(Bild 4.1)**. Dabei verschiebt sich
der Schnittpunkt der beiden Kurven wegen der schnell fallenden Kosten für die Hard-
ware zunehmend zu niedrigeren Werten. Diesem Vorteil digitaler Verfahren steht der
Nachteil einer meist längeren Meßzeit – gekennzeichnet durch eine niedrigere Grenzfrequenz – gegenüber. Wegen des Trends zur Verzehnfachung der Verarbeitungsge-
schwindigkeit im Laufe von 7 Jahren [548] und der Entwicklung schneller AD-Wandler
erweitert sich jedoch das Einsatzgebiet digitaler Verfahren ständig.

Entsprechend der im **Bild 4.2** dargestellten Struktur können folgende Fehler auftreten:

- Fehler bei analoger Meßgrößenerfassung
- Fehler bei Zählverfahren
- Fehler wegen der begrenzten Anzahl von Meßwertstufen bei der Analog-Digital-Um-
  setzung (Quantisierungsfehler)
- Steigungsfehler bei der Analog-Digital-Umsetzung

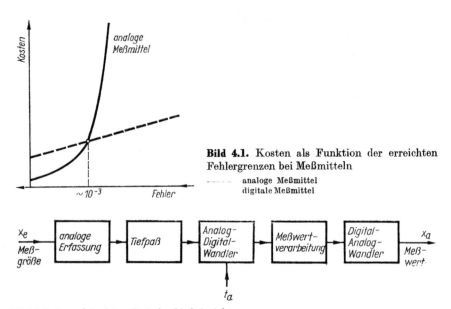

Bild 4.1. Kosten als Funktion der erreichten
Fehlergrenzen bei Meßmitteln

------ analoge Meßmittel
——— digitale Meßmittel

Bild 4.2. Grundstruktur digitaler Meßeinrichtungen

- Mittelungsfehler bei der Analog-Digital-Umsetzung
- Fehler bei erfülltem bzw. nichterfülltem Abtasttheorem
  - Fehler bei idealer Tiefpaßfilterung vor der Abtastung (Antialiasingfilterung)
  - Fehler infolge fehlender oder nichtidealer Tiefpaßfilterung vor der Abtastung (Aliasingfehler)
  - Fehler beim „reduzierten Abtasten"
  - Fehler infolge endlicher Signaldauer
- Fehler infolge des nichtidealen Verarbeitungsprogramms bei der Meßwertverarbeitung im Rechner
- Fehler bei der Digital-Analog-Wandlung
- Synchronisationsfehler (Jitter).

Ferner treten Fehler bei der Übertragung digitaler Meßwerte auf. Dabei wurde der „Fehler bei analoger Meßgrößenerfassung" nur der Vollständigkeit halber mit aufgenommen; er wurde bereits in den vorhergehenden Abschnitten ausführlich behandelt.

4.2. Einzelkomponenten digitaler Meßfehler

4.2.1. Fehler bei Zählverfahren

Werden Impulse einer Impulsfolge f_i durch ein mit der zu messenden Zeit T gesteuertes Tor einem Zähler zugeleitet und dort als digitaler Wert n ausgegeben, so entsteht wegen der Quantisierung der Zeit nach **Bild 4.3** eine Unsicherheit bei der Zählung von einer Einheit (LSB - least significant bit), d.h., es entsteht ein relativer Fehler der Zeitmessung (*digitaler Restfehler*) von

$$\frac{\triangle T}{T} = \frac{1}{n} = \frac{1}{f_i T}. \tag{4.1}$$

Dem Wesen nach handelt es sich um einen zufälligen Fehler, da der Schaltzeitpunkt statistisch schwankt.

Nach diesem „Grundgesetz der Zählmessung" kann der Fehler verringert werden durch

- Erhöhung der Impulsfrequenz f_i (z.B. durch Impulsvervielfachung)
- Erhöhung der Meßzeit T.

Der erstgenannten Methode ist oft der Vorzug zu geben. Ist eine Synchronisation des Schaltzeitpunkts möglich, so ergeben sich die gleichen Verhältnisse wie bei der Quantisierung (vgl. Abschn. 4.3).

Zusätzliche Fehler entstehen ferner durch endliche Impulsbreite, durch Schwankungen bzw. Hysterese des Triggerpegels sowie durch unterschiedliche Zeitverzögerungen für das Ein- und Ausschalten der Zähltore (vgl. [379]).

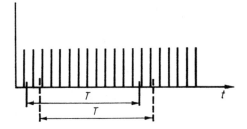

Bild 4.3. Zur Entstehung des Zählfehlers (digitaler Restfehler)

4.2.2. Quantisierungsfehler

Analog-Digital-Wandler haben eine treppenförmige Kennlinie mit

$$m = 2^s \qquad (4.2)$$

Stufen, wenn s die Wortlänge in Bit ist. Üblich sind 8-, 12- und 16-Bit-Typen, wobei für die Zwecke der Meßtechnik fast ausnahmslos eine lineare Quantisierungskennlinie vorgesehen wird.

Durch die Analog-Digital-Umsetzung wird der als analoges Signal vorliegende Zahlenwert in der Amplitude quantisiert und dann binär verschlüsselt. Die Amplitudenquantisierung ergibt einen Fehler, der dem Rauschen ähnlich ist, jedoch prinzipbedingt nur bei sich änderndem Signal auftritt.

Zur Berechnung des Quantisierungsrauschens erhält man nach **Bild 4.4** (unter der Voraussetzung eines gleichverteilten Eingangssignals) für den quadratischen Mittelwert des Bereichs der Eingangsspannung, der einem bestimmten diskreten Zahlenwert x_0 zuzuordnen ist,

$$\overline{x^2} = \int_{x_0 - \triangle x/2}^{x_0 + \triangle x/2} (x - x_0)^2 \, p(x) \, \mathrm{d}x.$$

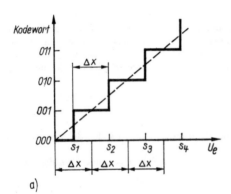

a)

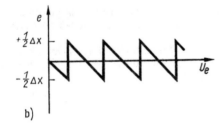

b)

Bild 4.4. Zur Berechnung des Quantisierungsrauschens [379]

a) Kennlinie des AD-Umsetzers; b) Quantisierungsfehler e als Funktion der Eingangsspannung

Wegen der Gleichverteilung wird mit $p(x) = 1/\triangle x$

$$\overline{x^2} = (\triangle x)^2/12, \qquad (4.3)$$

d.h., der Effektivwert der Rauschspannung infolge Quantisierung $u_{\mathrm{r,\,eff}}$ ist

$$u_{\mathrm{r,\,eff}} = \triangle x/\sqrt{12}. \qquad (4.4\,\mathrm{a})$$

Damit beträgt das Signal-Rausch-Verhältnis (P_S/P_N) mit dem Aussteuerbereich $\hat{U}$

$$10\lg\frac{P_S}{P_N} = 10\lg\frac{\hat{U}^2}{\triangle x^2/12} = 20\lg\frac{\hat{U}}{\triangle x}\sqrt{12}$$

$$= 20\lg m + 20\lg\sqrt{12} = (6\,s + 10{,}8)\ \text{dB}. \tag{4.4b}$$

Für eine sinusförmige Wechselspannung als Nutzsignal ergibt sich

$$10\lg\frac{P_S}{P_N} = 20\lg\frac{\hat{U}\sqrt{12}}{\triangle x\,2\sqrt{2}} = (6\,s + 1{,}8)\ \text{dB}, \tag{4.4c}$$

so daß der Wert des Signal-Rausch-Verhältnisses in dB um $1{,}8 \cdots 10{,}8$ größer als $6\,s$ anzusetzen ist. Die Beziehungen sind lediglich Näherungen, allerdings für die Praxis gut brauchbar. Für $s = 0$, d.h. ohne Aussteuerung, liefern sie jedoch um den Summanden in der Klammer zu hohe Werte, da dann kein Quantisierungsrauschen auftritt. Bei genaueren Betrachtungen sind ferner die Nichtlinearitäten der Umsetzerkennlinie zu berücksichtigen, da praktisch die Quantisierungsstufen nicht alle gleich sind [52] [57]. Dafür sind bis zu 10 % des Wertes nach (4.4b,c) abzuziehen [144] [379]. Weiterhin bewirken Offset und Steiheitsänderungen Fehler, wobei letztere multiplikativ eingehen. Der Temperatureinfluß führt zu weiteren Fehlern, so daß in der Praxis mit bis zur Hälfte des Wertes infolge der reinen Quantisierung (d.h. anstelle mit einem halben "least significant bit" $\pm \triangle x/2$ mit bis zu $\pm \triangle x$) gerechnet werden kann [379].

4.2.3. Steigungsfehler bei der Analog-Digital-Umsetzung

Bei Speicherung des Augenblickswerts zum Abtastzeitpunkt t_0 in einer Halteschaltung wird eine Zeit bis zum Beginn der eigentlichen Analog-Digital-Umsetzung $\triangle t_1$ (sog. Aperturzeit [379]) sowie eine Zeit zur Analog-Digital-Umsetzung selbst $(\triangle t_2)$ und schließlich eine – meist wesentlich kleinere – Zeitverzögerung $\triangle t_3$ zur Ausgabe des Digitalwerts benötigt **(Bild 4.5)**.
Beim Einsatz der Meßeinrichtung im geschlossenen Regelkreis ergibt ggf. diese Zeitverzögerung um $\triangle t_{\text{ges}} = \triangle t_1 + \triangle t_2 + \triangle t_3$ negative Auswirkungen bezüglich der Stabilität [519].
Wegen der Aperturzeit $\triangle t_1$ tritt bei den direkten Umsetzverfahren ein dynamischer Fehler auf, den man aus der Taylor-Reihen-Entwicklung des Eingangsgrößenverlaufs $x_e(t)$

$$x_e(t) = x_e(t_0) + \frac{\partial x_e}{\partial t}\bigg|_{t_0}\triangle t_1 + \frac{1}{2}\frac{\partial^2 x_e}{\partial t^2}\bigg|_{t_0}\triangle t_1^2 + \cdots \tag{4.5a}$$

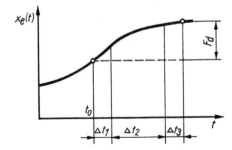

Bild 4.5. Zur Erklärung der Zeitverzögerung und des Steigungsfehlers

bei Beschränkung auf die lineare Näherung zu

$$\triangle x_e = x_e \left(t_0 + \triangle t_1\right) - x_e \left(t_0\right) \approx \left.\frac{\partial x_e}{\partial t}\right|_{t_0} \triangle t_1 \tag{4.5b}$$

erhält. Dieser Fehler ist proportional zur Steigung $\partial x_e/\partial t$ und wird daher als *Steigungsfehler* bezeichnet.

Da ein dynamischer Fehler bei digitalen Meßverfahren erst dann mit Sicherheit zur Geltung kommt, wenn er den Betrag der Quantisierungseinheit $\triangle x$ übersteigt, läßt sich eine so begründete maximale Steilheit angeben

$$\left.\frac{\partial x_e}{\partial t}\right|_{t_0 \, \text{max}} = \frac{\triangle x}{\triangle t_1} . \tag{4.6a}$$

Damit gilt bei sinusförmiger Eingangsgröße $x_e \left(t\right) = \hat{X} \sin \omega_e t$ mit $\omega_e \triangle t_1 \ll 1$

$$\hat{X} \, \omega_e \approx \frac{\triangle x}{\triangle t_1} , \tag{4.6b}$$

d. h., bei kleinem ω_e darf $\hat{X}$ relativ groß sein und umgekehrt.

Bezüglich der Steigungsfehler, speziell bei der Analog-Digital-Umsetzung nach dem Einrampenverfahren (Sägezahnumsetzung), sei auf die Literatur [379] verwiesen.

4.2.4. Mittelungsfehler bei der Analog-Digital-Umsetzung

Während bei den direkten Umsetzverfahren die Zeitdauer der Probenentnahme gleich der Aperturzeit $\triangle t_1$ ist und der Fehler damit durch den Steigungsfehler nach Abschnitt 4.2.3 erfaßt wird, treten bei allen integrierenden Umsetzverfahren Fehler durch die Mittelwertbildung über $t_I = t_1 - t_0$ (sog. Mittelungsfehler) auf.

Nach **Bild 4.6** wird der Mittelwert dem zwischen t_0 und t_1 liegenden Zeitwert $t_m = t_0 + t_I/2$ zugeordnet, d. h., man erhält für den Fehler

$$\triangle x_{e\,m} = \bar{x}_e - x_e \left(t_m\right) = \bar{x}_e - x_e \left(t_0 + t_I/2\right). \tag{4.7a}$$

Ferner entsteht eine Laufzeit von $t_I/2$.

In der Praxis ist es meist nicht möglich, den Wert

$$\bar{x}_e = \frac{1}{t_I} \int\limits_{t_m - t_I/2}^{t_m + t_I/2} x_e \left(t\right) \mathrm{d}t \tag{4.7b}$$

und damit den Mittelungsfehler nach (4.7a) zu berechnen, da der Funktionsverlauf $x_e \left(t\right)$ unbekannt ist und erst durch die Messung bestimmt werden soll. Zur Abschätzung des Fehlers geht man daher von der Reihenentwicklung (4.5a) aus und findet durch gliedweise Integration den Mittelwert

$$\bar{x}_e = \frac{1}{t_I} \int\limits_{t_m - t_I/2}^{t_m + t_I/2} \left[x_e \left(t_m\right) + \left.\frac{\partial x_e}{\partial t}\right|_{t_m} \tau + \frac{1}{2} \left.\frac{\partial^2 x_e}{\partial t}\right|_{t_m} \tau^2 + \dots \right] \mathrm{d}\tau$$

$$\approx x_e \left(t_m\right) + \frac{1}{24} \left.\frac{\partial^2 x_e}{\partial t^2}\right|_{t_m} t_I^2 \tag{4.8a}$$

und daraus den Mittelungsfehler

$$\triangle x_{e\,m} = \frac{1}{24} \left.\frac{\partial^2 x_e}{\partial t^2}\right|_{t_m} t_I^2 \tag{4.8b}$$

bzw. den auf $x_e(t_m)$ bezogenen Wert unter der Voraussetzung $x_e(t_m) \neq 0$:

$$\frac{\triangle x_{em}}{x_e(t_m)} = F_m = \frac{1}{24} \frac{\partial^2 x_e / \partial t^2}{x_e(t_m)} t_I^2. \tag{4.8c}$$

Eine Erweiterung der Betrachtungen auf den Interpolationsfehler zur Ermittlung des Wertes von $x_e(t)$ zwischen zwei Stützwerten t_1; t_2 bei linearer Interpolation findet man bei [303]. Man erhält in diesem Fall für den Interpolationsfehler mit $\triangle t = t_2 - t_1$

$$\triangle x_{e\,\text{Interpol.}} = \frac{1}{8} \frac{\partial^2 x_e}{\partial t^2}\bigg|_{\text{max}} \triangle t^2, \tag{4.9}$$

d.h. den dreifachen Wert.

In der Praxis nimmt man zur weiteren Spezifizierung des Mittelungsfehlers verschiedene Modellfunktionen für $x_e(t)$ an [303], von denen die einem Gleichwert überlagerte Sinusschwingung die Wichtigste ist

$$x_e(t) = X_{e0} + \hat{X}_e \sin \omega_e t.$$

Die Integration nach (4.7b) liefert **(Bild 4.7)**

$$\overline{x}_e = x_{e0} + \hat{X}_e \sin \omega_e t_m \frac{\sin \omega_e t_I/2}{\omega_e t_I/2}$$

und hieraus

$$\triangle x_{em} = \hat{X}_e \sin \omega_e t_m \left[\frac{\sin \omega_e t_I/2}{\omega_e t_I/2} - 1\right]. \tag{4.10a}$$

Die Reihenentwicklung der eckigen Klammer liefert die Beziehung

$$\frac{\sin \omega_e t_I/2}{\omega_e t_I/2} \approx -\frac{(\omega_e t_I/2)^2}{6}.$$

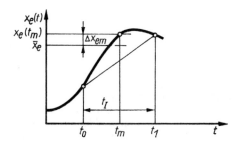

Bild 4.6. Zur Berechnung des Mittelungsfehlers

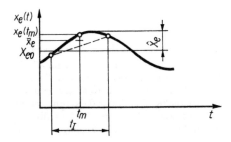

Bild 4.7. Mittelungsfehler bei sinusförmigem Verlauf der Eingangsgröße als Modellfunktion

Damit wird der maximale Mittelungsfehler für $\omega_e\, t_m = n\,\pi/2$

$$|\triangle\, x_{e\,m}|_{max} = \hat{X}_e\,\frac{(\omega_e\, t_I/2)^2}{6} = \frac{\hat{X}_e}{24}\,\omega_e{}^2\, t_I{}^2 \tag{4.10b}$$

bzw., bezogen auf die Amplitude $\hat{X}_e$,

$$F_{m;\,\hat{x}_e} = (-)\,\frac{1}{24}\,\omega_e{}^2\, t_I{}^2 = (-)\,\frac{\pi^2}{6}\, f_e{}^2\, t_I{}^2. \tag{4.10c}$$

Aus dieser Beziehung können Grenzfrequenz f_e oder zulässige Integrationszeit t_I bei vorgegebenen Größen $F_{m;\,\hat{x}_e}$ und t_e bzw. f_e für den hier behandelten Fall einer sich sinusförmig ändernden Zeitfunktion gewonnen werden:

$$f_e\, t_I \leq 0,78\,\sqrt{|F_{m;\,\hat{x}_e}|}. \tag{4.10d}$$

Für $|F_{m;\,\hat{x}_e}| = 10^{-3}$ z. B. und $t_I = 1$ s z. B. beträgt damit die Grenzfrequenz, bei der der Maximalwert des bezogenen Mittelungsfehlers gerade den Wert $|F_{m;\,\hat{x}}|$ erreicht, $f_e = 0{,}025$ Hz, liegt also um mehr als eine Größenordnung niedriger als der Wert nach dem Abtasttheorem.

4.2.5. Fehler bei erfülltem bzw. nichterfülltem Abtasttheorem

4.2.5.1. Zur Erklärung des Entstehens der Fehler

Wie im Abschnitt 4.1 bereits angegeben, sind drei verschiedene Fälle zu unterscheiden, die anschließend behandelt werden. Zuvor sollen die physikalischen Ursachen für diese Fehler erläutert werden [519] [525].

Bei der Abtastung wird das Signal $x\,(t)$ mit der Schaltfunktion $s\,(t)$, die aus einer Folge von Dirac-Impulsen $\delta\,(t)$ im Abstand t_a besteht, multipliziert:

$$s\,(t) = \sum_{r=0}^{\infty} \delta\,(t - r\, t_a). \tag{4.11a}$$

So entsteht das abgetastete Signal $x^*\,(t)$:

$$x^*\,(t) = x\,(t)\cdot s\,(t) = \sum_{r=0}^{\infty} s\,(r\, t_a)\,\delta\,(t - r\, t_a). \tag{4.11b}$$

Wie **Bild 4.8** zeigt, entspricht dies einer Pulsamplitudenmodulation.

Zur Erklärung der Zusammenhänge eignet sich besonders gut die Darstellung im Spektralbereich: Der Schaltfunktion entspricht als Fourier-Transformierte der äquidistanten Pulsfolge eine unendliche Anzahl von harmonischen Schwingungen mit den Frequenzen $r\,\omega_a = r\,2\,\pi/t_a$, d. h.

$$s\,(t) = \sum_{r=-\infty}^{+\infty} e^{j\,r\,\omega_a t}. \tag{4.11c}$$

Im **Bild 4.9** ist dieses Spektrum zusammen mit dem Spektrum der Eingangsfunktion (Basisband) $\hat{X}\,(j\,\omega)$ dargestellt. Bei Pulsamplitudenmodulation entsteht dann die im Bild 4.9 c gezeigte periodische Fortsetzung des Basisbands als jeweils unteres und oberes Seitenband der Trägerschwingung $r\,\omega_a$, wobei Originallage und Kehrlage (unteres Seitenband) einander abwechseln. Bei der Digital-Analog-Wandlung (Glättung, Interpolation) zur Wiederherstellung des Originalsignals wird $x^*\,(t)$ einer Tiefpaßfilterung mit der Grenzfrequenz $\omega_g = \omega_a/2$ unterzogen. Dabei entsteht kein Fehler, wenn das

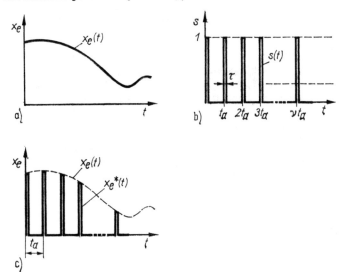

Bild 4.8. Erklärung der Abtastung als Pulsamplitudenmodulation im Zeitbereich

a) Eingangssignal x_e (t); b) Schaltfunktion s (t); c) Pulsamplitudenmodulation $x_e{}^*$ (t)

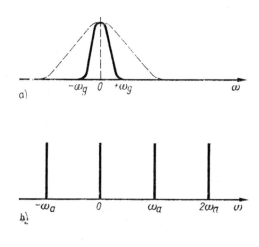

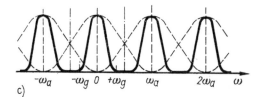

Bild 4.9. Bei der Abtastung entstehende Spektralfrequenzen

a) Eingangsspektrum (Basisband); b) Spektrum der Pulsfolge; c) Spektrum der amplitudenmodulierten Pulsfolge

Basisband auf den Bereich $- \omega_a/2 < \omega < \omega_a/2$ bandbegrenzt ist. Aus dieser Forderung resultiert das Abtasttheorem

$$\omega_g \leqq \omega_a/2; \; t_g = 1/(2\, t_a). \tag{4.12}$$

Da in der Praxis nie bandbegrenzte Signale vorliegen, muß die Einhaltung der Beziehung (4.12) durch einen vorgeschalteten Tiefpaß (Antialiasingfilter) nach Bild 4.2 erzwungen werden. Das Abschneiden dieser Spektralanteile ergibt den Fehler, wie er im **Bild 4.10** skizziert ist.

Bei fehlender bzw. nichtidealer Tiefpaßfilterung entstehen zusätzliche Fehler dadurch, daß sich die Frequenzbänder überlappen. Sie können nach der Interpolation nicht mehr getrennt werden, so daß sich neben den erwähnten Fehlern zusätzliche Fehler ergeben, da Anteile der unteren Seitenbänder in Kehrlage in den Bereich bis $\omega_g = \omega_a/2$ fallen (Bild 4.10). Diese Fehler werden *Aliasingfehler* genannt.

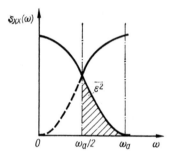

Bild 4.10. Erklärung des Zustandekommens der Fehler beim Abtasten

Falls ein auf den Frequenzbereich $\omega_1 \cdots \omega_2$ bandbegrenztes Signal vorliegt, kann man mit niedrigerer Abtastrate (d. h. größeren Abtastzeiten) auskommen als nach dem Abtasttheorem (4.12) erforderlich. Dabei ist die höchste Frequenz des bandbegrenzten Signals als Grenzfrequenz angenommen. Tatsächlich ist das Abtasttheorem jedoch nicht verletzt, denn der Frequenzbereich $\omega_1 \cdots \omega_2$ kann durch Frequenztransformation in den voraussetzungsgemäß freien Frequenzbereich $0 \cdots (\omega_2 - \omega_1)$ umgesetzt werden, d. h., für die Grenzfrequenz gilt $\omega_g = \omega_2 - \omega_1$.

Im **Bild 4.11** ist dieser Fall des sog. *reduzierten Abtastens* dargestellt. Danach ergibt sich eine um den Faktor $m + 1$ kleinere Abtastfrequenz, falls das Spektrum auf den Bereich

$$m\, \omega_a/2 \leqq \omega < (m + 1)\, \omega_a/2 \tag{4.13}$$

begrenzt ist. Für gerade m wird das in Normallage liegende Seitenband ausgenutzt. Anderenfalls sind zusätzliche Maßnahmen zur Demodulation des in Kehrlage befindlichen und in den Bereich $0 \cdots \omega_a/2$ fallenden Seitenbands erforderlich. Das Verfahren hat insbesondere für die Meßtechnik Bedeutung, da wegen der größeren Abtastzeiten mehr Rechenzeit zur Durchführung z. B. der schnellen Fourier-Transformation zur Verfügung steht (sog. ZOOM-FFT [447]).

Auch in diesem Fall entstehen grundsätzlich dieselben Fehler, nämlich die bei idealer Bandpaßfilterung und die bei nichtidealer Bandpaßfilterung.

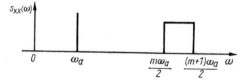

Bild 4.11. „Reduziertes Abtasten"

4.2.5.2. Fehler bei idealer Tiefpaßfilterung vor der Abtastung

Nach Bild 4.10 werden durch das Tiefpaßfilter mit idealer Frequenzbeschneidung auf $\omega_g = \omega_a/2$ alle Signalfrequenzen $\omega > \omega_g$ abgeschnitten. Nach der Systemtheorie für regellose Vorgänge [519] entspricht der mittlere quadratische Fehler $\overline{\varepsilon^2}$ der durch die Frequenzbandbegrenzung abgeschnittenen Signalleistung. Mit der spektralen Leistungsdichte des Signals $S_{xx}(\omega)$, die nach der Parsevalschen Gleichung mit der spektralen Amplitudendichte $\hat{X}(j\,\omega)$ zusammenhängt [519]

$$S_{xx}(\omega) = \lim_{T \to \infty} |\hat{X}(j\,\omega)|^2/2\,T,$$

ergibt sich daher

$$\overline{\varepsilon^2} = \int\limits_{-\infty}^{-\omega_a/2} S_{xx}(\omega)\,\mathrm{d}\omega + \int\limits_{+\omega_a/2}^{\infty} S_{xx}(\omega)\,\mathrm{d}\omega = 2 \int\limits_{\omega_a/2}^{\infty} S_{xx}(\omega)\,\mathrm{d}\omega. \tag{4.14}$$

Da sich abgeschnittene Frequenzanteile nicht nachträglich durch eine Korrektur wiedergewinnen lassen, handelt es sich hierbei um einen nicht erfaßbaren systematischen Fehler. Für die Gauß-Verteilung gilt dann in bezug auf die Vertrauensgrenzen (Abschnitt 3.4)

$$\overline{\varepsilon^2} = \overline{\sigma^2}. \tag{4.15}$$

Während die bisher durchgeführten Betrachtungen zum quadratischen Mittelwert des Fehlers führten, läßt sich auch die Verfälschung des Meßwerts exakt berechnen. Hierzu kann der Zeit- oder Frequenzbereich benutzt werden.

Im Frequenzbereich erhält man entsprechend der Systemtheorie [519] die reale Ausgangsgröße $y(t)$ als Fourier-Rücktransformierte des beschnittenen Spektrums $\hat{X}^*(j\,\omega)$, d. h.

$$y(t) = f^{-1}\{\hat{X}^*(j\,\omega)\} = \frac{1}{2\,\pi} \int\limits_{-\omega_a/2}^{+\omega_a/2} \hat{X}(j\,\omega)\,\mathrm{e}^{j\,\omega\,t}\,\mathrm{d}\omega. \tag{4.16}$$

Dieser Beziehung entspricht im Zeitbereich nach dem Faltungssatz der Fourier-Transformation die Gleichung

$$y(t) = x(t) * g_{TP}(t) = \frac{1}{\pi} \int\limits_{0}^{t} x(t-\tau)\,\omega_a\,s_i\left(\frac{\omega_a}{2}\,\tau\right)\mathrm{d}\tau \tag{4.17a}$$

bzw. diskret

$$y(t) = \frac{1}{\pi} \sum_{n=-\infty}^{+\infty} x(n\,t_a)\,\omega_a\,t_a\,s_i\left[\frac{\omega_a}{2}(t-n\,t_a)\right], \tag{4.17b}$$

wobei

$$g_{TP}(t) = \frac{1}{\pi}\,\omega_a\,s_i\,\frac{\omega_a}{2}\,t \tag{4.17c}$$

die Gewichtsfunktion des Tiefpasses ist.

4.2.5.3. Fehler infolge nichtidealer oder fehlender Tiefpaßfilterung vor der Abtastung (Aliasingfehler)

Bevor der Fehler im einzelnen berechnet wird, soll gezeigt werden, welche verhängnisvollen Fehler bei Nichtbeachtung des Abtasttheorems auftreten können.

Beispiel. Im **Bild 4.12** ist eine Oberflächenwelligkeit mit der Wellenlänge $\lambda = 2\,\pi\,r/12$ (12 Schwingungen auf dem Umfang) angenommen. Bei den eingezeichneten $n = 13$ bzw.

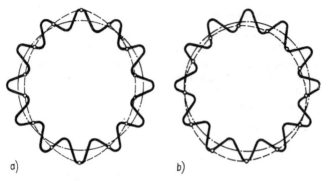

Bild 4.12. Anschauliche Erklärung des Zustandekommens der Fehler bei verletztem Abtasttheorem [525]

a) $n = 14$; b) $n = 13$
o Abtastpunkte

14 Abtastpunkten ist das Abtasttheorem nicht erfüllt. Wie man dem Bild 4.12a (14 Abtastpunkte) entnehmen kann, wird anstelle der wirklich vorhandenen Oberflächenwelligkeit eine nicht vorhandene Formabweichung mit der gleichen Amplitude wie die Welligkeit vorgetäuscht. Bei $n = 13$ Abtastpunkten dagegen entsteht der Eindruck einer Lageabweichung, die in Wirklichkeit ebenfalls nicht vorhanden ist (Bild 4.12b). Gemäß Abschnitt 4.2.5.1 setzt sich der Fehler aus zwei Anteilen zusammen:

• Fehler infolge des nichtidealen Frequenzgangs des Tiefpaßfilters G (j ω) im Bereich $0 \cdots \omega_a/2$. Bei $\omega = \omega_a/2$ wird das Frequenzband durch das als ideal angenommene Interpolationsfilter beschnitten.

• Fehler durch die Modulationskomponenten, die in den Frequenzbereich

$$- \omega_a/2 < \omega < \omega_a/2$$

fallen (Aliasingfehler).

Für den ersten Anteil erhält man

$$\overline{\varepsilon_1^2} = 2 \int\limits_{\omega_a/2}^{\infty} S_{xx}(\omega)\, d\omega + 2 \int\limits_{0}^{\omega_a/2} S_{xx}(\omega)|1 - G(\text{j}\,\omega)|^2\, d\omega. \tag{4.18}$$

(vgl. auch Abschn. 4.2.5.2) [385] [519].

Dabei berücksichtigt der erste Summand die Fehler infolge der Frequenzbandbeschneidung durch das Interpolationsfilter, der zweite die durch den nichtidealen Frequenzgang im Bereich $- \omega_a/2 < \omega < \omega_a/2$ entstehenden Fehler.

Die durch Aliasing entstehenden zusätzlichen Anteile können als Störung aufgefaßt werden; die Störleistung entspricht dem mittleren quadratischen Fehler [519] und berechnet sich mit $- \omega_a/2 < \omega < + \omega_a/2$ zu

$$\overline{\varepsilon_a^2} = \sum\limits_{k=1}^{\infty} \int\limits_{\omega = -\omega_a/2}^{\omega = +\omega_a/2} [S_{xx}(\omega - k\,\omega_a) + S_{xx}(\omega + k\,\omega_a)]\, d\omega. \tag{4.19a}$$

Für eine Abschätzung können die zwei Anteile als nicht korreliert aufgefaßt werden, d.h., der Gesamtfehler beträgt

$$\overline{\varepsilon^2} = \overline{\varepsilon_1^2} + \overline{\varepsilon_a^2}. \tag{4.19b}$$

In der Praxis wird die Abtastfrequenz meist so hoch gelegt, daß oberhalb $\omega_a/2$ das Signalspektrum als schnell abfallend angenommen werden kann. Dann brauchen für eine erste Näherung nur die Seitenfrequenzen erster Ordnung, d. h. der Trägerfrequenz ω_a, berücksichtigt zu werden:

$$\overline{\varepsilon_a{}^2} = 2 \int\limits_{-\omega_a/2}^{+\omega_a/2} S_{xx}\left(\omega_a + \omega\right) \mathrm{d}\omega = 2 \int\limits_{\omega_a/2}^{3\,\omega_a/2} S_{xx}\left(\omega\right) \mathrm{d}\omega. \qquad (4.19\,\mathrm{c})$$

Da — wie bereits erwähnt — das Leistungsspektrum oberhalb $3\,\omega_a/2$ praktisch verschwindet, entspricht dieser Wert näherungsweise dem nach Gl. (4.14), d. h. dem Fehler bei erfülltem Abtasttheorem (vgl. auch Bild 4.10). Im Rahmen dieser Näherung bedeutet dies, daß der mittlere quadratische Gesamtfehler infolge Aliasing etwa dem Doppelten des Wertes vom Fehler bei erfülltem Abtasttheorem entspricht [524].
Zur exakten Berechnung des Fehlers $\varepsilon_a\,(t)$ benutzt man den Frequenzbereich [322] [519]:
Für die spektrale Amplitudendichte des Eingangssignals gilt

$$\hat{Y}_a\,(\mathrm{j}\,\omega) = F\,\{x\,(t)\} = \int\limits_0^\infty x\,(t)\,\mathrm{e}^{-\,\mathrm{j}\,\omega\,t}\,\mathrm{d}t. \qquad (4.20\,\mathrm{a})$$

Entsprechend (4.19 a) erhält man das infolge Aliasing geänderte Spektrum zu

$$\hat{Y}_a\,(\mathrm{j}\,\omega) = \hat{X}\,(\mathrm{j}\,\omega) + \sum\limits_{k=1}^\infty [\hat{X}\,\mathrm{j}\,(\omega - k\,\omega_a) + \hat{X}\,\mathrm{j}\,(\omega + k\,\omega_a)], \qquad (4.20\,\mathrm{b})$$

wobei sich der Frequenzbereich auf $-\,\omega_a/2 < \omega < \omega_a/2$ erstreckt.
Für den Fehler infolge Aliasing ergibt sich damit

$$\varepsilon_a\,(t) = F^{-1}\left\{\sum\limits_{k=1}^\infty [\hat{X}\,\mathrm{j}\,(\omega - k\,\omega_a) + \hat{X}\,\mathrm{j}\,(\omega + k\,\omega_a)]\right\}$$

$$= \frac{1}{2\,\pi}\sum\limits_{k=1}^\infty \int\limits_{-\omega_a/2}^{+\omega_a/2} [\hat{X}\,\mathrm{j}\,(\omega - k\,\omega_a) + \hat{X}\,\mathrm{j}\,(\omega + k\,\omega_a)]\,\mathrm{e}^{\mathrm{j}\,\omega\,t}\,\mathrm{d}\omega. \qquad (4.21\,\mathrm{a})$$

woraus man durch Anwenden des Verschiebungssatzes erhält

$$\varepsilon_a\,(t) = \frac{1}{2\,\pi}\sum\limits_{k=1}^\infty \left\{\mathrm{e}^{\mathrm{j}\,k\,\omega_a\,t}\int\limits_{-(2\,k+1)\,\omega_a/2}^{-(2\,k-1)\,\omega_a/2} \hat{X}\,(\mathrm{j}\,\omega)\,\mathrm{e}^{\mathrm{j}\,\omega\,t}\,\mathrm{d}\omega \right.$$

$$\left. + \mathrm{e}^{-\mathrm{j}\,k\,\omega_a\,t}\int\limits_{(2\,k-1)\,\omega_a/2}^{(2\,k+1)\,\omega_a/2} \hat{X}\,(\mathrm{j}\,\omega)\,\mathrm{e}^{\mathrm{j}\,\omega\,t}\,\mathrm{d}\omega\right\}. \qquad (4.21\,\mathrm{b})$$

Eine Abschätzung für die Störamplitude infolge Aliasing $|\varepsilon_a\,(t)|$ findet man in [65]. Danach gilt näherungsweise

$$|\varepsilon_a\,(t)| \leq \frac{1}{\pi}\int\limits_{\omega_a/2}^\infty \hat{X}\,(\mathrm{j}\,\omega)\,\mathrm{e}^{\mathrm{j}\,\omega\,t}\,\mathrm{d}\omega \leq \frac{1}{\pi}\int\limits_{\omega_a/2}^\infty |\hat{X}\,(\mathrm{j}\,\omega)|\,\mathrm{d}\omega.$$

Insbesondere für Spektralfrequenzen, die zu höheren Frequenzen hin stärker als $1/\omega$ abfallen,

$$|\hat{X}\,(\mathrm{j}\,\omega)| < \frac{C}{\omega^{(1+\delta)}}; \quad \delta > 0$$

erhält man

$$|\varepsilon_a\,(t)| \leq \frac{1}{\pi}\int\limits_{\omega_a/2}^\infty \frac{C}{\omega^{(1+\delta)}}\,\mathrm{d}\omega = \frac{C}{\pi}\,\frac{1}{\delta\,(\omega_a/2)^\delta}$$

Für $\delta = 1$, d. h., falls das Spektrum für $\omega > \omega_a/2$ mit $1/\omega^2$ abfällt, lautet damit die Abschätzung:

$$|\varepsilon_a(t)| \leqq \frac{2C}{\pi \omega_a} = \frac{C t_a}{\pi^2}, \tag{4.22a}$$

woraus für die höchste zulässige Abtastrate bei vorgegebenem Fehler folgt:

$$t_a \leqq \frac{|\varepsilon_a(t)| \pi^2}{C}. \tag{4.22b}$$

Wird nach der Abtastung eine Verarbeitung des Meßwerts durchgeführt, die einer Tiefpaßfilterung mit $\omega_{gF} < \omega_a/2$ entspricht, wie z.B. bei der Mittelwertbildung, so kann die Abtastfrequenz kleiner als nach dem Abtasttheorem erforderlich gewählt werden. Nach **Bild 4.13** ist nämlich nur sicherzustellen, daß keine gespiegelten Spektralfrequenzen in den Bereich $0 \cdots \omega_{gF}$ fallen. Bezüglich weiterer Einzelheiten sei auf [526] verwiesen.

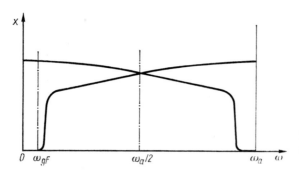

Bild 4.13. Tiefpaßfilterung mit $\omega_{gF} < \omega_a/2$

4.2.5.4. Fehler beim reduzierten Abtasten

Wie man dem Bild 4.11 entnimmt, kann bei ideal bandbegrenztem Signal, geradzahligem m und idealer Tiefpaßfilterung am Ausgang das Originalsignal trotz einer um den Faktor $m + 1$ kleineren Abtastfrequenz fehlerfrei wiedergewonnen werden. Wegen des Modulationseffekts wird nämlich der Frequenzbereich des Originalsignals in den Bereich $-\omega_a/2 < \omega < \omega_a/2$ umgesetzt, und zwar wegen der Bandbegrenzung des Signals ohne Überschneidungen der einzelnen Modulationsbereiche.
Die entstehenden Fehler sind ebenso zu berechnen, wie auf S. 109 ff. bereits beschrieben: Fehler infolge der Bandbegrenzung am Eingang nach Abschnitt 4.2.5.2 sowie zusätzliche Aliasingfehler wegen der nichtidealen Bandbegrenzung nach Abschnitt 4.2.5.3. Wegen dieser Fehler kann das „reduzierte Abtasten" nur dann angewendet werden, wenn das Originalsignal bereits in guter Näherung als bandbegrenzt anzusehen ist, d.h. die Fehler nach Abschnitt 4.2.5.2 nicht zu groß werden.

4.2.5.5. Fehler beim Abtasten von Signalen endlicher Dauer

In der Meßtechnik – wie auch sonst meist in der Technik – ist die Signaldauer bzw. Beobachtungsdauer auf den Bereich $-T_B/2 < t < T_B/2$ begrenzt. Die zeitliche Begrenzung ergibt ein unendliches Spektrum, so daß zur Erfüllung des Abtasttheorems $t_a \to 0$; $\omega_a \to \infty$ gehen müßte. Bei $t_a > 0$ wird durch den Interpolationstiefpaß am Ausgang nach (4.17c) das Frequenzband beschnitten. Es entstehen entsprechende Fehler einschließlich von Aliasingfehlern.

Die Berechnung dieser Fehler geht von den Gln. (4.17) aus. Nach Einführung eines Beobachtungsfensters zur Berücksichtigung der zeitlichen Begrenzung des Signals erhält man mit dem bezogenen mittleren quadratischen Fehler $F^2 = \overline{\varepsilon^2}/\overline{x^2}\,(t)$ die im **Bild 4.14** dargestellten Ergebnisse. In diesen Diagrammen bedeutet $t_a{'}$ die verkürzte Abtastzeit. Die zwei Signalformen (Sinussignal: Bild 4.14a; regelloses Signal: Bild 4.14b) wurden gewählt, da die tatsächlich auftretenden Signale zwischen diesen beiden Grenzfällen liegen. Der Fehler ist für regellose Signale insbesondere bei größerer Signaldauer wesentlich kleiner als beim sinusförmigen Signal. Dies ist auch physikalisch verständlich, da in einem regellosen Signal alle Frequenzen enthalten sind und daher die tiefen Spektralfrequenzen entsprechend häufiger abgetastet werden.

Die Diagramme zeigen, daß bei zeitbegrenzten Signalen erheblich kleinere Abtastzeiten erforderlich sind als nach dem Abtasttheorem gefordert.

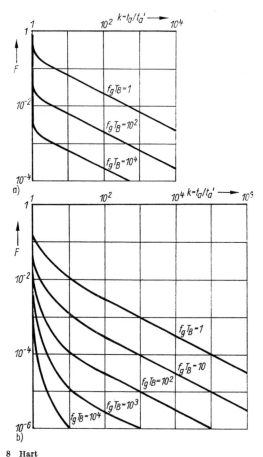

Bild 4.14. Fehler bei der Abtastung F als Funktion von der Abtastzeit $t_a{}^*/t_a = k$ mit der Beobachtungszeit $T_B f_g$ als Parameter (bezogene Größen) [162]

a) sinusförmiges Signal; b) frequenzbegrenztes regelloses Signal mit konstantem Spektrum

8 Hart

4.2.6. Fehler infolge nichtidealer Verarbeitungsprogramme bei Meßwertverarbeitung im Rechner

Viele der bedeutsamen Rechenoperationen zur Meßwertverarbeitung sind linear, z. B. Mittelwertbildung, PD-Algorithmen zur Korrektur des dynamischen Verhaltens (vgl. Abschn. 8.2.2) oder D-Programme zur Gewinnung der Ableitung der Meßgröße. In diesen Fällen kann das Rechenprogramm bei Erfüllung des Abtasttheorems (4.12) nach der Theorie der digitalen Filterung durch einen Frequenzgang G_{real} (j ω) bzw. die Z-Transformierte mit $z = e^{-j\omega r t_a}$ beschrieben werden [519].

Das lineare Programm mit der Differenzengleichung

$$y_{\text{real}}(t) = \sum_{r=1}^{m} a_r \, x \, (t - t_R - r \, t_a) - \sum_{\mu=1}^{n} b_\mu \, y \, (t - \mu \, t_a) \qquad (4.23\,\text{a})$$

ergibt nach Anwendung der diskreten Fourier-Transformation den gleichwertigen Frequenzgang [519]

$$G_{\text{real}}(j\,\omega) = \frac{\hat{Y}_{\text{real}}(j\,\omega)}{\hat{X}(j\,\omega)} = e^{-j\omega t_R} \frac{\sum\limits_{r=1}^{m} a_r \, e^{-j\omega r t_a}}{1 + \sum\limits_{\mu=1}^{n} b_\mu \, e^{-j\omega\mu t_a}}, \qquad (4.23\,\text{b})$$

wobei t_R die anschließend noch im einzelnen zu berücksichtigende Rechenzeit bedeutet.

Die gut ausgearbeitete Theorie analoger Systeme läßt sich damit direkt anwenden [519]: Stabilitätsuntersuchungen können ebenso durchgeführt werden wie die hier besonders interessierenden Fehlerbetrachtungen.

Für letztere wird dem realen, durch G_{real} (j ω) beschriebenen System das gewünschte ideale „Modell" mit dem idealen Frequenzgang G_{id} (j ω) gegenübergestellt. Dabei ist G_{id} (j ω) ebenso wie G_{real} (j ω) als Fourier-Transformierte der idealen Rechenoperation erklärt.

Nach der Systemtheorie für regellose Vorgänge [385] [519] ergibt sich mit der spektralen Leistungsdichte des Eingangssignals S_{xx} (ω) – vgl. auch Abschn. 4.2.5.2 – für den mittleren quadratischen Fehler ohne Berücksichtigung der Störungen z

$$\overline{\varepsilon^2} = \int\limits_{-\infty}^{+\infty} S_{xx}(\omega) \, |G_{\text{id}}(j\,\omega) - G_{\text{real}}(j\,\omega)|^2 \, d\omega \qquad (4.24\,\text{a})$$

bzw. bei Annahme nichtkorrelierter Störungen $z = S_{zz}(\omega)$

$$\overline{\varepsilon^2} = \int\limits_{-\infty}^{+\infty} S_{xx}(\omega) |G_{\text{id}}(j\,\omega) - G_{\text{real}}(j\,\omega)|^2 \, d\omega + \int\limits_{-\infty}^{+\infty} S_{zz}(\omega) \, d\omega. \qquad (4.24\,\text{b})$$

Eine Verringerung des Fehlers nach (4.24a) ist durch eine bessere Approximation des realen Programms an das ideale Programm zu erreichen. Grundsätzlich sind dabei geringere Approximationsfehler mit vergrößerter Rechenzeit zu „bezahlen".

Beispiel. Der ideale, einem Integrationsprogramm entsprechende Frequenzgang lautet [519]:

$$G_{\text{id}}(j\,\omega) = 1/j\,\omega. \qquad (4.25\,\text{a})$$

Dagegen liefert die Rechteckapproximation nach der Gleichung

$$y\,(t) = y\,(t - t_a) + t_a \, x\,(t) \qquad (4.25\,\text{b})$$

durch Anwendung der Fourier-Transformation den Frequenzgang

$$G_{\text{real}} (j\,\omega) = t_{\text{a}}\,\frac{1}{1 - e^{-j\omega t_{\text{a}}}}\,. \tag{4.25c}$$

Für die Trapezapproximation erhält man entsprechend aus der Gleichung

$$y\,(t) = y\,(t - t_{\text{a}}) + \frac{t_{\text{a}}}{2}\,[x\,(t) + x\,(t - t_{\text{a}})] \tag{4.25d}$$

den Frequenzgang

$$G_{\text{real}} (j\,\omega) = \frac{t_{\text{a}}}{2}\,\frac{1 + e^{-j\omega t_{\text{a}}}}{1 - e^{-j\omega t_{\text{a}}}}\,. \tag{4.25e}$$

Die Ergebnisse der Berechnungen sind im **Bild 4.15** zusammengestellt. Danach ergibt die Rechteckapproximation sowohl einen Amplituden- als auch einen Phasenfehler gegenüber der idealen Integration. Die Trapezapproximation dagegen ergibt keinen Phasenfehler, sondern nur einen Amplitudenfehler, der an der anderen Teilung der $j\omega$-Achse erkennbar ist. Erkauft wird diese Verbesserung mit einer Erhöhung der Rechenzeit, bei der Trapezapproximation um etwa den Faktor 2. Zur Berechnung des Fehlers kann (4.24a) benutzt werden.

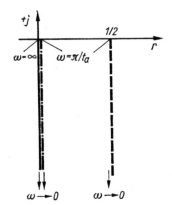

Bild 4.15. Frequenzgänge

——— ideale Integration
— — — Rechteckapproximation
— · — Trapezapproximation

Der Rechenzeit (Zeit zur Abarbeitung eines Programms) kommt eine große Bedeutung zu. Schnellere Rechner mit kleineren Zykluszeiten t_{c} für die Basisoperation lassen bessere Approximationen nach (4.24a) mit kleineren Fehlern zu. Die für die Programmabarbeitung erforderliche Rechenzeit ist daher stets zu überprüfen. Für überschlägliche Betrachtungen sind zur Realisierung der Grundoperationen bei gegebener Zykluszeit t_{c} folgende Zeiten anzusetzen [521]:

- Addition oder Subtraktion $\quad t_{\text{R add}} \approx (5 \cdots 10)\,t_{\text{c}}$ $\qquad$ (4.26a)
- Multiplikation $\qquad\qquad t_{\text{R m}} \;\;\approx 50\,t_{\text{c}}$ $\qquad\qquad$ (4.26b)
- Division $\qquad\qquad\qquad t_{\text{R d}} \;\;\approx 60\,t_{\text{c}}\,.$ $\qquad\qquad$ (4.26c)

Wesentliche Einsparungen an Rechenzeit sind für die Multiplikation und Division erreichbar, wenn Zweierpotenzen benutzt werden, weil dann Verschiebeoperationen zur Realisierung der Rechenoperationen genügen. Ferner können durch Verwendung größerer interner Wortlänge Überlaufkontrollen eingespart werden. Dies wird bei der Klasse der Signalprozessoren durch den angepaßten Befehlssatz ausgenutzt. Unter Verwendung von (4.26a bis c) für die Einzeloperationen ist die Gesamtrechen-

8*

zeit $t_{R\ ges}$ durch Addition der Einzelzeiten zu berechnen. Es ist zu prüfen, ob die Rechenzeit kleiner als die Einschwingzeit des Systems T_E ist:

$$t_{R\ ges} = \sum_r t_{Rr} < T_E. \qquad (4.27)$$

Wegen der Änderung der Einschwingzeit des Gesamtsystems ist die Einschwingzeit unter Berücksichtigung der Rechenoperation einzusetzen, wie das im **Bild 4.16a** für das I-Programm erläutert ist [524]. Es entstehen Kurven mit Schnittpunkten, wobei für $n > n_{krit}$ keine Probleme auftreten. Das bedeutet, daß beim I-Programm eine Mindestzahl von in die Mittelwertbildung einzubeziehenden Meßwerten n_{krit} erforderlich sein kann. Im Gegensatz dazu existiert beim PD-Programm, zur Korrektur dynamischer Fehler (Abschn. 8.2.2), ein oberer Grenzwert für den erreichbaren Korrekturgrad a (Bild 4.16b) [524].
Nach (4.26a bis c) läßt sich die erforderliche Rechenzeit entsprechend der für die Mittelwertbildung notwendigen Division und Addition über n Werte abschätzen:

$$t_R = 60\, t_c + n\, (5 \cdots 10)\, t_c. \qquad (4.28\,a)$$

Daraus ergibt sich die ansteigende Gerade im Bild 4.16a. Andererseits nimmt die Einschwingzeit des Systems infolge Mittelwertbildung um den Faktor n zu [523]:

$$T_E = n\, T_{E0}. \qquad (4.28\,b)$$

Unter Berücksichtigung von (4.27) errechnet sich der Wert für die Mindestzahl zu

$$n_{krit} = \frac{60\, t_c}{T_{E0} - (5 \ldots 10)\, t_c}. \qquad (4.28\,c)$$

Aus der Berechnung folgt ferner, daß eine minimale Zykluszeit von $t_c < T_{E0}/(5 \cdot \cdot 10)$ erforderlich ist.
Abschließend sei kurz darauf hingewiesen, daß bei der digitalen Verarbeitung im Rechner infolge der begrenzten Wortlänge Rundungsfehler auftreten. In **Tafel 4.1** sind die Fehler bei Festkomma- bzw. Gleitkommaarithmetik für verschiedene Rechenoperationen zusammengestellt [496]. Dabei wurden bei der i-maligen bzw. akkumulierenden Multipli-

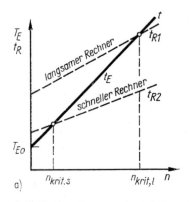
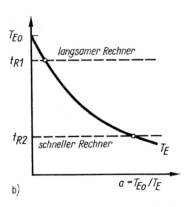

Bild 4.16. Rechenzeit t_R und Einschwingzeit T_E des Gesamtsystems mit einer Einschwingzeit T_{E0} des Systems ohne Rechner

a) in Abhängigkeit von der Anzahl der in die Mittelwertbildung einbezogenen Meßwerte n (I-Programm);
b) in Abhängigkeit von dem Korrekturgrad $a = T_{E0}/T_E$ (PD-Programm)
$n_{krit,s}$ kritischer Punkt für den schnellen Rechner
$n_{krit,l}$ kritischer Punkt für den langsamen Rechner

Tafel 4.1. Maximale Rundungsfehler bei digitaler Verarbeitung im Rechner [496]

Mathematische Operation	Festkomma-Einwort		Gleitkomma-Einwort	
	absoluter Fehler	relativer Fehler	absoluter Fehler	relativer Fehler
Addition oder Subtraktion von zwei Zahlen a_1; a_2	—	—	2^{e-m}	2^{-m+1}
Multiplikation oder Division (einmalig)	$2^{-(n+1)}$	$2^{-(n+1)}/a_{1k}a_2$	2^{e-m}	2^{-m+1}
i-malige Addition oder Subtraktion	—	—	$2^{-m}(i^2 + i - 1)$	
i-malige Multiplikation	$i \cdot 2^{-(n+1)}$	$2^{-(n+1)} \sum\limits_{k=2}^{i} \times \prod\limits_{j=1}^{k} \frac{1}{a_j}$	$(1 + 2^{-m+1})^{i-1} - 1$ $\approx (i-1)\,2^{-m+1}$	
Akkumulierende Multiplikation	$i \cdot 2^{-(n+1)}$		$(1 + 2^{-m+1})^{i-1} - 1$ $\approx (i-1)\,2^{-m+1}$	

$n + 1$ Wortlänge n (Bit) und Vorzeichenbit (Festkomma);
$m + 1$ Wortlänge der Mantisse m (Bit) und Vorzeichenbit (Gleitkomma);
a_i Fest- oder Gleitkommazahl; e Exponent der Gleitkommazahl zur Basis 2

kation und der i-maligen Gleitkommaaddition die ungünstigsten Fälle angenommen. Da in der Praxis die Fehler statistisch verteilt und nicht korreliert sind, kann damit gerechnet werden, daß der tatsächliche Fehler bei der i-maligen bzw. akkumulierenden Multiplikation nur mit $\sqrt{i}$, bei der i-maligen Gleitkommaaddition nur mit i ansteigt.

4.2.7. Fehler bei der Digital-Analog-Umsetzung

Digital-Analog-Umsetzer werden benötigt, wenn der Meßwert nicht digital ausgegeben bzw. gespeichert, sondern eine analog arbeitende Anzeigeeinheit (Zeigerinstrument, Oszillograf, Plotter) verwendet wird (Bild 4.2). Wegen der zunehmenden digitalen Ausgabe und Verarbeitung entfällt immer mehr die Notwendigkeit der im Bild 4.2 gezeigten Digital-Analog-Umsetzung. Dagegen behalten DA-Umsetzer ihre Bedeutung in Form von Bausteinen im Rückkopplungszweig der AD-Umsetzer.

Grundsätzlich kann die bei der Analog-Digital-Umsetzung erfolgte Quantisierung nicht mehr rückgängig gemacht werden (Abschn. 4.3). Weiterhin können bei der AD-Umsetzung Synchronisationsfehler (Jitter) entstehen, die im Abschnitt 4.2.8 behandelt werden. Zur Realisierung der AD-Umsetzung werden Spannungsteiler benutzt, die eine Auflösung entsprechend der Wortlänge aufweisen müssen [379]. Der Fehler wird daher durch die Genauigkeit der Teilung dieses Spannungsteilers, dessen Nichtlinearität sowie durch die Konstanz der Referenzspannung bestimmt. Fehler bewirken ferner Alterung und Temperaturabhängigkeit der Verstärker sowie Widerstände und Schalter. Die Grenzfrequenz der Umsetzung hängt entscheidend vom Einschwingverhalten insbesondere der Operationsverstärker ab. Gefürchtet sind auch kurze Spitzen (sog. Glitches), die bei nichtsynchronem Umschalten der einzelnen Schalter entstehen. Im Vergleich zu AD-Umsetzern sind DA-Umsetzer grundsätzlich weniger problematisch (sowohl im Aufbau als auch im Fehlverhalten). Bezüglich der Fehler bei nichtidealem Verhalten des Interpolationsfilters sei auf [526] verwiesen.

4.2.8. Synchronisationsfehler (Jitter)

Bei Abweichungen von der periodischen Abtastung durch gestörte Synchronisation oder infolge von zu verarbeitenden Signalen mit höherer Priorität entsteht ein Zeitfehler $\triangle t$ (Bild 4.5), d.h., es wird der falsche Wert $x_e\,(rt_a + \triangle t)$ als richtiger Wert anstelle $t = r\,t_a$ interpretiert. Damit lassen sich diese Fehler wie der Steigungsfehler bei der Analog-Digital-Umsetzung behandeln:

Nach Abschnitt 4.2.3 erhält man für diesen Fehler $\triangle x_e$ die Gl. (4.5b), d.h.

$$\triangle x_e \approx \frac{\partial x_e}{\partial t}\,\triangle t.$$

Der Fehler hängt also von dem Zeitfehler $\triangle t$ und der Steigung der Eingangsfunktion $x_e\,(t)$ ab.

Für eine Abschätzung berechnet man die maximal mögliche Steigung der Eingangsfunktion. Sie tritt bei der Grenzfrequenz auf, d.h., mit

$$\frac{\partial x_e}{\partial t} = \frac{\partial}{\partial t}\,\hat{X}_e \sin \omega_g t = \omega_g\,\hat{X}_e \sin \omega_g t$$

wird

$$\left.\frac{\partial x_e}{\partial t}\right|_{max} = \omega_g\,\hat{X}_e. \tag{4.29}$$

Bezieht man sie auf die Signalamplitude $\hat{X}$, ergibt sich für die obere Schranke des Störabstands, d.h. für den Minimalwert, im ungünstigsten Fall (volle Aussteuerung mit der oberen Grenzfrequenz):

$$20\,\lg\,\frac{1}{\omega_g\,|\triangle t|} = 20\,\lg\,\frac{1}{f_g\,|\triangle t|} - 16\,\mathrm{dB}. \tag{4.30a}$$

Eine anders geführte Abschätzung nach [322] kommt auf etwa das gleiche Ergebnis:

$$20\,\lg\,\frac{1}{\omega_g\,|\triangle t|} + 1{,}2 = 20\,\lg\,\frac{1}{f_g\,|\triangle t|} - 14{,}6\,\mathrm{dB}. \tag{4.30b}$$

In den Beziehungen ist für $\triangle t$ der Maximalwert des Zeitfehlers einzusetzen. Für den Fall bekannter Zeitfehler $\triangle t_r$ hat *Rupprecht* eine genauere Untersuchung vorgelegt [374].

4.3. Fehler bei der Übertragung digitaler Signale

Wegen der Kopplung räumlich getrennter Meßgeräte und Rechner wird das Problem der Fehler bei der Meßwertübertragung immer bedeutsamer. Zur Übertragung der Signale werden sowohl konventionelle Kupferleiter als auch zunehmend Lichtwellenleiter eingesetzt. Fehler werden durch Störbeeinflussungen hervorgerufen, wobei grundsätzlich die Kupferleitungen wegen der Empfindlichkeit gegenüber sowohl elektrischen als auch elektromagnetischen Feldern wesentlich störanfälliger sind. Daher wird der Lichtwellenleiterübertragung steigende Bedeutung zukommen, zumal wegen der meist relativ kurzen Übertragungsstrecken von einigen Metern bis wenigen Kilometern nur geringe Anforderungen an die Qualität der Lichtwellenleiter zu stellen sind.

Die Übertragungsfehler werden durch die Bitfehlerrate beschrieben, die vom störungsbedingten Signal-Rausch-Verhältnis der Übertragungsstrecke und dem verwendeten Modulationsverfahren abhängt [157]. Grundsätzlich sind Pulskodemodulationsverfahren (PCM) bei hohem Störpegel vorzuziehen, wie im **Bild 4.17** erklärt. Auf der Empfängerseite ist bei den digitalen Verfahren nur die Entscheidung zu treffen, ob es sich um ein 0- oder ein 1-Signal handelt. Das Signal wird einem Schwellwertelement zugeleitet, dessen Schwellwert gleich der halben Impulshöhe ist (Bild 4.17). Alle Impulse unterhalb dieses Schwellwerts werden als 0-Signal, alle oberhalb als 1-Signal gedeutet. Damit können Bitfehler nur auftreten, wenn die Störamplitude größer als die halbe Impulshöhe ist; kleinere Störungen werden nicht wirksam.

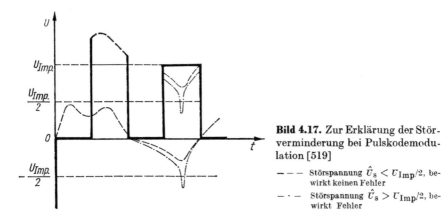

Bild 4.17. Zur Erklärung der Störverminderung bei Pulskodemodulation [519]

– – – Störspannung $\hat{U}_s < U_{\text{Imp}}/2$, bewirkt keinen Fehler

– · – Störspannung $\hat{U}_s > U_{\text{Imp}}/2$, bewirkt Fehler

Der Vorteil der wesentlich geringeren Störanfälligkeit bei PCM muß grundsätzlich durch eine größere Bandbreite erkauft werden [519]. Wegen der z. B. bei Lichtwellenleiterübertragung zur Verfügung stehenden großen Bandbreite ist jedoch eine Mehrkanalübertragung nach dem Verfahren der Zeitschachtelung meist möglich [157].

Bei Pulskodemodulation besteht ferner die Möglichkeit, störungsgeschützte bzw. fehlerkorrigierende Kodes einzusetzen [322] [519]. Von dieser Möglichkeit wird jedoch – im Gegensatz zur Nachrichtentechnik – in der Meßtechnik wegen der meist kurzen Übertragungsstrecken nur in Ausnahmefällen Gebrauch gemacht. Dagegen wird der Gray-Kode bzw. der noch bessere Glixon-Kode wegen der Tatsache, daß Verfälschungen einer Stelle stets zum benachbarten Kodewort führen und damit nur relativ kleine Fehler hervorrufen [519], in der Meßtechnik oft eingesetzt.

Bezüglich näherer Einzelheiten sei auf die Literatur verwiesen: [157] [330] [519].

4.4. Informationstheoretischer Vergleich digitaler und analoger Meßverfahren

Zum Vergleich analoger und digitaler Verfahren (mit dem Ziel der Ableitung typischer Einsatzgebiete) eignet sich der aus der Informationstheorie stammende Begriff der Kanalkapazität (vgl. Abschn. 3.4.2.6). Nach *Shannon* erhält man für den unter optimalen Bedingungen erreichbaren Nachrichtenfluß die Kanalkapazität C_t [406] [407] [519]

$$C_t = \frac{1}{T_E} H_{max} = 2 f_g H_{max} \qquad (4.31)$$

mit der Einschwingzeit T_E, der oberen Grenzfrequenz f_g und der maximalen Entropie bei optimaler Kodierung H_{max}.

Führt man einen bezogenen Fehler $\pm F$ ein, so erhält man für die Anzahl der unterscheidbaren Meßwertstufen (Amplitudenstufen) m bei Gleichverteilung [201] [514] [519]

$$m = 1 + 1/2\, F, \qquad (4.32)$$

wobei der Summand 1 die Tatsache berücksichtigt, daß auch der Wert 0 mitzuzählen ist (vgl. auch Abschn. 3.4.2.6).

Um den Anschluß an die Definition der Kanalkapazität nach *Shannon* herzustellen, sei das Verhältnis der Signalleistung P_S zur Störleistung P_z eingeführt. Dann erhält man die Anzahl der diesem Signal entsprechenden unterscheidbaren Amplitudenstufen [519] [521]:

$$m = \sqrt{1 + P_S/P_z} = \sqrt{(P_S + P_z)/P_z}. \qquad (4.33)$$

Für optimale Kodierung und Gaußsche Verteilung ergibt sich damit die von *Shannon* angegebene Kanalkapazität [406] [407] [521] mit

$$H_{max} = {}^2\!\log m = \text{lb}\, m \qquad (4.34\,\text{a})$$

zu [406] [407] [519]

$$C_t = 2 f_g H_{max} = 2 f_g \text{lb} \sqrt{(P_S + P_z)/P_z}$$

$$= f_g \,\text{lb}\, \frac{P_S + P_z}{P_z}. \qquad (4.34\,\text{b})$$

Mit den Kenngrößen m für das statische und f_g für das dynamische Verhalten errechnet sich die Kanalkapazität der analogen Meßeinrichtung zu

$$C_{t\,an} = 2 f_g \,\text{lb}\, m = 2 f_g \,\text{lb}\, (1 + 1/2\, F). \qquad (4.35)$$

Für digitale Impulssysteme mit der Impulsfrequenz f_i entsteht nach Abschnitt 4.2 ein relativer digitaler Restfehler von $1/f_i T$. Die Anzahl der unterscheidbaren Meßwertstufen m ist also

$$m = 1 + f_i T. \qquad (4.36\,\text{a})$$

Der Meßzeit T entspricht nach dem Abtasttheorem eine Grenzfrequenz von

$$f_g = 1/(2\, T),$$

so daß sich auch schreiben läßt

$$m = 1 + f_i/(2 f_g). \qquad (4.36\,\text{b})$$

Damit erhält man für die Kanalkapazität

$$C_{t\,dig} = \frac{1}{T} \,\text{lb}\, (1 - f_i\, T) = 2 f_g \,\text{lb}\left(1 + \frac{f_i}{2 f_g}\right). \qquad (4.37)$$

Im **Bild 4.18** sind die sich ergebenden Werte dargestellt. Danach sind bei relativ kleiner Grenzfrequenz digitale Verfahren günstiger, während bei höheren Grenzfrequenzen analoge Verfahren überlegen sind.

Die Ergebnisse der Berechnungen zeigen, daß für die Grenzfrequenz, bis zu der digitale Verfahren überlegen sind, die Impulsfrequenz f_i und die geforderte Genauigkeit entscheidend sind. Für die heute in der Meßtechnik gebräuchlichen Impulsfrequenzen von 10 kHz bis 1 MHz ergeben sich bei einem geforderten Fehler von z. B. 1% Grenzfrequenzen von 50 Hz bis 5 kHz. Die aus der Rechentechnik bekannte Tendenz zur Verzehnfachung der Rechengeschwindigkeit (und damit der Impulsfrequenzen) etwa alle 7 Jahre läßt ein weiteres Eindringen der digitalen Technik in das Gebiet der quasistatischen Messungen und der Messungen mit nur relativ geringen Anforderungen an die Dynamik erwarten.

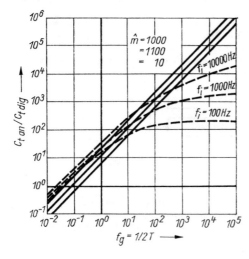

Bild 4.18. Verhältnis der Kanalkapazitäten

– – – digitale Meßverfahren als Funktion der Grenzfrequenz

——— analoge Meßverfahren als Funktion der Grenzfrequenz

5. Ermittlung und Beschreibung dynamischer Fehler

5.1. Einleitende Bemerkungen und Problemstellung

Bei der Messung dynamischer (d. h. zeitveränderlicher) Größen lassen sich zwei grundsätzliche Meßaufgaben unterscheiden: die Signalidentifikation nach **Bild 5.1a**, bei der die Kenngrößen bzw. -funktionen von Signalen $x(t)$ bestimmt werden, und die Systemidentifikation nach **Bild 5.1b**, bei der die dynamischen Kenngrößen bzw. -funktionen von Systemen $s(t)$ ermittelt werden [201] [519].

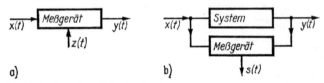

a)   b)

Bild 5.1. Grundsätzliche Meßaufgaben

a) Signalidentifikation; b) Systemidentifikation

In beiden Fällen werden am Ausgang des Systems anstelle der unverfälschten Signale $y_{id}(t)$ bzw. $s_{id}(t)$ reale, mit Fehlern behaftete Signale $y_{real}(t)$ bzw. $s_{real}(t)$ erhalten. Ausgangs- und Eingangsgrößen sind über eine mathematische Operation miteinander verknüpft:

$$y_{id} = \mathrm{Op}_{id}\{x\}$$
$$y_{real} = \mathrm{Op}_{real}\{x\}. \tag{5.1}$$

Der Augenblickswert des Fehlers, der bei dynamischen Messungen zeitabhängig ist, ergibt sich damit zu

$$\varepsilon = y_{id} - y_{real}. \tag{5.2}$$

Andere Fehlerdefinitionen, z. B. der mittlere quadratische Fehler, werden aus dieser Fehlergröße ε gebildet, wie später im einzelnen gezeigt wird.

Wie (5.1) und (5.2) erkennen lassen, hängen die dynamischen Fehler sowohl von den jeweiligen Signalen $x(t)$ als auch von der das Systemverhalten beschreibenden Operation nach (5.1) und vom Augenblick der Betrachtung ab. Daher werden zur Berechnung der dynamischen Fehler die Ergebnisse der Signal- und Systemtheorie angewendet [201] [514] [519] [522].

Wie Bild 5.1a zeigt, ist in der Meßtechnik (im Gegensatz zu den meisten Problemstellungen der technischen Kybernetik, bei denen das Eingangssignal bekannt und das zugehörige Ausgangssignal gesucht wird) das Eingangssignal nicht bekannt. Die Signalparameter sollen erst durch die Messung bestimmt werden. Damit liegt die genaugenommen nicht lösbare Aufgabe vor, trotz unbekannten Signals das Meßsystem so auszuwählen bzw. zu entwerfen, daß die Meßfehler ein vorgegebenes Maß nicht überschreiten. Zur Lösung des Problems werden Näherungsbetrachtungen herangezogen; der Signalverlauf wird auf Grund der z. B. aus dem zu messenden Prozeß ableitbaren A-priori-Information abgeschätzt, und danach wird die Dimensionierung vorgenommen. Aus dieser Tatsache folgt, daß gerade in der Meßtechnik Näherungsverfahren eine große Bedeutung haben.

Beispiel. Zunächst seien ein Temperaturfühler bzw. ein Gleichspannungsverstärker betrachtet, die beide näherungsweise durch die gleiche Beziehung zwischen Eingangs- und Ausgangsgrößen (vgl. (5.1))

$$T \, dy/dt + y = cx \tag{5.3}$$

beschrieben werden können (T Zeitkonstante).

Nimmt man als Eingangssignal (Testsignal) eine Sprungfunktion $x(t) = w(t)$ an, so erhält man nach **Bild 5.2** als zugehöriges Ausgangssignal die sog. Übergangsfunktion $y(t) = h(t)$. Die erkennbare Verzögerung wird bedingt durch die Wirkung der Wärmekapazität beim Temperaturfühler bzw. durch die unvermeidbaren Kapazitäten bei elektrischen Schaltungen (beschrieben durch die Zeitkonstante T). Sie führt zu zeitabhängigen dynamischen Fehlern $\varepsilon(t)$, die im Bild schraffiert eingezeichnet sind. Neben dieser Betrachtung im Zeitbereich kann der Fehler auch im Frequenzbereich erklärt werden. Hier werden als Testsignale harmonische Schwingungen $x(t) = \hat{X} \sin \omega t$ sowie Änderungen von Amplitude und Phasenlage des Ausgangssignals $y = \hat{Y} \sin(\omega t + \varphi)$ als Fehlerkenngrößen benutzt. Dies ist anhand des Amplitudengangs im **Bild 5.3** dargestellt. Bis zu einer (meist durch den Abfall auf $1/\sqrt{2} \triangleq -3$ dB) bestimmten Grenzfrequenz ω_g wird das Meßsystem als fehlerfrei angenommen.

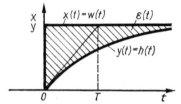

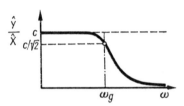

Bild 5.2. Zur Erklärung der Entstehung des dynamischen Fehlers im Zeitbereich

Bild 5.3. Zur Erklärung der Entstehung des dynamischen Fehlers im Frequenzbereich

Die Grenzfrequenz ω_g stellt also im Frequenzbereich den der Zeitkonstante T entsprechenden Kennwert für die „dynamische Güte" eines Meßsystems dar. Der $1/\sqrt{2}$-Wert wird vor allem in der Elektronik als Grenzfrequenz verwendet; in der Meßtechnik wird gelegentlich ein kleinerer Wert gefordert (z. B. 10 % Abfall).

Für genauere Betrachtungen werden in den folgenden Abschnitten zunächst Kennfunktionen und daraus abgeleitete Kennwerte zur Signalbeschreibung und anschließend zur Systembeschreibung eingeführt [519]. Danach werden die Fehler berechnet bzw. unter Nutzung der Ergebnisse der exakten Theorie abgeschätzt.

5.2. Kennfunktionen und Kennwerte zur Signalbeschreibung

5.2.1. Beschreibung im Frequenzbereich

Jedes zeitlich veränderliche Signal $x(t)$ kann nach *Fourier* durch eine Summe bzw. bei nichtperiodischen Signalen durch ein Integral von harmonischen Schwingungen

$$\hat{X}(j\omega) \, e^{j\omega t} \, d\omega \tag{5.4a}$$

mit der komplexen *spektralen Amplitudendichte*

$$\hat{X}(j\,\omega) = \hat{X}(j\,\omega)\,e^{j\,\varphi\,(\omega)} \tag{5.4b}$$

dargestellt werden. Den Zusammenhang zwischen dem Zeit- und dem Frequenzbereich bildet die (komplexe) Fourier-Transformation

$$\hat{X}(j\,\omega) = \int\limits_{t=-\infty}^{+\infty} x(t)\,e^{-j\,\omega\,t}\,dt = F\{x(t)\}$$

$$x(t) = \frac{1}{2\,\pi} \int\limits_{\omega=-\infty}^{+\infty} \hat{X}(j\,\omega)\,e^{j\,\omega\,t}\,d\omega = F^{-1}\{\hat{X}(j\,\omega)\}, \tag{5.5a,b}$$

wobei die Integrale als Cauchyscher Hauptwert zu verstehen sind [169] [338] [519] [522]. Die Gln. (5.5a, b) stellen eine Transformation bzw. Rücktransformation zwischen zugeordneten Funktionspaaren $x(t)$ und $\hat{X}(j\,\omega)$, d.h. zwischen dem Zeit- und dem Frequenzbereich, dar.

Als für die Praxis wichtiges Beispiel sei das häufig als Prüfsignal für Untersuchungen verwendete Einheitssprungsignal $w(t)$ betrachtet. Der Funktionswert des Signals hat für $t > 0$ den Wert 1 und für $t < 0$ den Wert 0. Daher erhält man

$$\hat{X}(j\,\omega) = F\{w(t)\} = \int\limits_{0}^{\infty} 1\cdot e^{-j\,\omega\,t}\,dt. \tag{5.6a}$$

Dabei werden die Signale als bezogene Größen aufgefaßt. Wegen der Unbestimmtheit von $e^{-j\,\infty}$ bildet man zur Auswertung des Integrals den Grenzwert

$$\lim_{\delta\to0} \int\limits_{0}^{\infty} e^{-\delta\,t}\,e^{-j\,\omega\,t}\,dt = \lim_{\delta\to0}\left[\frac{1}{-(\delta+j\,\omega)}\,e^{-(\delta+j\,\omega)t} \int\limits_{0}^{\infty}\right] = \frac{1}{j\,\omega}. \tag{5.6b}$$

Die Formel zeigt, daß nur Sinusschwingungen auftreten, deren Amplitudendichte hyperbolisch mit $1/\omega$ abfällt (zum Nullpunkt ungerade Funktionen).

Bei der ebenfalls häufig als Testsignal verwendeten Einheitsstoßfunktion $\delta(t)$ erhält man entsprechend der Normierung $\int\limits_{-0}^{+0} \delta(t)\,dt = 1$ (Idealisierung; vgl. Abschn. 5.4.3)

$$\hat{X}(j\,\omega) = F\{\delta(t)\} = \int\limits_{-\infty}^{+\infty} \delta(t)\,e^{-j\,\omega\,t}\,dt = 1 \tag{5.6c}$$

nur Kosinusschwingungen konstanter Amplitude.

Daß Sprung- bzw. Stoßfunktion tatsächlich alle Frequenzen enthalten, läßt sich an vielen Erscheinungen aus dem täglichen Leben anschaulich nachweisen: Bei der Übertragung von Sprache über eine lange Telefonleitung werden Schwingungen verschiedener Frequenzen mit unterschiedlicher Geschwindigkeit fortgeleitet. Haben die tiefen Frequenzen eine etwas größere Fortpflanzungsgeschwindigkeit als die hohen, so erreichen sie den Empfänger etwas früher. Beim Übertragen impulsartiger Signale (wie der Konsonanten p oder k) hört man daher zunächst einen dumpfen Klang und danach erst die hohen Frequenzen. Der Effekt wird deshalb auch sehr anschaulich „Knack-pui-Effekt" genannt.

Während die spektrale Amplitudendichte $\hat{X}(j\,\omega)$ sowohl eine Amplituden- als auch eine Phaseninformation enthält, interessiert für viele technische Anwendungen die in einen Frequenzbereich $\triangle\,\omega$ fallende Leistung $\triangle\,P$. Für $\triangle\,\omega \to d\omega$ erhält man die spektrale Leistungsdichte $S(\omega)$, die mit der spektralen Amplitudendichte über die Parsevalsche Gleichung zusammenhängt [519]:

$$S(\omega) = \frac{1}{2\,\pi}\,\lim_{T\to\infty}\frac{|\hat{X}(j\,\omega)|^2}{2\,T}. \tag{5.7}$$

Im Gegensatz zur spektralen Amplitudendichte enthält die Leistungsdichte keine Phaseninformation. Sie ist besonders geeignet, um Störsignale (d. h. nichtdeterminierte Signale) zu beschreiben: Für das „weiße Rauschen" erhält man z. B. den Wert [519]

$$S(\omega) = \frac{1}{\pi} k \, \Theta \qquad (5.8\,\text{a})$$

und daraus (mit der Boltzmann-Konstante $k = 1{,}37 \cdot 10^{-23}\,\text{W} \cdot \text{s/K}$ und bei Raumtemperatur $\Theta = 293\,\text{K}$) für die Spannung an einem Widerstand R die zugeschnittene Größengleichung [519]

$$U_{r\,\text{eff}} = 0{,}507 \cdot 10^{-10} \sqrt{R/\Omega \cdot \triangle \; \omega/\text{s}^{-1}}. \qquad (5.8\,\text{b})$$

Die experimentelle Ermittlung der spektralen Leistungsdichte ist durch Messung der Leistung am Ausgang eines Bandpasses mit einstellbarer Mittenfrequenz z. B. nach dem Suchtonprinzip möglich [144] [201] [519].
Für Abschätzungen werden aus den Kennfunktionen „spektrale Amplituden- bzw. Leistungsdichte" *Kennwerte* gebildet. Wie im **Bild 5.4** erklärt, kann in Anlehnung an die Kennzeichnung des Durchlaßbereichs von Systemen auch bei Signalen eine entsprechende „Grenzfrequenz" ω_g eingeführt werden, und zwar bei nach oben und unten frequenzbegrenzten Signalen eine obere und untere Grenzfrequenz ($\omega_{g\,o}$; $\omega_{g\,u}$). Dabei wird ein bestimmter Abfall von $|\hat{\underline{X}}(\text{j}\,\omega)|$ bzw. $S(\omega)$, z. B. auf -3 bzw. -6 dB, vereinbart. Die bei einem im Durchlaßbereich angepaßten System (Band- bzw. Tiefpaß mit diesen Grenzfrequenzen) entstehenden Fehler können gegenüber dem tatsächlich nichtideal bandbegrenzten Signal, wie im Abschnitt 5.5.1 gezeigt, berechnet werden.

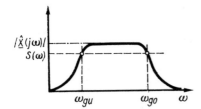

Bild 5.4. Zur Bildung des Kennwerts „Grenzfrequenz eines Signals"

5.2.2. Beschreibung im Zeitbereich

Als Kennfunktionen werden der verallgemeinerte zeitliche Mittelwert (die Autokorrelationsfunktion $\psi_{xx}(\tau)$)

$$\psi_{xx}(\tau) = \overline{x(t)\,x(t+\tau)} = \lim_{T \to \infty} \frac{1}{2\,T} \int_{-T}^{+T} x(t)\,x(t+\tau)\,\text{d}t \qquad (5.9\,\text{a})$$

bzw. der verallgemeinerte Scharmittelwert (mit der Verbundwahrscheinlichkeitsdichte $w[x_1(t), x_2(t+\tau)]$)

$$E\{x_1(t), x_2(t+\tau)\} = \overline{x_1(t), x_2(t+\tau)}$$
$$= \int_{-\infty}^{+\infty} \int_{-\infty}^{+\infty} x_1(t)\,x_2(t+\tau)\,w[x_1(t), x_2(t+\tau)]\,\text{d}x_1\,\text{d}x_2 \qquad (5.9\,\text{b})$$

verwendet. Die zwei Definitionen stimmen überein, wenn das Ergodentheorem erfüllt ist [299] [519].
Für zwei Signale wird die entsprechende Kreuzkorrelationsfunktion eingeführt:

$$\psi_{xy}(\tau) = \overline{x(t)\,y(t+\tau)} = \lim_{T \to \infty} \frac{1}{2\,T} \int_{-T}^{+T} x(t)\,y(t+\tau)\,\text{d}t. \qquad (5.9\,\text{c})$$

Die Korrelationsfunktion ist geeignet, innere „Verwandtschaften" im Verlauf sich zeit-lich ändernder Signale aufzudecken. Je langsamer die Korrelationsfunktion abfällt, um so mehr Verwandtschaft besteht im Signalverlauf. Die *Korrelationsdauer* τ kann daher als Kennwert benutzt werden.

Weitere Kennwerte erhält man aus der Korrelationsfunktion. Für $\tau = 0$ ergibt sich der quadratische Mittelwert $\overline{x_2} = \sigma^2$, der auch als Erwartungswert $E\{x^2\}$ definiert werden kann und der bei erfülltem Ergodentheorem mit dem quadratischen Mittelwert (auch Moment 2. Ordnung M_2 genannt) übereinstimmt (vgl. Abschn. 3.4.2.3 und [144] [201] [519]):

$$\psi_{xx}(0) = \overline{x^2} = M_2 = \lim_{T \to \infty} \frac{1}{2T} \int_{-T}^{+T} x^2(t)\, dt = X_{\text{eff}}^2$$

$$= \overline{x^2} = E\{x^2\} = \int_{-\infty}^{+\infty} x^2\, w(x)\, dx. \tag{5.10}$$

Für $\tau = \infty$ ergibt sich das Quadrat des Moments 1. Ordnung M_1, des linearen Mittel-werts $\bar{x}$ bzw. des entsprechenden Erwartungswerts $E\{x\}$ als Scharmittelwert

$$\psi_{xx}(\infty) = \bar{x}^2 = M_1^2 = \left[\lim_{T \to \infty} \frac{1}{2T} \int_{-T}^{+T} x(t)\, dt\right]^2$$

$$= \overline{x^2} = [E\{x\}]^2 = \left[\int_{-\infty}^{+\infty} x\, w(x)\, dx\right]^2. \tag{5.11}$$

Experimentell ermitteln lassen sich die Mittelwerte mit linearen bzw. quadratischen Gleichrichtern und anschließender Spannungsmessung und die Korrelationsfunktionen mit analog oder digital arbeitenden Korrelatoren. Heute haben sich die letztgenannten Verfahren durchgesetzt. Hierzu wird ein repräsentativer Teil der Funktion $x(t)$ abge-tastet, und die jeweils um τ verschobenen Abtastwerte werden miteinander und mit $\triangle t$ multipliziert und dann summiert, wie das die Gln. (5.9a, b) vorschreiben. Der Rechner kann ferner mit dem Verfahren der schnellen Fourier-Transformation aus der Autokorrelationsfunktion das Leistungsspektrum berechnen und umgekehrt (vgl. Abschn. 5.2.3).

Für Abschätzungen ist es zweckmäßig, die Signale $x(t)$ durch aus dem Zeitverlauf abge-leitete Kennwerte zu beschreiben. Oft kann man den Signalverlauf durch Impulse der Breite $\triangle t$ annähern, wobei man Aussagen zum Kennwert „Impulsbreite $\triangle t$" aus den Parametern des zu untersuchenden Prozesses erhält. Hieraus können direkt Forderun-gen an die Grenzfrequenz f_g bzw. Einschwingzeit T_E des Meßgeräts abgeleitet werden (s. Abschn. 5.5.2).

5.2.3. Zusammenhänge zwischen den Kennfunktionen bzw. Kennwerten für Signale im Zeit- und im Frequenzbereich

Die spektrale Leistungsdichte $S(\omega)$ und die Autokorrelationsfunktion $\psi(\tau)$ enthalten keine Phaseninformation. Zwischen beiden besteht die als Wiener-Chinchine-Theorem bekannte Relation [201] [519]

$$S(\omega) = \frac{1}{2\pi} \int_{-\infty}^{+\infty} \psi_{xx}(\tau)\, e^{-j\omega\tau}\, d\tau = \frac{1}{2\pi} F\{\psi_{xx}(\tau)\}$$

$$\psi_{xx}(\tau) = \int_{-\infty}^{+\infty} S(\omega)\, e^{j\omega\tau}\, d\omega = 2\pi F^{-1}\{S(\omega)\} \tag{5.12a, b}$$

Damit ergeben sich die in **Tafel 5.1** zusammengestellten Zusammenhänge zwischen den zeitlichen und den spektralen Kennfunktionen für Signale [519]. Wegen des Fehlens der Phaseninformation ist eine Umrechnung jeweils nur in der durch einen Pfeil gekennzeichneten Richtung möglich. **Tafel 5.2** gibt einen Überblick über wichtige Signale mit ihren Kennfunktionen [519]. Wie zwischen den Kennfunktionen, so gibt es auch zwischen den aus ihnen gewonnenen Kennwerten Grenzfrequenz f_g und Einschwingzeit T_E einen Zusammenhang, der als Abtasttheorem bekannt ist [144] [519]:

$$f_g = 1/(2\ T_E). \tag{5.13}$$

Tafel 5.1. Übersicht über die Zusammenhänge zwischen Signalkennfunktionen im Zeit- und im Frequenzbereich [519]

Zeitbereich			Frequenzbereich	
Kennzeichen	Zeitfunktion $x(t)$	Umrechnung	Amplitudendichte $\hat{X}(j\,\omega)$	Kennzeichen
Mit Phaseninformation; reelle Funktion einer reellen Variablen	$x(t) = \dfrac{1}{2\pi} \displaystyle\int\limits_{-\infty}^{+\infty}$ $\times\ \hat{X}(j\,\omega)\,e^{j\,\omega\,t}\,d\omega$	$\xrightarrow{\ \ F\ \ }$ $\xleftarrow{F^{-1}}$	$\hat{X}(j\,\omega) = \displaystyle\int\limits_{-\infty}^{+\infty}$ $\times\ x(t)\,e^{-j\,\omega\,t}\,dt$	mit Phaseninformation; komplexe Funktion einer reellen Variablen
Umrechnung	$\downarrow\ \psi_{xx}(\tau) = \lim\limits_{T\to\infty}\dfrac{1}{2\,T}$ $\times\ \displaystyle\int\limits_{-T}^{+T} x(t)\,x(t+\tau)\,dt$		$S(\omega) = \dfrac{1}{2\pi}\lim\limits_{T\to\infty}$ $\times\ \dfrac{|\hat{X}(j\,\omega)|^2}{2\,T}\ \ \downarrow$	nur einseitige Umrechnung in Pfeilrichtung möglich
Ohne Phaseninformation; reelle Funktion einer reellen Variablen	Autokorrelationsfunktion $\psi_{xx}\,\tau$ $\psi_{xx}(\tau) = \displaystyle\int\limits_{-\infty}^{+\infty}$ $\times\ S(\omega)\,e^{j\,\omega\,\tau}\,d\omega$	$\xrightarrow{\ \ F\ \ }$ $\xleftarrow{F^{-1}}$	Leistungsspektrum $S(\omega)$ $S(\omega) = \dfrac{1}{2\pi}\displaystyle\int\limits_{-\infty}^{+\infty}$ $\times\ \psi_{xx}(\tau)\,e^{-j\,\omega\,\tau}\,d\tau$	ohne Phaseninformation; reelle Funktion einer reellen Variablen

5.3. Kennfunktionen und Kennwerte zur Systembeschreibung

5.3.1. Beschreibung im Frequenzbereich

Im folgenden werden die Systeme als linear oder mit den Methoden der Beschreibungsfunktion als linearisierbar angenommen [519]. Bei den Systemen der Meßtechnik sind diese Voraussetzungen i. allg. erfüllt.
Bei sinusförmigem Testsignal am Eingang erhält man dann auch am Ausgang ein sinus-

Tafel 5.2. Kennfunktionen wichtiger Signale [519]

Kenn-zeichen	Zeit-funktion $x(t)$	Amplituden-dichte $|\underline{X}(j\omega)|$	Leistungs-dichte $S_\cdot(\omega)$	Autokorrelations-funktion $\psi_{xx}(\tau)$	Bemerkungen
Harmonische Schwingung	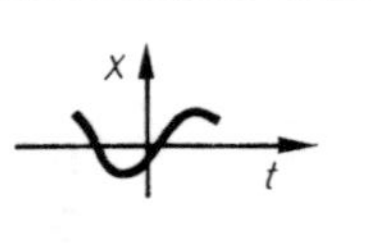	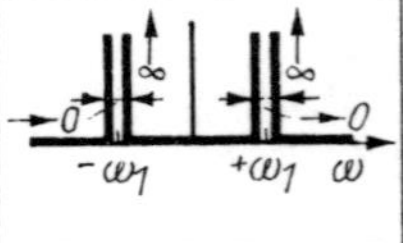	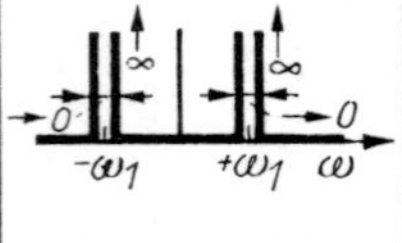	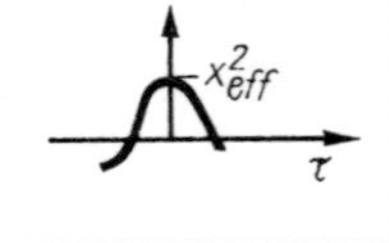	Test-signal
Einheits-sprung					Test-signal
Einheits-stoß					Test-signal
Rechteck-impuls	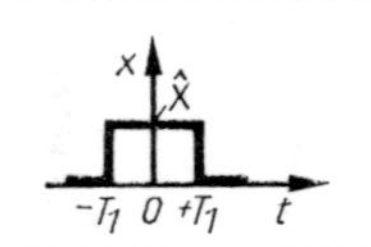			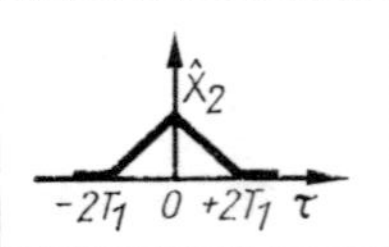	wichtig für Näherungen
Rampen-funktion	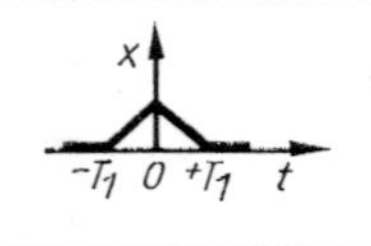	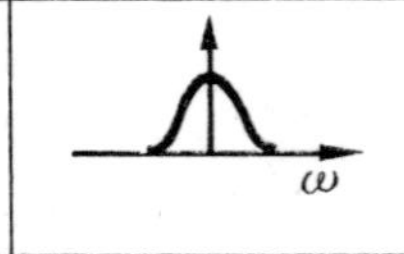	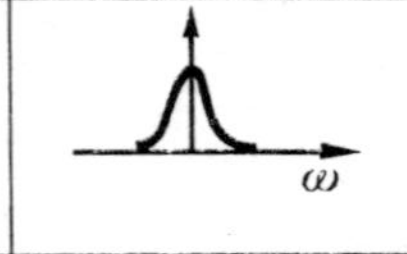	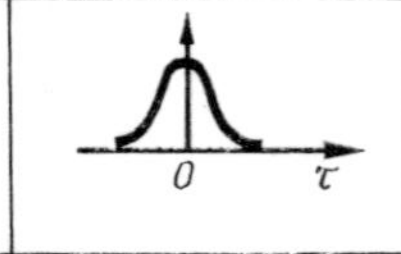	wichtig für Näherungen
Weißes Rauschen	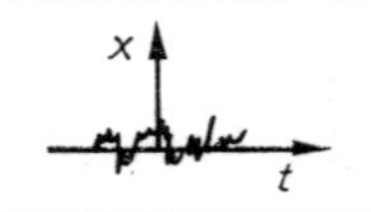		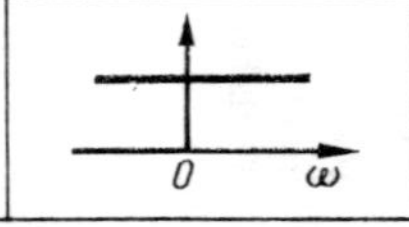	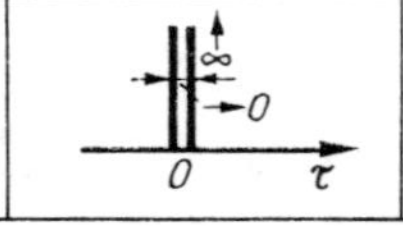	typisches Störverhalten

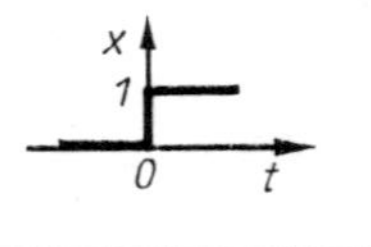

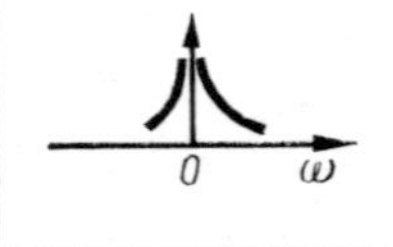

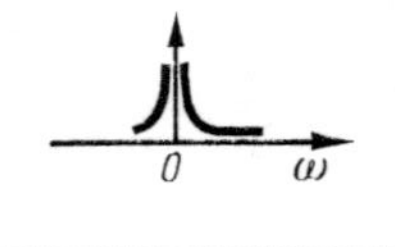

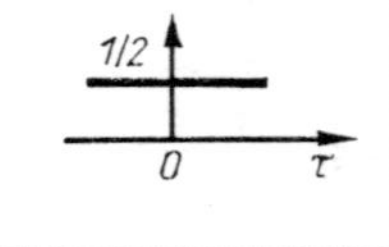

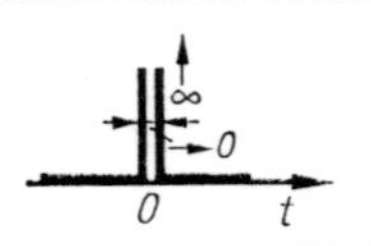

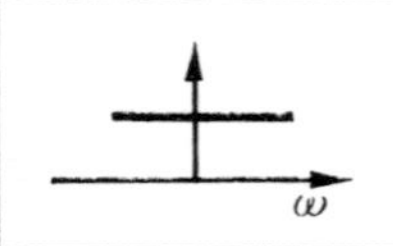

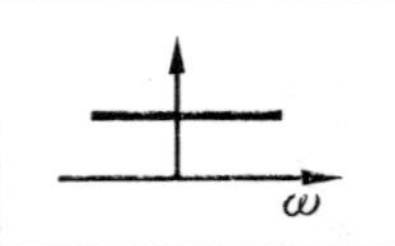

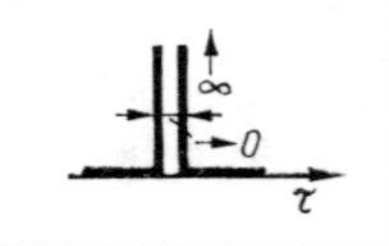

förmiges Signal mit dem Amplitudenverhältnis (Betrag des komplexen Frequenzgangs $\hat{X}(\mathrm{j}\,\omega)$)

$$\hat{Y}/\hat{X} = |G(\mathrm{j}\,\omega)| \tag{5.14a}$$

– dem Amplitudengang – und einer Phasenverschiebung zwischen Ausgangs- und Eingangssignal – dem Phasengang $\varphi(\omega)$ –

$$\varphi(\omega) = \sphericalangle\,\hat{Y}(\mathrm{j}\,\omega);\,\hat{X}(\mathrm{j}\,\omega). \tag{5.14b}$$

Zur Aufnahme kann ein Oszillograf verwendet werden. Nach **Bild 5.5** erscheint eine Ellipse, aus der abgelesen werden kann (Lissajous-Figur):

$$\hat{Y}/\hat{X} = |G(\mathrm{j}\,\omega)|, \quad \varphi = \arcsin B/\hat{X}. \tag{5.15a, b}$$

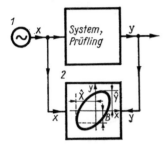

Bild 5.5. Aufnahme des Frequenzgangs

1 Sinusgenerator für das Eingangssignal; *2* Oszillograf

Für den komplexen Frequenzgang $G(\mathrm{j}\,\omega)$ erhält man damit

$$\frac{\hat{Y}\,\mathrm{e}^{\mathrm{j}\,\varphi}}{\hat{X}} = G(\mathrm{j}\omega) = |G(\mathrm{j}\,\omega)|\,\mathrm{e}^{\mathrm{j}\,\varphi(\omega)}. \tag{5.16}$$

Er läßt sich mit dem Ansatz $x^{(m)} = (\mathrm{j}\,\omega)^m\,\hat{X}\,\mathrm{e}^{\mathrm{j}\,\omega\,t}$, $y^{(n)} = (\mathrm{j}\,\omega)^n\,\hat{Y}\,\mathrm{e}^{\mathrm{j}\,\omega\,t}$ unmittelbar aus der Differentialgleichung ablesen, z. B. für das in der Meßtechnik wichtige Feder-Masse-Dämpfungssystem aus

$$m\,\ddot{y} + k\,\dot{y} + c\,y = x \tag{5.17a}$$

zu

$$G(\mathrm{j}\,\omega) = \frac{1}{c + \mathrm{j}\,\omega\,k - \omega^2\,m} = \frac{1/c}{1 - \omega^2/\omega_0^2 + \mathrm{j}\,2\,D\,\omega/\omega_0}. \tag{5.17 b}$$

Im **Bild 5.6** sind Ortskurve sowie Amplituden- und Phasengang mit Eigenfrequenz $\omega_0 = \sqrt{c/m}$ und Dämpfung $D = k/(2\,\sqrt{mc})$ dargestellt.

Bei der hier gewählten logarithmischen Achsenteilung (lineare dB-Achse für die Dämpfung) spricht man von Frequenzkennlinien (Amplituden- und Phasenkennlinie).

Durch Erweitern auf die komplexe Frequenz $p = \mathrm{j}\,\omega + \delta$ erhält man aus dem komplexen Frequenzgang die Übertragungsfunktion $G(p)$, die damit für das Feder-Masse-Dämpfungssystem als Beispiel lautet:

$$G(p) = \frac{1}{c + k\,p + m\,p^2}. \tag{5.17 c}$$

$G(p)$ ist die Laplace-Transformierte der Gewichtsfunktion $g(t)$ (vgl. Abschn. 5.3.4). Durch Nullsetzen des Zählers bzw. des Nenners der Übertragungsfunktion $G(p)$ erhält man die Nullstellen p_r^* bzw. die Polstellen p_μ der Funktion $G(p)$ und damit die gleichwertige Polynomdarstellung in der allgemeinen Form

$$G(p) = c\,\frac{(p_1 - p_1^*)(p - p_2^*)\dots(p - p_m^*)}{(p - p_1)(p - p_2)\dots(p - p_n)} = c\,\frac{\displaystyle\prod_{r=1}^{m}(p - p_r^*)}{\displaystyle\prod_{\mu=1}^{n}(p - p_\mu)}. \tag{5.18}$$

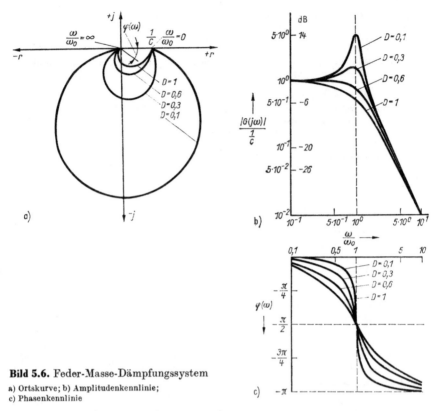

Bild 5.6. Feder-Masse-Dämpfungssystem

a) Ortskurve; b) Amplitudenkennlinie;
c) Phasenkennlinie

Damit ist das Verhalten eines linearen Systems (bis auf eine Konstante) durch die Lage der Pole und Nullstellen eindeutig bestimmt. Die Darstellung der Pole und Nullstellen in der komplexen Ebene wird als *Pol-Nullstellen-Plan* bezeichnet. Von besonderem Interesse ist auch in der Meßtechnik der Fall symmetrisch zur j-Achse liegender Pole und Nullstellen (Polstellen in der linken, Nullstellen symmetrisch in der rechten Halbebene, vgl. Bild 5.7 c). Derartige Systeme haben einen konstanten, frequenzunabhängigen Amplitudengang und werden daher „Allpaß" genannt. **Bild 5.7** zeigt als Beispiel die Phasendrehbrücke (Hausrath-Brücke). Aus der Übertragungsfunktion

$$G\,(p) = \frac{1}{2}\frac{1-p\,R\,C}{1+p\,R\,C} \tag{5.19}$$

folgt ein konstanter Amplitudengang $G\,(\mathrm{j}\,\omega) = 1/2$ und ein Phasengang
$\varphi = 2\arctan 1/\omega\,R\,C$.

Bei stabilen Systemen dürfen keine Pole in der linken Halbebene des Pol-Nullstellen-Plans auftreten. Weitere Stabilitätskriterien sind z.B. in [385] [458] [519] zusammengestellt.

Wie bereits im Abschnitt 5.1 so wie in den Bildern 5.3 und 5.4 erklärt, werden für Abschätzungen die obere und untere Grenzfrequenz benutzt, bei denen der Amplitudengang ein vereinbartes Dämpfungsmaß (meist − 3 dB, sonst besonders angegeben) aufweist. Dem Kennwert „obere Grenzfrequenz" im Frequenzbereich ist der Kennwert "Einschwingzeit" T_E (auch Einstellzeit oder -dauer [618] genannt) im Zeitbereich zugeordnet, wie im Abschnitt 5.5.2 gezeigt wird (vgl. DIN 19226).

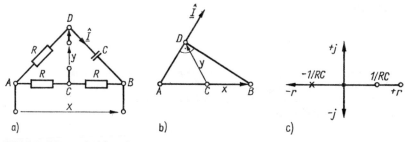

Bild 5.7. Phasendrehbrücke

a) Schaltung; b) Zeigerbild; c) Pol-Nullstellen-Plan

5.3.2. Beschreibung im Zeitbereich

Die klassische Form zur Beschreibung des Systemverhaltens im Zeitbereich ist die Differentialgleichung, die für lineare Systeme stets folgende Form hat [519]:

$$T_n{}^n y^{(n)} + T_{n-1}^{n-1} y^{(n-1)} + \cdots T_1 \dot{y} + y = G_0 x + \frac{b_1}{a_0} \dot{x} + \cdots \qquad (5.20)$$

Je nach dem Eingangssignal $x(t)$ erhält man als Lösung der Differentialgleichung die entsprechende Ausgangsfunktion $y(t)$. Von besonderer Bedeutung sind die in Tafel 5.2 enthalten Eingangstestsignale:

- *Sinusschwingung* mit dem bereits im Abschnitt 5.3.1 behandelten Frequenzgang als Lösung nach Abklingen der Einschwingvorgänge (stationäre Lösung)
- *Einheitssprung* $w(t)$ mit der zugehörigen Einheitssprungantwort oder Übergangsfunktion $h(t)$, wie im **Bild 5.8a** erklärt
- *Einheitsstoß* $\delta(t)$ mit der zugehörigen Einheitsstoßantwort oder Gewichtsfunktion $g(t)$ nach Bild 5.8b.

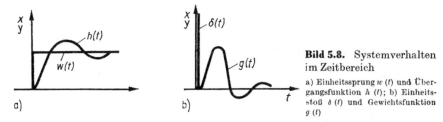

Bild 5.8. Systemverhalten im Zeitbereich

a) Einheitssprung $w(t)$ und Übergangsfunktion $h(t)$; b) Einheitsstoß $\delta(t)$ und Gewichtsfunktion $g(t)$

Zwischen der Gewichtsfunktion und der Übergangsfunktion besteht der Zusammenhang [519] [522]

$$h(t) = \int_0^t g(\tau)\, d\tau, \quad g(t) = \frac{d}{dt} h(t), \qquad (5.21\,a,\,b)$$

wobei die Differentiation im Sinne der Distribution zu verstehen ist [527].

Eine Berechnung der Ausgangsgröße $y(t)$ bei beliebiger als bekannt vorausgesetzter Eingangsgröße $x(t)$ ist mit Hilfe des Faltungsintegrals gegeben [385] [519]:

$$y(t) = \int_0^t x(\tau)\, g(t-\tau)\, d\tau = \int_0^t x(t-\tau)\, g(\tau)\, d\tau \qquad (5.22\,a)$$

9*

bzw. mit der Übergangsfunktion $h\,(t)$

$$y\,(t) = \frac{\mathrm{d}}{\mathrm{d}t} \int\limits_0^t x\,(\tau)\,h\,(t - \tau)\,\mathrm{d}\tau = \frac{\mathrm{d}}{\mathrm{d}t} \int\limits_0^t x\,(t - \tau)\,h\,(\tau)\,\mathrm{d}\tau, \qquad (5.22\,\mathrm{b})$$

wobei auch hier die Differentiation im Sinne der Distribution zu nehmen ist [527].
Entsprechend ergibt sich für regellose Signale mit der Korrelationsfunktion des Eingangssignals $\psi_{xx}\,(\tau)$ für die Kreuzkorrelationsfunktion zwischen Eingangs- und Ausgangssignal $\psi_{xy}\,(\tau)$ nach [385] [519] (vgl. auch Abschn. 5.4.3):

$$\psi_{xy}\,(\tau) = \int\limits_0^\infty g\,(t)\,\psi_{xx}\,(\tau - t)\,\mathrm{d}t. \qquad (5.23)$$

Damit läßt sich bei bekannter (gemessener) Auto- und Kreuzkorrelationsfunktion $\psi_{xx}\,(\tau)$, $\psi_{xy}\,(\tau)$ die Gewichtsfunktion durch Rückfaltung (Deconvolution) ermitteln. Für den Spezialfall des weißen Rauschens vereinfacht sich (5.23) mit

$$\psi_{xx}\,(\tau - t) = 2\,\pi\,S_0\,\delta\,(\tau - t)$$

zu [385] [519]

$$\psi_{xy}\,(\tau) = 2\,\pi\,S_0\,g\,(\tau). \qquad (5.24)$$

Die dargestellte Methode zur Messung der Gewichtsfunktion $g\,(t)$ hat große praktische Bedeutung, da sie im laufenden Betrieb (on line) durchgeführt werden kann. Sie ist damit Voraussetzung für den Einsatz adaptiver Verfahren und wird auch überall dort angewendet, wo ein Abschalten des Systems zur Aufnahme seiner Kennfunktion entweder aus wirtschaftlichen Gründen oder prinzipiell unmöglich ist. Dabei steigt der Einsatz der modernen Verfahren mit Mikrorechnern – wie im Abschn. 5.4 gezeigt – stetig an.
Für Näherungsbetrachtungen wird die Übergangsfunktion nach DIN 19226 durch Kennwerte beschrieben. **Bild 5.9** zeigt die Definition der Einschwingzeit T_E als wichtigste Kenngröße für Abschätzungen. T_E ist definiert als die Zeit, nach der die Antwort auf einen Sprung $h\,(t)$ innerhalb der Schranken $\pm\,5\%$ von $y\,(\infty)$ bleibt. Sie wird daher auch "5-%-Zeit $T5\%$ genannt. Bei frei vorgegebenen Grenzen ($+\mathrm{x}$ statt $+5\%$) heißt T_E Einstelldauer [634]. Weitere Kenngrößen sind die Totzeit oder Laufzeit T_L und die Überschwingweite Δy_0 sowie die Verzugszeit T_v. Als Subtangente im Wendepunkt der Kennlinie erhält man nach Bild 5.9 die Ausgleichzeit T_A.

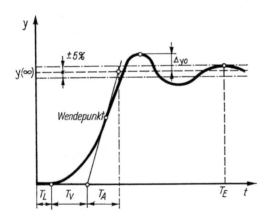

Bild 5.9. Definition der Kennwerte im Zeitbereich nach DIN 19226

5.3.3. Beschreibung im Zustandsraum

Die Zustandsraumbeschreibung geht von der Differentialgleichung aus, wobei der Zustand des Systems durch einen Satz von Zustandsgrößen y_r beschrieben wird. Die Anzahl der Zustandsgrößen stimmt mit dem Grad der Differentialgleichung überein. Die Methode gewinnt auch für die Meßtechnik zunehmend an Bedeutung, da ein direkter Zusammenhang mit der Programmierung von Rechnern besteht. Ferner werden zur Gewinnung von Meßinformationen Verfahren der Zustandsschätzung angewendet [204] [445].

Die lineare Differentialgleichung n-ter Ordnung, in der Schreibweise von (5.20), wird durch Einführen von n Zustandsgrößen $(y_1 \cdots y_n)$ in ein System von n Differentialgleichungen 1. Ordnung übergeführt

$$
\begin{aligned}
y &= y_1 \\
\dot{y} &= y_2 \\
\ddot{y} &= y_3 \\
&\quad\vdots \\
y^{(n-1)} &= y_n
\end{aligned}
\tag{5.25}
$$

$$
y^{(n)} = \dot{y}_n = -\frac{1}{T_n{}^n}\, y_1 - \frac{T_1}{T_n{}^n}\, y_2 - \frac{T_2{}^2}{T_n{}^n}\, y_3 \cdots - \frac{T_{n-1}^{n-1}}{T_n{}^n}\, y_n + \frac{1}{T_n{}^n}\, x.
$$

Als Vektordifferentialgleichung geschrieben

$$
\frac{\mathrm{d}}{\mathrm{d}t}
\begin{bmatrix} y_1 \\ y_2 \\ y_3 \\ \vdots \\ y_n \end{bmatrix}
=
\begin{bmatrix} \dot{y}_1 \\ \dot{y}_2 \\ \dot{y}_3 \\ \vdots \\ \dot{y}_n \end{bmatrix}
=
\begin{bmatrix}
0 & 1 & 0 & \cdots & 0 \\
0 & 0 & 1 & \cdots & 0 \\
0 & 0 & 0 & \cdots & 0 \\
\vdots & \vdots & \vdots & \cdots & \vdots \\
-\frac{1}{T_n{}^n} & -\frac{T_1}{T_n{}^n} & -\frac{T_2{}^2}{T_n{}^n} & \cdots & -\frac{T_{n-1}^{n-1}}{T_n{}^n}
\end{bmatrix}
\cdot
\begin{bmatrix} y_1 \\ y_2 \\ y_3 \\ \vdots \\ y_n \end{bmatrix}
+
\begin{bmatrix} 0 \\ 0 \\ 0 \\ \vdots \\ \frac{1}{T_n{}^n} \end{bmatrix} x,
\tag{5.26}
$$

ergibt sich mit den Abkürzungen Systemmatrix $\boldsymbol{T}$ und Steuermatrix $\boldsymbol{b}$ die allgemeine Form

$$
\dot{y} = \boldsymbol{T}\, y + \boldsymbol{b}\, x.
\tag{5.27}
$$

Beispiel. Für die Praxis ist das Feder-Masse-Dämpfungssystem nach (5.17) wichtig. Aus der Differentialgleichung (5.17a) erhält man

$$
\begin{bmatrix} \dot{y}_1 \\ \dot{y}_2 \end{bmatrix}
=
\begin{bmatrix} 0 & 1 \\ -\dfrac{c}{m} & -\dfrac{k}{m} \end{bmatrix}
\cdot
\begin{bmatrix} y_1 \\ y_2 \end{bmatrix}
+
\begin{bmatrix} 0 \\ \dfrac{1}{m} \end{bmatrix} x.
\tag{5.28}
$$

Die Zustandsgrößen sind die Auslenkung der Masse $y = y_1$ und deren Geschwindigkeit $\dot{y} = y_2$. **Bild 5.10** zeigt das Zeitdiagramm der Übergangsfunktion und das Zustandsdiagramm, **Bild 5.11** die Programmierung auf dem Analogrechner und **Bild 5.12** die Programmierung auf dem Digitalrechner [519].

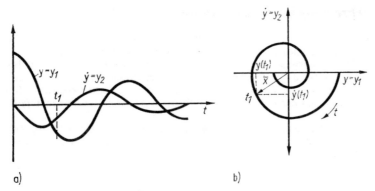

Bild 5.10. Darstellung der Übergangsfunktion eines Feder-Masse-Dämpfungssystems
a) als Zeitdiagramm; b) im Zustandsraum

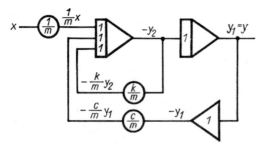

Bild 5.11. Programmierung des Feder-Masse-Dämpfungssystems auf dem Analogrechner

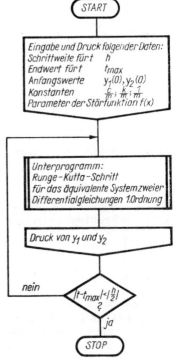

Bild 5.12. Programmablaufplan für die Programmierung des Feder-Masse-Dämpfungssystems auf
dem Digitalrechner

5.3.4. Zusammenhang zwischen den Kennfunktionen im Zeit- und im Frequenzbereich

Mit den Laplace-Transformierten der Eingangs- und Ausgangsfunktionen $L\{x(t)\}$, $L\{y(t)\}$ ergibt sich die Übertragungsfunktion $G(p)$ als verallgemeinerter Frequenzgang $G(j\omega)$ [519]:

$$G(p) = \frac{L\{y(t)\}}{L\{x(t)\}}.$$ (5.29 a)

Für die wichtigsten Testfunktionen lauten die Laplace-Transformierten des Einheitsstoßes $L\{\delta(t)\} = 1$ und des Einheitssprungs $L\{w(t)\} = 1/p$. Damit ergeben sich die fundamentalen Zusammenhänge zwischen den Kennfunktionen im Zeit- und im Frequenzbereich [445] [519]:

$$G(p) = \frac{L\{g(t)\}}{L\{\delta(t)\}} = L\{g(t)\} = \int_0^\infty g(t)\, e^{-pt}\, dt$$

$$G(p) = \frac{L\{h(t)\}}{L\{w(t)\}} = p\, L\{h(t)\} = p \int_0^\infty h(t)\, e^{-pt}\, dt$$ (5.29 b, c)

bzw. die Umkehrfunktionen

$$g(t) = L^{-1}\{G(p)\} = \frac{1}{2\pi j} \int_{c-j\infty}^{c+j\infty} G(p)\, e^{pt}\, dp$$

$$h(t) = L^{-1}\left\{\frac{G(p)}{p}\right\} = \frac{1}{2\pi j} \int_{c-j\infty}^{c+j\infty} \frac{G(p)}{p}\, e^{pt}\, dp.$$ (5.29 d, e)

Mit dem Faltungssatz der Laplace-Transformation erhält man die Ausgangsfunktion bei beliebiger Eingangsfunktion $x(t)$ [519]:

$$y(t) = L^{-1}\{L\{x(t)\}\, G(p)\} = \int_0^t x(\tau)\, g(t-\tau)\, d\tau = x(t) \divideontimes g(t)$$ (5.29 f)

bzw. mit der Übergangsfunktion $h(t)$

$$y(t) = L^{-1}\{L\{x(t)\}\, p\, G(p)\} = \frac{d}{dt} \int_0^t x(\tau)\, h(t-\tau)\, d\tau$$

$$= \frac{d}{dt}[x(t) \divideontimes h(t)].$$ (5.29 g)

Damit ergeben sich die in **Tafel 5.3** zusammengestellten Zusammenhänge zwischen den Kennfunktionen im Zeit- und im Frequenzbereich.

Tafel 5.3. Übersicht über die Zusammenhänge zwischen den Kennfunktionen im Zeit- und im Frequenzbereich [519]

Kennzeichen	Eingang	Ausgang	Bereich
Reelle Funktion einer reellen Variablen	$x(t) \rightarrow \divideontimes g(t) \rightarrow y(t)$		Zeitbereich
	$\downarrow \quad L \quad L \mid L^{-1} \quad L^{-1}$		
Komplexe Funktion einer komplexen Variablen	$X(p) \rightarrow \cdot G(p) \rightarrow Y(p)$		Frequenzbereich

5.4. Dynamische Prüfung von Meßsystemen

5.4.1. Allgemeine Bemerkungen

Die dynamische Prüfung von Meßsystemen ist eine typische Aufgabe der System-identifikation (s. Abschn. 5.1, Bild 5.1 b).
Da es mit Hilfe der im Abschnitt 5.3.4 angegebenen Methoden möglich ist, die im Zeit- oder im Frequenzbereich gemessenen Kennfunktionen in den jeweils anderen Bereich umzurechnen, ist es i. allg. nur eine Frage der Zweckmäßigkeit bzw. Ausstattung, welche Kenngrößen aufgenommen werden. Für Systeme mit relativ großer Einschwingzeit T_E – typisch bei Temperaturmeßgeräten – wird bevorzugt der Zeitbereich gewählt, da ein sinusförmiger Testsignalverlauf (z. B. Temperaturverlauf) schwer zu realisieren ist [612]. Eine Aufnahme der Kennfunktionen im Frequenzbereich ist wegen der notwendigen Wartezeit vor jeder Messung bis zum Erreichen des eingeschwungenen Zustands sehr zeitaufwendig. Dagegen wird in der Schwingungsmeßtechnik der Frequenzbereich benutzt, und in der Hoch- bzw. Höchstfrequenzmeßtechnik werden beide Bereiche nebeneinander verwendet. Wegen des zunehmenden Einsatzes digitaler (Impuls-)Verfahren erhält die Impulsmeßtechnik (der Zeitbereich) steigende Bedeutung (bei Systemen, deren Untersuchung Schwierigkeiten bereitet, kann auch eine elektrische Modellierung vorteilhaft sein) [222] [227].
Das Prinzip der Aufnahme der Kennfunktionen ist im **Bild 5.13** dargestellt. Die gestrichelte Wirkungslinie berücksichtigt, daß für eine Reihe von Kennfunktionen ein Vergleich sowohl der Eingangssignale als auch der Ausgangssignale notwendig ist (Bild 5.5).

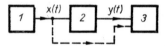

Bild 5.13. Aufnahme der Kennfunktionen von Meß-systemen

1 Testgenerator; 2 Meßsystem; 3 Meßgerät zur Auswertung

In **Tafel 5.4** sind die zur Aufnahme der verschiedenen Typen von Kennfunktionen benutzten idealen Eingangstestsignale zusammengestellt. Nähere Angaben zu diesen Testsignalen sind in Tafel 5.2 enthalten. Heute werden zur Steuerung der Geräte Mikro-

Tafel 5.4. Übersicht über Testsignale zur Aufnahme der Kennfunktionen

Eingangstestsignal	Ausgangsfunktion (Kennfunktion)	Typ der Kennfunktion
Sämtliche Signale $x\,(t)$	zugehörige Signale $y\,(t)$	Differentialgleichung
Harmonische Schwingung $x = \hat{X}\,e^{j\omega t}$	Frequenzgang, Ortskurve $G\,(\omega)$. Verallgemeinert: Übertragungsfunktion $G\,(p)$	Kennfunktionen im Frequenzbereich
Einheitsstoßfunktion $\delta\,(t)$ Einheitssprungfunktion $w\,(t)$	Einheitsstoßantwort = Gewichtsfunktion $g\,(t)$ Einheitssprungantwort = Übergangsfunktion $h\,(t)$	Kennfunktionen im Zeitbereich
Weißes Rauschen $S\,(\omega) = \text{const}$ $\psi_{xx}\,(\tau) = \delta\,(\tau)$	Kreuzkorrelationsfunktion $\psi_{xy}\,(\tau) = \text{const}\; g\,(\tau)$	stochastische Kennfunktion

rechner eingesetzt. In Verbindung mit programmierbaren Funktionsgeneratoren zur Erzeugung der Testsignale entstehen so automatisch arbeitende Gerätesysteme. Mikrorechner werden auch zur Umrechnung der verschiedenen Kennfunktionen untereinander, insbesondere mit Programmen zur „schnellen Fourier-Transformation" (FFT), eingesetzt.

Im folgenden werden Fehler bei den einzelnen Verfahren näher betrachtet. Diese werden hervorgerufen durch

● nichtideale Testsignale

● nichtideales Verhalten der Meßgeräte zur Auswertung

● Stör- bzw. Rauschsignale.

5.4.2. Prüfung dynamischer Eigenschaften von Meßmitteln im Frequenzbereich

Die klassische Methode mit Hilfe eines Sinusgenerators und eines Oszillografen ist bereits im Bild 5.5 behandelt worden. Moderne Signalgeneratoren erfüllen heute weitgehend alle Ansprüche an die Frequenzgenauigkeit und Frequenzstabilität sowie an die Kurvenform (Klirrfaktor 1% bis $1^0/_{00}$). Damit können die Testsignale als ideal angenommen werden. Im allgemeinen können durch Wahl eines entsprechend hohen Signalpegels auch Störungen bzw. Rauschen als vernachlässigbar klein angesehen werden. Unter der bereits im Abschnitt 5.4.1 genannten Voraussetzung, daß man vor Aufnahme eines jeden Punktes der Ortskurve den eingeschwungenen Zustand, d.h. mindestens die Einschwingzeit T_E, abwarten muß, sind meist Fehler infolge nichtidealen Verhaltens des Meßgeräts für die Auswertung ausschlaggebend.

Im **Bild 5.14** wird das reale Meßgerät durch ein ideales Meßgerät mit vorgeschalteten Systemen G_x (j ω) und G_y (j ω) zur Berücksichtigung des Fehlverhaltens ersetzt. Anstelle des wirklichen Frequenzgangs G (j ω) erhält man folglich den verfälschten Wert G^* (j ω):

$$G^* \,(\mathrm{j}\,\omega) = \frac{G_y\,(\mathrm{j}\,\omega)\,\hat{Y}\,(\mathrm{j}\,\omega)}{G_x\,(\mathrm{j}\,\omega)\,\hat{X}\,(\mathrm{j}\,\omega)} = \frac{G_y\,(\mathrm{j}\,\omega)}{G_x\,(\mathrm{j}\,\omega)}\,G\,(\mathrm{j}\,\omega). \tag{5.30 a}$$

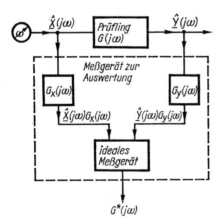

Bild 5.14. Ermittlung der Fehler bei der Systemidentifikation im Frequenzbereich

Da es sich um einen systematischen Fehler handelt, ist eine Korrektur (Rückrechnung) – zumindest bis zu einem gewissen Grade – möglich, wie man aus (5.30b) erkennt (vgl. Abschn. 8):

$$G(j\,\omega) = \frac{G_x(j\,\omega)}{G_y(j\,\omega)}\, G^*(j\,\omega). \tag{5.30 b}$$

Der Gl. (5.30b) kann man entnehmen, daß im Spezialfall $G_x(j\,\omega) = G_y(j\,\omega)$ kein Fehler auftritt. Sonst muß zur Korrektur $G_x(j\,\omega)$ und $G_y(j\,\omega)$ oder zumindest der Quotient $G_x(j\,\omega)/G_y(j\,\omega)$ bekannt sein. Dieser Quotient läßt sich ermitteln, wenn man in (5.30a) $G(j\,\omega) = 1$ setzt, d.h. die Meßanordnung im Bild 5.14 durch eine direkte Verbindung ersetzt. Dabei müssen allerdings Eingangs- und Ausgangssignale dieselbe physikalische Größe darstellen. Sonst muß mindestens ein System mit bekanntem Frequenzgang $G_v(j\,\omega)$ zur Verfügung stehen, das die Umwandlung der physikalischen Größe der Eingangssignale x in die der Ausgangssignale y vornimmt. Es wird dann, statt des zu untersuchenden Systems, in die Anordnung nach Bild 5.14 eingeschaltet, wobei man nach (5.30a) anstelle des richtigen Wertes $G_r(j\,\omega)$ den falschen Wert $G_v^*(j\,\omega)$ mißt:

$$G_r^*(j\,\omega) = \frac{G_y(j\,\omega)}{G_x(j\,\omega)}\, G_v(j\,\omega). \tag{5.30 c}$$

Damit stehen die zwei Frequenzgänge $G^*(j\,\omega)$ und $G_v^*(j\,\omega)$ zur Verfügung. Mit (5.30a) und (5.30c) erhält man

$$\frac{G^*(j\,\omega)}{G_r^*(j\,\omega)} = \frac{G(j\,\omega)}{G_r(j\,\omega)}, \tag{5.30 d}$$

woraus sich bei bekanntem Vergleichssystem der Frequenzgang des unbekannten Systems fehlerfrei ermitteln läßt:

$$G(j\,\omega) = \frac{G^*(j\,\omega)}{G_v^*(j\,\omega)}\, G_r(j\,\omega). \tag{5.30 e}$$

Das Verfahren ist als Vergleichsmeßverfahren bekannt [514]. Insbesondere bei elektroakustischen und piezoelektrischen Aufnehmern ist häufig der Aufnehmer in seiner Wirkungsrichtung umkehrbar [227], wobei ein eindeutiger Zusammenhang zwischen dem in Vorwärtsrichtung betriebenen Aufnehmer $G(j\,\omega)$ und dem in Rückwärtsrichtung betriebenen Aufnehmer $G_r(j\,\omega)$ besteht:

$$G_r(j\,\omega) = q\, G(j\,\omega). \tag{5.31 a}$$

Zur Messung nach dem praktisch fehlerfreien sog. „Reziprozitätsprinzip", wie es im **Bild 5.15** dargestellt ist, verwendet man zwei Aufnehmer $G_1(j\,\omega)$ und $G_2(j\,\omega)$. Zunächst wird nach dem eben behandelten Vergleichsverfahren das Verhältnis

$$\frac{G_1(j\,\omega)}{G_2(j\,\omega)} = \frac{G_1^*(j\,\omega)}{G_2^*(j\,\omega)} = G_I(j\,\omega) \tag{5.31 b}$$

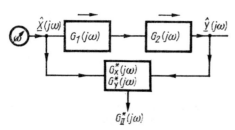

Bild 5.15. Aufnahme des Frequenzgangs nach dem Reziprozitätsprinzip

bestimmt. Nach Bild 5.15 werden nunmehr die zwei Aufnehmer in Reihe geschaltet, wobei der Aufnehmer 2 in Rückwärtsrichtung betrieben wird. Dies hat zur Folge, daß Eingangs- und Ausgangssignale x und y dieselbe physikalische Größe darstellen, so daß sich der Fehler infolge der Frequenzgänge des realen Meßgeräts G_x^* (j ω) und G_y^* (j ω) mit der angegebenen Methode eliminieren läßt. Damit erhält man mit (5.31a) fehlerfrei den Frequenzgang der Reihenschaltung

$$G_1 \text{ (j } \omega) \, G_{2r} \text{ (j } \omega) = G_1 \text{ (j } \omega) \, G_2 \text{ (j } \omega) \, q = G_{II} \text{ (j } \omega). \tag{5.31 c}$$

Dies ergibt unter Berücksichtigung von (5.31a):

$$G_1 \text{ (j } \omega) = \sqrt{\frac{G_I \text{ (j } \omega) \, G_{II} \text{ (j } \omega)}{q}}$$

$$G_2 \text{ (j } \omega) = \sqrt{\frac{G_{II} \text{ (j } \omega)}{G_I \text{ (j } \omega) \cdot q}}. \tag{5.32 a, b}$$

Für den Spezialfall gleicher Aufnehmer G_1 (j ω) = G_2 (j ω), d.h. G_I (j ω) = 1, kann man auf die Messung nach dem Vergleichsverfahren verzichten und erhält aus (5.32a, b) bzw. (5.31c) unmittelbar

$$G_1 \text{ (j } \omega) = G_2 \text{ (j } \omega) = \sqrt{\frac{G_{II} \text{ (j } \omega)}{q}}. \tag{5.32 c}$$

Zur Ermittlung der Grenzfrequenzen f_g genügt bereits die Kenntnis der wesentlich einfacher zu messenden Amplitudenkurve $|G$ (j $\omega)|$ allein. Zudem reicht für eine Reihe von Systemen – sog. Minimalphasensysteme – die Kenntnis von $|G$ (j $\omega)|$ schon für die genaue Beschreibung des dynamischen Verhaltens aus, da bei derartigen Systemen Amplituden- und Phasengang über die Hilbert-Transformation miteinander verknüpft und daher ineinander umrechenbar sind. Nach **Bild 5.16** genügt dann je ein Amplitudenmeßgerät am Ein- und Ausgang zur Bestimmung von

$$|G \text{ (j } \omega)| = \frac{\hat{Y}}{\hat{X}}. \tag{5.33}$$

Auch hier kann die Frequenzabhängigkeit, wie oben bereits besprochen, korrigiert werden, bzw. man kann die Vergleichsmethode oder das Reziprozitätsprinzip anwenden, wobei in die entsprechenden Beziehungen jeweils die Beträge einzusetzen sind.

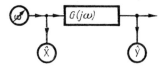

Bild 5.16. Aufnahme des Amplitudengangs $|G$ (j $\omega)|$

5.4.3. Prüfung dynamischer Eigenschaften von Meßmitteln im Zeitbereich

Aus dem im Bild 5.13 dargestellten Prinzip läßt sich, unter Berücksichtigung des Bildes 5.8, das Wesentliche bezüglich der Aufnahme der Gewichtsfunktion und der Übergangsfunktion ablesen. **Bild 5.17** zeigt die entsprechende Anordnung. In der Praxis können die Testfunktionen w (t) bzw. δ (t) – zumindest in ausreichender Näherung – durch Pulsgeneratoren oder im mechanischen Fall durch herunterfallende Kugeln (Stoßfunktion) oder Durchschneiden gespannter Fäden (Sprungfunktion) leicht reali-

siert werden. Wegen der Linearität der zu untersuchenden Systeme kann eine um den
Faktor a größere oder kleinere Sprunghöhe bzw. ein um diesen Faktor gegenüber 1 ge-
änderter Integralwert des Stoßes über die Division der Ausgangsgröße durch a auf den
Einheitssprung bzw. -stoß umgerechnet werden. Beispiele für die Realisierung von
Sprungfunktionen und ihre Auswertung können [148] [163] [514] [519] entnommen
werden.

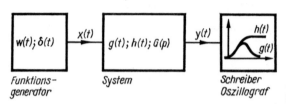

Funktions-   *System*   *Schreiber*   **Bild 5.17.** Aufnahme der Über-
generator   *Oszillograf*   gangs- bzw. Gewichtsfunktion

Die nach der Theorie einmalige Stoß- bzw. Sprungfunktion wird in der Praxis oft periodisch wiederholt, so daß auf dem Oszillografen ein stehendes Bild erscheint. Man muß
dann jedoch bezüglich der Folgefrequenz f_i fordern, daß sie so klein ist, daß beim Ein-
treffen der nächsten Eingangsfunktion die Wirkung der vorangegangenen abgeklungen
ist, d.h.

$$f_i < 1/T_E. \tag{5.34}$$

Um die Auswirkungen der stets vorhandenen Stör- bzw. Rauschsignale möglichst klein
zu halten, sollte die Amplitude des Eingangssprungsignals a so groß wie möglich gewählt werden, d.h. so groß, wie die Linearitätsgrenzen des Systems dies zulassen. Entsprechend sollten sowohl die Amplituden a als auch die Dauer $\triangle\, t$ des Impulses am Eingang so groß wie möglich sein, da das Produkt $a \triangle t$ als Eingangssignal bei der Gewichtsfunktion in Rechnung zu stellen ist. Nach DIN 19226 werden sowohl positive als auch
negative Sprünge verschiedener Sprunghöhe empfohlen. Die Amplitude a wird durch
die Nichtlinearität des Systems, die Impulsdauer $\triangle t$ durch die Einschwingzeit T_E des
Systems begrenzt.
Nach dem Faltungsintegral (5.22a, b) erhält man bei nichtidealen Eingangstestsignalen
$\delta^*\,(t)$, $w^*\,(t)$ fehlerbehaftete Gewichts- bzw. Übergangsfunktionen $g^*\,(t)$, $h^*\,(t)$:

$$g^*\,(t) = \int_0^t \delta^*\,(\tau)\, g\,(t - \tau)\, d\tau$$

$$h^*\,(t) = \frac{d}{dt} \int_0^t w^*\,(\tau)\, h\,(t - \tau)\, d\tau. \tag{5.35a, b}$$

Zum Vergleich sei der Fehler infolge nichtidealen dynamischen Verhaltens des Meßgeräts zur Auswertung $g_A\,(t)$, $h_A\,(t)$ nach Bild 5.17 berechnet

$$g^{**}\,(t) = \int_0^t g_A\,(\tau)\, g\,(t - \tau)\, d\tau$$

$$h^{**}\,(t) = \frac{d}{dt} \int_0^t h_A\,(\tau)\, h\,(t - \tau)\, d\tau. \tag{5.36a, b}$$

Beim Vergleich von (5.35) mit (5.36) erkennt man, daß die Auswirkungen der nichtidealen Eingangstestsignale $\delta^*\,(t)$ bzw. $w^*\,(t)$ und des nichtidealen dynamischen Verhaltens des Meßgeräts zur Auswertung $h_A\,(t)$, $g_A\,(t)$ die gleichen sind, wenn sie die gleiche

Form aufweisen. Treten beide Fehler auf, d. h., sind sowohl die Eingangssignale als auch die Meßgeräte zur Auswertung nichtideal, so erhält man

$$g^{***}(t) = \int_0^t g^*(\tau)\, g_A(t-\tau)\, d\tau = \int_0^t g^{**}(\tau)\, \delta^*(t-\tau)\, d\tau$$

$$h^{***}(t) \frac{d}{dt} \int_0^t h^*(\tau)\, h_A(t-\tau)\, d\tau = \frac{d}{dt} \int_0^t h^{**}(\tau)\, w^*(t-\tau)\, d\tau. \qquad (5.37\,a, b)$$

Für Abschätzungen ist folgende Näherungsbetrachtung zweckmäßig: Falls Eingangs- und Ausgangsgrößen x, y von gleicher Größenart sind, kann man den Ausgang des Funktionsgenerators direkt mit dem Eingang des Schreibers oder Oszillografen verbinden (d. h. das zu untersuchende System überbrücken) und erhält

$$g_A^*(t) = \int_0^t \delta^*(\tau)\, g_A(t-\tau)\, d\tau$$

$$h_A^*(t) = \frac{d}{dt} \int_0^t w^*(\tau)\, h_A(t-\tau)\, d\tau. \qquad (5.38\,a, b)$$

Aus diesen Funktionen $g_A^*(t)$ bzw. $h_A^*(t)$ kann mit den im Abschnitt 5.3.2 (insbesondere Bild 5.9) dargestellten Methoden eine Einschwingzeit T_E^* ermittelt werden. In der Praxis genügt es i. allg., wenn sich die Einschwingzeit T_E^* zur Einschwingzeit T_E der zu untersuchenden Meßanordnung (des Prüflings) wie

$$T_E^* \leqq \frac{1}{10} T_E \qquad (5.39)$$

verhält. Vor der eigentlichen Messung ist also zunächst die Einschwingzeit T_E^* ohne Meßobjekt zu ermitteln. Dann wird das zu untersuchende System eingeschaltet und wiederum die Einschwingzeit T_E^{***} ermittelt. Ist letztere mehr als 10mal so groß wie T_E^*, so kann man der Messung i. allg. vertrauen.

Falls x und y nicht von gleicher Größenart sind, ist zur Bestimmung von $g_A^*(t)$ bzw. $h_A^*(t)$ noch ein Wandler mit bekannten Eigenschaften erforderlich, dessen Kennfunktion $g(t)$ bzw. $h(t)$ zusätzlich zu berücksichtigen ist. Grundsätzlich lassen sich auch Vergleichsmethode und Reziprozitätsverfahren (s. Abschn. 5.4.2) anwenden. Die entsprechenden Beziehungen sind dann im Zeitbereich zu schreiben (bzw. es ist eine Rücktransformation in den Zeitbereich vorzunehmen). Heute ist dies durch die Realisierung der „schnellen Fourier-Transformation" (FFT) auf Mikrorechnern leicht durchführbar. Wie bereits im Abschnitt 5.4.2 erklärt, handelt es sich um systematische Fehler, so daß – zumindest bis zu einem gewissen Grade – eine Korrektur (Rückrechnung) vorgenommen werden kann. Bei bekannter Gewichtsfunktion des Meßgeräts zur Auswertung $g_A(t)$ bzw. Übergangsfunktion $h_A(t)$ kann man nach (5.36a, b) rückrechnen, und zwar entweder im Zeitbereich (Rückfaltung)

$$g(t) = \int_0^t g^{**}(\tau)\, \frac{1}{g_A(t-\tau)}\, d\tau$$

$$h(t) = \frac{d}{dt} \int_0^t y^{**}(\tau)\, \frac{1}{h_A(t-\tau)}\, d\tau \qquad (5.40a, b)$$

oder gleichwertig im Frequenzbereich – vgl. auch (5.30b) –

$$g(t) = L^{-1}\left\{ \frac{L\{g^{**}(t)\}}{L\{g_A(t)\}} \right\}$$

$$h(t) = L^{-1}\left\{ \frac{L\{h^{**}(t)\}}{p\, L\{h_A(t)\}} \right\}. \qquad (5.40c, d)$$

Die Verfahren und deren Grenzen werden wegen der grundlegenden Bedeutung im Abschnitt 8.2.2 behandelt.

Beispiel [514]. Da man, wegen der stets vorhandenen Masse bzw. Kapazität, nur eine endliche Kraft bzw. einen endlichen Strom zur Erregung des Systems erreicht, verläuft die Eingangsfunktion nie exakt sprungförmig, sondern man erhält meist einen rampenförmigen Verlauf, wie im **Bild 5.18** skizziert. Daher kann die reale Eingangssprungfunktion $w^*(t)$ in guter Näherung durch eine Rampenfunktion mit der Steigung c bis zur Zeit $t_1 = 1/c$ und von diesem Zeitpunkt ab mit dem konstanten Wert $w^*(t > t_1) = 1$ beschrieben werden. Für ein System mit Verzögerung 1. Ordnung und Ausgleich

$$g(t) = \frac{1}{T} \, e^{-t/T_1}, \quad h(t) = 1 - e^{-t/T_1} \qquad (5.41\,\text{a})$$

erhält man als Antwort auf eine Rampenfunktion $x = ct$ am Eingang

$$y(t) = \int\limits_0^t c\,\tau\,\frac{1}{T_1}\,e^{-(t-\tau)/T_1}\,\mathrm{d}\tau = c\,t - c\,T_1\,(1 - e^{-t/T_1}), \qquad (5.41\,\text{b})$$

die gestrichelt im Bild 5.18 eingezeichnete Funktion $y(t)$. Für $t > T_1$ erhält man den Verlauf nach (5.41a), wie im Bild 5.18 vermerkt. Man erkennt aus diesem Beispiel, daß ein rampenförmiger Verlauf von $x(t)$ für kleine Zeiten $t < T_1$ nur eine Verschiebung der Übergangsfunktion zur Folge hat. Dabei erhält man sogar die richtige Zeitkonstante, wenn T_1 aus der Subtangente an die e-Funktion bei $t > T_1$ grafisch ermittelt wird.

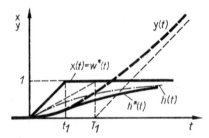

Bild 5.18. Auswirkung eines realen Sprungs (Rampenfunktion) am Eingang $w^*(t)$ auf die Übergangsfunktion eines Systems 1. Ordnung

Während bei den bisher beschriebenen Verfahren Störungen, z.B. das Rauschen, zu Fehlern bei der Aufnahme der Kennfunktionen führten, kann man dieses Rauschen auch direkt als Testsignal verwenden und damit diese Fehlerquelle ausschließen. Man kommt so zu der im **Bild 5.19** dargestellten Anordnung, wobei oft auf den Rauschgenerator verzichtet und statt dessen das Eigenrauschen der zu untersuchenden Systeme verwendet

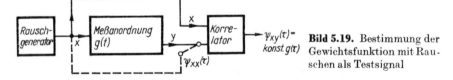

Bild 5.19. Bestimmung der Gewichtsfunktion mit Rauschen als Testsignal

werden kann. Dies ist ein entscheidender Vorteil des Verfahrens, da sich hiermit Untersuchungen im normalen Betrieb vornehmen lassen. Ferner kann das Systemverhalten dauernd „on line" ermittelt werden, so daß sich während des Betriebs eines Systems auftretende Kennwertänderungen feststellen lassen. Dies ist die Voraussetzung für adaptive Verfahren [83].

Zur Ableitung des gesuchten Zusammenhangs zwischen Kreuzkorrelationsfunktion $\psi_{xy}(\tau)$ und Gewichtsfunktion $g(t)$ geht man von der Definition der Kreuzkorrelationsfunktion nach (5.9c) aus. Setzt man in diese Beziehung für $y(t+\tau)$ das Faltungsintegral

$$y(t+\tau) = \int\limits_0^\infty g(\tau_1)\, x(t+\tau+\tau_1)\, d\tau_1$$

ein, so ergibt sich

$$\psi_{xy}(\tau) = \lim_{T\to\infty} \frac{1}{2T} \int\limits_{-T}^{+T} x(t) \int\limits_0^\infty g(\tau_1)\, x(t+\tau+\tau_1)\, d\tau_1\, dt.$$

Ein Vertauschen der Integrationsfolge liefert

$$\psi_{xy}(\tau) = \int\limits_0^\infty g(\tau_1) \left[\lim_{T\to\infty} \frac{1}{2T} \int\limits_{-T}^{+T} x(t)\, x(t+\tau+\tau_1)\, dt \right] d\tau_1.$$

Unter Beachtung, daß der in der eckigen Klammer stehende Ausdruck $\psi_{xx}(\tau_1+\tau)$ ist, erhält man das gesuchte Ergebnis, wobei für τ_1 wieder t geschrieben wurde

$$\psi_{xy}(\tau) = \int\limits_0^\infty g(t)\, \psi_{xx}(t+\tau)\, dt. \tag{5.42a}$$

Für weißes Rauschen lautet die Autokorrelationsfunktion:

$$\psi_{xx}(t+\tau) = 2\pi\, S_0\, \delta(t+\tau).$$

In diesem Spezialfall entspricht also die Kreuzkorrelationsfunktion direkt der Gewichtsfunktion

$$\psi_{xy}(\tau) = 2\pi\, S_0\, g(\tau). \tag{5.42b}$$

Damit ist die Methode abgeleitet, mit der nach der Anordnung von Bild 5.19 die Gewichtsfunktion aufgenommen werden kann: Im Korrelator wird zunächst in der gezeichneten Verbindung die Kreuzkorrelation gemessen. Weiß man aus der Kenntnis der Rauschquelle, daß es sich um weißes Rauschen handelt, so entspricht diese Kreuzkorrelationsfunktion bis auf eine Konstante der Gewichtsfunktion. Anderenfalls ist in der gestrichelt eingezeichneten Verbindung zusätzlich die Autokorrelationsfunktion des Eingangssignals zu ermitteln. Man erhält dann durch Rückfaltung — bzw. im Frequenzbereich geschrieben mit der spektralen Leistungsdichte $S_{xx}(\omega)$ des Eingangssignals und der Kreuzleistungsdichte $S_{xy}(j\,\omega)$ — aus Gl. (5.42a) den Frequenzgang

$$G(j\,\omega) = \frac{S_{xy}(j\,\omega)}{S_{xx}(\omega)}. \tag{5.43}$$

Bezüglich näherer Einzelheiten einschließlich der Grenzen des Verfahrens sei auf Abschnitt 8.4 verwiesen. Zur Aufnahme der Korrelationsfunktionen wurden bereits im Abschnitt 5.2.2 Aussagen gemacht [83] [201] [204] [514] [519].
Damit sind zugleich die Fehler bei der Aufnahme der Gewichtsfunktion nach diesem Verfahren behandelt. Die Fehler bei der Berechnung der Korrelationsfunktionen im Rechner können mit den im Abschnitt 8 besprochenen Methoden ermittelt werden. Nichtideale Testsignale lassen sich, wie oben beschrieben, berücksichtigen. Ähnlich wie bei der Aufnahme mit Sprung- bzw. Stoßfunktion kann auch hier eine der Gl. (5.39) entsprechende Abschätzung vorgenommen werden. Danach genügt es in der Praxis meist, wenn die Autokorrelationsfunktion $\psi_{xx}(\tau)$ einen kurzen Impuls darstellt, dessen Dauer τ_k um mindestens eine Größenordnung kleiner als die Einschwingzeit T_E des Systems ist

$$\tau_k \leq \frac{1}{10}\, T_E. \tag{5.44}$$

Im Frequenzbereich bedeutet dies, daß das Eingangsrauschen für alle Frequenzen bis weit über die Grenzfrequenz des Systems $f_g = 1/(2 \, T_E)$ hinaus eine konstante spektrale Leistungsdichte $S_{xx} (\omega)$ aufweist.

Ähnlich wie für Sprung- und Stoßfunktion erklärt, sollte man auch bei der Korrelationsfunktion $\psi_{xx} (\tau)$ die Korrelationsdauer τ_k nicht wesentlich kleiner bzw. das Leistungsdichtespektrum $S_{xx} (\omega)$ nicht wesentlich größer als erforderlich wählen, um die spektrale Leistungsdichte S_0 mit Rücksicht auf die Übersteuerungsgrenze des Systems so groß wie möglich einstellen zu können. Ein größeres S_0 kommt nämlich der Empfindlichkeit des Meßverfahrens zugute.

5.5. Dynamische Meßfehler [515]

5.5.1. Exakte Behandlung

Wie bereits im Abschnitt 5.1 erläutert, entsteht ein zeitabhängiger dynamischer Fehler $\varepsilon (t)$ als Differenz zwischen der idealen Ausgangsgröße y_{id} und der realen Ausgangsgröße y_{real}

$$\varepsilon (t) = y_{id} - y_{real}. \tag{5.45}$$

Dieser Betrachtung liegt das im **Bild 5.20** dargestellte Modell zugrunde. Das Eingangssignal $x (t)$ wird dem idealen System mit den Kennfunktionen $G_{id} (j \, \omega)$, $g_{id} (t)$ bzw. $h_{id} (t)$ und dem realen System $G_{real} (j \, \omega)$, $g_{real} (t)$ bzw. $h_{real} (t)$ zugeführt. Dabei wird eine vom Meßgerät auszuführende lineare Rechenoperation $y = \mathrm{Op} \{x\}$, z.B. eine Differentiation oder eine Mittelwertbildung, durch entsprechende Kennfunktionen des idealen Systems dargestellt:

$$G_{id} (j \, \omega) = F \{\mathrm{Op_{id}}\}; \quad G_{id} (p) = L \{\mathrm{Op_{id}}\}. \tag{5.46}$$

Damit erhält man für den dynamischen Fehler $\varepsilon (t)$:

$$\varepsilon (t) = L^{-1} \{G_{id} (p) \, X (p)\} - L^{-1} \{G_{real} (p) \, X (p)\}$$

$$= L^{-1} \{[G_{id} (p) - G_{real} (p)] \, X (p)\} = L^{-1} \{G_\varepsilon (p) \, X (p)\}$$

$$\varepsilon (t) = \int\limits_0^t g_{id} (\tau) \, x (t - \tau) \, \mathrm{d}\tau - \int\limits_0^t g_{real} (\tau) \, x (t - \tau) \, \mathrm{d}\tau$$

$$= \int\limits_0^t [g_{id} (\tau) - g_{real} (\tau)] \, x (t - \tau) \, \mathrm{d}\tau = \int\limits_0^t g_\varepsilon (\tau) \, x (t - \tau) \, \mathrm{d}\tau$$

$$\varepsilon (t) = \frac{\mathrm{d}}{\mathrm{d}t} \int\limits_0^t [h_{id} (\tau) - h_{real} (\tau)] \, x (t - \tau) \, \mathrm{d}\tau = \int\limits_0^t h_\varepsilon (\tau) \, x (t - \tau) \, \mathrm{d}\tau.$$

$$\text{(5.47 a bis c)}$$

Der Fehler kann auch direkt im Frequenzbereich angegeben werden:

$$\hat{Y}_\varepsilon (j \, \omega) = [G_{id} (j \, \omega) - G_{real} (j \, \omega)] \, \hat{X} (j \, \omega) = G_\varepsilon (j \, \omega) \, \hat{X} (j \, \omega). \tag{5.47 d}$$

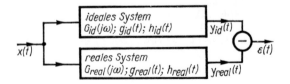

Bild 5.20. Modell zur Berechnung des dynamischen Fehlers $\varepsilon (t)$

Dabei wurde ein Ersatzsystem eingeführt (**Bild 5.21**), das am Ausgang den dynamischen Fehler liefert. Die Kennfunktionen im Frequenz- und im Zeitbereich errechnen sich aus denen des Modells nach den Beziehungen

$$G_\varepsilon\,(\mathrm{j}\,\omega) = G_{\mathrm{id}}\,(\mathrm{j}\,\omega) - G_{\mathrm{real}}\,(\mathrm{j}\,\omega)$$
$$G_\varepsilon\,(p) \quad = G_{\mathrm{id}}\,(p) \quad - G_{\mathrm{real}}\,(p)$$
$$g_\varepsilon\,(t) \quad = g_{\mathrm{id}}\,(t) \quad - g_{\mathrm{real}}\,(t)$$
$$h_\varepsilon\,(t) \quad = h_{\mathrm{id}}\,(t) \quad - h_{\mathrm{real}}\,(t). \qquad (5.48\,\mathrm{a\ bis\ d})$$

$G_\varepsilon\,(p)$ wird auch als „Fehlerübertragungsfunktion" bezeichnet [164].

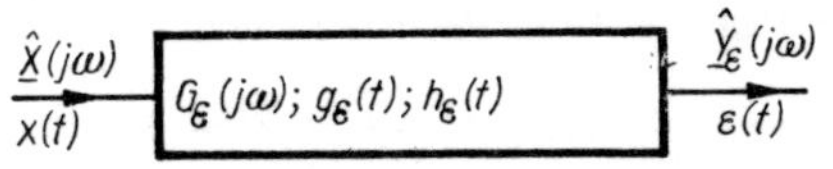

$$\frac{\hat{X}(j\omega)}{x(t)} \boxed{G_\varepsilon\,(j\omega);\ g_\varepsilon(t);\ h_\varepsilon(t)} \frac{\hat{Y}_\varepsilon\,(j\omega)}{\varepsilon(t)}$$

Bild 5.21. Ersatzsystem zu Bild 5.20

Die Gln. (5.47 a bis d) zeigen, daß es sich um einen systematischen Fehler handelt. Er ist damit grundsätzlich korrigierbar. Bei bekannter (gemessener) Ausgangsfunktion $y_{\mathrm{real}}\,(t)$ und bekannten Kennfunktionen läßt sich durch Auflösen von (5.49 a bis c) der richtige, fehlerfreie Verlauf der Eingangsfunktion $x\,(t)$ berechnen:

$$y_{\mathrm{real}}\,(t) = \mathrm{L}^{-1}\,\{G_{\mathrm{real}}\,(p)\,X\,(p)\}$$
$$= \int\limits_0^t g_{\mathrm{real}}\,(\tau)\,x\,(t-\tau)\,\mathrm{d}\tau$$
$$= \frac{\mathrm{d}}{\mathrm{d}t} \int\limits_0^t h_{\mathrm{real}}\,(\tau)\,x\,(t-\tau)\,\mathrm{d}\tau. \qquad (5.49\,\mathrm{a\ bis\ c})$$

Wegen der zentralen Bedeutung der Fehlerkorrektur soll das Verfahren mit seinen Grenzen im Abschnitt 8 gesondert behandelt werden.

Die bisher benutzte Fehlerfunktion $\varepsilon\,(t)$ hat den Nachteil, daß sie zeitabhängig ist. Als Gütekriterium und als Optimierungskriterium wünscht man jedoch einen zeitunabhängigen Kennwert. Hier bietet sich der mittlere quadratische Fehler in der Definition

$$\overline{\varepsilon^2\,(t)} = \overline{|y_{\mathrm{id}}\,(t) - y_{\mathrm{real}}\,(t)|^2} = \lim_{T\to\infty} \frac{1}{2\,T} \int\limits_{-T}^{T} |y_{\mathrm{id}}\,(t) - y_{\mathrm{real}}\,(t)|^2\,\mathrm{d}t \qquad (5.50\,\mathrm{a})$$

an. Diese Definition hat gegenüber dem linearen mittleren Fehlerbetrag

$$\overline{|\varepsilon\,(t)|} = \overline{|y_{\mathrm{id}}\,(t) - y_{\mathrm{real}}\,(t)|} = \lim_{T\to\infty} \frac{1}{2\,T} \int\limits_{-T}^{+T} |y_{\mathrm{id}}\,(t) - y_{\mathrm{real}}\,(t)|\,\mathrm{d}t \qquad (5.50\,\mathrm{b})$$

den Vorteil, daß $\overline{\varepsilon^2\,(t)}$ einer Leistung entspricht und damit zu anderen Leistungen (z.B. zur Rauschleistung) addiert bzw. ins Verhältnis gesetzt werden kann (z.B. zur Nutzleistung).

Im **Bild 5.22** ist die Bildung des mittleren quadratischen Fehlers nochmals erläutert. Werden zunächst die additiv am Systemausgang hinzukommenden Störungen $z\,(t)$

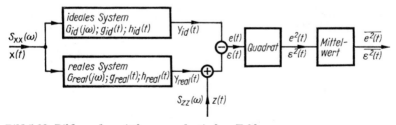

Bild 5.22. Bildung des mittleren quadratischen Fehlers

10 Hart

außer Betracht gelassen, so erhält man mit dem Ersatzsystem im Bild 5.21 für den mittleren quadratischen dynamischen Fehler ·

$$\overline{\varepsilon^2(t)} = \int\limits_{-\infty}^{+\infty} S_{\varepsilon\varepsilon}(\omega)\,d\omega = \int\limits_{-\infty}^{+\infty} |G_\varepsilon(j\,\omega)|^2 S_{xx}(\omega)\,d\omega$$

$$= \int\limits_{-\infty}^{\infty} S_{xx}(\omega)|G_{id}(j\,\omega) - G_{real}(j\,\omega)|^2\,d\omega, \tag{5.51}$$

wobei man den Vorteil der Definition einer Fehlerleistung $P_\varepsilon = \overline{\varepsilon^2(t)}$ erkennt [385] [458] [519].

Die Beziehung (5.51) läßt sich auch im Zeitbereich schreiben, da der Wert der Korrelationsfunktion $\psi_{\varepsilon\varepsilon}(\tau)$ für $\tau = 0$ dem Wert $\overline{\varepsilon^2(t)}$ entspricht:

$$\psi_{\varepsilon\varepsilon}(0) = \overline{\varepsilon^2(t)} = \int\limits_{0}^{\infty}\int\limits_{0}^{\infty} \psi_{xx}(\tau_1 - \tau_2)\,g_\varepsilon(\tau_1)\,g_\varepsilon(\tau_2)\,d\tau_1\,d\tau_2. \tag{5.52}$$

Einer doppelten Multiplikation mit $|G(j\,\omega)|$ im Frequenzbereich steht eine doppelte Faltung im Zeitbereich gegenüber.

Bevor ein für die Meßtechnik wichtiges Beispiel betrachtet wird, soll die eingangs vorgenommene vereinfachende Vernachlässigung der Störungen $z(t)$ fallengelassen werden. Nach Bild 5.22 werden die Störungen als am Systemausgang hinzutretend angenommen. Falls sie an anderer Stelle auftreten, seien sie mit der Beziehung [385] [519]

$$S_{zz}(\omega) = S_{zz\ Eing.}(\omega)|G_z(j\,\omega)|^2 \tag{5.53}$$

auf den Ausgang umgerechnet, wobei $G_z(j\,\omega)$ den Frequenzgang des Teilsystems zwischen dem Eingang der Störungen und dem Systemausgang darstellt. Diese regellosen Signale (z. B. Rauschen) ergeben einen mittleren quadratischen störungsbedingten Fehler mit der Leistung P_z, wenn $S_{zz}(\omega)$ die spektrale Leistungsdichte und $\psi_{zz}(\tau)$ die Autokorrelationsfunktion der Störung darstellen:

$$\overline{z^2(t)} = P_z = \psi_{zz}(0) = \int\limits_{-\infty}^{+\infty} S_{zz}(\omega)\,d\omega. \tag{5.54}$$

Falls Störungen und Eingangssignal nicht korreliert sind, was in der Praxis wegen getrennter Stör- und Signalquellen sehr häufig zutrifft, können die zwei Fehleranteile $\overline{\varepsilon^2(t)}$ und $\overline{z^2(t)} = P_z$ zum gesamten mittleren quadratischen Fehler $\overline{e^2(t)}$ addiert werden

$$\overline{e^2(t)} = \overline{\varepsilon^2(t)} + \overline{z^2(t)}. \tag{5.55}$$

Andernfalls muß die Korrelation bei der Addition berücksichtigt werden (vgl. Abschnitt 9.6).

Für den mittleren quadratischen Gesamtfehler $\overline{e^2(t)}$ ergibt sich damit im Frequenzbereich mit (5.51), (5.54) und (5.55)

$$\overline{e^2(t)} = \int\limits_{-\infty}^{+\infty} S_{xx}(\omega)|G_{id}(j\,\omega) - G_{real}(j\,\omega)|^2\,d\omega + \int\limits_{-\infty}^{+\infty} S_{zz}(\omega)\,d\omega \tag{5.56a}$$

bzw. im Zeitbereich mit (5.52), (5.54) und (5.55)

$$\overline{e^2(t)} = \int\limits_{0}^{\infty}\int\limits_{0}^{\infty} \psi_{xx}(\tau_1 - \tau_2)\,g_\varepsilon(\tau_1)\,g_\varepsilon(\tau_2)\,d\tau_1\,d\tau_2 + \psi_{zz}(0). \tag{5.56b}$$

Beispiel. Gesucht wird der Fehler eines Meßgeräts mit Verzögerung 1. Ordnung und Ausgleich (z. B. eines Gleichspannungsmeßgeräts oder eines Temperaturmeßgeräts) mit den Kennfunktionen

$$G_{\text{real}}(j\,\omega) = \frac{1}{1 + j\,\omega\,T_1}$$

$$g_{\text{real}}(t) = \frac{1}{T_1}\,e^{-t/T_1}. \tag{5.57 a, b}$$

Das ideale System soll eine direkte Abbildung ergeben, d. h.

$$G_{\text{id}}(j\,\omega) = 1. \tag{5.57 c}$$

Am Eingang des Systems liege ein Nutzsignal mit einer bis zur Grenzfrequenz des Signals ω_N konstanten Leistungsdichte:

$$S_{xx}(\omega \leq \omega_N) = S_{xx\,0}; \quad S_{xx}(\omega > \omega_N) = 0. \tag{5.58 a}$$

Die Störung mit weißem Rauschen **(Bild 5.23)**

$$S_{zz}(\omega) = S_{zz\,0} \tag{5.58 b}$$

wirke additiv am Systemeingang. Nutz- und Störsignale entstammen unterschiedlichen Signalquellen, d. h., sie seien nicht korreliert.

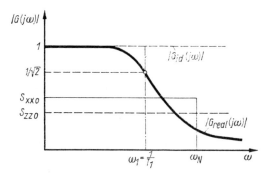

Bild 5.23. Beispiel zur Berechnung des mittleren quadratischen Gesamtfehlers $\overline{e^2}\,(t)$

Wegen des Einwirkens der Störung am Systemeingang erhält man für den störungsbedingten Fehler nach (5.53) und (5.54)

$$\overline{z^2}(t) = \psi_{zz}(0) = P_z = \int\limits_{-\infty}^{+\infty} S_{zz\,0}\,|G_{\text{real}}(j\,\omega)|^2\,d\omega. \tag{5.58 c}$$

Mit (5.55) und (5.56a) ergibt sich damit der Gesamtfehler zu

$$\overline{e^2}(t) = S_{xx\,0} \int\limits_{-\omega_N}^{+\omega_N} \left|1 - \frac{1}{1 + j\,\omega\,T_1}\right|^2 d\omega + S_{zz\,0} \int\limits_{-\infty}^{+\infty} \frac{1}{1 + j\,\omega\,T_1}\,d\omega$$

$$= S_{xx\,0} \int\limits_{-\omega_N}^{+\omega_N} \frac{\omega^2\,T_1^2}{1 + \omega^2\,T_1^2}\,d\omega + \frac{S_{zz\,0}\,\pi}{T_1}$$

$$= 2\left(\omega_N - \frac{1}{T_1}\arctan \omega_N\,T_1\right) S_{xx\,0} + \frac{S_{zz\,0}\,\pi}{T_1}. \tag{5.58 d}$$

10*

Dieser Gesamtfehler $\overline{e^2}\,(t)$ ist eine Funktion der Zeitkonstante T_1. Da sich T_1 z. B. durch nachgeschaltete Korrektursysteme beeinflussen läßt, kann man durch derartige Verfahren ein Minimum des Fehlers $\overline{e^2}\,(t)$ einstellen. Hierauf wird ausführlich im Abschnitt 8 eingegangen.

5.5.2. Näherungsbetrachtungen

Wie bereits erwähnt, haben Näherungsbetrachtungen, die aus den Ergebnissen der exakten Theorie gewonnen werden, gerade in der Meßtechnik eine sehr große Bedeutung. Zur Abschätzung des zu erwartenden dynamischen Meßfehlers wird stets so vorgegangen, daß zunächst aufgrund der vorliegenden A-priori-Information der zu untersuchende Eingangsgrößenverlauf, d. h. der zu messende Vorgang, näherungsweise ermittelt wird. Am einfachsten und oft auch am zweckmäßigsten ist die Behandlung im Zeitbereich, die daher zunächst betrachtet werden soll.
Der zu messende Vorgang wird durch einen typischen Verlauf (meist durch einen Impuls) angenähert, wie im **Bild 5.24** dick eingezeichnet. Die Bestimmungsstücke dieses Impulses – insbesondere seine Dauer $\triangle\,t$ – können näherungsweise aus den Daten des zu messenden Prozesses bestimmt werden.

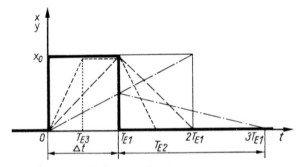

Bild 5.24. Zur Abschätzung des dynamischen Fehlers im Zeitbereich [521]

Die Annahme eines derartigen Impulses ist zweckmäßig, da sich (nach Abschnitt 5.3.2 durch das Faltungsintegral (5.22 a) beschrieben) alle möglichen Funktionen aus derartig zeitlich versetzten Stößen aufbauen lassen. Im Bild 5.24 ist dies für einen zweiten, doppelt so langen Impuls (dünn eingezeichnet) angedeutet.
Auch das Verhalten des Meßgeräts wird durch einen möglichst einfachen Verlauf angenähert: Wie bereits im Abschnitt 5.3.2 beschrieben, wird die Übergangsfunktion $h\,(t)$ durch linear ansteigende Rampenfunktionen ersetzt (unterbrochene Linien). Die Dauer des Übergangsvorgangs ist durch die Einschwingzeit T_E festgelegt (vgl. Bild 5.9).
Diese kann gewonnen werden

- durch Messung, wie im Abschnitt 5.4.3 erklärt
- durch Berechnung aus der Grenzfrequenz mit dem Abtasttheorem $T_E = 1/(2\,f_g)$
- aus der Lösung der Differentialgleichung bzw. durch Abschätzung direkt aus der Differentialgleichung in der normierten Form

$$T_n^{\ n}\,y^{(n)} + T_{n-1}^{\ n-1}\,y^{(n-1)} + \cdots + T_1 y + y = G_0\,x + \cdots$$

als dem Dreifachen der größten Zeitkonstanten

$$T_E = 3\,T_{max}. \tag{5.59}$$

- T_{max} kann auch der Übergangsfunktion als Maximalwert der Subtangente entnommen werden, wie im **Bild 5.25** erklärt [521].

Das Verfahren zur Abschätzung der dynamischen Fehler zeigt Bild 5.24: Langgestrichelt eingezeichnet ist der Fall 1 ($T_{E1} = \triangle t$) d.h., die Einschwingzeit ist gleich der Impulsbreite.

In diesem Fall ergibt sich im Rahmen der Abschätzungen als Ausgangsgröße der langgestrichelte Kurvenverlauf mit derselben Zeit T_{E1} als „Ausschwingzeit". Dann wird gerade noch die Impulshöhe richtig (wegen der Definition der Einschwingzeit als $T_{95\%}$ um 5 % zu klein) angezeigt.

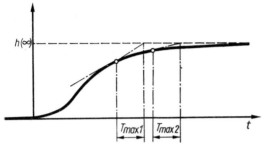

Bild 5.25. Abschätzung der Zeitkonstanten aus der Übergangsfunktion

Ein dynamisch schlechteres Meßsystem mit einer größeren Einschwingzeit $T_{E2} = 2\,\triangle t$ ergäbe den strichpunktierten Verlauf. Hier würde erst nach der doppelten Zeit $2\,\triangle t$ der richtige Endwert erreicht werden. Da der Eingangswert jedoch bereits nach $\triangle t$ verschwindet, wird näherungsweise nur der halbe tatsächliche Wert $x_0/2$ angezeigt. Man entnimmt die wichtige Feststellung [514] [521]:

■ Soll die Höhe x_0 (Amplitude) einer durch ein Rechteck mit der Breite $\triangle t$ angenäherten Eingangsfunktion $x(t)$ richtig gemessen werden, so darf die Einschwingzeit höchstens $T_E = \triangle t$ betragen. (5.60a, b)
■ Ist die Einschwingzeit des Meßgeräts um den Faktor k größer als $\triangle t$, d.h.
$T_E = k\,\triangle t$; $k > 1$, so wird anstelle der wirklichen Höhe x_0 nur ein Wert von näherungsweise x_0/k angezeigt.

In der Praxis ist dieser Fall sehr gefürchtet, wobei sich oft geringe Meßfehler von einigen bis dreißig Prozent viel unangenehmer auswirken als Fehler von mehreren Größenordnungen. Während man nämlich große Fehler meist am Brechen des auf Grund der Messung dimensionierten Teiles erkennt, bleiben kleine Fehler zunächst ohne Auswirkungen, da das Teil wegen der Sicherheitszuschläge nicht sofort bricht und oft auch die Erprobungszeit übersteht. Nach der Wöhler-Kurve sind Dauerbrüche bei der ausgelieferten Serie an der gleichen Stelle mit notwendigen Nachbesserungen die Folge.

Soll dagegen auch die Form der Eingangsgröße $x(t)$ angenähert richtig wiedergegeben werden, so reicht offensichtlich die Bedingung (5.60a) nicht aus; denn in diesem Fall würde, wie Bild 5.24 zeigt, nicht ein Stoß der Breite $\triangle t$, sondern ein Dreieck der doppelten Basis $2\,\triangle t$ als Ausgangsgröße $y(t)$ erscheinen. **Bild 5.26** erläutert die sich ergeben-

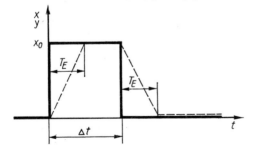

Bild 5.26. Erforderliche Einschwingzeit, wenn Amplitude und Form des Impulses richtig wiedergegeben werden sollen

den Verhältnisse für $T_E < \triangle t$. Danach werden grundsätzlich die steilen Flanken schräg. Die Form wird also um so besser wiedergegeben, je kürzer die Einschwingzeit T_E gegenüber $\triangle t$ wird. Daraus folgt im Rahmen der hier durchgeführten Abschätzungen:

■ Soll die Form eines durch ein Rechteck der Breite $\triangle t$ angenäherten Meßgrößen-verlaufs richtig erkannt werden, so ist eine Einschwingzeit von höchstens $T_E = \triangle t/5$ zulässig.

$$(5.60\,\text{c})$$

Diese einfachen Abschätzungen gestatten es auch, aus der Form der gemessenen Aus-gangsgröße Rückschlüsse zu ziehen. Erwartet man einen impulsförmigen Verlauf und erhält als Ausgangsgröße $y(t)$ eine Funktion mit stark verlängerter Rückflanke, so ist ein Meßfehler auch bei der Messung der Amplitude zu befürchten (im Bild 5.24 strich-punktiert eingezeichneter Fall). Aus dem Verhältnis der maximalen Steilheiten der Vorderflanke $dy/dt_{\text{max}\,1} = k_1$ zu der der Rückflanke $dy/dt_{\text{max}\,2} = k_2$ kann näherungs-weise die richtige Impulshöhe $x_\bullet$ aus der falsch gemessenen x^* errechnet werden:

$$x_0 = \frac{k_1}{k_2}\, x^*.$$

$$(5.61)$$

Im Frequenzbereich ist eine entsprechende Näherung möglich. Die Amplitudenkurve kann hier ebenfalls durch eine rechteckförmige Kurve mit einer oberen und einer unteren Grenzfrequenz angenähert werden. Dabei wird in diesem Fall nur die obere Grenzfre-quenz f_g berücksichtigt, bezüglich der Auswirkungen der unteren Grenzfrequenz vgl. Abschnitt 5.5.3. Zwischen der oberen Grenzfrequenz f_g und der Einschwingzeit T_E be-steht der als Abtasttheorem bekannte Zusammenhang (vgl. Abschn. 5.2.3)

$$f_g = 1/(2\,T_E).$$

$$(5.62)$$

Mit (5.62) läßt sich eine Umrechnung in den Zeitbereich vornehmen und damit die Be-trachtung anwenden, wie sie oben skizziert wurde.

Für Abschätzungen im Frequenzbereich allein sind die wesentlichen Spektralkomponen-ten des Signals zu betrachten. Entsprechend dem durch die Grenzfrequenz des Systems gegebenen Durchlaßbereich werden nur die unteren Spektralfrequenzen

$$\hat{\mathbf{X}}\,(\mathrm{j}\,\omega);\ \omega < \omega_g$$

$$(5.63)$$

durchgelassen. Deren Summation ergibt daher näherungsweise den durch das System-verhalten verfälschten Meßgrößenverlauf $y_{\text{real}}(t)$.

Beispiele. Es sei der mäanderförmige Kurvenverlauf nach **Bild 5.27** betrachtet, da er der oben behandelten impulsförmigen Signalfunktion entspricht. Die Fourier-Analyse liefert für die Fourier-Koeffizienten

$$A_0 = \frac{2}{T} \int\limits_0^{T/2} a \cos n\,\omega_0 t\,\mathrm{d}t = a \qquad (A_n;\, n \neq 0 = 0)$$

$$B_n = \frac{2}{T} \int\limits_0^{T/2} a \sin n\,\omega_0 t\,\mathrm{d}t = \frac{a}{n\,\pi}\,[1 - \cos n\,\pi] \qquad (5.64\text{a bis c})$$

und damit für die Fourier-Reihe

$$x(t) = \frac{A_0}{2} + \underset{n}{\Sigma}\, B_n \sin n\,\omega_0 t$$

$$= \frac{a}{2} + \frac{2\,a}{\pi} \left(\sin \omega_0 t + \frac{1}{3} \sin 3\,\omega_0 t + \frac{1}{5} \sin 5\,\omega_0 t + \ldots \right). \qquad (5.64\,\text{d})$$

Im Bild 5.27 a sind neben der dick gezeichneten Eingangsfunktion $x\,(t)$ der Gleichanteil $a/2 = A_0/2$ (strichpunktiert) sowie die Spektralanteile mit der Grundwelle

$$f_0 = \omega_0/2\,\pi = 1/T \qquad\qquad\qquad (5.64\,\text{e})$$

und mit $3\,f_0$, $5\,f_0$ dargestellt.

Beträgt die Grenzfrequenz nur $f_\mathrm{g} = f_0 = 1/T$, so wird lediglich die Grundwelle durchgelassen. Anstelle der Rechteckfunktion erhält man dann den entsprechenden Verlauf im Bild 5.27 a. Nach dem Abtasttheorem (5.62) beträgt die zugehörige Einschwingzeit $T_\mathrm{E} = 1/(2\,f_\mathrm{g}) = T/2$. Man erhält also dieselben Bedingungen, wie in dem (langgestrichelt im Bild 5.24) dargestellten Fall 1. Die Gültigkeit des Satzes (5.60) wird damit im Rahmen der hier vorgenommenen Näherungen bestätigt.

Zu den gleichen Resultaten, wie sie im Bild 5.26 für den Zeitbereich dargestellt sind, kommt man auch im Frequenzbereich. Nach (5.60 c) ist die Voraussetzung für die Erkennbarkeit der Form $f_\mathrm{g} \geqq 5\,f_0$, d. h., es müssen neben der Grundwelle noch $3\,f_0$ und $5\,f_0$ durchgelassen werden. Das Ergebnis der Zusammensetzung dieser Spektralfrequenzen ist im Bild 5.27 b dargestellt und bestätigt (5.60 c).

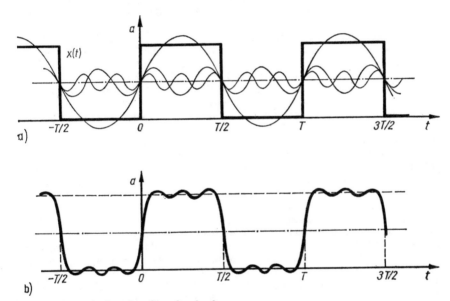

Bild 5.27. Mäanderförmiger Signalverlauf

a) mit den Harmonischen $f_0 \ldots 5\,f_0$; b) Zusammensetzung zur Ausgangsfunktion

Als weiteres Beispiel sei eine Maschine (z. B. Pumpe) betrachtet, die mit $n = 300$ U/min $= 5$ U/s umläuft [514]. Es wird etwa der im **Bild 5.28** dargestellte Verlauf der Meßgröße erwartet, wobei die kurze Spitze ein Druckstoß ist, der von einem Ventil herrührt. Aus den Konstruktionsdaten der Maschine kann man errechnen, daß die Schließzeit des Ventils etwa 1/30 eines Umlaufs beträgt. Gefragt wird nach der erforderlichen Einschwingzeit bzw. Grenzfrequenz eines Meßgeräts, wenn a) die Größe X_0, b) die Form des dick gezeichneten Kurvenverlaufs, c) die Größe $\dot{X}$ und d) die Form der Spitze richtig erkannt werden sollen.

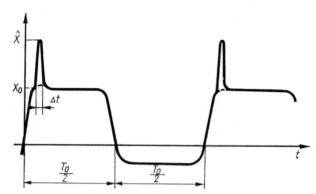

Bild 5.28. Eingangssignal für das Beispiel

a) Die Zeit für einen Umlauf errechnet sich aus der Anzahl der Umdrehungen je Sekunde zu $T_0 = 1/5$ s. Demzufolge braucht man zur richtigen Messung der Größe X_0 wegen der Breite von $T_0/2 = 1/10$ s nach (5.60a) eine Einschwingzeit für das Meßgerät von höchstens $T_E = 1/10$ s und damit nach (5.62) eine Grenzfrequenz von mindestens $f_g = 5$ Hz.

b) Nach (5.60c) ist die erforderliche Einschwingzeit für die richtige Erkennbarkeit der Form des gezeichneten Kurvenverlaufs ohne die Spitze $T_E = 1/50$ s; die Grenzfrequenz ist also $f_g = 25$ Hz.

c) Bei einer Schließzeit des Ventils von 1/30 eines Umlaufs erhält man für die Zeit $\triangle t = T_0/30 = 1/150$ s. Damit ergibt sich als Forderung an die Einschwingzeit nach (5.60a) $T_E = 1/150$ s und somit eine Grenzfrequenz von 75 Hz.

d) Soll schließlich auch die Form der Spitze richtig erkannt werden, so müssen $T_E = 1/750$ s und $f_g = 375$ Hz sein.

Als bedeutsames Beispiel sei auf die Auswertung von abklingenden Schwingungen im aufgenommenen Meßgrößenverlauf eingegangen [521]. Man erhält im Oszillogramm die im **Bild 5.29** dargestellten Schwingungen. Bei der Auswertung derartiger Meßwertverläufe ist immer zunächst zu prüfen, ob die Schwingungen tatsächlich im Meßgrößenverlauf auftreten oder ob es sich um Fehler handelt, die durch das schlechte dynamische Verhalten des Meßgeräts hervorgerufen werden. Im letzteren Fall würde es sich also um vom Meßgerät verursachte Schwingungen handeln. Sie werden durch einen sprung- oder stoßförmigen Meßgrößenverlauf hervorgerufen und können als Teil der im Abschnitt 5.3.2 behandelten Übergangs- bzw. Gewichtsfunktion gedeutet werden. Um diese Frage zu klären, müssen die Parameter der Schwingung dem aufgenommenen Oszillogramm entnommen werden. Durch Vergleich mit den vom Hersteller angegebenen Parametern des schwingungsfähigen Meßgeräts (Eigenfrequenz f_0, Dämpfungsgrad D) kann man dann entscheiden, ob es sich um Störschwingungen handelt, die vom Meßgerät herrühren, oder ob die Schwingungen im Meßgrößenverlauf enthalten sind.

Zur Bestimmung der Parameter eines derartigen schwingungsfähigen Feder-Masse-Dämpfungssystems werden die folgenden Gleichungen benutzt (vgl. (5.17a, b)):

Eigenfrequenz des ungedämpften Systems

$$f_0 = \frac{1}{2\pi} \sqrt{\frac{c}{m}}, \qquad (5.65a)$$

Eigenfrequenz des gedämpften Systems

$$f_r = f_0 \sqrt{1 - D^2}, \qquad (5.65b)$$

Dämpfungsgrad

$$D = \frac{k}{2m \cdot 2\pi f_0}. \qquad (5.65c)$$

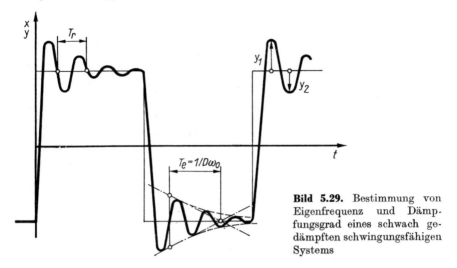

Bild 5.29. Bestimmung von Eigenfrequenz und Dämpfungsgrad eines schwach gedämpften schwingungsfähigen Systems

Aus dem aufgenommenen Oszillogramm können die Zeit für eine volle Schwingung des gedämpften Systems und die Periodendauer T_r abgelesen werden (im Bild 5.29 angedeutet). Daraus läßt sich die Eigenfrequenz des gedämpften Systems berechnen:

$$f_r = 1/T_r. \tag{5.66a}$$

Wird die Eigenfrequenz des ungedämpften Systems benötigt, so gilt nach (5.65b)

$$f_0 = f_r \frac{1}{\sqrt{1 - D^2}} \approx f_r \left(1 + \frac{D^2}{2}\right), \tag{5.66b}$$

wobei die Näherung für $D \ll 1$ gültig ist.

Neben der Eigenfrequenz des Systems interessiert bei Schwingungsuntersuchungen als zweiter Parameter der Dämpfungsgrad D des Systems. Nach seiner Ermittlung kann auch aus der gemessenen Eigenfrequenz f_r des gedämpften Systems die Eigenfrequenz des ungedämpften Systems f_0 nach (5.66b) errechnet werden.

Für die Bestimmung des Dämpfungsgrads aus dem Meßgrößenverlauf (Bild 5.29) gibt es zwei Verfahren. Entweder man zeichnet die Hüllkurve und bestimmt die Subtangente, oder man wertet das Verhältnis zweier aufeinanderfolgender Schwingungsamplituden aus. Das erste Verfahren sei hier erläutert. Für die Hüllkurve erhält man, bis auf eine Konstante, den Verlauf einer e-Funktion

$$e^{-D\omega_0 t}. \tag{5.66c}$$

Bei einer derartigen e-Funktion ist bekanntlich der Abschnitt unter der Tangente in einem beliebigen Punkt der Kurve (die Länge der Subtangente T_E)

$$T_E = 1/D\,\omega_0. \tag{5.66d}$$

Beim Differenzieren der Funktion (5.66c) erhält man nämlich als Richtungsfaktor der Tangente gerade den Wert $-D\,\omega_0$. Damit läßt sich $D\,\omega_0 = 2\,\pi\,D f_0$, wie im Bild 5.29 angegeben, als reziproke Länge der Subtangente ablesen.

Tafel 5.5. Typische Verfälschungen der Eingangssignale und deren Ursachen [519]

Kurvenform	Ursachen und typische Merkmale		Meßgeräte als Beispiel	Bemerkungen
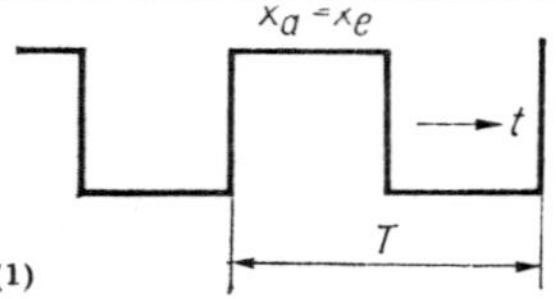 (1)	scharfe Ecken steile Flanken kein Dachabfall	 ideales System; d.h. $f_{gu}=0$, $f_{go}=\infty$; ideale Phasenkurve	Idealisierung, näherungsweise gute Schleifen- oder Katodenstrahloszillografen bei mäßigen Anforderungen	praktisch nie ganz erfüllbar; nur näherungsweise für langsam verlaufende Vorgänge
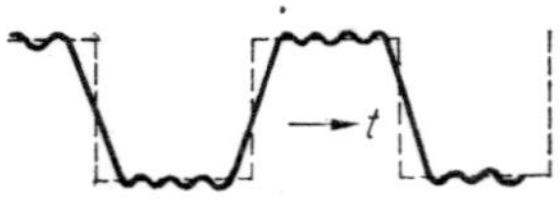 (2)	verwaschene Ecken schräge Flanken kein Dachabfall	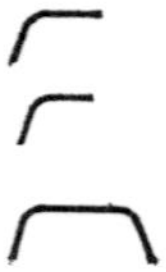 zu geringe obere Grenzfrequenz untere Grenzfrequenz $f_{gu}=0$; ideale Phasenkurve	Idealisierung vgl. (3)	Kurze Spitzen der Eingangsfunktion werden gar nicht oder mit falscher Höhe wiedergegeben. Abhilfe: obere Grenzfrequenz erhöhen, z. B. Massen verkleinern (idealisiertes System)
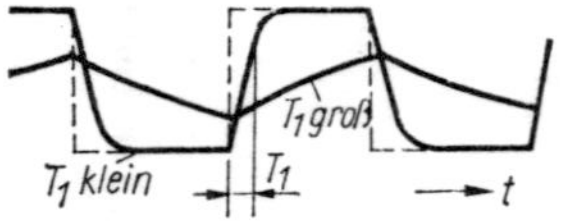 (3)	Kurve besteht aus reinen e-Funktionen mit Zeitkonstante T_1 schräge Flanken kein Dachabfall	 zu geringe obere Grenzfrequenz	näherungsweise viele Meßgeräte mit Tiefpaßverhalten, z. B. einfacher Temperaturfühler	Kurze Spitzen werden nicht richtig wiedergegeben. sehr stark gedämpfte Systeme mit Proportionalverhalten (idealisiert).
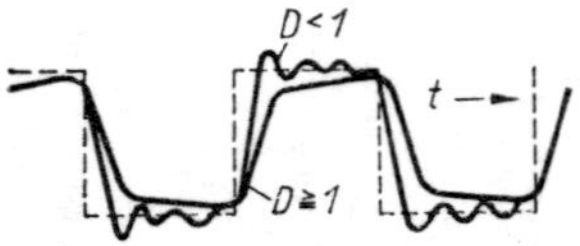 (4)	für $D>1$: verwaschene Ecken schräge Flanken; für $D<1$: Schwingungen	 zusätzlich für $D<1$: Resonanzverhalten	a) Meßgeräte mit Feder-Masse-Dämpfungssystem, z. B. Kraftaufnehmer, federgefesselte Wegaufnehmer, mech. Indikatoren b) Meßgeräte mit 2 Zeitkonstanten, z. B. Temperaturmeßgeräte	Kurze Spitzen werden nicht richtig wiedergegeben. $D \gtreqqless 1$: Systeme mit Feder-Masse-Dämpfungsverhalten. Beispiel: $D<1$ Schwingungsmeßgeräte, $D>1$ Temperaturmeßanordnungen mit Schutzrohr.

Kurvenform	Ursachen und typische Merkmale	Meßgeräte als Beispiel	Bemerkungen
(5)	scharfe Ecken steile Flanken Dachabfall	zu geringe untere Grenzfrequenz; obere Grenzfrequenz $f_{g_o} = \infty$	Meßeinrichtungen mit Quarz- oder Bariumtitanataufnehmer, Wechselspannungsverstärker	Kurze Spitzen werden richtig angezeigt. Fehler wirkt sich um so stärker aus, je langsamer der Vorgang verläuft. Keine rein statische Eichung und Messung möglich! (z. B. piezoelektrische Meßeinrichtung)
(6)	verwaschene Ecken schräge Flanken Dachabfall	zu geringe obere und untere Grenzfrequenzen	reale Wechselspannungsverstärker, Meßeinrichtungen mit Verstärkern	Unzulänglichkeiten nach (2) und (5), d.h. kurze Spitzen falsch, keine Übertragung statischer Größen
(7)	Kurvenform richtig wiedergegeben, lediglich gesamte Kurve um t_t verschoben	ideale Amplitudenkurve; lineare Phasenkurve, d.h. reine Totzeit	Idealisierung, näherungsweise Meßgeräte mit Durchflußstrecke zum Aufnehmer	bis auf eine Zeitverschiebung keine Änderung der Ausgangsgröße; Zeitverschiebung spielt in der Meßtechnik oft keine Rolle, stört dagegen sehr bei Anwendung in der Regelungstechnik (idealisierter Fall)
(8)	wie (3), jedoch um t_t verschoben	reale Amplitudenkurve; reale Phasenkurve	Meßgeräte mit Durchflußstrecke zum Aufnehmer, z. B. Gemischmeßgeräte, Temperaturmeßgeräte nach einer Mischstelle	reales Totzeitglied, neben einer Zeitverschiebung zusätzlich Verzerrungen wie in (3)

--- Eingangsgröße $x_e(t)$; —— Ausgangsgröße $x_a(t)$

5.5.3. Typische dynamische Meßfehler und deren Ursachen

Tafel 5.5 zeigt typische Veränderungen des Eingangssignals für eine Reihe charakteristischer Systeme. Als Eingangssignal wurde der bereits im Bild 5.27 dargestellte Rechteckimpuls angenommen. Diese Funktion ist sehr instruktiv, da sie als Antwortfunktion $y(t)$ näherungsweise (für $T \rightarrow \infty$ exakt) die Übergangsfunktion $h(t)$ erzeugt. Damit ergeben sich direkte Bezüge zu den Ergebnissen und Beispielen der vorhergehenden Abschnitte.

6. Meßmittelfehler

6.1. Fehlerkenngrößen für Meßmittel

6.1.1. Allgemeine Beschreibung von Meßmittelgenauigkeiten

Die Ursachen für die Meßabweichungen eines Meßmittels [634], hier kurz Meßmittelfehler genannt, sind nur im konkreten Fall analysierbar. **Bild 6.**1 zeigt in einer orientierenden Übersicht, welche Details bei einer derartigen Ursachenanalyse zu beachten sind. Ausführliche Betrachtungen zu Meßmittelfehlern (auch *Gerätefehler*, Instrumentenfehler [302] enthalten [9] [96] [229] [302] [348] [433] u.a.

Es gibt drei Möglichkeiten zur Beschreibung von Meßmittelgenauigkeiten:
- ausgehend von der *Differenz* zwischen angezeigtem und richtigem Wert
- *wahrscheinlichkeitstheoretische* Kenngrößen im Sinne eines Erwartungswerts des Anzeigefehlers (bestimmbar aus vielen Messungen der gleichen konstanten Eingangsgröße)
- *informationstheoretische* Kenngrößen (abgeleitet aus der bedingten Entropie, die die Unbestimmtheit des gemessenen Wertes und die noch verbleibende charakterisiert; Abschn. 3.4.2.6).

Während Fehlerangaben für Meßresultate sich in der Regel auf die Meßgröße beziehen, sind Meßmittelfehlerangaben vorwiegend auf die Ausgangsgröße (Anzeige) bezogen, weshalb oft vom *Fehler der Anzeige*, Anzeigefehler u.ä. gesprochen wird. Damit sind also Ablesefehler im Meßmittelfehler nicht mit erfaßt. Diese enthalten i.allg. alle unterscheidbaren Anteile: grobe (statische), systematische, zufällige, dynamische und Driftanteile. Grobe Fehler (echte Meßmitteldefekte) werden im folgenden ausgeklammert; bezüglich der zeitabhängigen Anteile sei auf die Abschnitte 3.5 und 5 verwiesen.

Fehler mit überwiegend *systematischem Charakter* sind
- Kennlinienfehler: Linearitäts- und Steigungsfehler [452]
- Hysteresefehler, Umkehrspanne [452] [590] [606]
- Nullpunktabweichungen (häufig!) [55] [452]
- Eichfehler [650], Kalibrierfehler bzw. Fehler beim Einmessen
- Justierfehler [590] (infolge falscher Justierung).

Durch *zufällige Fehler* bedingt ist die *Reproduzierunsicherheit* (auch Reproduzierfehler bzw. Wiederholbarkeitsfehler [590] als zusammenfassende Bezeichnung für Spannweite, Standardabweichung, mittlerer Fehler u.a. Streuungsmaße, oder, positiv ausgedrückt, die

- *Wiederholbarkeit* [590] [606] *Wiederholpräzision* [634], Anzeigekonvergenz [650].

Von Ablesesicherheit [590] wird gesprochen, wenn eine Anzeige ohne Vieldeutigkeit ablesbar ist. Die Eigenschaft, die metrologischen Kennwerte über eine längere Zeit unverändert beizubehalten, heißt *Stabilität* oder Konstanz [590], das Gegenteil Instabilität Auf grund der Vielzahl von Fehlerbeiträgen sind Meßmittelfehleranalysen nicht einfach (z.B. [21] [229]). In [490] wird ein mathematisches Modell zur Bestimmung des „Vertrauens" als Maß für die Meßmittelqualität diskutiert.

Die im Rahmen einer metrologischen Prüfung erfaßbaren systematischen Anteile des Meßmittelfehlers ergeben, über den Werten der Meßgröße aufgetragen, das Abweichungsdiagramm [606] bzw. die *Fehlerkennlinie* (Bild 3.6) auch *Fehlerkurve* [590] (nicht zu verwechseln mit der durch (3.24) beschriebenen Fehlerkurve!).

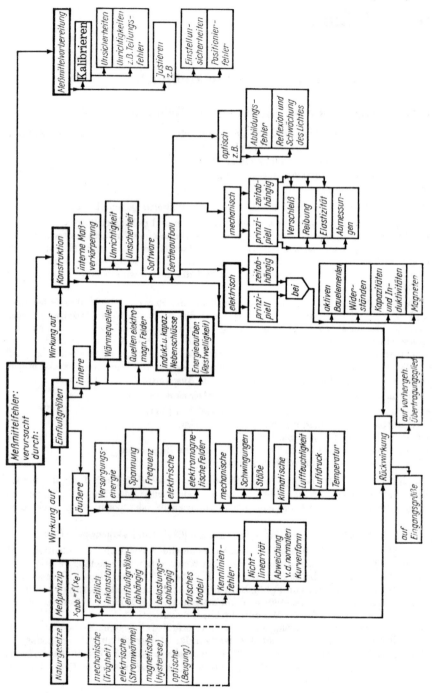

Bild 6.1. Schematische Darstellung wichtiger Meßmittelfehlerursachen (die Unterpunkte stellen nur Beispiele dar)

Auch die Abweichungen als Funktion von Einflußgrößenwerten ergeben Fehlerkurven. Werden die negativen Werte der Fehler aufgetragen, so erhält man die *Korrektionskurven*, auch *Korrekturkurven* [590]. Sind die tatsächliche (ausgegebene)und die für das betreffende Gerät geforderte Kennlinie bekannt (Ist-und Sollkennlinie), so ist die Fehlerkennlinie daraus zu entnehmen (vgl. Bild 3.6). Werden noch zusätzlich die Einflußgrößen z_i als Parameter berücksichtigt, so ist die Fehlerkurve durch

$$e\,(x;z_i) = f_{\text{Ist}}\,(x;z_i,t) - f_{\text{Soll}}\,(x) \tag{6.1}$$

beschrieben. Wegen der zufälligen Anteile streuen die Meßwerte um die Istkennlinie; deshalb wird beiderseits der Kennlinie ein Streuband gelegt **(Bild 6.2)**. Der dadurch begrenzte Streubereich soll so breit sein, daß auch an der Stelle, wo die Istkennlinie am weitesten von der Sollkennlinie abweicht, streuende Werte noch innerhalb des Streubands liegen (*Maximalfehlergrenzen*). Deshalb wird auch von maximal zulässigen Fehlern bzw. von sicheren Fehlergrenzen [125] gesprochen. Der Streubereich wird auch als Abweichungsspanne [474] [633], Toleranzband [340], Toleranzschlauch [227], *Streuband*, Fehlerband oder -schlauch bezeichnet, wobei die mit Toleranz … gebildeten Termini abzulehnen sind, weil Genauigkeitsforderungen aufgaben- und nicht gerätebezogen sein sollen. Die Grenzen des Streubereichs werden *Streugrenzen* [590] (auch Fehlergrenzen, zulässige Fehlergrenzen [648]) genannt.

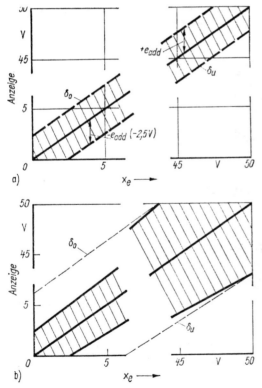

Bild 6.2. Streuband bei einem Voltmeter der Klasse 5 mit dem Meßbereich 0 ··· 50 V (maßstabsgerecht)

a) Fehler meßwertunabhängig (rein additiv); b) zusätzlicher meßwertabhängiger Fehleranteil; δ_0 und δ_u obere und untere Fehlergrenze (Grenze des Streubereichs) bei Vernachlässigung der Meßwertabhängigkeit

Zur Ableitung der Streugrenzen aus einem Konfidenzintervall um die Istkennlinie [437] müssen statistische Methoden herangezogen werden. In [481] wird gezeigt, daß dabei ein Vertrauensellipsoid anstelle des Streubands den statistischen Überlegungen zugrunde gelegt werden müßte. In der Praxis wird allerdings normalerweise nur ein geeigneter Wiederholbarkeitsfehler an einer oder wenigen Stellen des Meßbereichs bestimmt, um daraus die Streugrenzen abzuleiten.

Mit diesen „sicheren" Fehlergrenzen kann nie eine statistische Sicherheit von 100 % gemeint sein (vgl. Abschn. 2.5: Maximalfehler). In letzter Zeit gibt es jedoch Hinweise für eine Klarstellung. So wird z.B. in DIN 1319 [634] und DIN 2257 [637] für die Garantiefehlergrenze ein Vertrauensniveau 1 - a = 95% vorrausgesetzt und gefordert, daß ausdrücklich anzugeben ist, wenn von diesem Wert abgewichen wird. Allerdings steht es den Vertragspartnern (Meßmittelhersteller und Kunde) frei, andere statistische Sicherheiten für die Garantiefehlergrenzen zu vereinbaren.

Wenn aus dem Streubereich eines Meßmittels auf die Unsicherheit der damit durchgeführten Messungen geschlossen werden soll, spielt die Fehlerverteilung eine wesentliche Rolle. Ist die Fehlerkennlinie nicht bekannt, so daß nach Bild 3.9d unterschiedlich große Abweichungen zwischen Soll- und Istkennlinie zu berücksichtigen sind, so ist die Annahme einer Rechteckverteilung gerechtfertigt. Bei bekannter Fehlerkennlinie ist die Breite des Streubands vornehmlich durch zufällige Fehleranteile bedingt, und man kann davon ausgehen, daß die Meßwerte innerhalb des Streubands normal verteilt sind, wie es **Bild 6.3** schematisch darstellt.

Um Fehlerkennwerte in Form einzelner Zahlenwerte zu bekommen (s. Abschn. 6.1.2), wird die Streugrenze zugrunde gelegt. Bei parallelen Steuergrenzen (Bild 6.2) ist das unproblematisch; andernfalls (z.B. Bild 6.2b) ist die maximale Streubreite zugrunde zu legen, falls nicht eine meßwertbezogene Angabe (z.B. Klassen-

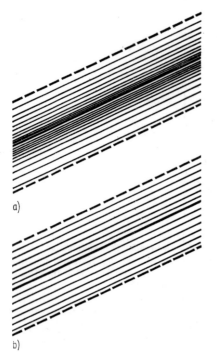

Bild 6.3. Streuband bei annähernd normalverteilten und bei gleichverteilten Fehlern innerhalb der Streugrenzen

a) Normalverteilung; b) Gleichverteilung
Dichte der Schraffur ist Maß für die Fehlerwahrscheinlichkeit

angabe bei Längenmeßmitteln, s. S. 166) verwendet wird.

Bei Fehleranalysen für konkrete Meßmittel ist es ein wesentlicher Unterschied, ob diese Geräte für Meßaufgaben geringer, normaler (mittlerer) oder hoher Genauigkeit vorgesehen sind. Als grobe Orientierung, was unter diesen unterschiedlichen Genauigkeiten zu verstehen ist, kann **Tafel 6.1** dienen [125]. Sie zeigt auch, daß es von der speziellen Geräteart abhängt, wo die Unterscheidung zwischen hoher und normaler Genauigkeit zu machen ist.

Tafel 6.1. Beispiele für unterschiedliche Genauigkeiten bei verschiedenen Meßmittelarten [125]

Meßmittel	Genauigkeit		
	gering	normal	hoch
Analoge elektrische Meßgeräte	Kl. $\geq$ 1,5	$\delta^\circ \approx \pm 0,5\%$	$\delta^\circ \approx \pm 0,1\%$
Uhr[1])	$\approx \pm 0,1\%$	$\approx \pm 0,02\%$	$\approx \pm 0,006\%$
Längenmeßmittel (MB: bis 10 cm)	$\delta^\circ \approx \pm 0,2\%$	$\delta^\circ \approx \pm 0,04\%$	$\delta^\circ \approx \pm 0,005\%$

[1]) Gangabweichung je Tag
Kl. Fehlerklasse; δ° reduzierter Fehler; MB Meßbereich

Als Beispiele für Fehleranalysen konkreter Meßmittel seien genannt:

• Untersuchung elektromechanischer Meßketten [21]
• Vorgehensweise bei Normalen [596]
• Beschreibung der zufälligen Fehleranteile durch WDF (s.S.11) [228].

In [343] wird über die Untersuchung der Fehlerverteilungen von etwa 150 Meßgeräten berichtet, wobei festgestellt wurde, daß in etwa 40% der Fälle normal oder fast normal verteilte Meßwerte beobachtet wurden. Auch andere Untersuchungen [119] [154] zeigten Abweichungen von der Normalverteilung bei Meßgeräten.

6.1.2 Genauigkeitsklassen von Meßmitteln

Um die Genauigkeit von Meßmitteln durch möglichst wenige, aber aussagefähige Kennwerte beschreiben zu können, ist man noch stärker zu Kompromissen gezwungen als bei Meßresultaten. Eine ähnlich komprimierte Angabe in Form eines Zahlentupels, wie beim vollständigen Meßergebnis (Abschn. 7.4), gibt es bei Meßmitteln nicht. Die umfassendsten Informationen enthalten die Fehlerkennlinien ($e = f(x)$ und $e_j = f(z_j)$) und das Streuband, möglichst für unterschiedliche Einsatzbedingungen (Einflußgrößenbereiche) und bei Berücksichtigung der Zeitabhängigkeiten.

In der Praxis ist es nicht nur unmöglich, diese Kurven alle zu ermitteln, auch ihre Wiedergabe in technischen Dokumentationen wäre viel zu aufwendig. Zudem müßten vom Meßmittelnutzer umfassende Kenntnisse und Erfahrungen verlangt werden, um aus derartigen Informationen die richtigen Schlußfolgerungen ziehen zu können. Deshalb wird die Genauigkeit von Meßmitteln durch einfachere Kenngrößen beschrieben, die trotz ihres reduzierten Informationsgehalts eine hinreichend gute Einschätzung ermöglichen sollen. Sie haben den Charakter von Maximalfehlergrenzen, so daß i. allg. „Genauigkeit verschenkt" wird.

Eine bei Meßmitteln häufig benutzte Fehlerkenngröße ist die *Genauigkeitsklasse* [22] [177] [308] [609] [618] [634] [639], auch Klassengenauigkeit, (abkürzend: Klasse),

Güteklasse [340], Klassenbezeichnung [167], Genauigkeitsgrad [164], Kalibriergrad [599]. Natürlich gibt es zwischen Genauigkeitsklasse, Klassengenauigkeit, Eichfehlergrenze,, Meßunsicherheit usw. für den Gebrauch in der Praxis deutliche Unterschiede [571] [575].

Bei der Fehlerklasse als Kenngröße ist zu beachten:

1. Bei elektrischen Meßgeräten liegt der Genauigkeitsklasse der reduzierte Fehler (s.S. 33) in % zugrunde.
2. Es handelt sich nicht um eine Abweichung bzw. einen Fehler, sondern um die Angaben von Grenzen.
3. Diese Grenzen stellen die Grenzen der maximal auftretenden Abweichungen dar (ohne verbindliche Festlegungen zum Vertrauensniveau).
4. Der reduzierte Fehler kann alle Fehleranteile enthalten; neben den zufälligen und nichterfaßten systematischen z.B. auch die vom Benutzer nicht selbst korrigierbaren systematischen Anteile.
5. Die Genauigkeitsklasse gilt nur für bestimmte Meßbedingungen und nur für begrenzte Zeiträume.
6. Im allgemeinen bezieht sich die Klasse auf das Einzelgerät.
7. Die Genauigkeitsklasse gilt, sofern nicht ausdrücklich etwas anderes gesagt ist, für den ganzen Meßbereich.
8. Bei nichtelektrischen Meßmitteln ist teilweise eine andere, von Punkt 1 abweichende Definition der Genauigkeitsklasse üblich.
9. Die Genauigkeitsklasse kennzeichnet die Genauigkeit eines Meßmittels, ist aber keine unmittelbare Angabe für die Genauigkeit der mit diesem Gerät erhaltenen Meßresultate [650].

Mit der Kenngröße der Genauigkeits*klasse* wird also durch Komprimierung der Genauigkeitsangaben in einem einzigen Zahlenwort bzw. einem Symbol, dem sogenannten Klassenzeichen [618] [634], eine Einschränkung der Information in Kauf genommen. Außerdem sind ausreichende Kenntnisse über die Zusammenhänge unerläßlich, wie nachfolgend gezeigt wird:

Zu 1. Bereits durch die Ableitung vom reduzierten Fehler entsteht eine gewisse Unklarheit, da nicht bei allen Meßmitteln die Wahl des Bezugswerts klar ist. Nur in wenigen Standards (z.B. DIN EN 60051 [618]) gibt es dazu Festlegungen. Falls derartige Festlegungen nicht existieren, ist es vorteilhaft, wenn Meßmittelhersteller Klassenangaben z.B. mit dem Zusatz „. . . vom Meßbereich" versehen (wobei es Meßbereich*umfang* oder Meß*spanne* heißen müßte, da von einer „Von-Bis-Angabe" keine Prozente gebildet werden können).

Ist der reduzierte Fehler gegeben, so ist die Klassenzuordnung eindeutig. Ein Gerät mit dem reduzierten Fehler $\delta°$ fällt in die Klasse i, wenn

$$i - 1 < |\delta°| \text{ in } \% \leqq i \tag{6.2}$$

gilt. Für elektrische Meßgeräte ist nach DIN EN 60051 [618] die Klasseneinteilung

■ Kl. 0,05; 0,1; 0,2; 0,3; 0,5; 1; 1,5; 2,5; 3; 5

festgelegt; ein Gerät mit einem reduzierten Fehler von 0,6% gehört also in Klasse 1.

Zu 2. Daß die Genauigkeitsklasse Maximalfehlergrenzen markiert, hat bestimmte Nachteile:

- Da sie den ungünstigsten Punkt im Meßbereich berücksichtigen müssen, sind sie für andere Stellen des Bereichs oft zu weit.
- Sie lassen nicht erkennen, mit welcher Wahrscheinlichkeit einzelne Fehler diese Grenzen unter- oder überschreiten können.
- Da der reduzierte Fehler i.allg. in Form *einer* Zahl angegeben wird, liegen diese Grenzen symmetrisch, was nicht real zu sein braucht.

Um aus der Genauigkeitsklasse die Streugrenzen zu bestimmen, ist nach

$$\pm e = \pm 0{,}01 \cdot \text{MSp} \cdot \delta° \; (\delta° \text{ in } \%) \tag{6.3}$$

(MSp Meßspanne) der absolute Fehler abzuleiten.

Beispiel. Bei einem Spannungsmeßgerät der Klasse 5 mit einem Meßbereich von 200 bis 250 V liegen die Streugrenzen im gesamten Meßbereich um den Wert

$$e = 0{,}01 \cdot 50 \text{ V} \cdot 5 = 2{,}5 \text{ V}$$

oberhalb und unterhalb der Kennlinie. Dabei bleibt unberücksichtigt, daß die realen Streugrenzen bei dem im Bild 6.2b gezeigten Fall am Meßbereichsanfang enger sind. Untersuchungen verschiedener Meßmittelarten lassen auch vermuten, daß engere Streugrenzen in der Mitte des Meßbereichs den Realitäten vielfach besser entsprechen würden [154] [310] [404]. **Bild 6.4** zeigt z.B. die stärkere Variation der aus dem Entropiefehler Δ_e (3.99b) nach $k_E = \Delta_e/\sigma$ abgeleiteten Entropiekoeffizienten k_E an den beiden Enden des Meßbereichs. Dies deutet darauf hin, daß die Streugrenzen in diesen Fällen in der Meßbereichsmitte enger angenommen werden könnten.

Auch eine Symmetrie der Streugrenzen kann sich nachteilig auswirken, da Abweichungen von der Normalverteilung (darunter auch schiefe Verteilungen) keine seltene Ausnahme sind [119] [154] [343].; deshalb können auch obere und untere Grenzen getrennt angegeben werden [634]. Im allgemeinen werden Grenzen mit G bezeichnet und ohne Vorzeichen angegeben [474].

Zu 3. Die Frage nach dem Vertrauensniveau für das Nichtüberschreiten der durch die Fehlerklasse beschriebenen Fehlergrenzen wird durch die verschiedenen Definitionen dieser Kenngröße nicht beantwortet.

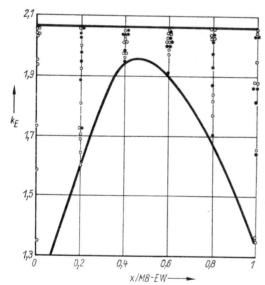

Bild 6.4. Variation des Entropiekoeffizienten k_E innerhalb des Meßbereichs eines Drehspulmeßgeräts und eines Motorkompensators [154]

MB-EW Meßbereichsendwert; • Drehspulmeßgerät; ° Motorkompensator

Man findet z.B. Formulierungen wie

• maximal zulässiger Fehler [164]
• Fehler, der nicht überschritten wird [139]
• zugelassene äußerste Abweichungen [178] [634] usw.

Damit wird der falsche Eindruck einer 100%igen statistischen Sicherheit hervorgerufen. Zugleich wird aber für die Meßmittelstreuung weitgehend Normalverteilung angenommen. Verbesserungsvorschläge in der Literatur (z.B. [7] [8] [312] [332] [333] [334] [470] [471] [646] u.a.) sind i.allg. kaum begründbar. So gilt also für die Interpretation der

Genauigkeitsklasse: Bei hohem Vertrauensniveau [(1-α)→100%] erhält man unbrauchbar weite Grenzen **(Bild 6.5)**; praxisrelevante Grenzen, wie sie üblicherweise benutzt werden, können nicht uneingeschränkt als Maximalfehlergrenzen aufgefaßt werden.

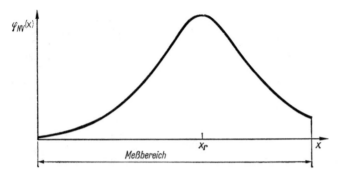

Bild 6.5. Wahrscheinlichkeitsdichtefunktion $\varphi_{NV}(x)$, normalverteilter Fehler um den richtigen Wert x_r bei starker Streuung

Zu 4. Die Genauigkeitsklasse berücksichtigt zunächst die zufälligen und nichterfaßten systematischen Fehleranteile. Grobe Fehler (Gerätedefekte) sind sicherlich auszuschließen. Dagegen ist oft nicht bekannt, von welchen erfaßbaren systematischen Fehlern der Gerätehersteller voraussetzt, daß sie durch regelmäßige Korrekturmaßnahmen ausgeschaltet werden. Additive Fehleranteile, die durch Nullpunktkorrektur behebbar sind, enthält der Grundfehler beispielsweise nicht. Ob aber Kennlinienfehler, für die eine Fehlerkurve (s.Bild 3.6) vorliegt, in der Genauigkeitsklasse erfaßt sind, kann nicht mit Sicherheit allgemein angegeben werden. Es verbleibt also hinsichtlich der Einbeziehung systematischer Fehleranteile ein gewisser Ermessensspielraum.

Zu 5. Die Genauigkeitsklasse gilt nur bei Einhaltung bestimmter Meßbedingungen. Manche Meßmitteldokumentationen sind jedoch in dieser Beziehung (z.B. hinsichtlich der Anzahl der möglichen Einflußgrößen) unvollständig. Fehlen konkrete Angaben für ein Meßmittel, so kann man sich an allgemeinen Vorschriften orientieren **(Tafel 6.2).** Es ist allerdings nicht einfach, sich in den verschiedenen Unterlagen zurechtzufinden; denn eine entsprechende Tabelle in [139] läßt allein bei der Temperatur acht verschiedene Auswahlmöglichkeiten zu.

Selbst mit dem Einflußeffekt [557] [618] (auch Einflußfehler oder speziell auf die Temperatur bezogen: Temperaturfehler, Temperatureinfluß, Temperaturdrift [139]) ist dieses Problem nicht völlig gelöst. Er berücksichtigt die Wirkung einer Einflußgröße bei Überschreiten der Grenzen des Bezugs- bzw. Referenzbereichs. Obwohl es sich um einen systematischen Fehleranteil handelt [139], wird er als Grenze angegeben.

Tafel 6.2. Referenzbedingungen für Meßmittel (Beispiel)

Einflußgröße	Referenzwert
Temperatur	+ 20 °C
Luftdruck	1013,25 hPa
Relative Luftfeuchtigkeit	58 %
Luftgeschwindigkeit	0 m/s

Längenmeßmittel nach DIN 102 [632]

Beispiel. Für ein elektrisches Meßgerät der Klasse 1,5 sei als Referenzbedingung für die Umgebungstemperatur +23°C±2 K festgelegt, und der Einflußeffekt der Temperatur sei mit 0,5 %/10 K angegeben. Dann ist im Temperaturbereich $+ 25\,°C < \vartheta \leqq + 35\,°C$ mit einem Fehler von 2% zu rechnen. Das zeigt, wie unzweckmäßig diese Angabe ist; denn eine Temperaturerhöhung wird in der Regel nur eine Vergrößerung *oder* eine Verkleinerung des Meßwerts zur Folge haben. Das bleibt bei einer symmetrischen Erweiterung der Fehlergrenze jedoch unberücksichtigt. Eine besse Information kann wiederum nur die Fehlerkurve $e = f(\vartheta)$ vermitteln.
Auch hinsichtlich der zeitlichen Gültigkeit einer Klassenangabe gibt es Unklarheiten. Sicherlich kann die zugesagte Genauigkeit eines Meßmittels nicht für beliebige Zeiten gelten. Gültigkeitsdauern können aber nur in Form von Betriebsstunden angegeben werden, da die Beanspruchung eines Geräts nicht vorhersehbar ist. Solche Angaben sind nur von beschränktem Wert; denn die tatsächliche Betriebszeit ist nur schwer kontrollierbar. Jedenfalls ist darauf hingewiesen, daß die Genauigkeitsklasse nicht so lange gilt, bis ein Meßgerät seinen Dienst völlig versagt.
Zu 6. In der Regel bezieht sich eine angegebene Genauigkeitsklasse auf das einzelne Gerät. Bei einfachen, in Massenfertigung hergestellten Meßmitteln ist es jedoch möglich, das Einzelgerät nur auf Funktionsfähigkeit zu prüfen, während vollständige Prüfungen mit Variation der Einflußgrößen nur stichprobenartig vorgenommen werden.
Zu 7. Da die Genauigkeitsklasse nach Punkt 1 für den gesamten Meßbereich definiert ist, gilt auch der nach (6.3) daraus berechnete absolute Fehler im gesamten Meßbereich. Damit ergibt sich für die Grenze des zufälligen Fehlers in Abhängigkeit von der Meßgröße x:

$$\delta^*(x) = \delta^*_{\mathrm{add}} + \delta_x{}^* = |\delta^\circ| + |\delta^\circ| \left(\frac{MSp}{x} - 1 \right) = \left| \delta^\circ \frac{MSp}{x} \right|. \qquad (6.4)$$

Bild 6.6a zeigt, daß bei Geräten mit natürlichem Nullpunkt, für die in (6.4) anstelle der Meßspanne MSp auch der Meßbereichsendwert eingesetzt werden kann, der relative Fehler der Messung zum Meßbereichsanfang hin stark anwächst. Daraus folgt, derartige Geräte möglichst so einzusetzen, daß die Meßwerte im letzten Drittel des Meßbereichs liegen. Daß das Prinzip des unterdrückten Nullpunkts auch hinsichtlich der relativen Fehler vorteilhaft ist, zeigt Bild 6.6b.

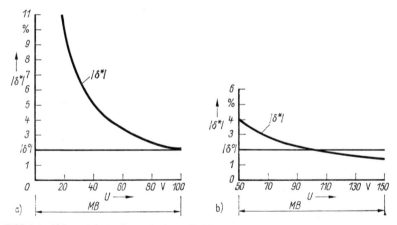

Bild 6.6. Abhängigkeit des relativen Fehlers einer Messung $|\delta^*|$ vom Meßwert (z. B. einer Spannung U) bei einem im gesamten Meßbereich (MB) gültigen konstanten reduzierten Fehler

a) Voltmeter mit natürlichem Nullpunkt; b) Voltmeter mit unterdrücktem Nullpunkt

Ist der reduzierte Fehler so stark meßwertabhängig, daß die Annahme einer im gesamten Meßbereich gültigen Genauigkeitsklasse auf zu ungünstige Werte führt, so werden auch für einzelne Meßbereichsabschnitte gesonderte Werte angegeben, z. B. für ein Thermometer: Genauigkeitsklasse 1 bei ≤ 300 °C; 1,6 bei>300 °C [584].

Verschiedene Betriebsweisen können ebenfalls unterschiedlich genau sein. So werden bei Meßbrücken und Kompensatoren mit der Nullmethode (abgeglichener Zustand, Kompensation) höhere Genauigkeiten erreicht als mit der Ausschlagmethode (Abweichungsanzeige) [148], wie das Beispiel eines Lindeck-Rothe-Kompensators zeigt [584]:

Genauigkeitsklasse 1 für Anzeige; 0,5 für Kompensation.

Zu 8. Die nach Punkt 1 definierte Genauigkeitsklasse galt ursprünglich für elektrische Meßgeräte; sie wird aber auch auf andere Meßmittel angewendet, z. B. auf Manometer [139] [168], aus Analysenmeßgeräte [584] u.a. Für die Stufung von Genauigkeitsklassen allgemein sind die folgenden beiden Reihen zu bevorzugen:

a) $1,0 \cdot 10^n$; $1,6 \cdot 10^n$; $2,5 \cdot 10^n$; $4,0 \cdot 10^n$ und $6,0 \cdot 10^n$

b) $1,0 \cdot 10^n$; $1,5 \cdot 10^n$; $2,0 \cdot 10^n$; $4,0 \cdot 10^n$ und $5,0 \cdot 10^n$.

   (n ganzzahlig; i.allg. $-3 \leq n \leq 1$).

Gelegentlich werden, besonders in englischsprachigen Publikationen, Genauigkeitsklassen auch in ppm angegeben (**Tafel 6.3**).

Tafel 6.3. Möglichkeiten zur Angabe von Genauigkeitsklassen (außer der Angabe in %)

%	Klassenindex $\delta°$	0,0001 $\pm 0,0001$	0,0002 $\pm 0,0002$	0,0005 $\pm 0,0005$	0,001 $\pm 0,001$	$\cdots$ $\cdots$
ppm	Klassenindex $\delta°$	1 ± 1	2 ± 2	5 ± 5	10 ± 10	$\cdots$ $\cdots$
$a \cdot 10^{-k}$	Klassenindex $\delta°$	$1 \cdot 10^{-6}$ $\pm 1 \cdot 10^{-6}$	$2 \cdot 10^{-6}$ $\pm 2 \cdot 10^{-6}$	$5 \cdot 10^{-6}$ $\pm 5 \cdot 10^{-6}$	$1 \cdot 10^{-5}$ $\pm 1 \cdot 10^{-5}$	$\cdots$ $\cdots$

$\delta°$ Grenzwerte des zulässigen reduzierten Fehlers

Für andere Meßmittelarten existieren weitere Klasseneinteilungen:

Längen- und Winkelmeßmittel. Der *Klassenwert* (auch Genauigkeitsgrad [164]) ist der größte im Meßbereich auftretende Betrag des absoluten Fehlers oder – wenn die systematischen Fehler korrigiert sind – die Meßunsicherheit des zur Fehlerbestimmung benutzten Meßverfahrens. Zur Berücksichtigung der Längenabhängigkeit besteht (von einfachen Meßmitteln abgesehen) der Klassenwert i.allg. aus einem konstanten und einem variablen Wert nach der Beziehung

$$e = \pm (a + b\, l) \tag{6.5}$$

und bei Winkelmeßgeräten entsprechend

$$e = \pm\left(a + k \sin \frac{\alpha}{2}\right). \tag{6.6}$$

a, b und k sind die in den für einzelne Geräte gültigen Normen festgelegten Konstanten.

Der Fehler einer mit einem solchen Meßgerät durchgeführten Messung für einen Meßwert l_1 wird aus dem Klassenwert e_{max} nach der Beziehung

$$e_{l1} = e_{max} - b\,(l_{max} - l_1) \tag{6.7}$$

gebildet **(Bild 6.7)**. Bei kleinen Meßbereichen kann $b = 0$ sein, z. B. Klassenwert einer
Meßuhr $10/0 \cdots 3$ mm. Das bedeutet, diese Meßuhr hat im Bereich von 0 bis 3 mm
einen größten Fehler von ± 10 µm.
Folgende Zahlenwerte sind anzuwenden:
$(1; 1,2; 1,5; 2; 2,5; 3; 4; 5; 6; 8) \cdot 10^n$ mit $n = \cdots -2; -1; 0; 1; 2; \ldots$
Die Klasseneinteilung reicht von Kl. 0 A $(0,01\,\text{m} + 1 \cdot 10^{-3}\,\text{µm/mm} \cdot l)$ bis 15 E
$(1\,\text{mm} + 2 \cdot 10^{-2}\,\text{µm/mm} \cdot l)$ $(l$ in mm$)$ [166].

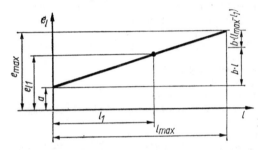

Bild 6.7. Beispiel für die Berechnung
des Fehlers einer Messung nach (6.7)

Andere Meßmittel. Andere Genauigkeitsklassen geben nur Ordnungszahlen an, die nicht
unmittelbar mit Fehlergrenzen verbunden sind. So gilt beispielsweise für Waagen nach
einer OIML-Empfehlung (vgl. DIN 8120 [639]) folgende Einteilung (Klassenzeichen):

Grobwaagen $\quad$ (IIII) $\qquad\qquad$ Präzisionswaagen $\qquad\qquad$ (II)

Handelswaagen $\quad$ (III) $\qquad\qquad$ Feinwaagen $\qquad\qquad\qquad$ (I)

Bei Parallelendmaßen bezieht sich die Klasseneinteilung auf die zulässigen absoluten
Maßabweichungen [591], bei Strichmaßstäben auf den Teilungsfehler.

6.1.3. Andere Genauigkeitskenngrößen

Nicht für alle Meßmittelarten sind Fehlerkenngrößen in Form von Genauigkeitsklassen vereinbart, und auch dort, wo Genauigkeitsklasseneinteilungen existieren, werden sie nicht durchgängig verwendet. Die Vielzahl der außer den Klassen noch benutzten Genauigkeits-
„Kenngrößen" ist so groß, daß es unmöglich ist, sie vollständig zu erfassen. Drei große
Gruppen von „Kenngrößen" sind zu unterscheiden:

1. Angaben zur Genauigkeit allgemein, die den Klassenzeichen mehr oder minder ähnlich sind (oft nur andere Termini)
2. Angaben zu speziellen Teilfehlern
3. Angaben, die nichts direkt über Fehler aussagen, die aber mit der Meßgenauigkeit
in Zusammenhang gebracht werden.

Die Interpretation derartiger Angaben wird dadurch erschwert, daß keine einheitliche
Terminologie existiert; für den gleichen Sachverhalt werden verschiedene Bezeichnungen
gewählt.

Beispiele zu Gruppe 1

– Gesamtfehlergrenze (Mengenstrommeßgerät) in % [139]
– Fehlergrenze (Thermometer), z. B. 1 ···3 % v. E. (vom Endwert) oder 1 ···1,5 % v. MB
  (Meßbereich) oder ≤ 1,5 K [139] bzw. (Waage) in Vielfachen des Eichskalenwerts [139]
– zulässige Fehlergrenze (Thermopaare) in Temperaturdifferenzen (K), seltener in
  Spannungswerten (mV) [139]
– Grundfehlergrenze (statt Fehlerklasse, gleiche Bedeutung) [584]
– Vorprüffehlergrenze oder Verkehrsfehlergrenze [584]
– Eichfehlergrenze (Waagen) [139]
– Streugrenze (Thermometer) z. B. $s = \pm 1$ K
– Gesamtgrößtfehler [537]
– Fehler (Meßband) als absoluter Fehler [177] oder in % (z. B. Volumenzähler) [139]
– absoluter Fehler (Füllstandsmeßeinrichtung) in mm [584]
– maximaler (Meß-)Fehler in % [139]
– mittlerer Fehler (geodätische Instrumente), bei Normalverteilung gleich der
  empirischen Standardabweichung s
– Grundfehler in % (bezogen auf Meßbereichsendwert) [584]
– zulässiger Fehler (Meßschrauben, Meßuhren) [177]
– zulässige Abweichungen (Meßbänder, Meßschrauben) [177]
– kombinierter Fehler (quadratischer Mittelwert aus Linearitätsfehler, Umkehrspanne
  und Reproduzierbarkeit) [22]
– Eigenfehler (Strahlenschutzdosimeter) [603]
– Meßunsicherheit: Waagen, Thermometer [164]; Meßbänder, Bügelmeßschrauben,
  optische Meßeinrichtungen [177] [575]
– Gerätestandardabweichung [537]
– Reproduzierunsicherheit (einschließlich Hysterese, Ansprechwert und Drift bis 1 h),
  z. B. ± 0,15 % der Spanne [139]
– Meßgenauigkeit (Infrarotgasanalysator), z. B. 2 % v. E. [584]
– Gerätegenauigkeit [177] [537]

Beispiele zu Gruppe 2

– Einstellfehler (Innenmeßschrauben), z. B. 0,02 mm [177]
– Ablesefehler (anzeigende Geräte) [177]
– Teilungsfehler (Meßbänder) [177]
– Schwindmaß (Maßstäbe aus Holz) in % der Nennlänge [177]
– Nulleffekt (Analysenmeßgeräte), z. B. ≤ 1,5 % v. E. [631]
– Nichtlinearität, z. B. ± 1 % v. E. [139]
– Drift (Thermometer), z. B. 0,6 % v. d. MSp je Jahr [139]
– Temperaturfehler (temperaturbedingter Einflußeffekt) [177]
– Lagefehler (lagebedingter Einflußeffekt) [177]
– Umkehrspanne (Thermometer), z. B. 0,25 %
– Stabilität des Nullpunkts, z. B. 2 % v. E. in 24 h [584]
– Einstellzeit, z. B. 1 s für gesamte Skalenlänge [584]
– Schaltdifferenz (Meßgerät mit Relaisausgang), z. B. 3 ···8 K [584]
– Schaltbereich (Füllstandsschranke), z. B. 40 mm [584]
– Schalthysterese (Zweipunkttemperaturregler mit Widerstandsthermometer), z. B.
  6 K [139]

Beispiele zu Gruppe 3

– Einstellunsicherheit (Autokollimationsfernrohr) [177]
– Skalenwert (anzeigende analoge Meßgeräte), z. B. 1 μm [177]

– Eichskalenwert (Waage): bei der Eichung zugrunde liegende Meßgrößenänderung, die einem Skalenteil entspricht [139]
– Ansprechwert (Thermometer), z. B. $0,01 \cdots 0,1\%$
– (Bild-)Auflösung (optische Registriereinheit), z. B. 1 % bei 305 mm Schreibbreite [139].

Diese Beispiele lassen die Unklarheiten bezüglich aussagefähiger Genauigkeitskennwerte deutlich erkennen (vgl. [6]), wobei noch hinzukommt, daß die Methoden zur Bestimmung dieser Kenngrößen sehr unterschiedlich sind [21]. Erste Schritte zur Verbesserung dieser Situation unternimmt die OIML seit 1977 [81] [416].

6.2. Möglichkeiten zur Verbesserung von Meßmittelgenauigkeiten

Ergänzend zu den Hinweisen in den Abschnitten 3, 4 und 5 wird hier ein zusammenfassender Überblick über prinzipielle Möglichkeiten der Genauigkeitserhöhung gegeben (vgl. z. B. [205] [302] [341] [441] u. a.). Sie sind weder geräte- noch meßgrößenspezifisch und lassen sich oft bei verschiedenen Meßverfahren in irgendeiner Form realisieren.

In Frage kommen vor allem die folgenden Methoden:

1. Fehlerquellenanalyse mit dem Ziel, Fehlerursachen möglichst weitgehend zu eliminieren
2. Auswahl von Meßmethoden, die apriori Meßresultate höherer Genauigkeit versprechen
3. Verminderung von nachteiligen Einflußgrößenauswirkungen
4. Realisierung von Korrekturen
5. Ausnutzung der Möglichkeiten, die durch die moderne Mikroelektronik, speziell die Mikrorechentechnik, geboten werden
6. regelmäßige Überprüfung der Meßmittel auf ihre Richtigkeit.

Mit Punkt 4 beschäftigt sich der Abschnitt 8 und mit Punkt 6 der Abschnitt 6.3, so daß nur die restlichen Punkte behandelt werden.

Zu 1.: Fehlerquellenanalyse. Die Aufdeckung von Fehlerquellen setzt eine gründliche Analyse des Meßsystems voraus (vgl. Abschn. 9.4 sowie [21] [228] [229] u. a.). Wie bei On-line-Messungen Meßmittelfehler durch eine zusätzliche Off-line-Messung aufgedeckt werden können, wird in [454] gezeigt (vgl. auch das Verfahren zur Fehlererkennung durch redundante Instrumentierung [114]). Mit derartigen Verfahren werden weniger Fehlerquellen im Sinne von genauigkeitsmindernden Eigenschaften, sondern im Sinne von Defekten erkannt.

Zu 2.: Zweckmäßige Meßmethode. Durch die Wahl der Meßmethode wird vorrangig auf systematische Fehler Einfluß genommen, und zwar speziell auf den multiplikativen Anteil (s. Bild 3.4), da additive Anteile leicht erkenn- und korrigierbar sind.

Unter *Meßmethode* versteht man das prinzipielle Vorgehen bei der Durchführung des Vergleichs der Meßgröße mit der Maßverkörperung (Einheitenverkörperung) [148] [634]. Eine Einteilung der verschiedenen Meßmethoden enthält das im **Bild 6.8** gezeigte Schema [610] für direkte Messungen (zu indirekten Messungen s. Abschn. 7). Einzelheiten der verschiedenen Methoden beschreibt die Literatur (z. B. [16] [126] [139] [148] [204] [231] [340] [363] [589] [590] [630].

Im vorliegenden Zusammenhang sind einige der genannten Meßmethoden von geringerer Bedeutung, z. B. die Massebestimmung eines Satzes von Wägestücken in sich nach der Meßmethode der serienweisen Kombination.

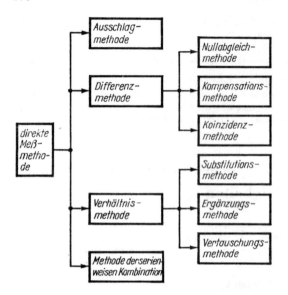

Bild 6.8. Übersicht über die wichtigsten Meßmethoden

Die Meßmethode, mit der hohe Genauigkeiten am schwersten zu erreichen sind, ist i. allg. die *Ausschlagmethode* (auch Absolutmethode [139], absolute Messung oder Unmittelbarmessung [274]). Da der Meßwert aus der Kennlinie $x_a = f(x_e)$, die im Gerät realisiert ist, gewonnen wird, gehen Kennlinienfehler voll in das Meßresultat ein. Außerdem entnehmen anzeigende Geräte, die nach der Ausschlagmethode arbeiten, ihre Meßenergie direkt dem Meßobjekt, so daß auch größere Rückwirkungsfehler zu erwarten sind.

Eine Genauigkeitsverbesserung ist durch Meßmethoden zu erreichen, die nur einen kleinen (ggf. nahezu linearen) Abschnitt der Kennlinie ausnutzen oder nur an einem Punkt der Kennlinie, dem *Arbeitspunkt*, messen. Dadurch lassen sich Steigungsfehler weitestgehend ausschalten. Dies ist sowohl mit Verhältnis- als auch mit Differenzmethoden realisierbar.

Bei der *Differenzmessung mit Nullabgleich* (abgekürzt oft Differenzmethode [148], auch Vergleichs- oder Unterschiedsmessung [274]) wird der Meßgröße (oder einer geeigneten Abbildungsgröße) eine Vergleichsgröße gleicher Größenart und möglichst ähnlichen Wertes entgegengeschaltet, oder die beiden Größen werden auf andere geeignete Art miteinander verglichen. Bei der allgemeinen Differenzmethode hat die Vergleichsgröße einen festen, bekannten Wert, so daß das Meßgerät eine Abweichungsanzeige liefert. In der Fertigungskontrolle wird als Vergleichswert zweckmäßigerweise der Sollwert gewählt. Da nur kleine Meßabweichungen auftreten, wird stets in der Nähe des Arbeitspunkts gemessen. Bei der Differenzmeßmethode mit Nullabgleich kommt noch hinzu, daß das Meßgerät (Nullindikator) nur beim Nullpunkt betrieben wird, der besonders leicht überprüfbar ist (z. B. Meßbrücken) [148].

Kompensationsmethoden, bei denen die Vergleichsgröße im Gerät erzeugt und durch einen inneren Regelkreis laufend der Meß- bzw. Abbildungsgröße nachgeführt wird, können auf unterschiedliche Weise realisiert werden. Üblicherweise können Meß- und Vergleichsgröße alle Werte innerhalb des Meßbereichs annehmen. Die Genauigkeit wird durch Faktoren wie Regelkreisverhalten, bleibende Regelabweichung, Realisierung des Vergleichsvorgangs usw. beeinflußt.

Die *Methode der konstanten Kompensationsgröße* ist demgegenüber dadurch gekennzeichnet, daß die Gleichheit zwischen den beiden Größen durch additives Hinzufügen einer Ergänzungsgröße zur Meßgröße erreicht wird [148]. Damit hat die Vergleichsgröße

einen konstanten Wert, und der Vergleichsvorgang wird an einem festliegenden Arbeitspunkt durchgeführt, so daß hohe Genauigkeiten erreichbar sind [204]. Allen Kompensationsmethoden gemeinsam ist die Eigenschaft, die Meßgröße (das Meßobjekt) energetisch nicht zu belasten (keine Rückwirkungsfehler). Die Kompensationsmethoden gehören zu den Methoden der *negativen Rückführung*, die bei vielen Verfahren zur Verkleinerung von Meßfehlern eine Rolle spielen [164] [204] [302] [340].
Der Methode der konstanten Kompensationsgröße entspricht bei der Messung von Hand die *Ergänzungsmethode*. Die gleichen Vorteile erreicht man auch mit der *Substitutionsmeßmethode*, bei der zunächst das Meßobjekt und anschließend eine (verstellbare) Maßverkörperung auf völlig gleiche Art und Weise gemessen werden. Da alle Fehlerquellen auf beide Messungen in nahezu gleicher Weise wirken, beeinflussen sie das Meßresultat minimal. Genauigkeitsentscheidend ist die Genauigkeit der Maßverkörperung einschließlich ihrer Einstellmöglichkeit. Nicht für alle Meßgrößen gibt es geeignete Maßverkörperungen, wie Wägestücke, Endmaße, Dekadenwiderstände usw. Da bei allen Methoden stets mehrere Maßverkörperungen benötigt werden, wird in [486] von Kombinationsmethoden gesprochen. Außerdem gilt, daß die Fehler besonders klein werden, wenn die Meßgröße direkt mit einer Maßverkörperung gleicher Größenart verglichen werden kann. Muß man Abbildungsgrößen für den Vergleich benutzen, wie z. T. bei Differenz- und Kompensationsmethoden, so vermindert sich die erreichbare Genauigkeit, weil das primäre Abbildungssignal durch einen Sensor gebildet wird, dessen Kennlinienfehler in den Gesamtfehler eingehen. Auch die Art der Abbildungssignale ist für die mögliche Genauigkeit wesentlich. Allgemein sind alle diejenigen Größen als Zwischenabbildungssignale vorteilhaft, die sich in s oder s^{-1} messen lassen, also Zeitintervalle, Frequenzen, Impulszahlen usw. (s. Tafel 3.1).

Zu 3.: Verminderung von Störgrößeneinflüssen. Um die Auswirkungen von störenden Einflußgrößen (*Störgrößen*) auf die Meßgenauigkeit zu vermindern, gibt es grundsätzlich vier verschiedene Möglichkeiten:

a) Unterdrückung der Störgrößen an ihrer Quelle
b) Fernhaltung der Störgrößen von den Meßmitteln
c) Verminderung der Störgrößenempfindlichkeit der Meßmittel
d) meßtechnische Erfassung von Störgrößenwerten und Korrektur ihrer Auswirkungen auf das Meßresultat.

a) *Störgrößenunterdrückung*. Die Möglichkeiten, das Auftreten von Störgrößen überhaupt zu vermeiden, sind begrenzt [112]. Viele Einflußgrößen (Luftdruck, Feuchte, Temperatur usw.) muß man als gegeben hinnehmen. Das Verfahren beschränkt sich demnach auf solche Einflußgrößen wie mechanische Erschütterungen, elektrische Felder usw. Bei genauen Messungen kann es also zweckmäßig sein, derartige Störquellen aufzuspüren und ihre Beseitigung zu versuchen oder nachts zu messen, wenn diese Störungen nicht auftreten. Tritt der Messende selbst als Störgrößenquelle in Erscheinung (z. B. Wärmestrahlung), so ist eine Automatisierung der Meßvorgänge zu erwägen.

b) *Störgrößenabschirmung*. Zu den Möglichkeiten, störende Einflußgrößen durch geeignete Abschirmungen von den Meßmitteln fernzuhalten, siehe Abschnitte 3.3.3 und 6.3.4.

c) *Herabsetzung der Störgrößenempfindlichkeit*. Die wichtigsten Möglichkeiten zur Herabsetzung der Störgrößenempfindlichkeit (2.5) sind (vgl. [112] [341] u. a.):

α) Auswahl von Meßprinzipien, Meßmethoden und/oder Meßverfahren, die apriori eine geringe Störgrößenempfindlichkeit aufweisen
β) Auslegung von Differenzmeßmethoden dergestalt, daß die Störgrößen Meß- und Vergleichsgröße in gleicher Weise beeinflussen
γ) Einsatz von weniger störempfindlichen Konstruktionsprinzipien, Materialien und Bauelementen
δ) geräteinterne Abschirmung von Störgrößen
ε) Methode der zusammengesetzten Parameter.

Beispiele

Zu α)

– Verwendung von Sensoren hoher Empfindlichkeit, um primäre Abbildungssignale mit großem Signal-Rausch-Abstand zu gewinnen. (Mangelnde Sensorempfindlichkeit kann durch hohe Verstärkung in der Meßkette nur z.T. wettgemacht werden, da einmal vorhandene Störsignale mit verstärkt werden, sofern nicht weitere Maßnahmen, wie der Einsatz von Filtern, möglich sind.)
– Umgehen der elastischen Nachwirkung von Federn durch Verwendung von Hebelwaagen anstelle von Federwaagen
– Einsatz eines Dreheisenmeßwerks anstelle eines Drehspulmeßwerks zur Reduzierung der Auswirkung von Erschütterungen
– Verwendung von Rückführungen [112].

Zu β)

– Kombination von vier Dehnmeßstreifen in Brückenschaltung zum Ausgleich temperaturbedingter Widerstandsänderungen
– Zweistrahlfotometer, bei denen Störeinflüsse durch einen Vergleichsstrahl eliminiert werden [148] [213]
– bei periodischen systematischen Abweichungen Mittelwertbildung aus zwei Meßwerten, die im Abstand einer halben Periode nacheinander aufgenommen werden.

Zu γ)

– Verwendung von Konstantan als Material für Widerstände, die sich mit der Temperatur nicht ändern sollen
– Edelmetallkontakte zur Vermeidung korrosionsbedingter Kontaktwiderstände
– Einsatz von Invar (Reduzierung temperaturbedingter Längenänderungen)
– Einsatz integrierter Schaltkreise (Verminderung der Lötstellenanzahl, d.h. der Empfindlichkeit gegenüber Erschütterungen).

Zu δ)

– Verwendung eines doppelten Überlaufs bei Dichtemeßgeräten nach dem Auftriebsprinzip zur Ausschaltung des Einflusses unterschiedlicher Strömungsgeschwindigkeiten des Meßmediums [147]
– günstige Leitungsführung und Verwendung abgeschirmter Leitungen in Meßschaltungen [126].

Zu ε)

– Beseitigung des Einflusses der Umgebungstemperatur auf die Feder eines elektrischen Bimetallmeßwerks durch eine nicht stromdurchflossene Feder, die in Gegenrichtung wirkt
– Einbau von Korrekturelementen, die temperaturbedingte Längenänderungen ausgleichen.

d) *Fehlerkorrektur.* Bei der Erhöhung der Genauigkeit von Meßmitteln durch Korrektur unvermeidlicher systematischer Abweichungen sind nur On-line-Verfahren von Interesse, weil sich eine nachträgliche Korrektur nur auf die Genauigkeit von Meßresultaten auswirkt. Bei der Fehlerkorrektur von Meßmitteln sind im wesentlichen zwei Verfahren zu unterscheiden:

• Die bei Meßmittelprüfungen festgestellten Abweichungen werden im Meßgerät gespeichert und bei jeder Messung rechnerisch berücksichtigt.

• Die Werte einwirkender Störgrößen werden laufend meßtechnisch erfaßt, mit Hilfe gespeicherter Einflußgrößenfehlerkurven aktuelle Korrekturwerte ermittelt und bei der Messung berücksichtigt. Im einfachsten Fall kann auch ein Ausdehnungsstab als Temperaturfühler dienen und gleichzeitig durch seine Längenänderung mechanisch die Korrekturgröße erzeugen. Jetzt werden derartige Korrekturverfahren zunehmend auf elektronischer Basis realisiert.

Mit den verschiedenen Möglichkeiten zur Fehlerkorrektur bei Meßmitteln beschäftigt sich Abschnitt 8.

Zu 5.: Genauigkeitserhöhung durch Einsatz der Mikroelektronik. Die moderne Elektronik erschließt derart viele meßtechnische Möglichkeiten, daß hier nicht versucht werden kann, einen erschöpfenden Überblick zu geben. Die begonnene Entwicklung soll nur anhand einiger Beispiele angedeutet werden. Dabei ist neben der

- Erhöhung des Bedienkomforts
- Erweiterung der meßtechnischen Möglichkeiten
- Erleichterung der Meßwertnutzung durch bessere Verarbeitung

vor allem die Erhöhung der Meßgenauigkeit von Interesse [149] [166] [240] [289]. Abgesehen von der allgemeinen Tendenz, mechanische und elektromechanische Verfahren durch elektronische abzulösen, sind es die folgenden Maßnahmen, die sich positiv auf die Meßgenauigkeit auswirken:

a) automatischer Selbstabgleich von Meßmitteln (s. Abschn. 6.4)

b) automatische Korrektur systematischer Fehleranteile (s. Abschn. 8)

c) Erhöhung der Meßgeschwindigkeit und damit der Zahl der Messungen

d) Einbeziehung von genauigkeitserhöhenden Rechenoperationen in den Meßprozeß, auch bei indirekten Messungen

e) Bewertung von Meßresultaten während der Messung

f) verstärkter Einsatz digitaler Meßverfahren

g) verbesserte Meßwertausgabe

h) Erhöhung der Zuverlässigkeit von Meßmitteln.

Beispiele

Zu c)

Die Entwicklung „schneller" Meßgeräte (z. B. schnelle AD-Umsetzer) und die Automatisierung von Meßabläufen erlauben es, die Anzahl der Messungen je Zeit stark zu erhöhen. Dadurch kann z. B. bei schnell veränderlichen Größen das Abtasttheorem leichter erfüllt werden (s. Abschn. 4.2.5).
Bei der Messung zeitlich konstanter Größen läßt sich der Stichprobenumfang n vergrößern und so die Unsicherheit des Mittelwertes verkleinern.

Zu d)

Durch die Einbeziehung von Rechenoperationen im Echtzeitbetrieb in den Meßprozeß werden neue Meßverfahren realisierbar, die ungenauere Verfahren ablösen. Bei der Messung der Geschwindigkeit von Stoffströmen oder laufenden Materialbahnen werden mit Hilfe zweier optischer Abtastsysteme in vorgegebenem Abstand die stochastisch auftretenden Unregelmäßigkeiten erfaßt, aus denen mit Hilfe der Korrelationsrechnung die Bahngeschwindigkeit bestimmt wird [26] [394] [536]. In [528] ist ein Verfahren zur Lagebestimmung von Strichen oder Kanten mit CCD-Zeilen beschrieben, bei dem die fotometrische Mitte des Striches aus der aufgenommenen Beleuchtungsstärkeverteilung durch Bestimmung des Maximums dieser Verteilung ermittelt und so das Auflösungsvermögen erhöht wird. Durch die On-line-Auswertung indirekter Messungen lassen diese sich auch für zeitabhängige Größen einsetzen, für die bei nachträglicher Auswertung die Ergebnisse nicht rechtzeitig zur Verfügung stünden.

Zu e)

Die kontinuierliche automatische Bewertung von Meßresultaten durch geräteinterne Rechner ermöglicht eine leichte Extremwertkontrolle. Dadurch können – auch unmittelbar durch den Rechner – jederzeit Maßnahmen eingeleitet werden, um genauigkeitsmindernde Entwicklungen (z. B. Auftreten von Drift) rechtzeitig zu unterbrechen. Grobe Meßfehler sind dadurch zu vermeiden, daß sie vom Rechner nach eingegebenen Kriterien ausgeschieden werden (z. B. [153]).

Zu f)

Im Zusammenhang mit der Genauigkeitserhöhung durch digitale Verfahren (Abschn. 4) ist darauf hinzuweisen, daß digitale Meßverfahren nicht a priori genauer sind als analoge. Sie bieten aber die Möglichkeit einer Erhöhung des Auflösungsvermögens. Damit wird zumindest die optische Meßwertausgabe genauer. Während bei analoger Anzeige (mit entsprechender Teilung und Ablesehilfen) ein Meßwert mit etwa vier gültigen Ziffern abgelesen werden kann, so daß Ablesefehler $< 1\,^0/_{00}$ kaum erreichbar sind, läßt sich bei digitalen Anzeigen dieser Fehler praktisch beliebig klein halten. Dies ist allerdings kein Maß für die Genauigkeit des betreffenden digitalen Meßgeräts. Nur eine Analyse des Gesamtgeräts (einschließlich der evtl. vorhandenen analogen Eingangsschaltung!) gibt Aufschluß über seine Genauigkeit.

Zu g)

Außer der Verkleinerung der Ablesefehler durch digitale Anzeigen hat die Optoelektronik auch für Analoganzeigen Fortschritte gebracht. So ist z. B. eine Leuchtbandanzeige frei von Parallaxenfehlern (s. Bild 2.3). Auch die Kombination von Digital- mit Analoganzeigen verbessert die Ablesesicherheit (Vermeiden grober Fehler!).

Zu h)

Der Einsatz integrierter Schaltungen in Meßmitteln sowie die Ablösung mechanischer Verfahren erhöhen die Zuverlässigkeit, weil die (oft nicht bemerkte!) allmähliche Verschlechterung der meßtechnischen Eigenschaften durch mechanischen Verschleiß entfällt.

Die unter Punkt 5 diskutierten Aspekte der Meßtechnikentwicklung im Ergebnis der Fortschritte auf dem Gebiet der Elektronik sind erst ein Anfang. Dabei ist der Komplex der Off-line-Meßdatenverarbeitung noch gar nicht berücksichtigt, weil er die vorliegende Thematik nicht unmittelbar betrifft.

Für die Problematik der Genauigkeitserhöhung ist wichtig, daß die *Aufwand-Nutzen-Relation* entscheidend für den Erfolg ist, und in vielen Arbeiten werden die Fragen einer kostenoptimalen Genauigkeitserhöhung behandelt (z. B. [44] [78] [164] [220] u.a.). Dies geht von der Meßgeräteentwicklung [193] bis zur Frage der Häufigkeit von Meßmittelprüfungen [220]. Oft werden dabei die Kosten grob unterschätzt [228]. Unter bestimmten Umständen können mehrere ungenauere Messungen, die nur geringe Kosten verursachen, bei geschickter Auswertung die gleichen Resultate ergeben wie eine einzelne hochgenaue, aber aufwendige Messung [459]. Auf jeden Fall sind Genauigkeitserhöhungen ohne Berücksichtigung der zusätzlichen Kosten unvertretbar.

6.3.   Meßmittelprüfung

6.3.1.   Arten von Meßmittelprüfungen

Die genauigkeitsbestimmenden Eigenschaften der Meßmittel unterliegen zeitlichen Änderungen, und in gewissen Zeitabständen muß geprüft werden, ob diese Änderungen bereits zulässige Grenzen überschritten haben. Die Gesamtheit der damit verbundenen Aufgaben ist das Gebiet des Qualitätsmanagements allgemein [623] [624] [625] [644] und hier im besonderen der *Meßmittelüberwachung* (auch *Prüfmittelüberwachung* [474] [575]). In der UdSSR sprach man vom System zur Gewährleistung der Einheitlichkeit von Messungen [649] bzw. von *metrologischer Sicherung* [630].Die Meßmittelprüfung heißt zur Unterscheidung von anderen Prüfungen *meßtechnische Prüfung* [148] [599] (auch Meßmittelrevision, Meßmittelkontrolle [167] oder Kennwertermittlung von Meßmitteln). Für die Kontrolle der spezifischen meßtechnischen Eigenschaften wird anstelle von Prüfen weitgehend der Ausdruck Kalibrieren verwendet (s. Tafel 2.9). Prüfen im Sinne von Feststellen, inwieweit ein Meßmittel bestimmte Forderungen erfüllt [634], ist der allgemeinere Begriff.

Ob und wie Meßmittel zu prüfen sind, liegt nicht ausschließlich im Ermessen des Meßmittelnutzers oder -herstellers; in den meisten Ländern gibt es dafür auch zentrale Regelungen. Dabei werden nicht alle Meßmittel gleich behandelt, sondern in Abhängigkeit von ihrer Wichtigkeit sind die Forderungen unterschiedlich scharf. Einsatzgebiete mit speziellen Forderungen an die Genauigkeiten der dort eingesetzten Meßmittel können z.B. sein

- rechtsgeschäftlicher Verkehr, wie Kauf (einschließlich Import und Export), Verkauf, Dienstleistungen usw.
- Gesundheitswesen
- Arzneimittelherstellung
- gutachterliche Tätigkeiten für besondere Zwecke
- inner- und zwischenbetriebliche Bilanzen und Abrechnungen
- Sicherheitstechnik, Umweltschutz, Bergbau und ähnliche Bereiche
- Verkehrswesen (Land-, See- und Luftverkehr; Raumfahrt)
- Meßmittelprüftechnik
- Fertigungskontrolle (einschließlich Qualitätskontrolle)
- Landesverteidigung (Militärwesen)
- Sport, speziell Wettkampfsport.

Eichung. Eine besonders wichtige Prüfung ist die Eichung, die sich von den übrigen Prüfungen durch ihren „amtlichen Charakter" unterscheidet, der durch die zur Eichung gehörende Beurkundung des Prüfergebnisses, die *Stempelung*, zum Ausdruck kommt. In **Tafel 6.4** sind (etwas vereinfacht) die verschiedenen Prüfungen zusammengestellt. Da die Fragen der Eichung rechtliche Probleme berühren, sind die Einzelheiten in den Industrieländern mehr oder minder eindeutig gesetzlich geregelt. In der Bundesrepublik Deutschland geschieht dies sowohl durch Gesetze und Verordnungen (z.B. [542] [543] [553]) als auch durch PTB-Richtlinien und -Anforderungen (z.B. [562] [563] [567] [585]) und EWG-Richtlinien (z.B. [564] [591]). Über die Bestimmungen in anderen Ländern findet man Hinweise in der einschlägigen Literatur, z.B. Rußland [570] [588]; USA [402]; Frankreich [554]; Großbritanien [46]; Dänemark [40]; Schweiz [555].

Tafel 6.4. Beispiele für verschiedene Arten von Prüfungen bei Arbeitsmeßmitteln

Charakter der Prüfung	Erstprüfung	Wiederholungsprüfung	Prüfung mit spezieller Zielstellung
Betrieblich; ohne Stempelung	Endkontrolle nach Fertigung (Erstprüfung)	Vergleich mit Normalen (Meßmittelprüfung)	z.B. Klimaprüfung, Zuverlässigkeitsprüfung, Prüfung für spez. Einsatz
Amtlich; mit Stempelung	Eichung (Ersteichung) Beglaubigung	Nacheichung	Sonderprüfung, Befundprüfung (s. [395])

In den zwischenstaatlichen Beziehungen spielt die Frage der gegenseitigen Anerkennung von staatlichen Meßmittelprüfungen (Eichungen) eine wichtige Rolle, weil davon u.a. Import und Export eichpflichtiger Meßgeräte abhängen; Ausführungen dazu enthalten [79] [80] [97] [139] [235] [547]. Die Bestrebungen in der EG gehen dahin, die Bestimmungen für Bauartzulassungen und Ersteichungen von Meßmitteln so weit zu harmonisieren, daß die Geräte in sämtlichen Mitgliedsstaaten der EG ohne erneute Prüfung eingesetzt werden können. So besteht z.B. nach einer EWG-Richtlinie [591], die nicht selbsttätige Waagen betrifft, für alle Staaten die einheitliche Eichpflicht und ein neues Zertifizierungsverfahren, die als Muster für entsprechende Vorschriften bei anderen Meßmitteln angesehen werden können [395].

In der Regel unterliegen Meßmittel der *Eichpflicht* [72], wenn sie für die folgenden Aufgaben eingesetzt werden:

• Bestimmung der Qualität und Quantität von Waren im rechtsgeschäftlichen Verkehr sowie des Umfangs von Dienstleistungen
• Kontrollen im Gesundheitswesen (einschließlich Arbeits- und Strahlenschutz sowie bei der Herstellung von Arzneimitteln) sowie im Sicherheitswesen, im Umweltschutz und bei der Kontrolle der Sicherheit im Straßenverkehr
• Erstattung von bestimmten Gutachten

Die Gültigkeit einer Eichung ist zeitlich begrenzt; in der Eichordnung [543] und ihren Anlagen (vgl. z.B. [585]) sind die Eichgültigkeitsdauern angegeben, nach denen, ein Gerät zur Nacheichung vorzulegen ist [395]. Die Fristen liegen zwischen 1 und 16 Jahren; häufig werden 2 Jahre gefordert.

Auf Einzelheiten des Eichrechts sowie auf organisatorische und technische Details wird hier nicht eingegangen (s. z.B. [542] [543] [553] [562] [563] [567] [596]); auch hinsichtlich der Durchführung der Prüfungen muß auf die Literatur verwiesen werden. Als Beispiele seien hier genannt: diverse Längenmeßmittel [583], induktive Wegsensoren [327], Druck [501], verkörperte Längenmaße [564], nichtselbsttätige Waagen [591], Meßgeräte für strömende Flüssigkeiten außer Wasser [567], Durchfluß [72], elektrische Meßgeräte [618], Elektrizitätszähler [585] u.a. Noch teilweise ungelöst sind die Probleme der Eichung bei Meßmitteln, die interne Rechenschaltungen enthalten [131] [401] [404]. Bei der Kopplung mit externen Rechnern betrifft das auch die Prüfung der Schnittstellen [396], bei internen Rechnern [416] die der Software [286] [651]. Von Interesse sind auch die Kriterien für die Qualität einer Eichung [221] und für ihre Zuverlässigkeit [66] sowie die Qualität der mit geeichten Meßmitteln durchgeführten Messungen [131] [465]. Der Ausdruck Eichen wird in der Praxis noch vielfach auch für andere meßtechnische Tätigkeiten, wie Einmessen, Kalibrieren, Prüfen usw., benutzt [340] [557]. Eichkurve und Eichgerade für statische Kennlinie ist ebenso abzulehnen wie Lufteichung, Partialdruckeichung [308] usw. Nach den gültigen Normen [395] [604] [634] ist der Ausdruck Eichen ausdrücklich der amtlichen Tätigkeit vorbehalten; allerdings wird diese Empfehlung noch oft ignoriert, so daß dann zur Verdeutlichung vom *amtlichen Eichen* bzw. von Eichen im amtlichen Sinne [571] gesprochen werden muß.

Nicht gesetzlich geregelte meßtechnische Prüfungen. Im wesentlichen sind folgende Prüfungen zu unterscheiden:

• erstmalige Prüfungen
• Wiederholungsprüfungen
• spezielle Prüfungen
• Prüfung von Normalen (s. Abschn. 6.3.5).

Eine *erstmalige Prüfung* ist z.B. die Musterprüfung, die an einem Muster des betreffenden Meßmittels vorgenommen wird [644], und die *Bauartprüfung*, durch die festgestellt wird, ob ein Meßmittel mit der zugelassenen Bauart übereinstimmt [630]. *Typprüfungen* (Musterprüfungen [167]) werden als Stichprobenprüfungen durchgeführt (vgl. z.B. [586]). Demgegenüber werden *Abnahmeprüfungen*, die oft zugleich die Endprüfung der Fertigung sind, als Stückprüfungen durchgeführt. Teilprüfungen sind Typprüfungen, die nur veränderte Einzelteile betreffen (z.B. [607]). Bei elektrischen Meßmitteln sind außerdem noch die in den entsprechenden Vorschriften geregelten Sicherheitsvorschriften zu berücksichtigen.

Wiederholungsprüfungen werden im Gegensatz zu den Typprüfungen häufig als einfache Prüfungen durchgeführt, d.h., es kann dabei auf die Kontrolle einiger Parameter, die sich kaum ändern, verzichtet werden. Sie umfassen eine Kurzzeitfunktionsprüfung und die eigentliche meßtechnische Prüfung. *Spezielle Prüfungen* beziehen sich entweder auf spezifische Eigenschaften oder auf besondere Bedingungen bei Einsatz, Lagerung und Transport von Meßmitteln. Zur ersten Kategorie gehören z.B. Prüfungen, die der Ermittlung von Zuverlässigkeitskenngrößen dienen [55] [131]. Eine andere Gruppe

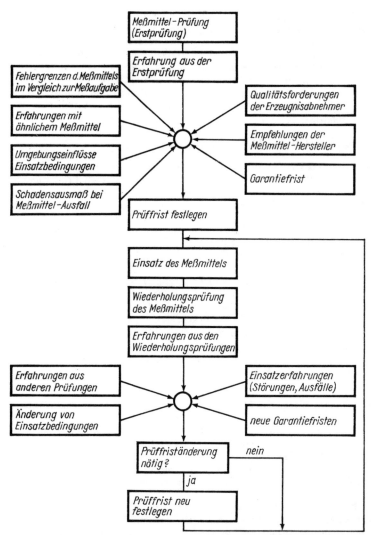

Bild 6.9. Hinweis für die Festlegung von Bestätigung- bzw. Prüfintervallen [575] [625]

spezieller Prüfungen sind die *Umweltprüfverfahren* [11], z.B. *Klimaprüfverfahren* für normale und spezielle Beanspruchungen (für verschiedene makroklimatische Klimatypen oder bestimmte Technoklimate: s. z.B. [474] [640]). Zur Klassifizierung von Umgebungsbedingungen s. **[430]** **[611]** **[617]**. Über die Durchführung der Klimaprüfungen für konkrete Klimaparameter geben die einschlägigen Normen Auskunft, z.B. (612). Auf weitere Prüfungen, wie Stoß-, Rüttel- und Schwingungsprüfung oder Prüfung der elektromagnetischen Verträglichkeit, sei nur hingewiesen.

Regelmäßige Wiederholungsprüfungen (auch laufende *Überwachungsprüfungen* [575]) sind das Kernstück der Meßmittelüberwachung beim Anwender. Es sind dies die regelmäßigen (z.T. gesetzlich geforderten) Kalibrierungen, vorzugsweise in Kalobrierlaboratorien des DKD [594] [597] [598], und ggf. weitere zwischenzeitliche Prüfungen mit betrieblichen Prüfnormalen [625].

Die Fristen für Wiederholungsprüfungen (*Prüfintervalle* [575] oder *Prüffristen*) sind prinzipiell nicht allgemein festlegbar. Sie richten sich nach Meßmittelart, -konstruktion, -einsatzbedingungen, -beanspruchung, -wartung usw. und stellen stets einen Kompromiß zwischen dem Prüfaufwand (Kosten) einerseits und dem Verantwortungsbewußtsein für das Erzielen „richtiger" Meßresultate andererseits dar. Hinweise zur Prüfintervalloptimierung findet man in [220] [434] [539] [625] u.a. Bild 6.9 zeigt ein Schema zum zweckmäßigen Vorgehen bei der Festlegung sachgerechter Prüfintervalle. Ähnliche Überlegungen gelten sinngemäß auch für Umfang, Durchführung, Organisation usw. von Wiederholungsprüfungen.

6.3.2. Prüfparameter der Meßmittelprüfung

Welche Meßmitteleigenschaften (Prüfgrößen, *Prüfparameter*) im Rahmen einer Prüfung zu kontrollieren sind [558], hängt vom Gerätetyp, der die konkreten Prüfparameter bestimmt, sowie von Genauigkeitsklasse, Einsatzbedingungen, Meßaufgabe, Benutzungsdauer, durchgeführten Wartungs- und Reparaturarbeiten, Wichtigkeit der gewonnenen Meßresultate u.a. ab. Die Anzahl der zu prüfenden genauigkeitsbestimmenden Parameter kann recht erheblich sein. Die Unterscheidung von statischen und dynamischen Eigenschaften kann durchaus bedeutsam sein; oft treten jedoch ohnehin keine dynamischen Fehler auf, und es kann auf die Kontrolle des dynamischen Verhaltens verzichtet werden.

Die Prüfung statischer Eigenschaften (*statische Prüfung*) dient der Ermittlung der systematischen und zufälligen Fehleranteile des geprüften Meßmittels. Obwohl nach internationalen Empfehlungen (z.B. [558]) viele spezielle Eigenschaften zu prüfen wären, wird in der Praxis bevorzugt die Verkehrsfehlergrenze als Prüfparameter festgelegt [558]. Vor der eigentlichen Prüfung ist die Kontrolle

● der Einrichtungen für Justage und Korrektur
● der Meßeinrichtungen für Störgrößen, Hilfsstoffe und Energie
● von Ablesehilfen oder anderen Meßwertausgabeeinheiten

erforderlich.

Beispiele. Sitzt bei einer Waage die Libelle für die Kontrolle der senkrechten Aufstellung schief in ihrer Fassung, so sind weitere Prüfungen von vornherein überflüssig. Ebenso kann auf die Prüfung eines elektronischen Meßgeräts verzichtet werden, wenn man feststellt, daß im Netzteil ein Gleichrichter defekt ist, so daß die Versorgungsspannung eine unzulässige Welligkeit aufweist. Im Einzelfall ist also sorgfältig zu überlegen, welche Baugruppen und -elemente, die an der Meßwertbildung nicht unmittelbar beteiligt sind, auf ihre korrekte Funktion kontrolliert werden müssen, ehe die metrologische Prüfung beginnt.

Die Prüfung eines Meßgeräts auf systematische Abweichungen (s.Abschn. 3.3) besteht in der *Aufnahme* seiner Kalibrierkurve [626]bzw. seiner *Fehlerkennlinie*. Dies ist zeitaufwendig und erfordert eine entsprechende Anzahl von Maßverkörperungen, um die Prüfpunkte innerhalb des Meßbereichs hinreichend dicht verteilen zu können, was nicht immer realisierbar ist. Bei Meßmitteln geringerer Genauigkeit kann auf den Vergleich mit einem genaueren Meßgerät ausgewichen werden. Ist die Aufnahme der Fehlerkennlinie nicht möglich, so muß ein Kompromiß zwischen dem gewünschten, möglichst umfassenden Prüfresultat und den gegebenen Möglichkeiten eingegangen werden.

Um etwas über die Unsicherheit der Fehlerkennlinie aussagen zu können, müßte man jeden Punkt mehrmals aufnehmen, sofern zeitlich konstante Maßverkörperungen zum Vergleichen zur Verfügung stehen. Wird mit einem genaueren Meßgerät verglichen, so gehen dessen zufällige Fehler in die Fehlerabschätzung mit ein. Da ein derartiger Aufwand i. allg. nicht vertretbar ist, wird die Ermittlung der Unsicherheit der Kennlinie oft nur an *einem* Punkt vorgenommen, und zwar möglichst im mittleren Bereich der Kennlinie (vgl. Bild 6.4). Mit diesen Prüfresultaten und der Kenntnis der Unsicherheit der Maßverkörperung, die berücksichtigt werden muß, kann die Einhaltung der Genauigkeitsklasse durch das Meßmittel kontrolliert werden.

Die Prüfung dynamischer Eigenschaften von Meßmitteln ist aufwendiger als die Prüfung statischer Kennwerte (s. Abschnitt 5.4). Nach dem Entwurf einer OIML-Empfehlung [565] könnendie Prüfparameter aus den Kenngrößen Sprungantwort, Impulsantwort, Übertragungsfunktion, Amplitudengang, Phasengang, Beruhigungszeit, Laufzeit, Zeitkonstante, Dämpfungsgrad und/oder Grenzfrequenz ausgewählt werden.

6.3.3. Durchführung von Meßmittelprüfungen

Meßmittelprüfungen haben für die Genauigkeit der mit den geprüften Geräten erzielbaren Meßresultate große Bedeutung. Deshalb muß im Interesse der Einheitlichkeit und Vergleichbarkeit der Prüfresultate sichergestellt werden, daß gleiche Meßmittel auch auf gleiche Weise geprüft werden. Dazu werden die Prüfungen entweder speziell dafür geschaffenen Einrichtungen übertragen, oder es müssen detaillierte, eindeutige Prüfregeln (z.B. [577]), Prüfanweisungen [653] (auch Prüfvorschriften) existieren, nach denen sich die einzelnen Prüfer richten können. In der Praxis werden beide Wege nebeneinander beschritten.

Eichungen. Dafür sind in den meisten Ländern staatliche Institutionen verantwortlich. Da nach Artikel 73 des Grundgesetzes der Bundesrepublik Deutschland die Gesetzgebungskompetenz für das Meß- und Eichwesen beim Bund liegt, ist auch die PTB die technische Oberbehörde für das Eichwesen in Deutschland. Ausgeführt werden die Eichgesetze von den Eichämtern in den einzelnen Bundesländern, 'über die die jeweiligen Eichaufsichtsbehörden die technische Oberaufsicht führen [395].

Nichtgesetzliche Meßmittelprüfungen. Da einerseits die PTB nicht die Kapazität hat, den ständig steigenden Kalibrierbedarf durch direkte Rückführung auf nationale Normale [596] zu decken und andererseits viele Industrieunternehmen und wissenschaftliche Institutionen personell und ausrüstungsmäßig in der Lage sind, Kalibrierungen sachgerecht und zuverlässig durchzuführen, wurden Zwischenstufen eingeschaltet, von denen der Deutsche Kalibrierdienst die bedeutendste ist [593] [598] (Bild 6.10). Den Anschluß der Bezugsnormale der DKD-Kalibrierlaboratorien richten sich dabei nach den Normen der Reihe DIN EN 45000 [656]. Da der DKD in der Western European Calibration Cooperation (WECC) mitarbeitet, werden seine Kalibrierscheine und Zertifikate [597] in den angeschlossenen Ländern anerkannt [593].

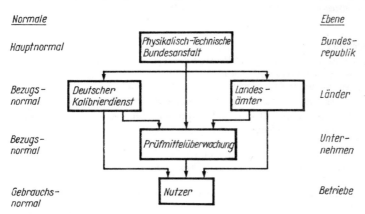

Bild 6.10. Meßmittelprüfungen (Kalibrierungen) auf verschiedenen Ebenen und die benutzten Normale [575]

Ohne auf Einzelheiten einzugehen, werden im folgenden einige allgemein gehaltene Hinweise zur Meßmittelprüfung gegeben. Dabei werden folgende Komplexe unterschieden:

1. Gewährleistung einheitlicher Prüfbedingungen
2. Vorbereitung der Prüfungen
3. Durchführung der eigentlichen Prüfung
4. Auswertung und Dokumentation der Prüfresultate.

Zu 1.: Prüfbedingungen. Voraussetzung für vergleichbare Prüfresultate ist die Einhaltung bestimmter Bedingungen für Einflußgrößen (Referenzbedingungen[634])und aller anderen Umstände, die bei der Prüfung zu beachten sind [167]. Einen Auszug aus den Prüfbedingungen für die Prüfung anzeigender elektrischer Meßmittel enthält **Tafel 6.5.** Bei anderen Bezugsbedingungen für das Betreiben der Meßmittel gelten auch abweichende Prüfbedingungen. Bei Längenmeßmitteln beträgt z.B. die Bezugstemperatur $+ 20\,°C$ [632]; sie können also nicht bei $+ 23\,°C$ geprüft werden. Zu den Prüfbedingungen gehören auch Forderungen wie die, daß die Prüflinge die Temperatur des Prüfraums angenommen haben, daß das Temperaturgleichgewicht nicht durch Wärmequellen (Beleuchtungseinrichtungen oder Prüfer) gestört wird, daß der Meßbereich des Vergleichsgeräts dem des Prüflings entspricht usw.

Tafel 6.5. Beispiel für Referenzbedingungen der Einflußgrößen und Grenzabweichungen für Prüfzwecke

Einflußgröße	Referenzbedingungen	Grenzabweichungen
Umgebungstemperatur	23 °C	$\pm$ 1 K (Kl. 0,05 $\cdots$ 0,3)
		$\pm$ 2 K (Kl. 0,5 $\cdots$ 5)
Relative Luftfeuchtigkeit	40 ... 60 %	
Magnetisches Fremdfeld	Erdfeld	40 A/m
Versorgungsspannung	Nennwert	$\pm$ 5 % des Nennwertes
		$\pm$ 0,5 % der Grenzwerte des Bezugsbereichs
Frequenz der Spannung	Nennwert	$\pm$ 1 % des Nennwertes
Restwelligkeit	Null	1 % (Kl. 0,05 $\cdots$ 0,3)
		3 % (Kl. 0,5 $\cdots$ 5)

Prüflinge: anzeigende elektrische Meßgeräte nach DIN EN 60051 [618]

Zu 2.: Prüfvorbereitung

- Vertrautmachen mit der Bedienung des Prüflings und dem Ablauf der Prüfung (Bedienungsanleitung und Prüfvorschrift lesen)
- Bereitstellen der relevanten metrologischen Kennwerte (Kalibrierkurve bzw. statische Kennlinie, alte Fehlerkennlinie, Angaben über Fehlergrenzen und Einflußfaktoren usw.)
- Reinigung des Meßmittels und Beschaffenheitsprüfung ggf. – soweit möglich – Beseitigung kleinerer erkannter Defekte
- Kontrolle der Einhaltung der Prüfbedingungen (s. oben)
- orientierende Kontrolle der Funktionsfähigkeit des Prüflings
- Einstellen des gewünschten Meßbereichs, ggf. Ermittlung der Skalenkonstanten (des Skalenfaktors; s. Tafel 2.10)
- Bereitstellen der Maßverkörperung bzw. des genaueren, als Vergleichsgerät vorgesehenen Meßmittels
- Anschließen von Energiequellen und Hilfsgeräten sowie Bereitstellen von Hilfsstoffen.

Zu 3.: Prüfablauf. Die eigentliche Prüfung umfaßt i. allg. die folgenden *Prüfschritte* (auch Prüfarbeitsgänge, Prüfverrichtungen [167]):

■ *Bei Vergleich mit Normal* (Maßverkörperung) [596]
- Maßverkörperung an den Eingang des Prüflings legen
- Einschwingvorgänge abwarten (dabei soll – falls technisch möglich – der angelegte Wert einmal von größeren und einmal von kleineren Werten herkommend erreicht werden)
- ausgegebene Werte (zusammen mit dem Wert der Maßverkörperung) festhalten (notieren, automatisch registrieren usw.)
- ggf. Messung wiederholen (Wiederholbedingungen sichern!)
- evtl. Aufnehmen einer Meßreihe unter Wiederholbedingungen für mindestens einen Wert (Wiederholbarkeitsprüfung)
- erneute Kontrolle der Einhaltung der Prüfbedingungen
- bei Zulässigkeit der Variation von Einflußgrößen (Einflußgrößenbereiche; vgl. Tafel 6.5) Wiederholung der Messungen bei Einflußgrößenwerten an den zugelassenen Bereichsgrenzen, und zwar getrennt für jede Einflußgröße [404]
- Wiederholung der Messungen mit anderen Eingangsgrößenwerten.

■ *Bei Vergleich mit genauerem Meßmittel* [607]
- Eingangsgröße erzeugen (bzw. einstellen) und ihre Konstanz abwarten (nach Möglichkeit kontrollieren)
- Vergleichsmeßmittel zweckentsprechend zuschalten (hintereinander, parallel, substituierend usw.), Funktion überprüfen
- von Prüfling und Vergleichsgerät ausgegebene Werte möglichst zeitgleich festhalten (ablesen, registrieren usw.)
- weiter wie unter „Bei Vergleich mit Normal" ab: – ggf. Messung wiederholen.

Die verschiedenen Möglichkeiten, den Vergleich der Prüflingsanzeige mit „richtigen" Werten zu realisieren, seien hier für unterschiedliche Gegebenheiten illustriert:

Beispiele

a) Eingangsgröße durch mehrwertige oder Sätze einwertiger Maßverkörperungen realisierbar, Maßverkörperungen belastbar:
   direkte Messung, z. B. Prüfung von Waagen mit Normalwägestücken, Prüfung anzeigender Widerstandsmeßgeräte mit Normalwiderständen.

b) Wie a), aber Normal nicht belastbar:
   Übertragung des Wertes des Normals auf „Hilfs"-Normal, Realisierung der „richtigen" Eingangsgröße durch „Hilfs"-Normal, z. B. Prüfung von Spannungsmeßgeräten mit (nicht belastbaren) Normalelementen, indem mit diesen und einem Kompensator der Wert einer belastbaren Spannungsquelle ermittelt und mit dieser geprüft wird.

c) Prüfung von Meßmitteln, die selbst Maßverkörperungen darstellen:
   direkter Vergleich unter Benutzung von Meßmitteln, die einen möglichst fehlerarmen Vergleich erlauben, z. B. Vergleich von Arbeitswägestücken mit Normalwägestücken mit einer Hebelwaage (nach der Substitutions- oder Vertauschungsmethode) oder Vergleich von Maßstäben (als Prüflinge) mit Längenmaßverkörperungen (als Normale) mit Komparator, Prüfung von Lehren mit Prüflehren [602].

d) Keine Maßverkörperung verfügbar, Eingangsgröße durch Normalanordnung erzeugbar:
   indirekte Messung (Fundamentalverfahren zur Darstellung einer Einheit), z. B. Erzeugung eines Druckes für die Manometerprüfung mit einem Kolbenmanometer; Errechnung des Druckes aus Kolbenfläche und wirkender Kraft.

e) Keine Maßverkörperung verfügbar, "genaueres" Meßgerät (als *Referenzmeßgerät* bezeichnet [618]) für gleiche Größenart vorhanden:

Erzeugen einer Eingangsgröße mit beliebigem Wert; möglichst zeitgleiche Messung dieser Größe mit Prüfling und Referenzmeßmittel. (Ist die Vergleichsmessung eine indirekte Messung, so kann die Methode der unter d) beschriebenen entsprechen.) Erzeugung eines konstanten Stromes mit Konstantstromquelle und Lastwiderstand, Prüfling und Referenzmeßgerät hintereinander im Stromkreis, gleichzeitige Ablesung beider Meßwerte. – Prüfung einer Stoppuhr, indem bei dieser und der Vergleichsstoppuhr die Start- und Stopptasten gleichzeitig betätigt werden (z.B. durch Gegeneinanderdrücken der beiden Tasten). Das Verfahren ist häufig anzutreffen, weil es für beliebige Punkte im Meßbereich realisierbar ist. In [618] wird z.B. für anzeigende elektrische Meßgeräte gefordert, die Abweichungen bei mindestens fünf etwa gleich weit auseinander liegenden Skalenstrichen zu bestimmen und jeden Prüfpunkt einmal von größeren und einmal von kleineren Werten her zu messen, was mit einem anderen Verfahren kaum realisierbar ist.

Zu 4.: Auswertung der Prüfresultate.

- Ggf. Meßergebnis aus Einzelmeßwerten berechnen
- Anbringen notwendiger Korrektionen, Reduktionen usw.
- ggf. statistische Auswertung, Bildung von Mittelwerten usw.
- Berechnung der Prüffehlergrenze durch umfassende Fehlerabschätzung (s. dazu nachfolgende Bemerkungen)
- Darstellung (Fixierung) der Prüfresultate (von Hand, durch Schreiber, Plotter usw.) in Form von Tabellen, Abweichungsdiagrammen (z.B. [600]), Fehlerkurven, Korrektionskurven mit entsprechenden Unsicherheitsangaben
- Entscheidung: Überprüfung des Einhaltens vorgegebener Fehlerkennwerte, wie Verkehrsfehlergrenze, Genauigkeitsklasse, z.B. Ist maximale Abweichung der Fehlerkurve + Unsicherheit < Verkehrsfehlergrenze (bei Eichungen: < Eichfehlergrenze)?
- Dokumentation der Prüfresultate einschließlich der Prüfbedingungen im Prüfprotokoll, auf Meßmittelkarteikarten, auf Speichermedien von EDV-Anlagen usw., evtl. Kennzeichnung auf dem geprüften Meßmittel (z.B. durch Kalibrierzeichen [597]; s.Tafel 6.7) mit Datum, Unterschrift usw. [575], s. auch Abschnitt 6.3.4
- Rückführung des Prüflings.

Bei der Meßmittelprüfung ist die sachgerechte Fehlerabschätzung besonders wichtig. Grundsätzlich unterscheidet sie sich nicht von den in den Abschnitten 3 bis 5 behandelten Verfahren. Bei Verwendung von Maßverkörperungen kommt deren Unsicherheit (vgl. Abschn.3.1) hinzu, wobei normalerweise das Fehlerfortpflanzungsgesetz für zufällige Fehler anzuwenden ist [340]. Bei Verwendung eines Referenzmeßmittels ist es ähnlich, wenn exakt gleiche Eingangsgröße und zeitgleiche Ablesung gewährleistet werden kann. Muß mit Prüfling und Referenzmeßgerät nacheinander gemessen werden, so ist Gleichheit der Eingangsgrößen gesondert zu untersuchen. Bei den beiden erwähnten Stoppuhren ist es z.B. möglich, daß infolge unterschiedlicher Federkonstanten und/oder unterschiedlicher Schaltwege nicht beide Uhren exakt zum gleichen Zeitpunkt ausgelöst werden.

In [404] ist u.a. eine Fehlerbetrachtung für den Fall enthalten, daß mehrere Einflußgrößen variiert werden, wobei die für die einzelnen Einflußgrößen ermittelten Teilfehler ebenfalls pythagoreisch addiert werden können. Da derartige statistische Auswertungen vor allem bei einer größeren Anzahl von Stützstellen der Fehlerkennlinie sehr umfangreich sind, kommt in der Regel nur noch eine rechnergestützte Auswertung in Frage [534]. Algorithmen dafür findet man in [439]. Bei komplizierten Meßmitteln (z.B. [53] [251] [477]) und bei Meßmitteln mit internen Rechnern (ggf. getrennte Prüfung der Software [651]) werden die Prüf- und Auswerteprobleme besonders kompliziert und sind z.T. noch ungelöst.

6.3.4. Prüfhilfsmittel

Der Aufwand hinsichtlich der Hilfsmittel für eine ordnungsgemäße Durchführung von Meßmittelprüfungen steigt mit zunehmender Anforderung an die Prüfschärfe i. allg. an. Diese Hilfsmittel lassen sich in folgende Gruppen zusammenfassen:

1. Mittel zur Realisierung definierter konstanter Eingangsgrößen
2. Mittel zur Konstanthaltung und Überwachung von Einflußgrößen
3. allgemeine Mittel zum Betreiben und Warten des Prüflings
4. Auswerte- und Dokumentationshilfsmittel
5. Prüfungsregeln und andere Richtlinien für Prüfungen
6. Organisationshilfsmittel allgemeiner Art.

Hinzu kommen noch die Fragen der Qualifikation derjenigen, die Prüfungen durchführen, worauf hier nicht eingegangen wird.

Zu 1.: Maßverkörperungen oder Referenzmaterialien [605] [626] (Mittel zur Erzeugung bzw. Vergegenständlichung von Eingangsgrößen). Jede Meßmittelprüfung ist ein Vergleich der vom Prüfling gelieferten Ausgangsgröße mit dem Wert eines Normals, das entweder als Maßverkörperung oder Referenzmaterial unmittelbar Eingangsgröße ist oder das als interne Maßverkörperung in einem Vergleichsmeßmittel vorliegt. Dabei hat in der Regel eine Bezugnahme auf zertifizierte Referenzmaterialien zu erfolgen, nur in begründeten Ausnahmefällen [605] kann von dieser Forderung abgewichen werden. Man unterscheidet darstellende und messende Normale. *Darstellende Normale* sind Maßverkörperungen, wie Massestücke, Parallelendmaße usw.; *messende Normale* sind Normalmeßanordnungen mit deren Hilfe eine Einheit dargestellt wird, z.B. Kolbenmanometer. *Einwertige Normale* verkörpern nur einen einzigen Wert der betrachteten Größe, mit *mehrwertigen Normalen* können mehrere Werte realisiert (eingestellt) werden [626]. Letztere sind für Meßmittelprüfungen besonders geeignet. Zur Frage der Unsicherheit von Normalen s. Abschnitt 3.1.

Werden Referenzmeßmittel zum Vergleichen benutzt, so sollen die Meßbereiche mit denen der Prüflinge möglichst übereinstimmen. Hinsichtlich der Genauigkeit dieser Vergleichsmittel gilt, daß der Toleranzkoeffizient K_T (in Übereinstimmung mit Tafel 2.5)

$$K_T \leq 0{,}1$$

sein sollte [614]. Dabei ist in (2.6) für Meßtoleranz die zulässige Fehlergrenze des Referenzmeßmittels einschließlich des genauigkeitsbeeinflussenden Zubehörs und für Merkmalstoleranz die zulässige Meßabweichung des Prüflings einzusetzen. Diese Forderung ist nicht immer erfüllbar; oft muß sie, speziell wenn sehr genaue Geräte geprüft werden, reduziert werden. So lauten z.B. die Forderungen für anzeigende elektrische Meßgeräte nach DIN EN 60051 [618] $K_T \leq 0{,}25$. Aus diesen Forderungen resultiert, daß die bestenfalls erreichbare Kalibriergenauigkeit von der kleinstmöglichen Meßunsicherheit der Referenzmeßmittel des jeweiligen Kalibrierlaboratoriums abhängt [598]. Nach [437] lassen sich die Genauigkeitsforderungen an die Normale um etwa die Hälfte reduzieren, wenn eine statistische Methode (Berechnung von Konfidenzintervallen) angewendet wird.

In den letzten Jahren ist zunehmend das Bemühen zu erkennen, die Meßmittelprüfung durch spezielle Meßeinrichtungen, in denen die Eingangsgröße erzeugt und z.T. auch der Vergleich realisiert wird, zu rationalisieren. Als Beispiele für derartige Kalibrierhilfsmittel oder *Kalibratoren* seien hier solche für Druck [548], Temperatur [559] [581] [592], diverse elektrische Größen [546] [549] [559], speziell für Strom [592], Spannung [69] und Widerstand [574] genannt.

Zu 2.: Gewährleistung vorgegebener Prüfbedingungen. Da die meisten Prüfbedingungen meßgrößen- und gerätespezifisch sind, können hier nur allgemein gehaltene Hinweise gegeben werden. Dabei geht es vor allem um die störenden Auswirkungen von Einflußgrößen und die Möglichkeiten ihrer Ausschaltung. Bei der Meßmittelprüfung ist die Einrichtung spezieller Meßräume (Prüfräume) die wichtige Methode. Soweit Störgrößen nicht völlig ferngehalten werden können, wie z.B. bei der Abschirmung gegen elektrische Felder durch Erdung (Faradayscher Käfig) ermöglichen Meßräume die *Konstanthaltung* von Temperatur und Feuchte. Fehlereinflüsse infolge von Luftdruckschwankungen, die messend kontrolliert werden, lassen sich rechnerisch berücksichtigen. Allgemeine Forderungen, die Meßräume erfüllen sollen, sind [655] [656] zu entnehmen (**Tafel 6.6**). Die speziellen Bedingungen richten sich weitgehend nach der Kategorie der zu prüfenden Meßmittel.

Tafel 6.6. Beispiele für allgemeine Kriterien hinsichtlich der technischen Kompetenz von Prüflaboratorien [656]

Bereich	Beispiele
Verwaltung und Organisation	klare Verantwortlichkeiten ⎫ abgegrenzte Zuständigkeiten ⎬ schriftlich fixiert qualifizierte Aufsicht ⎭
Personal	zahlenmäßig ausreichend genügend qualifiziert regelmäßige Schulungen
Räumlichkeiten	geschützt vor äußeren Störungen Überwachungsmöglichkeit für Umgebungsbedingungen Ordnung und Sauberkeit
Einrichtungen	aufgabenmäßig ausreichend Sicherstellung regelmäßiger Wartung umfassende Aufzeichnungen über Prüfmittel gesicherte Kalibrierung vorhandener Referenznormale
Arbeitsweise	schriftliche Prüfanweisungen gesicherte Überprüfbarkeit aller Ergebnisse ausreichendes Qualitätssicherungssystem aussagefähige Prüfberichte u.a. Aufzeichnungen Handhabung der Prüflinge (speziell Sicherung vor Verwechslungen) Sicherstellung der Vertraulichkeit

Durch zusätzliche Räumlichkeiten für Vorbereitung und Auswertung läßt sich die Aufenthaltsdauer von Menschen im Meßraum, wo sie das Temperaturgleichgewicht stören, reduzieren. Weitere Hinweise zur Einrichtung von Meßräumen enthält [346], zu Meßräumen für Längenmeßmittel [388] [499].

Zu 3.: Allgemeine Hilfsmittel. Zu diesen Hilfsmitteln gehören die Dinge, die zum ordnungsgemäßen Betrieb der Prüflinge und der Vergleichsmeßmittel erforderlich sind, wie Energiequellen, Hilfsstoffe (Kühlwasser, Spülgase u.a.), Zusatzgeräte u.dgl. sowie Mittel für Reinigung, Pflege, Wartung und ggf. kleinere Reparaturen.

Zu 4.: Auswertehilfsmittel. Unterlagen, die für die Auswertung von Prüfresultaten vorhanden sein müssen, sind zunächst die erforderlichen Berechnungsformeln, Korrekturwerte oder -kurven, Tabellen, statistische Zahlentafeln usw. Oft ist dieses Material auch in den Prüfanweisungen zusammengestellt. Ferner gehören dazu die eigentlichen Rechenhilfsmittel, d.h. die Rechner. In Abhängigkeit vom Aufwand, den die jeweiligen Auswertungen erfordern, reicht die Skala von einfachen Taschen- und Tischrechnern bis zur zentralen EDV-Anlage. Die Entwicklung geht mehr und mehr in Richtung einer direkten Kopplung der Prüflinge mit den Auswerterechnern, sofern die Ausgänge der Prüflinge dies zulassen.

Dokumentationshilfsmittel sind die verschiedenen Datenträger, auf denen Prüfresultate festgehalten werden können [99] [474] [575], z.B. Prüfzertifikate, -befunde, -berichte, -bescheinigungen, -atteste [167]. Dabei werden zunehmend elektronische Speichermedien eingesetzt, von denen die Ergebnisse bei rechnergestützten Meßmittelprüfungen leicht abrufbar sind. Sehr wichtig ist natürlich, daß auch auf den geprüften Meßmitteln dokumentiert wird, wann und welcher Weise sie zum letzten mal geprüft worden sind. **Tafel 6.7** zeigt eine Auswahl solcher Eich- und Prüfzeichen.

Zu 5.: Prüfanweisungen. Zur Sicherstellung einer einheitlichen Vorgehensweise bei Meßmittelprüfungen sind detaillierte Vorschriften erforderlich [79]. Die ältesten amtlichen Vorschriften sind in den meisten Ländern die Eichvorschriften. Für Meßmittel, die keiner Eichpflicht unterliegen, sind in den Unternehmen eigenverantwortlich Prüfanweisungen aufzustellen, deren Inhalt sich an den Normen für die jeweiligen Meßmittel (z.B. [618]) orientiert, in denen festgelegt ist, welche meßtechnischen Eigenschaften wie zu prüfen sind.

Tafel 6.7. Auswahl einiger Stempel und Zeichen im gesetzlichen Meßwesen zur Kennzeichnung geprüfter Meßmittel

Zulassungszeichen eines Meßgerätes mit innerstaatlicher Bauartzulassung

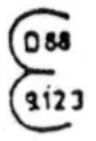

Zulassungszeichen eines Meßgerätes mit EWG-Bauartzulassung

Prüfzeichen der Physikalisch-Technischen Bundesanstalt (PTB)

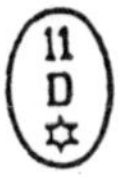

Prüfzeichen der Eichbehörden für Normale

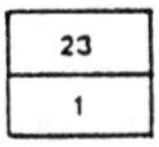

Sonderprüfzeichen der Eichbehörden für Meßgeräte

Eichzeichen für die innerstaatliche Eichung eines Meßgerätes

Eichzeichen für die EWG-Ersteichung eines Meßgerätes

Jahreszeichen für die innerstaatliche Eichung;
die Gültigkeit der Eichung endete hier z.B. am
31.12.1988

Jahresbezeichnung für die innerstaatliche Eichung;
die Eichung erfolgte hier z.B. im Jahr 1988

Hauptstempel (Beglaubigungsmarke) staatlich anerkannter Prüfstellen; hier: z.B. für Meßgeräte für Elektrizität in Bayern

Entwertungszeichen

Die Richtlinien für Meßmittelprüfungen in anderen Ländern haben unterschiedliche Formen und Verbindlichkeiten. Weitere Hinweise enthalten [79] [99] [474] [576] [655] [656] u.a. Außerdem sei auf Abschnitt 6.3.5 verwiesen.

Zu 6.: Organisationshilfsmittel. Die Meß- und Prüfmittelüberwachung ist ein Teil des Qualitätssicherungssystems [598] bzw. des *Qualitätsmanagements*, das sich an entsprechenden Normen [623] [624] [625] orientiert. Weitere Hinweise zu organisatorischen Fragen finden sich auch in [99] [364] [393] [474]. Es sind entsprechende Nachweise über den Meßmittelbestand (Meßmittelkatalog [167], Meßmittelnachweis) sowie Unterlagen über jedes einzelne Meßmittel (Meßmittelkartei [139], Prüfmitteldokumentation [167] usw.) zu führen. Hinzu kommen Übersichten über vorhandene Prüfregeln (z.B. [577]), Anforderungen an die zu prüfenden Meßmittel (z.B. [585]) sowie die einschlägigen Unterlagen des DKD [593] [594] [596] [597] [598]. Über weitere Einzelheiten informiert die Literatur.

6.3.5. Prüfung von Normalen, Prüfmittelüberwachung

Um sicherzustellen, daß die für betriebliche Meßmittelprüfungen benutzten Normale (Werksnormale [596]) die an sie zu stellenden Forderungen erfüllen, müssen sie ebenfalls regelmäßig kalibriert werden, und zwar durch Rückführung auf höhere (vgl. Abschn. 3.1). Regelmäßig bedeutet bei Normalen normalerweise die Festlegung von Prüfintervallen, die unter denen für die zu prüfenden Meßmittel liegen. Durch die Rückführung sind die betrieblichen Prüfmittel über mehrere Stufen an die nationalen Normale angeschlossen. Ist ein Bezugsnormal ortsfest, kann es mit Hilfe von *Transfernormalen* an das höhere Normal angeschlossen werden. Häufig stehen an der Spitze der firmeninternen Kalibrier-Hierarchie (Bild 6.11) Kalibrierlaboratorien des DKD, die ihre Kalibrierergebnisse in einem *Kalibrierschein* (Zertifkat) dokumentieren, auf den sich die Unternehmen berufen können. Von welcher Ordnung das höchste betriebliche Bezugsnormal ist, hängt von der Größe des Unternehmens und dem Umfang der Kalibrieraufgaben ab. Dabei können, wie Bild 6.11 zeigt, unterschiedliche Meßmittelarten als Normale dienen.

Für die Kalibrierung von Normalen gilt zunächst das in den vorstehenden Abschnitten Ausgeführte sinngemäß. Natürlich ist der Aufwand i.allg. größer; denn es muß eine sehr hohe Genauigkeit angestrebt werden. Außerdem können sich durch die Art der Normale besondere Probleme ergeben. So bereitet z.B. die Prüfung von Normalen für die Messung von komplizierten Formabweichungen erhebliche Schwierigkeiten [397]. Das gilt auch für die Größenarten, für die es keine aufbewahrungsfähigen Maßverkörperungen geben kann (z.B. Durchfluß) [72].

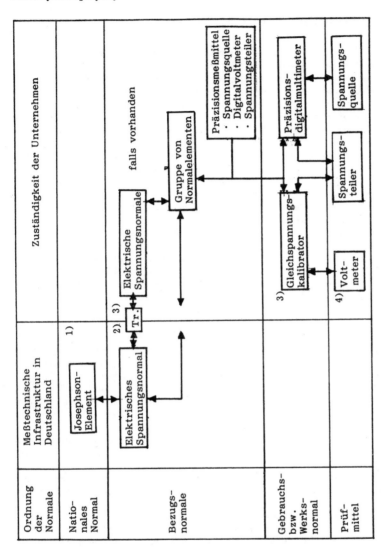

Bild 6.11. Vereinfachtes Schema für die Kalibrierhierarchie, dargestellt am Beispiel der Normale für Gleichspannung (nach [596])

1) PTB; 2) DKD-Laboratorien; 3) betriebliche Kalibrierlaboratorien; 4) übrige Unternehmensbereiche Tr Transfernormale

6.4. Selbstkalibrierende Meßmittel

Unter selbstkalibrierenden Meßmitteln versteht man Geräte, die in bestimmten Zeitabständen mit Hilfe eines eingebauten Mikrorechners einen selbsttätigen automatischen Abgleich, also eine Wiederholungsprüfung (auch Selbsttest [240]), durchführen [44]. Es ist dies eine effektive Möglichkeit zur Erhöhung der Meßmittelzuverlässigkeit [572] und zur besseren Gewährleistung der Richtigkeit von Meßresultaten. Je nach Umfang der automatischen Abgleichmaßnahmen (Nullpunktkontrolle, Kontrolle des Übertragungsfaktors usw.) können die Prüfintervalle für die Meßmittelprüfungen verlängert und so die Meßmittelverfügbarkeiten erhöht werden.

Im vorliegenden Zusammenhang soll nur die automatische Prüfung der die Genauigkeit unmittelbar beeinflussenden meßtechnischen Eigenschaften betrachtet werden, also beispielsweise nicht die Erkennung von Mängeln, die möglicherweise im Bereich der Meßwertverarbeitung auftreten (z. B. Programmfehler, wie unzulässige Daten, unerlaubte Befehle usw.). Darüber gibt es in der Rechnerliteratur ausführliche Erläuterungen (z. B. [240] [267] [651]).

Es ist – auch im Hinblick auf spätere automatische Abgleichmaßnahmen – vorteilhaft, wenn die rechentechnischen Möglichkeiten eines dafür vorgesehenen Meßgeräts auch für das *Einmessen* (Erstkalibrieren) genutzt werden. Dabei handelt es sich vor allem um die Aufnahme und Speicherung der Sollkennlinie bzw. der Sollkalibrierkurve, die sich dafür oft als vorteilhafter erweist. Mit *Kalibrierkurve* ist hier die Inverse zur statischen Kennlinie, also die Funktion

$$x_e = f(x_a) \tag{6.8}$$

gemeint. Das Einmessen besteht aus folgenden Schritten [240]:

1. Bereitstellung der Maßverkörperungen. Für die Genauigkeit dieser Arbeitsnormale gilt das, was für alle Normale im Abschnitt 6.3.5 ausgeführt wurde. Auch hier sollte $K_T < 0,1$ angestrebt werden; nach [240] sollte $0,2 \leq K_T \leq 0,33$ sein.

2. Punktweise Aufnahme der Kalibrierkurve. Diese Urwertliste wird als Tabelle in Form von Wertepaaren $\{x_{ai}; x_{ei}\}$ gespeichert. Die Anzahl der Punkte richtet sich nach dem Grad der Nichtlinearität und der angestrebten Genauigkeit; nur in Ausnahmefällen werden mehr als 30 Meßpunkte notwendig sein.

3. Normierung. Eingangs- und Ausgangsgrößen werden im Rechner auf zweckmäßige Bezugsgrößen normiert, z. B. auf die Meßbereichsendwerte, also $x_{a\ norm} = x_a/x_{a\ max}$ und $x_{e\ norm} = x_e/x_{e\ max}$, so daß gilt $0 \leq x_{norm} \leq 1$.

4. Rechnerische Bestimmung der Kalibrierfunktion. Vom Rechner wird die stetige, normierte Kalibrierfunktion $x_{e\ norm} = f(x_{a\ norm})$ durch ein geeignetes Ausgleichsverfahren berechnet. Der Koeffizientenvektor a der gewählten Ansatzfunktion $x_e'\ _{norm} = f(a, x_a'\ _{norm})$ ist im Rechner unverlierbar zu speichern.

5. Berechnung der Approximationsfunktion. Bei kompliziertem Verlauf der Kalibrierkurve ist es meist notwendig, diese durch einen Polygonzug zu approximieren, um die Rechenzeiten in Grenzen zu halten.

6. Entnormierung. Werden die einlaufenden Meßwerte in normierter Form in die Kalibrierkurve eingesetzt, so ist anschließend der erhaltene Ausgangswert durch Multiplikation mit der entsprechenden Normierungsgröße zu entnormieren.

Entscheidend für den Erfolg ist die Vorgabe geeigneter Rechenverfahren und Kriterien. Dies bezieht sich zunächst auf das Ausgleichsverfahren, nach dem die Kalibrierkurve berechnet wird (und auf das Ausgleichskriterium). Unter Berücksichtigung von angestrebter Genauigkeit und erforderlicher Rechenzeit kommen entweder eine Minimierung des Fehlerbetrags (*Tschebyscheff*) bzw. der Fehlerbetragssumme (*Laplace*), eine Maximierung der Likelihood-Funktion oder die Minimierung der Fehlerquadratsumme (*Gauß*) in Frage. Außerdem sollte die Ansatzfunktion von ihrem Verlauf her der auszugleichenden Kurve gut angepaßt sein und möglichst nur elementare, leicht berechenbare Basisfunktionen enthalten. Sie darf zwischen den Stützstellen nicht oszillieren. Als Beispiel sei die Approximation der stark nichtlinearen, fallenden statischen Kennlinie eines radiometrischen Dickenmeßgeräts [147] genannt. Dafür wurde in [240] eine Kalibrierfunktion der Form

$$x_{\text{e norm}} \, (a, x_{\text{a norm}}) = (1 - x_{x\,\text{norm}}) \Big/ \Big(a_0 + \sum_{j=1}^{k} a_j \, x_{\text{a norm}}^{j} \Big)$$

gewählt, mit der bei Koeffizientenvektoren 5. bzw. 6. Ordnung ($k = 5$ bzw. $= 6$) Approximationsfehler unter 1 % erreicht werden konnten.

Mit dem Abschluß dieses Einmeßvorgangs sind im geräteinternen Rechner alle die Sollkennlinie beschreibenden Daten gespeichert, um beim späteren automatischen Abgleich die tatsächlich vorliegende Istkennlinie mit dieser Sollkennlinie vergleichen zu können. Die nächste wichtige Voraussetzung besteht nun „nur" noch darin, die für den regelmäßigen automatischen Abgleich benötigten geräteinternen Maßverkörperungen zu schaffen.

Die Lösung dieser Aufgabe ist unproblematisch, wenn ausschließlich additive Fehleranteile zu erkennen und zu korrigieren sind. Sollen beispielsweise einsetzende Driftfehler behoben werden (s. z. B. [107] [270]), so braucht der „Rechner" nur in bestimmten Abständen die Eingangsgröße abzuschalten, um bei $x_\text{e} = 0$ die Nullpunktabweichung zu ermitteln. Die festgestellte Abweichung wird

• entweder gemeldet (keine echte Selbstkalibrierung!)
• selbsttätig korrigiert (wenn eine entsprechende Verstellmöglichkeit gegeben ist) oder
• gespeichert und bei den folgenden Messungen rechnerisch berücksichtigt.

Es ist darauf hinzuweisen, daß durch dieses Verfahren (des Abgleichs in kurzen Zeitintervallen) zwar systematische Abweichungen beseitigt werden, die zufälligen Fehleranteile aber anwachsen, wie in [269] gezeigt wird. Die erwähnten Möglichkeiten, auf festgestellte Abweichungen zu reagieren, bestehen prinzipiell bei allen automatischen Korrekturverfahren.

Die Probleme nehmen zu, wenn zur Behebung multiplikativer Fehleranteile bei linearem Verhalten mindestens ein weiterer Eingangswert, bei nichtlinearem Verhalten sogar mehrere definierte Eingangswerte benötigt werden. Der Schwierigkeitsgrad dieser Aufgabe ist natürlich weitgehend durch die Natur der Meßgröße bestimmt. Im allgemeinen kann davon ausgegangen werden, daß dieses Problem bei elektrischen Größen am leichtesten zu lösen ist, weshalb es bisher auch vorzugsweise selbstkalibrierende Meßgeräte für elektrische Größen gibt [68]. So ist es sicherlich unproblematisch, für den automatischen Abgleich eines Widerstandsmeßgeräts entsprechende geräteinterne Normalwiderstände vorzusehen.

Es ist auch nicht in jedem Fall nötig, die Maßverkörperung unbedingt im selbstkalibrierenden Meßgerät unterzubringen. So wird in [241] eine Anordnung zur digitalen Frequenzmessung beschrieben, bei der ein relativ einfacher, kostengünstiger Quarzoszillator benutzt wird, der durch Vergleich mit der Frequenz eines Normalfrequenzsenders, dessen Signal ein eingebauter Empfänger zur Verfügung stellt, ständig nachgeregelt, also abgeglichen wird.

Bei nichtelektrischen Größen ist es i. allg. schwieriger, wenn nicht sogar unmöglich, geräteinterne Maßverkörperungen zu realisieren. Falls die eigentliche Sensorfunktion auf Grund des verwendeten Meßprinzips und der konstruktiven Auslegung über längere Zeiten keinen Veränderungen unterliegt, kann der automatische Abgleich auch anhand des primären Abbildungssignals durchgeführt werden, für das sich oft leichter eine Maßverkörperung schaffen läßt. Dann werden nur die restlichen Gerätefunktionen dieses Meßmittels kontrolliert, während die Gesamtfunktion in größeren Abständen auf herkömmliche Weise (Abschn. 6.3) geprüft werden muß.

Ein anderes konstruktives Problem ist bei nichtelektrischen Größen die – oft mechanisch wirkende – Zuführung der Maßverkörperung an den Meßgeräteeingang. In [466] ist z. B. die Absetz- und Aufnahmevorrichtung einer selbstkalibrierenden Waage beschrieben, mit der die Referenzmasse auf die Wägeschale aufgesetzt werden kann.

Die naheliegendste Struktur für ein selbstkalibrierendes Meßsystem ist die *Parallelstruktur* nach **Bild 6.12.** Während in der Schalterstellung *1* gemessen wird, muß zum Abgleich zunächst in Schalterstellung *0* der Nullpunkt korrigiert werden. Verglichen werden geeignete Abbildungsgrößen x_b, in der Regel normierte Spannungen oder digitale Signale. Ist der Wert x_{b0} gespeichert, so wird in Schalterstellung *2* der bezüglich des Nullpunkts unkorrigierte Wert x_{b2} aufgenommen und gespeichert. Anschließend korrigiert der Signalprozessor den Nullpunkt und mit Hilfe von $x_{b2} - x_{b0}$ die Lage der statischen Kennlinie. Die Nullpunktkorrektur und der ermittelte, multiplikative systematische Fehleranteil werden gespeichert und bei den folgenden Messungen rechnerisch berücksichtigt. Wenn außer den Veränderungen in der Kennlinienlage auch Änderungen ihres Verlaufs erfaßt werden sollen, müssen weitere interne Maßverkörperungen bereitgehalten werden, um den Abgleich an mehreren Punkten der gespeicherten Kennlinie bzw. der Kalibrierkurve vornehmen zu können.

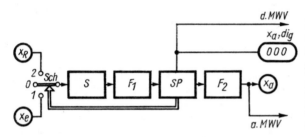

Bild 6.12. Selbstkalibrierendes Meßgerät mit Parallelstruktur [466]

x_e Meßgröße; x_R Referenz (Maßverkörperung); x_a analoge Ausgabe; S Sensor; F_1 Antialiasingfilter; F_2 Rekursionsfilter; SP Signalprozessor; Sch Schalter; MWV Meßwertverarbeitung, a. analog, d. digital

Eine häufig benutzte Variante des automatischen Abgleichs besteht darin, jeden einzelnen Meßwert mit dem Wert x_R der internen Maßverkörperung (Referenznormal) zu vergleichen. Aus den drei in Schalterstellung *0*, *1* und *2* gewonnenen Signalen x_{b0}, x_{b1} und x_{b2} können die Nullpunktkorrektur und die Differenz

$$\triangle x_b = x_{b1} - x_{b2} = S_b\,(x_{e1} - x_R) \tag{6.9}$$

errechnet werden, da für diesen kurzzeitigen Vorgang die Empfindlichkeit

$$S_b = \triangle x_b / \triangle x_e \tag{6.10}$$

als konstant vorausgesetzt werden kann.

In mehrfacher Hinsicht vorteilhafter ist die Verwendung des Quotienten von x_{b1} und x_{b2} [466]. Diese Quotientenbildung kann gleichzeitig mit der Digitalisierung erfolgen, da z. B. beim Dualslope-Verfahren die Meßspannung $U_1 = x_{b1}$ sowieso auf eine Referenzspannung bezogen wird. Nachdem der Nullpunktfehler eliminiert ist, ergibt sich das digitale Zählergebnis aus $U_1 = S\,x_{e1}$ und $U_R = S\,x_R$ zu

$$Z = c\,x_{e1}/x_R. \tag{6.11}$$

Wählt man den Zahlenwert des aus der AD-Umsetzung herrührenden Faktors c (Teilerverhältnis) gleich dem Zahlenwert der Maßverkörperung (Referenzwert x_R), so folgt aus (6.11) unmittelbar

$$Z = x_e.$$

Durch Benutzung der in den Schalterstellungen *0*, *1* und *2* gewonnenen Werte kann also jeder einzelne Meßwert über den Vergleich mit dem Wert des Refenznormals auto-

matisch korrigiert werden. Die beschriebene Einbeziehung des AD-Umsetzers in den Kalibrierprozeß trägt auch zur Aufwandsverminderung bei [468].
Wenn die Parallelstruktur nach Bild 6.12 nicht oder nur mit hohem Aufwand realisierbar ist, kann das Verfahren auch in der *Reihenstruktur* nach **Bild 6.13** praktiziert werden. Dazu wird bei geöffnetem Schalter der Wert x_{b0}, bei geschlossenem Schalter *1* der Wert $x_{b1} = x_{b0} + x_{bR}$ und bei zusätzlich geschlossenem Schalter *2* der Wert $x_{b2} = x_{b0} + x_{bR} + x_{b(x\,e1)}$ aufgenommen und gespeichert **(Bild 6.14)**. Dann werden die Werte x_{b1} und x_{b2} durch Subtrahieren des Wertes x_{b0} vom Nullpunktfehler befreit, digitalisiert und weiterverarbeitet. Durch Subtraktion und Quotientenbildung nach

$$Z = \frac{x_{b2} - x_{b0} - x_{bR}}{x_{b1} - x_{b0}} = c\,\frac{x_{e1}}{x_R} = x_{e1} \tag{6.12}$$

erhält man den korrigierten Wert der Meßgröße, wenn $\{c\} = \{x_R\}$ gewählt wird.

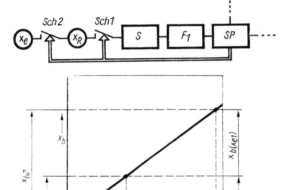

Bild 6.13. Selbstkalibrierendes Meßgerät mit Reihenstruktur [466]
Bedeutung der Buchstaben und Fortsetzung des Blockschemas wie Bild 6.12

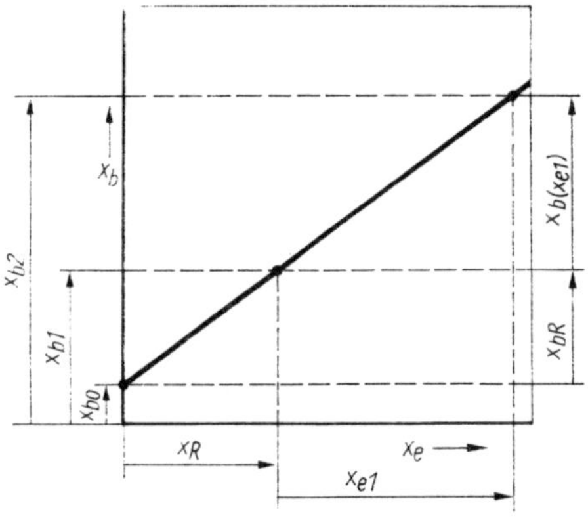

Bild 6.14. Lage der Meßpunkte zur Ermittlung des korrigierten Wertes nach (6.12)
Bedeutung der Symbole im Text

Damit sind alle driftbedingten Empfindlichkeitsänderungen des Sensors und der Signalverarbeitung bis zum Erhalt der Abbildungssignale x_b eliminiert, da für diese kurzen Zeiten Konstanz der Übertragungsfaktoren angenommen werden kann. Voraussetzung ist allerdings annähernd lineares Übertragungsverhalten, da sonst die Differenzen in (6.12) von der Lage auf der Kennlinie abhängig werden. In [466] werden nach ausführlichen Erläuterungen der Verfahren mehrere Beispiele für selbstkalibrierende Meßsysteme dieser Art beschrieben.
Die genannten Strukturen und Kalibrierprozeduren sind natürlich nur Beispiele für die Vielfalt der technischen Lösungen. Beispielsweise kann es sehr vorteilhaft sein, wenn die Möglichkeit besteht, bestimmte einzelne Funktionen oder Baugruppen durch gesonderte Selbsttests zu kontrollieren, weil dafür sehr kostengünstige Lösungen existieren [78]. Auf rechnerkorrigierte Sensoren wird z. B. in [451] eingegangen. Auch die Möglichkeit einer Handanwahl des Testprogramms, um modulspezifische Kontrollen durchführen zu können, sollte berücksichtigt werden [240]. Weitere Beispiele und Hinweise findet man in [68] [78] [468].
Die Entwicklung ist noch sehr in Fluß, und ständig werden andere technische Lösungen bekannt. Auch die laufende Eliminierung der Auswirkungen von Einflußgrößenände-

rungen ist möglich. Hauptproblem wird aber stets die Realisierung der Maßverkörperungen, die nach Möglichkeit die Forderung $K_T \leq 0,1$ erfüllen sollen, bleiben [68]. Die mit selbstkalibrierenden Meßmitteln zu erzielenden Einsparungen liegen deshalb nicht so sehr im Bereich der Gerätetechnik, sondern im Zeitgewinn und in Personaleinsparungen. Eine Analyse des Aufwand-Nutzen-Verhältnisses ist also unumgänglich [78], ehe eine Entscheidung über die Einführung dieser Technik getroffen wird.

7. Meßgenauigkeit indirekter Messungen

7.1. Definition und Problematik indirekter Messungen

Im Prinzip sollte man auf den Begriff *"indirekte Messung"* völlig verzichten und richtiger von mehreren (direkten) Messungen mit anschließender Meßwertverarbeitung sprechen. Da der Begriff aber gerade im Zusammenhang mit der Fehlerfortpflanzung noch weit verbreitet ist, wird er zur Verdeutlichung hier vorerst beibehalten. Es gibt viele Fälle, in denen die Unterscheidung von direkten und indirekten Messungen unproblematisch ist.

Beispiele

Direkte Messung: unmittelbarer Vergleich der Meßgröße mit einer Maßverkörperung gleicher Größenart, z. B. Hebelwaage [178] oder Längenmessung mit Strichmaßstab u. ä. [231].

Indirekte Messung: rechnerische Ermittlung des Wertes der Aufgabengröße (*Ergebnisgröße*) aus mindestens zwei in gesetzmäßigem Zusammenhang mit ihr stehenden, durch Messung bestimmten anderen Größen (*Eingangsgrößen*), z. B. Dichte aus gemessener Masse und Volumen [213], Druck aus gemessener Kraft und Fläche [204].

In anderen Fällen gehen die Ansichten jedoch auseinander. Man findet z. B. die Auffassung [231], daß alle Meßmethoden, bei denen die Meßgröße nicht unmittelbar mit einer Maßverkörperung *gleicher Größenart* verglichen wird, als indirekt zu betrachten sind. Man vertritt aber auch die Meinung, daß eine Messung nur dann als indirekt gilt, wenn die Ergebnisgröße aus mehreren *gemessenen* Eingangsgrößen errechnet wird [146] [164] [167] [178] [453] [590].

Natürlich gibt es kein Kriterium für eine objektiv „richtige" Definition direkter bzw. indirekter Messungen, sondern es kommt darauf an, wofür eine solche Unterscheidung benötigt wird. Weil es im vorliegenden Zusammenhang nur darum geht, inwieweit sich die Fehlerbetrachtungen für direkte und indirekte Messungen unterscheiden müssen, werden hier alle diejenigen Meßmethoden zu den indirekten gerechnet, bei denen in den Auswertealgorithmus für die Ermittlung der *Ergebnisgröße* (Aufgabengröße) mindestens zwei Größen eingehen, deren Werte nur innerhalb angebbarer Unsicherheitsgrenzen bekannt sind. Das können gemessene Größen sein, wie bei der Fundamentalbestimmung eines Druckes [204]; es können aber auch Größen sein, deren Werte zwar aus der Literatur entnommen worden sind [481] [634] aber letztlich doch von Meßwerten abhängen, wie Stoff-, Zustands- und Beiwerte [629] oder Bauelementeparameter und Gerätekonstanten, erfaßbare Einflußgrößen, Korrektionsgrößen usw., die nicht im Zusammenhang mit der Lösung der vorliegenden Meßaufgabe experimentell bestimmt worden sind.

Bei einer indirekten Messung hängt die Ergebnisgröße Y von l unabhängigen, in angebbaren Grenzen unsicheren Eingangsgrößen X_j über mathematische Beziehungen ab, denen oft ein Naturgesetz zugrunde liegt. Diese Abhängigkeit ist als Modell zu betrachten [481], in dem die X_j Zufallsvariable sind. Die in die Ergebnisberechnung eingehenden x_j sind Schätzwerte für die Erwartungswerte der X_j (vgl. Abschn. 3.4). Als Maß für die Unsicherheit dieser Variablen dient i. allg. die empirische Varianz.

Beispiele. Eine indirekte Messung ist nach dieser Definition die Ermittlung einer kleinen Stromstärke I aus dem Spannungsabfall U über einem Widerstand R, wenn für die Werte von U und R Unsicherheiten angebbar sind. Befindet sich dagegen der Widerstand R in einem Meßgerät, das in Einheiten von I graduiert ist, so daß dem Anwender weder der Wert von R noch seine Unsicherheit bekannt sind, so ist dies eine direkte

Messung; denn die Unsicherheit in der Aufgabengröße I ist durch die Fehlergrenze dieses Geräts bestimmt, in der die Unsicherheit im Wert von R enthalten ist. Wird der Massendurchfluß $\dot{m}$ einer Flüssigkeit aus Volumendurchfluß $\dot{V}$ und Dichte ϱ ermittelt, so ist dies eine indirekte Messung. Ist ϱ infolge konstanter Flüssigkeitszusammensetzung in der Beziehung $\dot{m} = \dot{V} \varrho$ eine Konstante, so kann von einer direkten Messung gesprochen werden. Normalerweise ist aber die Dichte ϱ temperaturabhängig, so daß auch die Temperatur ϑ der Meßflüssigkeit bestimmt werden muß. Handelt es sich um eine schwach ausgeprägte Abgängigkeit, die in Form einer Kurve $\varrho = f(\vartheta)$ vorliegt und über deren Unsicherheit nichts bekannt ist, so kann beim Ablesen des Wertes von ϱ keine Unsicherheit angegeben werden: direkte Messung. Hängt dagegen ϱ so stark von der Temperatur ϑ ab, daß die Unsicherheit der Temperaturmessung beim Ablesen von ϱ eine Rolle spielt, weil ϱ im Bereich $\vartheta_m - u \leqq \vartheta_m \leqq \vartheta_m + u$ deutlich unterscheidbare Werte annimmt, dann ist eine Unsicherheit für ϱ angebbar: indirekte Messung.

Unsicherheiten von Bauelementen (z.B. Geräteparametern), die bereits in der Genauigkeitsklasse eines Geräts berücksichtigt sind, tauchen in der Auswertung explizit nicht auf, und die mit diesen Geräten durchgeführten Messungen sind direkte Messungen. Das gilt auch für die geräteinternen Maßverkörperungen.

Um indirekte Messungen handelt es sich also immer dann, wenn die Unsicherheit in der Ergebnisgröße von den Unsicherheiten mehrerer Eingangsgrößen abhängt, die bei der Auswertung explizit berücksichtigt werden müssen, weil sie bekannt bzw. bestimmbar sind und solche Werte haben, daß sie nicht vernachlässigt werden dürfen.

Bei den folgenden Überlegungen, wie sich die Unsicherheit der Ergebnisgröße aus den Unsicherheiten der Eingangsgrößen zusammensetzt, wird zunächst der klassische Fall betrachtet, daß die Eingangsgrößen Schätzwerte sind, die aus normalverteilten, unter Wiederholbedingungen gemessenen Meßwerten durch Mittelwertbildung erhalten worden sind. Deren Varianzen wurden nach den im Abschnitt 3.4.2.3 beschriebenen Methoden (3.43) bestimmt. Im Abschnitt 7.3 wird die Betrachtung auf andere Fälle erweitert. Dabei wird allerdings nur die Unsicherheit in Y berücksichtigt, die aus den Unsicherheiten der X_j resultiert; denn der Fall, daß die Funktion $Y = f(X_j)$ die Realität nicht richtig widerspiegelt, also ein falsches Modell benutzt wird, was zusätzliche Fehler zur Folge hat [223], kann nur für konkrete Fälle untersucht werden. Die Vorgehensweise in den folgenden Abschnitten entspricht der, wie sie bisher in der Literatur überwiegend üblich war (z.B. [20] [90] [146] [239] [250] u.a.); modernere Wege beschreitet beispielsweise DIN 1319, T.4 [634]. Da es sich dort aber um einen 1. Entwurf handelt und außerdem in absehbarer Zeit europäische Normen dazu erwartet werden, wird hier der "klassische" Weg beibehalten.

7.2. Fehlerfortpflanzung bei Resultaten aus normalverteilten Meßwerten

Die folgenden Betrachtungen gelten für den Fall, daß das Meßergebnis y aus l Mittelwerten

$$\bar{x}_j = \frac{1}{n_j} \sum_{i=1}^{n_j} x_{ji}$$

berechnet wird, deren normalverteilte Einzelmeßwerte x_{ji} unter Wiederholbedingungen aufgenommen worden sind. Damit sind empirische Standardabweichungen s_j als Streuungsmaße für die $\bar{x}_j$ angebbar. Die Eingangsgrößen seien voneinander unabhängig und einzeln meßbar; die Mittelwerte seien von etwa gleicher Genauigkeit [250] [400]. Durch Einsetzen der Mittelwerte $\bar{x}_1, \bar{x}_2, \ldots, \bar{x}_l$ in die Funktion $y = f(x_1, x_2, \ldots, x_l)$ erhält man einen guten Schätzwert für $\bar{y}$; es ist also $E[Y] = E[f(\bar{x}_1, \bar{x}_2, \ldots, \bar{x}_l)]$ [146] [250]. Zum Beweis geht man von den scheinbaren Fehlern $e_{\text{sch } j}$ (s. Tafel 2.2) aus und entwickelt eine beliebig herausgegriffene Wertekombination

$$y_{1i, 2i, \ldots, li} = f(x_1, x_2, \ldots, x_l)$$

$$= f(\bar{x}_1 + e_{\text{sch } 1i}, \bar{x}_2 + e_{\text{sch } 2i}, \ldots, \bar{x}_l + e_{\text{sch } li})$$

in eine Taylor-Reihe, bricht gemäß der Forderung

$$\sum_{i=1}^{n_j} e_{\text{sch } ji}^2 \to \text{Min.}$$

wegen $e_{\text{sch } j} \ll \bar{x}_j$ nach den linearen Gliedern ab und erhält, da alle Summen der scheinbaren Fehler verschwinden,

$$\bar{y} \approx f(\bar{x}_1, \bar{x}_2, \ldots, \bar{x}_l). \tag{7.1}$$

Für additive Verknüpfungen folgt diese Beziehung auch aus der Additionsregel der Wahrscheinlichkeitsrechnung:

$$E[X_1 + X_2 +, \ldots, X_l] = E[X_1] + E[X_2] +, \ldots, E[X_l]. \tag{7.1a}$$

Zur Ermittlung der Unsicherheit von $\bar{y}$ kann man zunächst überlegen [170], wie sich ein definierter Fehler in der Realisierung x_{ei} einer Eingangsgröße auf x_{ai} auswirkt. Durch Taylor-Reihen-Entwicklung der Funktion $x_a + e_a = f(x_e + e_e)$ in einem Arbeitspunkt AP

$$x_a + e_a = f(x_e) + \frac{e_e}{1!} \frac{\mathrm{d}f}{\mathrm{d}x_e}\Big|_{\text{AP}} + \frac{e_e^2}{2!} \frac{\mathrm{d}^2 f}{\mathrm{d}x_e^2}\Big|_{\text{AP}} + \cdots$$

und Vernachlässigung der Glieder mit den höheren Potenzen von e_e (wegen $e_{ei} \ll x_{ei}$) erhält man

$$e_{ai} \approx \frac{\mathrm{d}f}{\mathrm{d}x_e}\Big|_{\text{AP}} e_{ei}. \tag{7.2}$$

Da e_{ei} ein nach Betrag und Vorzeichen bestimmter Fehler ist, hat auch e_{ai} einen bestimmten Betrag und ein bestimmtes Vorzeichen, das zusätzlich vom Vorzeichen der Ableitung beeinflußt wird. ($\mathrm{d}f/\mathrm{d}x_e$ wird z. B. bei fallender Kennlinie negativ.) Der Betrag von (7.2) wird nach [231] auch als Schranke des Fehlers der Funktion $f(x_e)$ bezeichnet.

Wird diese Überlegung auf den Fehler in einer Ergebnisgröße

$$y = f(x_1, x_2, \ldots, x_l)$$

übertragen und dieser Ausdruck in eine Taylor-Reihe entwickelt, in der wiederum alle höheren Potenzen der Fehler vernachlässigt werden, so ergibt sich (7.3):

$$e_y \approx \frac{\partial f}{\partial x_1}\Big|_{\text{AP}} e_{x1} + \frac{\partial f}{\partial x_2}\Big|_{\text{AP}} e_{x2} + \cdots + \frac{\partial f}{\partial x_l}\Big|_{\text{AP}} e_{xl}. \tag{7.3}$$

Die e_{xj} in (7.3) sind die im Abschnitt 2.4 besprochenen Teilfehler [590]. Es ist zu beachten, daß (7.3) zunächst für den bei der Ableitung der Beziehung benutzten, weitgehend hypothetischen „wahren" Fehler (s. Tafel 2.2) gilt. Für die praktische Anwendung müssen die einzelnen Fehleranteile gesondert betrachtet werden. Der Abschnitt 7.3.6 befaßt sich mit den systematischen Anteilen. Auf die zunächst interessierenden zufälligen Fehleranteile und die sie charakterisierenden Streuungsmaße läßt sich (7.3) natürlich nicht anwenden, da dafür keine definierten Vorzeichen angebbar sind. In Analogie zur Vorgehensweise im Abschnitt 3.4 ergibt sich jedoch eine auf zufällige Fehleranteile anwendbare Beziehung, wenn mit den mittleren quadratischen Fehlern gerechnet wird.

13*

Es werden also in (7.3) Standardabweichungen oder Varianzen eingesetzt, und man erhält

$$s_Y{}^2 = \left(\frac{\partial f}{\partial X_1}\right)_{AP}^2 s_{X1}{}^2 + \left(\frac{\partial f}{\partial X_2}\right)_{AP}^2 s_{X2}{}^2 + \cdots + \left(\frac{\partial f}{\partial X_l}\right)_{AP}^2 s_{Xl}$$

$$\pm 2\frac{\partial f}{\partial X_1}\frac{\partial f}{\partial X_2}\Big|_{AP} s_{X1} s_{X2} \pm 2\frac{\partial f}{\partial X_1}\frac{\partial f}{\partial X_3}\Big|_{AP} s_{X1} s_{X3} \pm \cdots$$

Da sich die $(l-1)\,l/2$ gemischten Glieder wegen der doppelten Vorzeichen weitgehend aufheben bzw. gegenüber den Fehlerquadraten vernachlässigbar klein sind, bleibt als Varianz für Y der Ausdruck

$$s_Y{}^2 \approx \left(\frac{\partial f}{\partial X_1}\right)_{AP}^2 s_{X1}{}^2 + \left(\frac{\partial f}{\partial X_2}\right)_{AP}^2 s_{X2} + \cdots + \left(\frac{\partial f}{\partial X_l}\right)_{AP}^2 s_{Xl}. \tag{7.4}$$

Für Summen entspricht (7.4) wieder der additiven Verknüpfungsregel der Wahrscheinlichkeitsrechnung:

$$D^2[X_1 + X_2 + \cdots + X_l] = D^2[X_1] + D^2[X_2] + \cdots + D^2[X_l]. \tag{7.4a}$$

Aus (7.4) folgt für die Standardabweichung einer Realisierung von Y

$$s_y = \sqrt{\sum_{j=1}^{l}\left(\frac{\partial f}{\partial x_j} s_{xj}\right)^2}. \tag{7.5}$$

Bei einer ähnlichen Ableitung von (7.5) in [146] [250] wird von den „wahren" Fehlern ausgegangen und dann der Unterschied zwischen $\bar{x}_j$ und x_{jr}, dem richtigen Wert, vernachlässigt. In [442] ist eine wahrscheinlichkeitstheoretische Ableitung gewählt, die auch für korrelierte Größen gilt. Für den Fall unabhängiger Größen, bei denen der Korrelationskoeffizient = 0 wird, folgt dann auch (7.5). Dieser Weg entspricht dem in [634] benutzten, wo die Kovarianzmatrizen als Maß für die Unsicherheiten verwendet werden. Das führt auf eine einfache Schreibweise (s. S. 284), ist aber wenig praxisfreundlich [271]. Die Beziehung (7.5) ist dann ein Spezialfall des allgemeinen *Kovarianzfortpflanzungsgesetzes*. Nach einem anderen Vorschlag [262] kann die Verknüpfung von Streuungsmaßen durch ein Verfahren erfolgen, das auf der Variationsmethode basiert. Dabei kommt man bei additiver Verknüpfung der X_j ebenfalls auf (7.5), bei Multiplikation und Quotientenbildung weichen die Ergebnisse nur unwesentlich davon ab.

Die Addition der Varianzen nach (7.4) bzw. die pythagoreische Addition der Standardabweichungen oder ihrer Schätzwerte s hat mehrere Vorteile. Zum einen sind diese Beziehungen mathematisch leicht handhabbar, auch bei Verwendung einfacher Rechner. Zum anderen ist das Verfahren konsistent, d.h., die für σ_Y berechneten Werte können in weiteren, gleichartigen Auswertungen als Eingangswerte für die Varianzen anderer, indirekt bestimmter Ergebnisgrößen dienen.

Die Beziehung (7.5) gilt streng nur für die Standardabweichungen von Grundgesamtheiten, ist aber unter den eingangs gemachten Voraussetzungen auch auf andere Streuungsmaße, wie empirische Standardabweichungen, mittlere Fehler von Mittelwerten, Vertrauensgrenzen usw., übertragbar. Das gilt auch für den Fall, daß die Eingangsgrößen x_j Einzelmeßwerte sind, sofern begründbare adäquate Streuungsmaße angebbar sind.

Die Gültigkeit von (7.5) für Meßunsicherheiten ist wegen des darin enthaltenen systematischen Restfehleranteils umstritten, obwohl sie oft kommentarlos vorausgesetzt wird (z.B. [177]). Im allgemeinen kann (7.5) auch auf Meßunsicherheiten angewendet werden, wenn der in ihnen enthaltene systematische Restfehleranteil nicht „merklich größer" als der zufällige Anteil ist (vgl. z.B. [652]). Dabei ist zu beachten, daß keine relativen Unsicherheiten in die Beziehung eingesetzt werden.

Da die Gesetzmäßigkeit (7.5) i. allg. für empirische Standardabweichungen, also für mittlere quadratische Fehler von Einzelmessungen (vgl. Abschn. 3.4.2.3), abgeleitet wird und somit für den zufälligen Fehleranteil gilt, heißt sie üblicherweise *Fehlerfortpflanzungsgesetz für zufällige Fehler* (auch Abweichungsfortpflanzungsgesetz [474]). Diese Bezeichnung ist nicht sehr treffend. Erstens werden keine Fehler, sondern Streuungsmaße (Erwartungswerte mehrerer zufälliger Abweichungen, Standardabweichungen, Vertrauensgrenzen usw.) damit berechnet, und zweitens handelt es sich nicht um eine Fortpflanzung, sondern um ein Verfahren zur Zusammenfassung mehrerer Streuungsmaße zu einem Gesamtstreuungsmaß (Addition von Varianzen), weshalb z. B. in [531] auch „složenie" ($\triangle$ Addition) anstelle von Fortpflanzung benutzt wird.

Gelegentlich wird für den Fall von nur zwei Eingangsgrößen ($l = 2$) vorgeschlagen, das lineare Gesetz (7.3) zu verwenden [164] [170], was jedoch nicht richtig begründet ist, wie in [442] gezeigt wird. Ist die Beziehung für die Ergebnisgröße mathematisch günstiger in impliziter Form anzugeben, also $F(y) = f(x_1, x_2, \ldots, x_l)$, z. B. in der Funktion $\sin \alpha = f(x_j)$ anstelle der arcsin-Funktion, so ist $F(y)$ ebenfalls zu differenzieren (z. B. [453]), also

$$s_y = \frac{1}{F'(y)} \sqrt{\sum_{j=1}^{l} \left(\frac{\partial f}{\partial x_j} s_{xj} \right)^2}. \tag{7.6}$$

Bei der praktischen Anwendung von (7.5) ergeben sich normalerweise rechentechnische Vereinfachungen, wenn die partiellen Ableitungen nach der Differentiation so umgeformt werden, daß sich y aus allen Summanden ausklammern und vor die Wurzel ziehen läßt. Liegt z. B. ein funktioneller Zusammenhang der Art

$$y = K x_1{}^\alpha x_2{}^\beta x_3{}^\gamma \tag{7.7}$$

vor, so ergibt sich aus (7.5) für s_y

$$s_y = y \sqrt{\left(\alpha \frac{s_{x1}}{x_1} \right)^2 + \left(\beta \frac{s_{x2}}{x_2} \right)^2 + \left(\gamma \frac{s_{x3}}{x_3} \right)^2}. \tag{7.8}$$

Da die $s_{xj}/x_j = s_{xj}{}^*$ gerade die relativen Standardabweichungen sind, kann (7.8) auch in der Form

$$s_y{}^* = \sqrt{(\alpha s_{x1}{}^*)^2 + (\beta s_{x2}{}^*)^2 + (\gamma s_{x3}{}^*)^2} \tag{7.9}$$

geschrieben werden. Ist y ein Produkt oder ein Quotient aus den x_j (α, β, γ nur $+1$ oder -1), so brauchen, wie aus (7.9) folgt, nur die relativen Standardabweichungen pythagoreisch addiert zu werden:

$$s_y{}^* = \sqrt{\sum_{j=1}^{l} s_{xj}{}^{*2}}. \tag{7.10}$$

Wenn sich y additiv aus den x_j zusammensetzt, so sind die absoluten Standardabweichungen pythagoreisch zu addieren, da in diesem Fall alle partiellen Ableitungen $= 1$ sind, also

$$s_y = \sqrt{\sum_{j=1}^{l} s_{xj}{}^2}. \tag{7.11}$$

Das folgt auch aus (7.4a). Bei Differenzen ist zu beachten, daß e_{ai} nach (7.2) sehr große Werte annehmen kann, auch wenn die Einzelfehler klein sind [231], was auch bei der Verarbeitung im Rechner eine Rolle spielen kann (Rundungsfehler!).

Außerdem sei ausdrücklich darauf hingewiesen, daß die für praktische Rechnungen sehr bequeme Beziehung (7.10) nicht auf höhere Potenzen von einzelnen x_j angewendet wird, indem diese in Produkte zerlegt werden, wie das folgende einfache Beispiel zeigt. Im Fall $y = x^2$ folgt aus (7.9) völlig korrekt

$$s_y{}^* = \sqrt{(2\,s_x{}^*)^2} = \sqrt{4\,s_x{}^{*2}}. \tag{7.12}$$

Aus (7.10) ergibt sich jedoch, wenn $x^2 = x \cdot x$ gesetzt wird, das falsche Ergebnis

$$s_y{}^* = \sqrt{s_x{}^{*2} + s_x{}^{*2}} = \sqrt{2\,s_x{}^{*2}}.$$

Das resultiert daraus, daß $x \cdot x$ logischerweise nicht das Produkt zweier stochastisch unabhängiger Variabler ist. Die Beziehung (7.12) folgt auch aus (3.50), da $\varrho\,(X_1, X_2) = 1$ ist.
Es gibt noch viele weitere Fälle, in denen die bisher gemachte Voraussetzung der stochastischen Unabhängigkeit nicht erfüllt ist. Auch wenn beispielsweise mehrere Ergebnisgrößen aus dem gleichen Satz von Eingangsgrößen errechnet werden, sind die Ausgangsgrößen miteinander korreliert [271]. Im Fall zweier korrelierter Eingangsgrößen $\bar{x}_1$ und $\bar{x}_2$, die additiv zu y zusammengefaßt werden, ergibt sich beispielsweise aus (3.50) (mit $K_1 = K_2 = 1$) das Kovarianzfortpflanzungsgesetz in der einfachen Form

$$s_y = \sqrt{s_{\bar{x}1}{}^2 + s_{\bar{x}2}{}^2 + 2\,\varrho\,s_{\bar{x}1}\,s_{\bar{x}2}}, \tag{7.13}$$

wo auch für die Kovarianzen (3.49) Schätzwerte einzusetzen sind [271]. Bereits für multiplikative Verknüpfungen werden jedoch die entsprechenden Beziehungen sehr kompliziert und gelten auch nur für große n [375]. Deshalb wird das Problem der korrelierten Größen nur anhand eines Beispiels im Abschnitt 9.6 behandelt.
Eine Folge der pythagoreischen Addition ist es auch, daß die Bedeutung kleinerer Fehler schnell sinkt, wie ein einfaches Beispiel erkennen läßt: Wenn im Fall $y = x_1 + x_2$ für die Standardabweichungen gilt $s_{x2} = 0{,}5\,s_{x1}$, so folgt aus (7.11)

$$s_y = \sqrt{s_{x1}{}^2 + (0{,}5\,s_{x1})^2} = 1{,}12\,s_{x1}.$$

Die Standardabweichung von y wird also nur 12% größer, als wenn die Standardabweichung von x_2 von vornherein vernachlässigt worden wäre [531]. Im Fall $s_{x2} = 0{,}25\,s_{x1}$ beträgt der Unterschied nur noch 3%, so daß s_{x2} vernachlässigt werden kann.
Genaugenommen ist die Beziehung (7.5), wie sich aus der Ableitung ergibt, nur für additive Verknüpfungen gültig. Ihre Anwendung auf andere funktionelle Zusammenhänge ist jedoch i. allg. zulässig, da diese sich in einer hinreichend kleinen Umgebung um den Arbeitspunkt, für den die Reihenentwicklung durchgeführt wird, linearisieren lassen (3.6). Nur bei sehr starken Linearitätsabweichungen kann in Ausnahmefällen eine Restgliedabschätzung zweckmäßig sein, um zu entscheiden, ob die Addition der Varianzen bei der gewählten statistischen Sicherheit ein brauchbares Resultat liefert.
Abschließend möge noch eine Plausibilitätsbetrachtung zeigen, daß die pythagoreische Addition von Streuungsmaßen unter praktischen Bedingungen, wenn die Kenntnisse über die tatsächlichen Unsicherheiten möglicherweise ohnehin nur gering sind, einigermaßen akzeptable Ergebnisse liefert [148]. Die Unsicherheit u_y eines Meßergebnisses, das aus mehreren, mit den Unsicherheiten u_{xj} behafteten Eingangsgrößen gebildet wird, muß sicherlich größer sein als die größte Einzelunsicherheit. Dagegen gibt eine algebraische Addition der einzelnen Unsicherheitsmaße mit hoher Wahrscheinlichkeit einen zu großen Wert, weil kaum mit dem ungünstigsten Fall gerechnet werden kann. So wird also ein vernünftiger Wert für u_y zwischen diesen Grenzen liegen:

$$|u_{xj\,(\text{max})}| < |u_y| < \sum_{j=1}^{l} |u_{xj}|. \tag{7.14}$$

Diese Ungleichung wird bei pythagoreischer Addition erfüllt.
Auch die Verwendung der partiellen Ableitungen als Gewichtsfaktoren in (7.5) ist plausibel. Einerseits bekommen alle Summanden dadurch die gleiche Dimension: $\dim s_{xj}/\partial x_j$

$= \dim f = \dim y$, womit sie überhaupt erst addierbar werden, und andererseits erhalten die Streuungsmaße derjenigen x_j, die mit höheren Potenzen in y eingehen, auch das entsprechend höhere Gewicht, wie (7.9) zeigt.

Überlegungen dieser Art sind der Grund dafür, daß die Zusammenfassung von Streuungsmaßen nach (7.5) als ein für die meßtechnische Praxis völlig ausreichendes Verfahren z.T. generell empfohlen wird (z.B. [595]). Dies wird auch in mehreren Fällen im Abschnitt 7.3 deutlich werden.

7.3. Unsicherheiten in Ergebnissen verschiedener Arten indirekter Messungen

7.3.1. Übersicht über die verschiedenen Problemstellungen

Obwohl die technische Entwicklung und die Zunahme kontinuierlicher Messungen und automatischer Prüfverfahren mit extrem kurzen Meßzeiten die klassische Meßreihe längst zum Ausnahmefall haben werden lassen, spiegelt sich dies in den theoretischen Betrachtungen zur Behandlung von Meßfehlern erst in Ansätzen wider. Selbst moderne Darstellungen zur Fehlerrechnung lassen oft noch den Eindruck entstehen, als sei der Mittelwert aus einer Meßreihe mit möglichst vielen normalverteilten Meßwerten der in der Praxis dominierende Fall. Dies trifft jedoch nur noch auf wenige Bereiche der Meßtechnik, vor allem auf die Labor- und Präzisionsmeßtechnik [148], in nennenswertem Umfang zu. Insofern kommt dem im Abschnitt 7.2 diskutierten Gesetz zur Zusammenfassung von Streuungsmaßen (Fehlerfortpflanzungsgesetz für zufällige Fehler) nicht mehr die überragende Bedeutung zu, wie dies noch vor einigen Jahrzehnten der Fall war. Dies gilt für diejenigen Anwendungsfälle, für die dieses Gesetz ursprünglich abgeleitet worden ist.

Die vielfältigen Probleme der Fehleranalyse, die durch die moderne technische Entwicklung zunehmend bedeutsamer werden, entwickeln sich dagegen nur langsam zu einem Gegenstand theoretischer Untersuchungen. Auch im folgenden kann nicht auf alle offenen Fragen eine Antwort gegeben werden; aber einige dieser Probleme sollen aufgezeigt und bekannt gewordene Ansätze zu ihrer Lösung skizziert werden.

Der erste diesbezügliche Fragenkomplex ergibt sich, wenn die Voraussetzungen für die Gültigkeit von (7.5) ganz oder teilweise als nicht mehr erfüllt gelten können, wenn also

- die Genauigkeit der Messungen der einzelnen Eingangsgrößen X_j stark voneinander abweicht (Abschn. 7.3.3)
- die Einzelmeßwerte x_{ji} nicht normalverteilt sind, speziell wenn die Unsicherheitsgrenzen nicht symmetrisch liegen (Abschn. 7.3.4)
- die in Y eingehenden Größen X_j nicht unabhängig voneinander sind (Korrelationen; s. Abschn. 9.6)
- auf Grund der Umstände die X_j nicht mehrmals unter Wiederholbedingungen gemessen werden können, so daß in Y keine Mittelwerte, sondern Einzelmeßwerte (evtl. zusammen mit Mittelwerten) eingehen (Abschn. 7.3.5).

Eine in der Fehlertheorie bereits gründlich untersuchte Problematik ist die Bestimmung von Unsicherheiten in Ergebnisgrößen, die sich als Konstanten aus experimentell aufgenommenen funktionellen Zusammenhängen ergeben. Hier bedient man sich des mathematischen Instrumentariums der Ausgleichsrechnung (Abschn. 7.3.2).

Zum systematischen Fehler in Ergebnisgrößen indirekter Messungen gibt es ebenfalls bereits viele Ausführungen in der Literatur. Deshalb sind nur noch einige erläuternde Ausführungen in Ergänzung zu Abschnitt 3.3 zu machen (Abschn. 7.3.6).

Außerdem ist der Fall zu betrachten, daß mehrere Meßmittel mit bekannten Fehlergrenzen (Genauigkeitsklassen) zu einer Meßeinrichtung zusammengefaßt werden, für die eine Gesamtfehlergrenze angegeben werden soll (Abschn. 7.3.7).
Nur wenige Untersuchungen liegen bisher zu einem Problem vor, das den Namen Fehlerfortpflanzung wirklich verdient, nämlich die Akkumulation von Fehlern einzelner Übertragungsglieder einer Meßkette [571] zu einem Gesamtfehler des betreffenden Meßgeräts. Dabei können die Fehler der aufeinander folgenden Baugruppen sowohl systematischen als auch zufälligen Charakter haben (Abschn. 7.3.8). Schließlich ist noch eine Aufgabe zu erwähnen, die besonders in der Präzisionsmeßtechnik vorkommt, daß nämlich bei der Ermittlung eines Meßresultats höchster Genauigkeit die einzelnen Fehlerbeiträge abgeschätzt und zu einem resultierenden (systematischen Rest-)Fehler zusammengefaßt werden müssen. Da es sich dabei nicht um ein Problem der indirekten Messungen handelt, wird im Abschnitt 7.4.3 kurz darauf eingegangen.
Insgesamt zeigt sich also, daß die Anzahl der „Problemfälle", die mit den genannten Beispielen noch nicht einmal vollständig erfaßt sind und die von der Meßtheorie bisher erst teilweise wissenschaftlich durchdrungen werden konnten, recht erheblich ist.

7.3.2. Unsicherheiten in Konstanten gemessener funktioneller Zusammenhänge (Ausgleichsrechnung)

Eine spezielle Form indirekter Messungen liegt vor, wenn die Ergebnisgröße nicht über eine (formelmäßig ausdrückbare) mathematische Beziehung mit den Eingangsgrößen verknüpft ist, sondern wenn die Aufgabengröße erst aus einem funktionellen Zusammenhang mehrerer Größen gewonnen werden kann. Die Eingangsgrößen können dabei sowohl Meß- als auch Einstellgrößen sein.
Beispiel. Der Widerstand von Metall-Halbleiter-Kontakten kann in Abhängigkeit von vielen Bedingungen sowohl „ohmsches" als auch „nichtohmsches" Verhalten zeigen ($R_\mathrm{K} = $ const bzw. $R_\mathrm{K} = f(I)$). Es genügt also nicht, den Widerstand über *eine* Strom-Spannungs-Messung nach der Beziehung $R_\mathrm{K} = U/I$ zu bestimmen, sondern es ist für mehrere Stromstärken I_i der Spannungsabfall U_i über R_K zu messen (z. B. [153]). Aus der Funktion $U = f(I)$ erhält man die Aufgabengröße R_K. Ist $U = R_\mathrm{K} I$ (also eine Gerade), so liegt ohmsches Verhalten bei dem untersuchten Kontakt vor. Daraus ist die Erkenntnis abzuleiten, daß die Besonderheit dieser Art indirekter Messungen darin liegt, über die sonst übliche Fragestellung hinaus (welchen Wert hat die Ergebnisgröße für bestimmte Eingangsgrößenwerte?) zusätzliche Fragen zu beantworten. Im Beispiel ist nicht nur zu ermitteln, wie groß R_K ist, sondern auch, welches Verhalten R_K zeigt.
Ergebnisgrößen derartiger indirekter Messungen sind also Konstanten (bzw. „Nichtkonstanten") gemessener funktioneller Zusammenhänge, und die Meßaufgabe besteht darin, den Wert dieser Konstanten zu bestimmen *und* die Art des funktionellen Zusammenhangs zu überprüfen. Damit werden selbstverständlich die Forderungen an die Fehlerbetrachtungen umfangreicher, weil nicht nur Meßunsicherheiten für die ermittelten Konstanten zu bestimmen sind, sondern auch Aussagen über die „Qualität" des funktionellen Zusammenhangs gemacht werden müssen.
Wegen der unvermeidlichen Meß- und Einstellfehler führen die experimentellen Ergebnisse nicht auf exakt definierte mathematische Funktionen, sondern auf stochastische Zusammenhänge, bei denen die Abhängigkeitsmaße Korrelation und Regression eine Rolle spielen. Mit der Korrelationsanalyse wird der *Grad* der Abhängigkeit (anhand einer Stichprobe) untersucht, mit der Regressionsanalyse die *Art* der stochastischen Abhängigkeit.
Korrelationsanalysen werden in der Meßtechnik zunehmend eingesetzt, und zwar für konkrete Meßprobleme (z. B. Messung der Geschwindigkeit von Stoffbahnen [26] [536]),

für Signalanalysen [95] [201] [340] und zum Erkennen determinierter zeitabhängiger Fehler (s. Abschn. 3.5). Die Untersuchung der Korreliertheit von Werten ist außerdem ein wichtiger Bestandteil von Fehleranalysen (s. Abschn. 9.6).

Ohne auf Einzelheiten der Regression einzugehen, sei nachfolgend nur der Fall der *linearen Regression* betrachtet. Es wird also die Geradengleichung

$$y = a + b\,x \tag{7.15}$$

mit der *Zielgröße* (predictor) y und der *Einflußgröße* (regressor) x vorausgesetzt. Ziel ist die Schätzung der beiden Parameter a und b aus den Stichprobenwerten

$$(x_1; y_1), (x_2; y_2), \ldots, (x_n; y_n),$$

und zwar nach der Maximum-Likelihood-Methode oder nach der Gaußschen Methode der kleinsten Abweichungsquadratsumme [42] [264]. Dieses Verfahren ist in der Meßtechnik als *Ausgleichsrechnung* bekannt und in der Literatur oft behandelt worden (z. B. [20] [49] [94] [115] [170] [192] [239] [250] [254] [352] [505] [508]).

Im allgemeinen sind die beiden Variablen der Regressionsanalyse gleichberechtigt, d. h. vertauschbar (y oder x können Zielgröße sein); in der Meßtechnik ist dagegen meist klar, was als abhängige und was als unabhängige Variable anzusehen ist. So war im obengenannten Beispiel die Einstellgröße I eine unabhängige und der Spannungsabfall U eine abhängige Variable, also Zielgröße. Das gilt nicht generell; denn es kann

● die Meßanordnung variiert werden (z. B. Bestimmung von R durch Messung der Ströme bei definierten Spannungen) oder

● sowohl x als auch y von einer dritten (Einstell-)Größe abhängen, deren Wert gar nicht erfaßt zu werden braucht.

Auch der Informationsgewinn der Auswertung erhöht sich oft, wenn die Regressionsanalyse einmal mit x und einmal mit y als Zielgröße durchgeführt wird. Auf jeden Fall ist die Entscheidung, welche der beiden Variablen als unabhängig anzusehen ist, welches mathematische Modell also angesetzt wird, von erheblicher Bedeutung für die aus einer Regressionsanalyse gezogenen, meßtechnisch relevanten Schlußfolgerungen [187] und setzt entsprechendes Verständnis für die Meßaufgabe voraus.

Die Auswirkung dieser Entscheidung hängt damit zusammen, daß bei der Ausgleichsrechnung eine der beiden Variablen als fehlerfrei angenommen werden muß, was ja in der Praxis nicht zutrifft. Im hier gewählten, begleitenden Beispiel wird es sicherlich unmöglich sein, eine Stromquelle zu schaffen, der eine definierte, über die Meßzeit konstante Stromstärke beliebiger Genauigkeit entnommen werden kann. Für das diskutierte Verfahren muß jedoch von dieser Annahme ausgegangen werden. Dann liegen die gemessenen Werte der abhängigen Variablen nur deswegen nicht auf der angenommenen Geraden (7.15), weil sie infolge des Auftretens zufälliger Fehler streuen. (Erfaßbare systematische Fehleranteile werden in den einzelnen Meßwerten korrigiert und bleiben in der Ausgleichsrechnung unberücksichtigt.)

Als „beste" *Regressionsgerade* gilt die, für die die Summe der Abweichungsquadrate $\Sigma\,e_i{}^2$ kleiner ist als von jeder anderen möglichen Geraden **(Bild 7.1)**:

$$\sum_{i=1}^{n} e_i{}^2 = \sum_{i=1}^{n} (y_i - a - b\,x_i)^2 \to \text{Minimum.} \tag{7.16}$$

Durch Nullsetzen der partiellen Ableitungen nach a und b erhält man ein lineares Gleichungssystem für diese Konstanten, aus dem

$$b = \frac{n\,\Sigma\,x\,y - \Sigma\,x\,\Sigma\,y}{n\,\Sigma\,x^2 - (\Sigma\,x)^2} \tag{7.17}$$

und

$$a = \frac{\Sigma\,y - b\,\Sigma\,x}{n} = \frac{\Sigma\,x^2\,\Sigma\,y - \Sigma\,x\,\Sigma\,x\,y}{n\,\Sigma\,x^2 - (\Sigma\,x)^2} \tag{7.18}$$

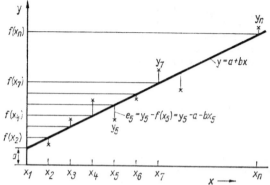

Bild 7.1. Beispiel für eine Regressionsgerade (Ausgleichsgerade)

folgt. Hier und in allen folgenden Gleichungen dieses Abschnitts wird stets von 1 bis n summiert.

Die Rechnung kann sich deutlich vereinfachen, wenn vorher die Mittelwerte $\bar{x}$ und $\bar{y}$ errechnet werden [474]. Es ergibt sich dann

$$b = \frac{\Sigma\,((x_i - \bar{x})\,(y_i - \bar{y}))}{\Sigma\,(x_i - \bar{x})^2} \qquad (7.17\,\mathrm{a})$$

und

$$a = \bar{y} - b\,\bar{x}. \qquad (7.18\,\mathrm{a})$$

Auch ein *Bestimmtheitsmaß* B ist unter Verwendung der Mittelwerte leicht zu errechnen:

$$B = \frac{(\Sigma\,[(x_i - \bar{x})\,(y_i - \bar{y})])^2}{\Sigma\,(x_i - \bar{x})^2\,\Sigma\,(y_i - \bar{y})^2}; \qquad (7.19)$$

$B = 1$ exakter Zusammenhang, $B = 0$ kein Zusammenhang.

Das Vorliegen einer Regression für Werte $0 < B < 1$ ist für ein vorgegebenes Vertrauensniveau mit Hilfe des F-Tests zu überprüfen, wobei

$$\mathrm{F} = \mathrm{f_2}\,\frac{B}{1 - B} \qquad (7.20)$$

mit dem Freiheitsgrad $\mathrm{f_2} = n - 2$ als Prüfgröße verwendet wird [474].

Für die Lage der Regressionsgeraden lassen sich ebenfalls Unsicherheitsgrenzen angeben. Dazu wird die Standardabweichung

$$s_{\mathrm{Ger}} = \sqrt{\frac{\Sigma\,(y_i - y\,(x_i))^2}{n - 2}}$$
$$= \sqrt{\frac{1}{n - 2}\left[\Sigma\,(y_i - \bar{y})^2 - \frac{[\Sigma\,((x_i - \bar{x})\,(y_i - \bar{y}))]^2}{\Sigma\,(x_i - \bar{x})^2}\right]} \qquad (7.21)$$

verwendet, die mit Hilfe der Faktoren aus Tafel 3.7 auf ein vorgegebenes Vertrauensniveau umgerechnet werden kann [474] **(Bild 7.2)**.

Wenn abhängige und unabhängige Variable vertauscht werden, also eine Abhängigkeit der Form

$$x = A + B\,y \qquad (7.22)$$

vorausgesetzt wird, so lauten die Konstanten:

$$B = \frac{n\,\Sigma\,x\,y - \Sigma\,x\,\Sigma\,y}{n\,\Sigma\,y^2 - (\Sigma\,y)^2} \qquad (7.23)$$

und

$$A = \frac{\Sigma x - B \Sigma y}{n} = \frac{\Sigma y^2 \Sigma x - \Sigma y \Sigma x y}{n \Sigma y^2 - (\Sigma y)^2}.$$ (7.24)

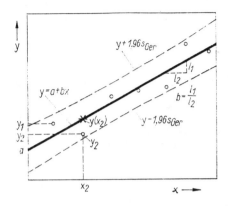

Bild 7.2. Unsicherheitsgrenzen der Regressionsgeraden für ein Vertrauensniveau $1 - \alpha = 95\%$

$l_1/l_2 = b$ (Steigung der Regressionsgeraden)

Ist auf Grund theoretischer Überlegungen ein anderer als ein linearer Zusammenhang zu erwarten, d. h., muß ein anderes Modell angesetzt werden, so läßt sich dieses Verfahren der Ausgleichsrechnung in gleicher Weise anwenden: mathematische Formulierung der funktionellen Abhängigkeit (Modell) $y = f(x)$, Bildung der scheinbaren Abweichungen der Meßpunkte vom angenommenen Funktionsverlauf, also $e_i = y_i - f(x_i)$, Quadrieren und Summieren der e_i, also Bilden von Σe_i^2, sowie Ermitteln der Konstanten in $f(x)$ durch partielle Ableitung der Abweichungsquadratsumme nach den Konstanten und Nullsetzen. Aus dem erhaltenen Gleichungssystem werden die Konstanten bestimmt. Beispiele sind der Literatur zu entnehmen: [146] [192] [375] [459].

Durch das Vertauschen der beiden Variablen ergeben sich normalerweise zwei unterschiedliche Regressionsgeraden **(Bild 7.3)**, die sich im Schwerpunkt $(\bar{x}, \bar{y})$ schneiden ($\bar{x}, \bar{y}$ sind die Mittelwerte der x_i bzw. y_i). Mit den zugehörigen Standardabweichungen s_x

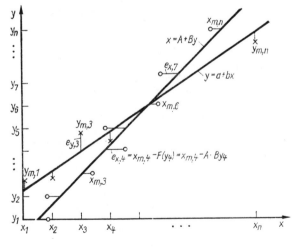

Bild 7.3. Regressionsgeraden $y = a + bx$ (Annahme: x_i fehlerfrei) und $x = A + By$ (Annahme: y_i fehlerfrei)

× gemessene $y_{m,i}$; o gemessene $x_{m,i}$

und s_y sowie dem Stichprobenkorrelationskoeffizienten r lassen sich die beiden Regressionsgeraden auch durch

$$\frac{y - \bar{y}}{s_y} = r \frac{x - \bar{x}}{s_x} \tag{7.25}$$

und

$$\frac{x - \bar{x}}{s_x} = r \frac{y - \bar{y}}{s_y} \tag{7.26}$$

ausdrücken [375]. Für $r = 1$ fallen folglich die beiden Geraden zusammen; es besteht ein streng funktioneller Zusammenhang.

Da bei dieser Art indirekter Messungen die Konstanten (bei linearer Regression also a und b) oder eine von ihnen das Meßergebnis darstellen, interessiert besonders die Genauigkeit, mit der sie ermittelt werden. Erkennbare systematische Fehler sind zwar in den Einzelmeßwerten y_i korrigiert, aber die systematischen Restfehler bereiten Probleme. Da sie jeden Meßwert in unbekannter Weise in gleicher Richtung verfälschen, wirken sie sich im Meßresultat voll aus, und zwar bei additiver Natur in a, bei multiplikativem Charakter in b. Es gibt kein spezielles Verfahren, sich gegen die Auswirkungen dieser Fehleranteile zu schützen; die Hinweise im Abschnitt 3.2 gelten hier sinngemäß. Die zufälligen Fehler in den einzelnen y_i lassen sich nach der Methode der kleinsten Fehlerquadratsumme in Analogie zur Berechnung von s nach (3.18) zu

$$s_a = \sqrt{\frac{\Sigma y^2 - a \Sigma y - b \Sigma x y}{n - 2}} \sqrt{\frac{\Sigma x^2}{n \Sigma x^2 - (\Sigma x)^2}} \tag{7.27}$$

und

$$s_b = \sqrt{\frac{\Sigma y^2 - a \Sigma y - b \Sigma x y}{n - 2}} \sqrt{\frac{n}{n \Sigma x^2 - (\Sigma x)^2}} \tag{7.28}$$

bestimmen (vgl. [146]). Damit liegt ein Streuungsmaß vor, das der empirischen Standardabweichung s einer Meßreihe entspricht. In [375] sind noch weitere Wege zur Schätzung der Standardabweichungen s_a und s_b angegeben.

Abgesehen davon, daß die nach (7.27) und (7.28) berechneten Standardabweichungen noch keine Meßunsicherheiten darstellen und eine formale Übertragung des Berechnungswegs von u aus s gemäß Abschnitt 3.4.2.3. nicht zulässig ist, haben (7.27) und (7.28) auch deswegen nur beschränkten Wert, weil die Voraussetzungen (gleiche Genauigkeit der Messungen, Normalverteilung der Variablenmeßwerte, stochastische Unabhängigkeit der Einzelmessungen, gleiche Restvarianz der Variablen und Kleinheit der Abweichungen gegenüber den Meßwerten) nicht immer ohne Prüfung als erfüllt zu betrachten sind.

Beispiel. Die Frage der gleichen Genauigkeit aller Meßpunkte im vorhergehenden Beispiel könnte man zunächst bejahen, weil alle Strom- und alle Spannungswerte mit jeweils den gleichen Meßgeräten bestimmt werden. Bei einer genaueren Untersuchung der Meßbedingungen zeigt sich jedoch, daß sowohl die kleineren als auch die höchsten gemessenen Spannungswerte mit größeren Fehlern behaftet sein müssen. Bei kleinen Strömen fallen die unvermeidlichen zusätzlichen Kontaktwiderstände beim Aufsetzen der Meßspitzen stärker ins Gewicht, und bei höheren Stromstärken kommt es zur Erwärmung an dem untersuchten Kontakt, was ebenfalls zu höheren Meßfehlern führt. Derartige Fehlerbeiträge, mit denen auch bei anderen Meßaufgaben in irgendeiner Form oft gerechnet werden muß, sind aus den Meßwerten nicht zu erkennen. Sie verlangen eine gründliche Analyse des Meßsystems.

Eine Verkleinerung des Einflusses zufälliger Fehler ist — wenn es die Umstände zulassen — ggf. dadurch zu erreichen, daß die einzelnen Punkte der Ausgleichsgeraden mehrmals gemessen und statistisch ausgewertet werden, wobei auch die Verteilung zu berücksichtigen ist [570].

Neben der Frage der ungleichen Genauigkeit, mit der sich Abschnitt 7.3.3 beschäftigen wird, und des Einflusses der zufälligen Fehleranteile gibt es noch andere zu beachtende Aspekte. Ein wichtiges Problem liegt darin, daß die unabhängigen Variablen als fehlerfrei angesehen werden müssen. Das kann manchmal durchaus zulässig sein; oft liegen aber die Unsicherheiten der x_i in der gleichen Größenordnung wie die der y_i. Es gibt zwar spezielle Verfahren, bei denen auf diese Voraussetzung verzichtet werden kann (z. B. [58]), aber sie sind nicht universell anwendbar. Das Vertauschen der Variablen (7.22) kann in dieser Hinsicht Aufschlüsse geben, erlaubt aber keine eindeutige Entscheidung. Die Schere zwischen den beiden Regressionsgeraden (Bild 7.3) kann sowohl auf die diskutierten Meßfehler zurückzuführen sein als auch auf ein falsches Modell (kein linearer Zusammenhang). Mit den statistischen Methoden der Ausgleichsrechnung ist diese Frage nicht eindeutig zu entscheiden; insbesondere sollte keinesfalls auf Grund der Tatsache, daß r in (7.25) etwas kleiner als 1 ist, sofort der vorausgesetzte funktionelle Zusammenhang abgelehnt werden. Ohne näher darauf einzugehen, sei noch auf zwei Verfahren zur Schnellschätzung der Regressionsgeraden hingewiesen, bei denen beide Variable fehlerbehaftet sein können [2] [375]. Das Verfahren nach *Bartlett* [14] eignet sich für beliebige Geraden, das nach *Kerrich* [183] nur für Geraden, die durch den Nullpunkt gehen.

Eine andere Schwierigkeit besteht darin, daß bei der Ausgleichsrechnung die Art des funktionellen Zusammenhangs als bekannt vorausgesetzt werden muß. Oft ist aber gerade die Frage, ob das angenommene Modell der Realität tatsächlich entspricht, eine durch die Messungen zusätzlich zu überprüfende Aufgabe, wie im betrachteten Beispiel. Es gibt natürlich Methoden, die Güte der Approximation einer angenommenen Funktion an einen gemessenen Kurvenverlauf zu testen (vgl. z. B. [375]). So läßt sich oft durch eine nichtlineare (curvilineare) Regression eine Funktion finden, die den experimentellen Werten besser gerecht wird [442]. Es ist dies eine ähnliche Aufgabenstellung wie im Abschnitt 6.4 bei der Approximation der Kalibrierkurve.

Auf Einzelheiten dieser Approximationsverfahren braucht jedoch nicht eingegangen zu werden, da es sich im vorliegenden Zusammenhang um ein anderes Problem handelt. Es könnten zwar die Meßpunkte im **Bild 7.4** infolge zufälliger Meßfehler um einen tatsächlich vorliegenden linearen Verlauf streuen, sie könnten aber auch darauf hindeuten, daß der wirkliche Kurvenverlauf durch die durchgezogene Kurve besser wiedergegeben wird. Anders ausgedrückt: Sind die — z. B. im Vergleich zur Meßmittelgenauigkeit zu groß erscheinenden — Standardabweichungen s_a und s_b nach (7.27) und (7.28) ein Hinweis auf eine in der Realität vorliegende Nichtlinearität, oder sind sie durch zufällige Meßfehler bzw. andere nicht erfüllte Voraussetzungen bedingt? Diese Frage ist durch formale Anwendung statistischer Methoden nicht zu entscheiden, auch wenn eine Prüfung der Linearität der Regression (z. B. [375]) schon gewisse Hinweise geben kann. Not-

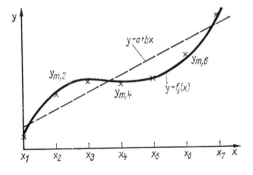

Bild 7.4. Zur Frage, ob $y = a + bx$ oder $y = f_?(x)$ den durch die Meßpunkte $y_{m,i}$ ermittelten Zusammenhang „richtig" wiedergibt

(vgl. dazu Ausführungen in [442, Abschn. 4.4.1])

wendig ist in jedem Fall eine tiefergehende meßtechnische Analyse des Problems und des benutzten Meßverfahrens. Eventuell wird die Messung mit einer modifizierten Anordnung wiederholt werden müssen.

Im betrachteten Beispiel bedeutet dies, daß Nichtlinearitäten der gemessenen Kurve ($\triangleq$ „zu große" Standardabweichungen) sowohl durch „nichtohmsches" Verhalten der Kontakte als auch durch Meßfehler verursacht sein können. Nur eine sorgfältige Analyse der Meßanordnung sowie der Meßbedingungen und/oder eine Wiederholung der Messungen nach modifiziertem Verfahren (z.B. Umkehr der Stromrichtung, andere Meßstrukturen usw.; vgl. [153]) können zu einer richtigen Beantwortung dieser Frage führen.

Auch für die Ausgleichsrechnung gilt also, daß die Statistik nicht überfordert werden darf. Formale Anwendung ihrer Methoden ist keineswegs geeignet, fehlende Eingangsinformationen und mangelndes Verständnis für meßtechnische Zusammenhänge zu ersetzen. Sinn- und zweckentsprechend eingesetzt, ist die Statistik zwar ein wirksames Hilfsmittel einer Fehleranalyse, aber kein Ersatz für sie.

Abschließend sei noch ein Problem erwähnt, für das die Ausgleichsrechnung ebenfalls eingesetzt wird, und zwar der Vergleich der Werte mehrerer gleichartiger Elemente, z.B. der Vergleich mehrerer Massestücke gleichen Nennwerts [170]. Diese Vergleiche (*Ringvergleiche*) sind vor allem in metrologischen Staatsinstituten eine häufige Aufgabe. Entweder wird dabei ein additiver Fehlerausgleich durchgeführt, wie er z.B. in [192] beschrieben ist (s. auch [285]), oder es ist — besonders wenn die Voraussetzung kleiner Abweichungen nicht erfüllt ist — ein multiplikativer Fehlerausgleich erforderlich. Das Verfahren ist in [140] beschrieben und auch an einem Beispiel erläutert.

7.3.3. Unsicherheiten beim Zusammenfassen von Werten unterschiedlicher Genauigkeit

Voraussetzung für die Ermittlung der Meßunsicherheit bei der Bestimmung des Wertes einer Größe aus den Mittelwerten $\bar{x}_j$ mehrerer Meßreihen nach dem Verfahren im Abschnitt 7.2 ist u.a. eine annähernd gleiche Genauigkeit der $\bar{x}_j$, wenn aus diesen der Mittelwert $\bar{\bar{x}}$ der Mittelwerte gebildet wird. Diese Voraussetzung kann i. allg. als erfüllt gelten, wenn alle Meßreihen unter Wiederholbedingungen aufgenommen wurden und ihre Umfänge nur wenig differieren, die Standardabweichungen also ähnliche Werte haben. Bei Messungen ungleicher Genauigkeit muß mit gewogenen Werten gerechnet werden. Das Problem der Meßreihen ungleichen Umfangs bzw. ungleicher Genauigkeit soll hier wenigstens für den einfachsten Fall demonstriert werden.

Stammen beispielsweise die $\bar{x}_j$ aus unter Wiederholbedingungen aufgenommenen Meßreihen, so bieten sich die Meßreihenumfänge n_j als Gewichte p_j an, also $p_j \sim 1/n_j$. Bei unterschiedlichen Meßbedingungen (keine Wiederholbedingungen), wie es bei Verwendung verschiedener Meßverfahren der Fall ist, eignen sich die Varianzen zur Bildung der Gewichte: $p_j \sim 1/\sigma_j^2$ bzw. $p_j \sim 1/s_j^2$. Mit dem Ansatz

$$p_j = K/s_j^2 \tag{7.29}$$

und der Bedingung $[K] = [s]^2 = [x]^2$ werden die Gewichte reine Zahlenfaktoren, wobei es zweckmäßig sein kann, $K = s_{\min}^2$ anzusetzen ($s_{\min}^2$ ist die kleinste der Varianzen der l Mittelwerte $\bar{x}_j$). Damit bekommt der genaueste Mittelwert das Gewicht 1, und die anderen Gewichte spiegeln die Genauigkeitsrangordnung anschaulich wider [125]. Für den gewogenen Mittelwert (vgl. (3.10) in Tafel 3.4)

$$\bar{\bar{x}}_{\text{gew}} = \sum_{j=1}^{l} p_j \bar{x}_j \bigg/ \sum_{j=1}^{l} p_j \tag{7.30}$$

ergibt sich als mittlerer quadratischer Fehler des Mittelwerts $\bar{\bar{x}}$:

$$s_{\bar{\bar{x}}, \text{gew}} = \sqrt{\sum_{j=1}^{l} \left(\frac{\partial \bar{\bar{x}}}{\partial \bar{x}_j} s_j \right)^2} = \frac{1}{\sum\limits_{j=1}^{l} p_j} \sqrt{\sum_{j=1}^{l} (p_j s_j)^2} \tag{7.31}$$

mit

$$s_j = \sqrt{\frac{\sum\limits_{j=1}^{n_j} p_i (x_{ji} - \bar{x}_j)^2}{(n_j - 1) \sum\limits_{i=1}^{n_j} p_i}}. \tag{7.32}$$

Gl. (7.32) kann als Ausgangswert für eine iterative Verbesserung der geschätzten p_j verwendet werden [132] [146] [375]. Mit (7.29) vereinfacht sich (7.31) zu

$$s_{\bar{\bar{x}}\,\text{gew}} = 1 \Big/ \sqrt{\sum_{j=1}^{l} 1/s_j^2}. \tag{7.33}$$

Daraus ist ersichtlich, daß $\bar{\bar{x}}_{\text{gew}}$ bei Unterschieden in der Genauigkeit nur wenig genauer ist als das genaueste $\bar{x}_j$, so wie auch die ungenaueren $\bar{x}_j$ zum Mittelwert $\bar{\bar{x}}_{\text{gew}}$ nur wenig beitragen. Da sich diese Betrachtungen auch auf andere Fälle von gewichteten Zusammenfassungen mehrerer Größen übertragen lassen, ist festzustellen, daß das Verfahren (für die Meßtechnik) mit normalen Genauigkeitsforderungen nur geringe Bedeutung hat.

Bei der Mittelwertbildung aus Werten, die auf annähernd gleiche Weise gewonnen wurden, kann man also auf die Benutzung von Gewichtsfaktoren verzichten, wenn die Unterschiede in den Genauigkeiten nur gering sind. Bei großen Genauigkeitsunterschieden bedeutet es i. allg. keinen Informationsverlust, wenn die ungenauesten Messungen überhaupt vernachlässigt werden, vor allem angesichts der noch völlig unbeachteten systematischen Restfehler. Das gilt natürlich nicht für die Präzisionsmeßtechnik, wo jede nur verfügbare Information auch genutzt werden soll. Sind beispielsweise die ungenaueren Eingangswerte mit einem anderen Verfahren ermittelt worden, so kann ihre Berücksichtigung, auch wenn sie die Ergebnisgröße nur wenig verändern, doch dazu beitragen, die Auswirkungen unerkannter systematischer Fehler zu reduzieren.

Auch bei der im Abschnitt 7.3.2 behandelten Ausgleichsrechnung kann es zweckmäßig sein, den einzelnen Meßpunkten unterschiedliche Gewichte zuzuordnen. Dies gilt insbesondere dann, wenn auf Grund einer allgemeinen meßtechnischen Fehleranalyse der Verdacht besteht, daß die Meßpunkte in bestimmten Abschnitten mit größeren Fehlern behaftet sind als in anderen Bereichen, wie es bei dem besprochenen Beispiel der Fall war. Allerdings ist diese Art, Gewichtsfaktoren festzulegen, schwierig und setzt Erfahrung und Verantwortungsbewußtsein voraus. Keinesfalls darf denjenigen Meßpunkten, die etwas weiter von einem *erwarteten* Kurvenverlauf abliegen, kurzerhand ein geringeres Gewicht gegeben werden, um eine bessere Approximation zu erreichen. Das kann zu falschen Schlußfolgerungen führen. die das gesamte Meßresultat wertlos machen.

Hat man sich für sachlich begründete Gewichte entschieden, so erhält man bei der linearen Regression anstelle von (7.17) und (7.18) für die Konstanten a und b die Beziehungen [146]

$$b = \frac{\Sigma p_i \, \Sigma p_i x_i y_i - \Sigma p_i x_i \, \Sigma p_i y_i}{\Sigma p_i \, \Sigma p_i x_i^2 - (\Sigma p_i x_i)^2} \tag{7.34}$$

und

$$a = \frac{\Sigma p_i y_i - b \, \Sigma p_i x_i}{\Sigma p_i} = \frac{\Sigma p_i x_i^2 \, \Sigma p_i y_i - \Sigma p_i x_i \, \Sigma p_i x_i y_i}{\Sigma p_i \, \Sigma p_i x_i^2 - (\Sigma p_i x_i)^2}. \tag{7.35}$$

Die Ausdrücke für die Standardabweichungen von a und b lauten

$$s_a = \sqrt{\frac{\Sigma\, p_i\, y_i{}^2 - a\, \Sigma\, p_i\, y_i - b\, \Sigma\, p_i\, x_i\, y_i}{n-2}} \sqrt{\frac{\Sigma\, p_i\, x_i{}^2}{\Sigma\, p_i\, \Sigma\, p_i\, x_i{}^2 - (\Sigma\, p_i\, x_i)^2}} \qquad (7.36)$$

und

$$s_b = \sqrt{\frac{\Sigma\, p_i\, y_i{}^2 - a\, \Sigma\, p_i\, y_i - b\, \Sigma\, p_i\, x_i\, y_i}{n-2}} \sqrt{\frac{p_i}{\Sigma\, p_i\, \Sigma\, p_i\, x_i{}^2 - (\Sigma\, p_i\, x_i)^2}} \qquad (7.37)$$

anstelle von (7.27) und (7.28).

Wegen der vergleichsweise geringen praktischen Bedeutung dieser Thematik wird auf Einzelheiten verzichtet; viele Hinweise findet man in [3]. Auch [344] enthält ausführliche wahrscheinlichkeitstheoretische Betrachtungen dazu.

7.3.4. Unsicherheiten bei der Zusammenfassung von Größen aus nichtnormalverteilten Meßwerten

Bei den bisherigen Betrachtungen ist davon ausgegangen worden, daß die für die Eingangsgrößen angegebenen Streuungsmaße aus Einzelmeßwerten bestimmt worden sind, für die zumindest angenähert eine Normalverteilung angenommen werden konnte. Diese Voraussetzung ist, wie wiederholt betont wurde, keineswegs immer erfüllt. Solange die zu berücksichtigenden Verteilungen eingipflig und symmetrisch sind, haben die Inkorrektheiten, die durch Anwendung der quadratischen Zusammenfassung nach (7.5) begangen werden, oft noch keine gravierenden Folgen. Kritischer ist die Situation jedoch beim Auftreten unsymmetrischer Verteilungen.

Ein einfaches Verfahren für den Fall nichtnormaler symmetrischer Verteilungen ist in [556] beschrieben. Dabei wird der sich bei der pythagoreischen Zusammenfassung von Fehlergrenzen ergebende Wert durch einen verteilungsbezogenen Korrekturfaktor k_Σ modifiziert:

$$\delta_\Sigma = \pm\, k_\Sigma \sqrt{\sum_{j=1}^{l} \delta_j{}^2}. \qquad (7.38)$$

Für die Zusammenfassung von l Rechteckverteilungen sind die Koeffizienten in Tafel 7.1 angegeben; für die Zusammenfassung einer Rechteckverteilung mit der Vertrauensgrenze v_R und einer Normalverteilung mit der Standardabweichung σ bei einem Vertrauensniveau $1 - \alpha = 99{,}73\,\%$ enthält Tafel 7.1 die k_Σ-Faktoren. Wenn über die Verteilungen der Meßwerte der Eingangsgrößen nichts anderes bekannt ist, als daß sie eingipflich und symmetrisch, jedoch nichtnormal sind, wird empfohlen, für angenäherte Berechnungen den Faktor $k_\Sigma = 1{,}4$ zu benutzen.

Tafel 7.1. k_Σ-Faktoren aus (7.38)

Zusammenfassung von l Rechteckverteilungen [556]						
n	2	3	4	5	6	7
k_Σ	1,34	1,50	1,57	1,62	1,64	1,66
Zusammenfassung einer Rechteckverteilung mit einer Normalverteilung						
v_R/σ	0,5	1,0	2,0	3,0	4,0	5,0	10
k_Σ	1,04	1,08	1,15	1,19	1,18	1,17	1,11

Während bei nichtnormalen symmetrischen Verteilungen die Unsicherheitsgrenzen der Eingangsgrößen symmetrisch liegen, so daß die Frage der Verteilung oft überhaupt nicht untersucht wird, ist das Vorliegen schiefer Verteilungen schon an den unsymmetrischen Fehlergrenzen zu erkennen. Diese Unsymmetrie muß auch in den Unsicherheitsgrenzen der Ergebnisgröße zum Ausdruck kommen, es sei denn,

• es gehen so viele $\bar{x}_j$ in die Funktion $y = f(\bar{x}_j)$ ein, daß für die Streuung in y auf Grund des zentralen Grenzwertsatzes wieder die Annahme einer Normalverteilung gerechtfertigt ist, oder

• die unsymmetrischen Streugrenzen einzelner $\bar{x}_j$ erhalten bei der Anwendung von (7.5) ein so geringes Gewicht, daß sie vernachlässigbar werden.

Mathematisch fundiert ist diese Aufgabe nur lösbar, wenn man die Verteilungsfunktionen der Eingangsgrößen $\bar{x}_j$ kennt, d.h. der Meßwerte x_{ji}, aus denen die $\bar{x}_j$ durch Mittelwertbildung entstanden sind. Dann kann durch sukzessive Faltung der einzelnen Verteilungsdichten eine Verteilungsdichte für Y berechnet werden, aus der die gesuchten, normalerweise ebenfalls wieder unsymmetrischen Unsicherheitsgrenzen abzuleiten sind. Einzelheiten über diese Vorgehensweise kann der in [154] zusammengestellten Literatur entnommen werden.

Da trotz der modernen Rechentechnik der mathematische Aufwand so groß ist, daß diese Vorgehensweise für die praktische Meßtechnik nicht in Frage kommt, wurden wiederholt die Möglichkeiten untersucht, die Aufgabe auf einfachere Weise zu lösen. Eine Möglichkeit besteht in der Berechnung und grafischen Darstellung bzw. Tabellierung von Faltungsintegralen für bekannte Standardverteilungen, wie Rechteck-, Dreieck-, Exponentialverteilungen. Zusammenstellungen einschlägiger Veröffentlichungen dazu sind in [154] [333] zu finden.

Eine andere Möglichkeit, die Berechnung von Faltungsintegralen zu umgehen, bietet die sog. *Momentenmethode*. Natürlich müssen auch dazu die Verteilungen der x_{ji} bekannt sein; sie brauchen jedoch nicht durch eine Verteilungsfunktion oder eine WDV beschrieben zu sein, sondern es genügt die Kenntnis ihrer statistischen Momente (s. Abschn. 3.4) bzw. der aus ihnen abzuleitenden Kennzahlen Varianz, Schiefe und Exzeß. An die Stelle der Faltung tritt dann die Zusammenfassung der Momente oder Kennzahlen [154].

Mit den Bezeichnungen aus Abschnitt 3.4.2.4 (z. B. (3.77), (3.78) u. a.) und der Abkürzung $\partial y/\partial \bar{x}_j = k_j$ können die interessierenden Kennzahlen durch die folgenden Beziehungen zusammengefaßt werden:

Varianz

$$\sigma_y{}^2 = \sum_{j=1}^{l} k_j{}^2 \, \sigma_{\bar{x}j}{}^2 \tag{7.39}$$

Schiefe

$$\sqrt{\beta_{1y}} = \sum_{j=1}^{l} \left(\frac{k_j \, \sigma_{\bar{x}j}}{\sigma_y} \right)^3 \sqrt{\beta_{1\bar{x}j}} \tag{7.40}$$

Exzeß

$$\beta_{2y} = \sum_{j=1}^{l} \left(\frac{k_j \, \sigma_{\bar{x}j}}{\sigma_y} \right)^4 \beta_{2\bar{x}j} - 3 \sum_{j=1}^{l} \left(\frac{k_j \, \sigma_{\bar{x}j}}{\sigma_y} \right)^4 + 3. \tag{7.41}$$

Mit diesen Kennwerten ist die Verteilung für y so ausreichend beschrieben, daß daraus die Unsicherheitsgrenzen abgeleitet werden können [154]. Natürlich braucht nicht die Verteilung daraus konstruiert zu werden, sondern das Material ist soweit aufbereitet (z. B. in [154]), daß diese Grenzen unmittelbar aus Kurven oder Tabellen entnommen werden können. Die einer statistischen Sicherheit von 68,27 % entsprechenden Unsicherheitsgrenzen für y erhält man durch Multiplikation von σ_y mit den aus **Tafel 7.2** zu entnehmenden Sicherheitsfaktoren $k_{u,\sigma}$ und $k_{o,\sigma}$ für jeweils untere und obere Grenze. Für die Berechnung der Vertrauensbereiche auf einem Vertrauensniveau von 99,73 % können die Sicherheitsfaktoren dem Bild 3.18 entnommen werden.

Tafel 7.2. Sicherheitsfaktoren k bei unsymmetrischen Verteilungen für die Vertrauensgrenzen in Abhängigkeit von Schiefe $\sqrt{\beta_{1y}}$ und Exzeß β_{2y}

$k_{u,\sigma}$	$\sqrt{\beta_{1y}} \rightarrow$					
β_{2y}	0,0	0,2	0,4	0,8	1,2	1,6
1,8	− 1,203	− 1,161	− 1,187	− 0,712	− 0,267	0,096
2,2	− 1,098	− 1,095	− 1,087	− 0,918	− 0,469	0,440
2,6	− 1,040	− 1,042	− 1,048	− 0,930	− 0,536	− 0,044
3,0	− 1,000	− 1,008	− 1,012	− 1,008	− 0,708	− 0,231
3,4	− 0,972	− 0,976	− 0,983	− 0,998	− 0,767	− 0,432
4,2	− 0,933	− 0,937	− 0,944	− 0,951	− 0,935	− 0,544
5,0	− 0,909	− 0,913	− 0,919	− 0,936	− 0,941	− 0,723
6,0	− 0,890	− 0,893	− 0,898	− 0,912	− 0,924	− 0,844
7,0	− 0,876	− 0,880	− 0,884	− 0,895	− 0,908	− 0,890

$k_{o,\sigma}$	$\sqrt{\beta_{1y}} \rightarrow$					
β_{2y}	0,0	0,2	0,4	0,6	1,2	1,6
1,8	1,203	1,195	1,154	0,483	1,176	0,630
2,2	1,098	1,113	1,147	1,237	1,383	0,984
2,6	1,040	1,047	1,066	1,102	1,733	1,284
3,0	1,000	1,008	1,015	1,038	1,522	1,579
3,4	0,972	0,972	0,981	0,996	1,336	1,802
4,2	0,933	0,933	0,936	0,944	1,008	1,875
5,0	0,909	0,908	0,909	0,913	0,949	0,947
6,0	0,889	0,887	0,887	0,889	0,905	0,947
7,0	0,876	0,874	0,873	0,873	0,881	0,893

Die obigen Beziehungn gelten, wie schon aus der Verwendung des Formelzeichens σ zu erkennen ist, für $n \rightarrow \infty$, d. h. für Grundgesamtheiten. Je kleiner die n_j der Meßreihen der Eingangsgrößen waren, um so weniger sind die Gleichungen erfüllt, so daß verteilungsabhängige t-Faktoren verwendet werden müssen. Dies ist in der Praxis noch nicht üblich; theoretische Ansätze finden sich in [70] [154] [359] [419] u. a.

Noch einfacher ist es, die unsymmetrischen Vertrauens- oder Unsicherheitsgrenzen getrennt für obere und untere Grenzen additiv zusammenzufassen. Dies ist jedoch nur für Grenzen möglich, die als Maximalfehlergrenzen aufgefaßt werden können, also

$$\delta_{y,o,\max} = + \sum_{j=1}^{l} \partial y/\partial x_j \cdot \delta_{xj,o,\max}$$

$$\delta_{y,u,\max} = - \sum_{j=1}^{l} \partial y/\partial x_j \cdot \delta_{xj,u,\max}.$$

(7.42)

Bei Standardabweichungen und anderen Streuungsmaßen ist dieses Verfahren nicht empfehlenswert.

Ein Überblick über die beim Zusammenfassen unsymmetrischer Streugrenzen entstehenden Verteilungen kann auch mit Hilfe von Modellstrecken gewonnen werden [35] [208]. Damit können schnell verschiedene Fälle simuliert werden, so daß z. B. entschieden werden kann, wann Unsymmetrien vernachlässigt werden können.

In der Literatur sind noch weitere Vorschläge für die Zusammenfassung von Streuungsmaßen bei nichtnormalverteilten Meßwerten zu finden. So ist in [532] ein allgemeines Verfahren zur Berechnung der Verteilung von Fehlersummen, die sich bei indirekten Messungen aus den Verteilungen der Eingangsgrößen ergeben, beschrieben. Es läßt sich für die Verwendung von Rechnern leicht algorithmieren, setzt aber entsprechend gute Kenntnisse über die Ausgangsverteilungen voraus.

Das in [533] beschriebene Verfahren zur Approximation der resultierenden Verteilungen von zusammengefaßten Streuungsmaßen unterschiedlicher Verteilungen stützt sich auf die Entropiekoeffizienten k (3.99c). Bei zwei nichtkorrelierten Eingangsgrößen erhält man durch Addition nach

$$\delta_{\Sigma} = k \sqrt{\sigma_1{}^2 + \sigma_2{}^2} \tag{7.43}$$

die Fehlergrenze δ_{Σ} aus den beiden Varianzen und dem Entropiekoeffizienten k. Für verschiedene Verteilungskombinationen werden in [533] empirische Formeln zur Berechnung von k angegeben.

7.3.5. Unsicherheiten in Ergebnissen indirekter Messungen bei Einbeziehung von Einzelmessungen

Die Fälle, in denen Größen unter Wiederholbedingungen gemessen und daraus Mittelwerte und Standardabweichungen berechnet werden, bilden in der modernen Meßtechnik die Ausnahme. Statt dessen überwiegt in der Praxis bei normalen Genauigkeitsforderungen die Einzelmessung, wobei die Fälle, in denen Standardabweichungen aus früheren ähnlichen Messungen bekannt sind, nur noch selten vorkommen. Die Unsicherheiten solcher Meßresultate sind also nur aus den Genauigkeitskennwerten der benutzten Meßmittel zu entnehmen (s. Abschn. 3.4.2.5).

Wird für die Eingangsgrößen indirekter Messungen auf die beschriebene Weise eine Meßunsicherheit aus der Genauigkeitsklasse abgeleitet, so ist die Frage, welcher statistischen Sicherheit diese Angabe entspricht, ein z. Z. oft noch ungelöstes Problem. Wenn jedoch bei der Zusammenfassung von Unsicherheitsmaßen nach (7.5) etwas Vernünftiges herauskommen soll, muß natürlich vorausgesetzt werden, daß für alle Summanden die gleiche statistische Sicherheit gilt. Schließlich ändert sich der Wert eines Summanden um den Faktor 3, je nachdem, ob $1 - \alpha = 68{,}27\%$ oder $= 99{,}73\%$ angenommen wird. Sind $u_{K1}x_j$ die aus der Genauigkeitsklasse abgeleiteten Meßunsicherheiten, mit denen die x_j behaftet sind, dann führt die Berechnung von $u_{K1,y}$ nach der Beziehung

$$u_{K1,y,1} = \sqrt{\sum_{j=1}^{l} \left(\frac{\partial y}{\partial x_j} u_{K1,xj} \right)^2} \tag{7.44}$$

sicherlich auf einen zu kleinen Wert, da in den $u_{K1,xj}$ nicht nur zufällige Fehleranteile enthalten sind. Speziell temperaturbedingte systematische Restfehler heben sich z. B. oft nicht gegenseitig auf. Dagegen erhält man einen ungerechtfertigt großen Wert, wenn die aus den Genauigkeitsklassen abgeleiteten $u_{K1}x_j$ als Maximalfehler behandelt (Garantiefehlergrenzen!) werden und die Unsicherheit in y nach

$$u_{K1,y,2} = \sum_{j=1}^{l} \left| \frac{\partial y}{\partial x_j} u_{K1,xj} \right| \tag{7.45}$$

berechnet wird. Da schon die $u_{K1,xj}$ große Werte sind, die auch in ungünstigen Fällen nicht überschritten werden sollen (vgl. Abschn. 3.4.2.5), muß $u_{K1,y,2}$ auf jeden Fall zu groß ausfallen; denn wegen der zufälligen Fehleranteile in den $u_{K1,xj}$ müssen sie sich

teilweise gegenseitig aufheben. Trotzdem wird vielfach die Verwendung von (7.45) vorgeschlagen. Gelegentlich wird sogar eine Beziehung

$$u_{K1,y,3} = \sum_{j=1}^{l} |u_{K1,xj}|$$ (7.46)

angewendet, wie es bei Summen und Differenzen aus (7.45) folgt. So findet sich in [67]
das Beispiel $A - B = C$ mit $A = 462 \pm 4$ und $B = 437 \pm 4$, woraus $C = 25 \pm 8$ als
ungünstigster Fall ermittelt wird, was einer relativen Unsicherheit von 32% entspricht.
Eine mathematisch begründete bessere Beziehung als (7.44) und (7.45) gibt es nicht, so
daß man für die Unsicherheit $u_{K1,y}$ nur angeben kann, daß sie zwischen diesen beiden
Werten liegen dürfte [170] [334]:

$$|u_{K1,y,1}| < |u_{K1,y}| < u_{K1,y,2}.$$ (7.47)

Möglichkeiten einer befriedigenderen Lösung ergeben sich, wenn für die Genauigkeitskennwerte von Meßmitteln ein bestimmtes Vertrauensniveau $1 - \alpha < 100\%$ vereinbart wird, das als allgemein verbindlich betrachtet werden darf. Ansätze und Vorschläge dazu existieren, zumindest für bestimmte Gebiete. Dabei wird allerdings i. allg.
auch stillschweigend Normalverteilung für die Abweichungen vorausgesetzt, was im
konkreten Fall erst überprüft werden müßte. Unter diesen Voraussetzungen kann man
in bekannter Weise (vgl. Tafel 3.7) auch auf ein anderes Vertrauensniveau übergehen,
so daß sich die Möglichkeit ergibt, alle Summanden in (7.5) auf die gleiche statistische
Sicherheit zu bringen und somit addierbar zu machen. Die Bedenken, die gegen eine
derartige Verfahrensweise (Anwendung von (7.5) auf die Zusammenfassung von Fehlergrenzen) vorgebracht werden können, sind etwa die gleichen, wie sie schon auf S. 60
erörtert wurden. Wegen der Einbeziehung des systematischen Restfehlers ist (7.5) für
diesen Fall nicht mathematisch zu begründen. Trotzdem ergeben sich damit für u_y
Werte, die allg. durchaus plausibel sind, weshalb nach [595] in der meßtechnischen
Praxis auch allgemein so verfahren werden sollte.

Das Verfahren hat noch einen weiteren Vorteil. Wenn für die Summanden unter der
Wurzel von (7.5) das gleiche Vertrauensniveau gilt, so ist es auch zulässig, solche x_j, die
aus Einzelmessungen stammen, mit $\bar{x}_j$ zusammenzufassen, die aus Meßreihen ermittelt
worden sind. Wird diese Auffassung akzeptiert, so kann man noch einen Schritt weiter-
gehen und auch für Konstanten, die in y eingehen und deren Werte ebenfalls nur innerhalb bestimmter Unsicherheitsgrenzen bekannt sind, in gleicher Weise ein Vertrauensniveau $1 - \alpha < 100\%$ annehmen. Bei nicht *selbst* gemessenen Werten sind allerdings
die Schwierigkeiten, ein begründetes Vertrauensniveau festzulegen, noch größer als bei
den *einmal* gemessenen Werten, bei denen die Genauigkeitsklasse immerhin wenigstens
einen Anhalt bietet Unsicherheiten in Konstanten aus Tabellen sind oft Standartabwei-
chungen, wobei unterschiedliche statistische Sicherheiten üblich sind, die nicht immer mit
angegeben werden. Dagegen sind die Angaben, wie sie z. B. für Widerstände gemacht
werden, meist im Sinne von echten Maximalfehlergrenzen zu interpretieren, da sie aus
einem Klassiervorgang bei der Fertigungsendkontrolle abgeleitet werden.

Die Problematik ist also noch als weitgehend ungelöst zu betrachten. Bei allen Vorschlägen hinsichtlich des besten Verfahrens zur Zusammenfassung von Unsicherheitsmaßen einzelner Meßwerte und anderer Zahlenwerte als Eingangsgrößen für das Modell
der indirekten Messung ist jedoch zu berücksichtigen, daß vor jeder Entscheidung, ob
z. B. (7.44) oder (7.45) vorzuziehen ist, die Klarstellung stehen muß, wie die Unsicherheitsgrenzen der Eingangsgrößen zu interpretieren sind.

7.3.6. Zusammenfassung systematischer Fehleranteile

Bei der rechnerischen Ermittlung einer Ergebnisgröße Y aus mehreren mit erfaßten
systematischen Fehlern behafteten Eingangsgrößen X_j sollen im Ergebnis normalerweise keine systematischen Fehler enthalten sein, da die entsprechenden Korrektionen

bereits in den X_j vorzunehmen sind. Dieser Grundsatz gilt zwar generell, trotzdem ist die Frage, wie sich die systematischen Fehler einzelner X_j in der Ergebnisgröße Y auswirken oder auswirken könnten, nicht gegenstandslos. Es gibt einige Fälle, in denen es notwendig sein kann, die Fortpflanzung systematischer Fehler zu betrachten, wie die folgenden Beispiele zeigen:

- Abschätzungen, ob sich die systematischen Fehler der einzelnen x_j so kompensieren, daß der Fehler in y vernachlässigbar klein wird. Sind z. B. bei einer Dichtebestimmung nach $\varrho = m/V$ sowohl die Masse m als auch das Volumen V mit einer systematischen Abweichung von $+ 2\%$ behaftet, dann ist die errechnete Dichte ϱ von systematischen Abweichungen frei, und es kann auf die Korrektionen bei den Eingangsgrößen m und V verzichtet werden.
- Berechnungen, wie sich einzelne systematische Fehleranteile der Eingangsgrößen x_j in y auswirken, mit dem Ziel, zu entscheiden, welche Fehleranteile ggf. vernachlässigbar klein sind und welche so groß sind, daß Möglichkeiten zur Beseitigung ihrer Ursachen untersucht werden müssen.
- Untersuchung der Auswirkungen von Einflußgrößenänderungen auf die Eingangsgrößen, um abzuschätzen, ob die daraus resultierenden systematischen Abweichungen zu systematischen Fehlern in y führen, die nicht vernachlässigt werden können, bzw. um entsprechende Grenzen für die Einflußgrößenänderungen festlegen zu können.
- Überlegungen bei kontinuierlichen oder rechnergestützten Messungen, um entscheiden zu können, an welcher Stelle notwendige Korrekturmaßnahmen am vorteilhaftesten sind. Eine Minimierung des Aufwands kann sowohl bei der Korrektur einzelner x_j als auch bei der Korrektur von y erreichbar sein, was von der Art der Fehler (additiv oder multiplikativ), ihren Werten und vom mathematischen Modell abhängig sein kann. Auch für die Auswahl des Korrekturverfahrens und für das Rechnerprogramm sind diese Entscheidungen wichtig. Dies ist ein Anwendungsgebiet für das Fehlerfortpflanzungsgesetz für systematische Abweichungen, das zunehmende Bedeutung erlangen wird; denn bei der rechentechnischen Meßwertverarbeitung gilt die Forderung, bereits die Eingangsgrößen hinsichtlich der systematischen Fehler zu korrigieren, nicht mehr generell. Andere Lösungen können u. U. mit kleinerem Aufwand realisierbar sein.

Aus diesen und ähnlichen Gründen ist es manchmal notwendig, den sich aus den systematischen Anteilen der einzelnen x_j zusammensetzenden systematischen Fehler in y zu berechnen. Da dabei das Vorzeichen der Fehler berücksichtigt werden muß, kommt (7.5) für diese Probleme nicht in Frage; sondern es muß das lineare Gesetz (7.3) in der Form

$$e_{c,y} = \sum_{j=1}^{l} \left(\frac{\partial y}{\partial x_j} e_{c,xj} \right) \tag{7.48}$$

verwendet werden, das als *Fortpflanzungsgesetz für systematische Fehler* bzw. lineares Fehlerfortpflanzungsgesetz [296] bekannt ist. Es sei nochmals betont, daß bei der Ableitung von (7.3) vorausgesetzt wurde, daß die e_c klein gegenüber den Meßwerten sind [126] [148] [170] [341].
Liegt die Ergebnisgröße nur implizit vor, so ist in Analogie zu (7.6) auch $F(y)$ zu differenzieren, und man erhält [433]

$$e_{c,y} = 1/F'(y) \sum_{j=1}^{l} \left(\frac{\partial y}{\partial x_j} e_{c,xj} \right). \tag{7.49}$$

Rechentechnische Vereinfachungen ergeben sich oft bei Anwendung der logarithmischen Differentiation (z. B. [162]). Dazu wird (7.1) logarithmiert

$$\ln \{y\} = \ln f(\{x_1\}, \{x_2\} \cdots \{x_l\}) \tag{7.50}$$

und von (7.50) das vollständige Differential gebildet:

$$\frac{\mathrm{d}y}{y} = \sum_{j=1}^{l} \frac{\partial (\ln \{y\})}{\partial x_j} \mathrm{d}x_j.$$ (7.51)

Werden die Differentiale als die systematischen Fehler e_c angesehen, so folgt daraus

$$\frac{e_{c,y}}{y} = \sum_{j=1}^{l} \frac{\partial (\ln \{y\})}{\partial x_j} e_{c,xj} = \sum_{j=1}^{l} \frac{\partial y}{\partial x_j} \frac{e_{c,xj}}{y},$$ (7.52)

da d $(\ln \{y\}) = \mathrm{d}y/y$ ist. Da die Fehlerangaben oft in Form relativer Fehler vorliegen, ist (7.52) eine praktische Beziehung für die Zusammenfassung der bezogenen systematischen Fehler $e_{c,xj}/y$ zum relativen systematischen Fehler in y.

Für den Fall, daß die l Werte unterschiedlicher Eingangsgrößen einer indirekten Messung durch ein System linearer Gleichungen mit l Unbekannten verknüpft sind, ist in [457] ein Verfahren für die Fehlerfortpflanzung angegeben.

Wie die Beispiele erkennen lassen, spielt das Fehlerfortpflanzungsgesetz für systematische Fehler (7.48) für die Berechnung (und Eliminierung) von aufgetretenen systematischen Abweichungen nur eine untergeordnete Rolle. Die wichtigste Fragestellung, die mit seiner Hilfe beantwortet werden soll, ist die, wie sich *mögliche* systematische Abweichungen auswirken könnten, um sie von vornherein minimieren zu können.

7.3.7. Zusammenfassung von Maximalfehlergrenzen

Wie wiederholt betont wurde, hat der Begriff des Maximalfehlers bestenfalls im Zusammenhang mit bestimmten Meßmittelkenngrößen, z. B. den Garantiefehlergrenzen, einen gewissen Sinn, wenn er vernünftig interpretiert wird (vgl. Abschn. 2.5 und 6.1.1). Obwohl ein Vertrauensniveau von 100%, wie es für die „garantierte" Einhaltung dieser Grenzen zu fordern wäre, theoretisch nicht haltbar ist (im Abschn. 6.1.1 ist als Beispiel 1 - α = 95% angeführt), wird in der Praxis oft davon ausgegangen, daß derartige Grenzen "mit Sicherheit" nicht überschritten werden.

Soll also (evtl. nach entsprechenden Vereinbarungen) in der Praxis aus irgendwelchen Gründen mit Maximalfehlergrenzen operiert werden, so ist bei indirekten Messungen das sog. *Fehlerfortpflanzungsgesetz für maximale Fehler*

$$\delta_{\mathrm{max},y} = \sum_{j=1}^{l} \left| \frac{\partial y}{\partial x_j} \delta_{\mathrm{max},xj} \right|$$ (7.53)

anzuwenden [125] [126] [148] [170]. Durch die Addition der Beträge wird vermieden, daß die bei der Bildung der Ableitungen evtl. auftretenden negativen Vorzeichen zu Subtrahenden führen, womit also der ungünstigste Fall (worst case) berücksichtigt wird. Da die Konzeption des Maximalfehlers (auch größtmöglicher Fehler [170] oder sichere Fehlergrenze [125]) an sich schon unbefriedigend ist, gilt dies natürlich für (7.53) in besonderem Maße. Dies ergibt sich schon daraus, daß in der Maximalfehlergrenze *alle* Fehleranteile enthalten sein müssen. Daraus folgt:

- Für die zufälligen Anteile gelten die Gesetze der Statistik, und für sie wäre nur eine Zusammenfassung nach (7.5) sinnvoll; denn es gibt keinerlei Grund für die Annahme, daß ausgerechnet im Fall der indirekten Messung alle Einzelfehler das Ergebnis in nur einer Richtung verfälschen sollten.
- Die im Maximalfehler enthaltenen systematischen Anteile der einzelnen x_j setzen sich jeweils aus mehreren Fehlerbeiträgen zusammen (s. Abschn. 3.3). Sie ergeben einen resultierenden systematischen Anteil, der – soweit er erfaßbar ist – durch Korrektion beseitigt wird und demzufolge nicht mehr beachtet zu werden braucht. Der nicht er-

faßte Anteil, der systematische Restfehler, ist zwar unbekannt, hat aber ein definiertes Vorzeichen. Es ist unwahrscheinlich, daß diese Fehleranteile bei allen x_j gerade das Vorzeichen haben sollten, das den Wert von y in der gleichen Richtung verfälscht. Diese Annahme wird immer unwahrscheinlicher, je größer l ist.

Der durch Anwendung von (7.53) ermittelte Wert für $\delta_{max, y}$ ist also sehr wahrscheinlich zu groß, diese Wahrscheinlichkeit wächst mit der Anzahl der Eingangsgrößen für y. Werden jedoch die Maximalfehlergrenzen wahrscheinlichkeitstheoretisch definiert, z. B. in dem Sinne, daß damit 3-σ-Grenzen gemeint sind, dann sollte logischerweise auch (7.5) für die Zusammenfassung derartiger Grenzen angewendet werden.

Trotz der Bedenken, die gegen die Summation der Beträge von Einzelfehlern mit dem Charakter von Maximalfehlergrenzen bestehen, wird (7.53) oft empfohlen. Deshalb seien hier einige Beispiele kurz angedeutet. Zunächst einmal wird das Fehlerfortpflanzungsgesetz für maximale Fehler bei den meisten Autoren ([125] [340] u.a.) allgemein auf Garantiefehlergrenzen u.ä. angewendet. Das gilt sowohl für Eingangsgrößen x_j von indirekten Messungen, von denen keinerlei andere Unsicherheitsmaße bestimmbar sind, als auch für das Zusammenschalten von mehreren Meßmitteln mit bekannten Fehlergrenzen, wenn eine Maximalfehlergrenze für das gesamte Meßsystem angegeben werden soll.

In [67] wird empfohlen, anstelle von (7.53) einfach die Beträge der relativen Fehler (in %) der einzelnen x_j zu addieren, um einen relativen Maximalfehler für y zu erhalten. Als Beispiel ist die indirekte Leistungsmessung P aus Stromstärke I und Widerstand R nach $P = I^2 R$ mit den Meßfehlern $\delta_I{}^* = \pm 0{,}5\%$ und $\delta_R{}^* = \pm 0{,}2\%$ angeführt, womit sich der Fehler in P nach

$$\delta_{max, y}^* = \sum_{j=1}^{l} |\delta_{max, xj}^*| \quad \text{(in \%)} \tag{7.54}$$

zu $\delta_P{}^* = (2 \cdot 0{,}5\%) + 0{,}2\% = 1{,}2\%$ ergibt.

Gelegentlich wird auch vorgeschlagen, die Beziehung (7.53) auf obere und untere Fehlergrenze getrennt anzuwenden und diese Grenzen so zusammenzufassen, daß jeweils der ungünstigste Fall betrachtet wird. Ein einfaches Zahlenbeispiel aus [375] zeigt, daß dieses Verfahren besonders bei der Subtraktion zu irreal großen Fehlergrenzen führen kann. Bei Multiplikation und Division läßt die Methode unsymmetrische Grenzen entstehen. Als Ausgangswerte wurden $x_1 = 30 \pm 3$ ($\triangleq \delta^* = 10\%$) und $x_2 = 20 \pm 1$ ($\triangleq \delta^* = 5\%$) gewählt. Die Ergebnisse zeigt **Tafel 7.3**. Bemerkenswert ist u.a. dabei, daß Fehler der Summe kleiner ist als der größere der beiden Einzelfehler.

Das Verfahren ist auch anwendbar, wenn die Fehlergrenzen unsymmetrisch liegen. Soll beispielsweise eine Dichte $\varrho = m/V$ aus der Masse $m = 200$ g ($\delta_{max} = +5$ g, -2 g) und dem Volumen $V = 95$ cm³ ($\delta_{max} = +3$ cm³, -4 cm³) bestimmt werden, so ergibt sich $\varrho = 2{,}1$ g/cm³ mit den Maximalfehlergrenzen $\delta_{max,o} = +0{,}15$ g/cm³ und

Tafel 7.3. Beispiele für die Fehler in den Resultaten bei unterschiedlichen Verknüpfungen fehlerbehafteter Zahlen [375]

Verknüpfung	Resultat R ohne Fehler	sup R	inf R	Fehlergrenzen in %	
				obere	untere
$x_1 + x_2$	50	54	46	8	8
$x_1 - x_2$	10	14	6	40	40
$x_1 x_2$	600	693	513	15,5	14,5
x_1/x_2	1,5	1,737	1,286	15,8	14,3

$\delta_{max,u} = -\ 0{,}08$ g/cm^3, wenn einmal $\varrho_{min} = 198$ g/98 cm$^3 = 2{,}02$ g/cm^3 und einmal $\varrho_{max} = 205$ g/91 cm$^3 = 2{,}25$ g/cm^3 berechnet wird. In [125], wo dieses Verfahren empfohlen wird, ist darauf hingewiesen, daß bei geringen Unsymmetrien auch mit gleichen Werten für obere und untere Grenze gerechnet werden kann, wenn jeweils die betragsmäßig größere Grenze in die Rechnung eingesetzt wird.

Schließlich wird die Gesetzmäßigkeit (7.53) auch in dem Fall angewendet, daß für den Gesamtfehler eines Meßresultats oder auch einer Meßeinrichtung die obere Grenze gesucht wird, die beim Auftreten einzelner betragsmäßig bekannter Fehlerbeiträge resultiert [22]. Das Problem entsteht besonders dann, wenn die Fehler eines Meßverfahrens oder eines Meßmittels verkleinert werden sollen (vgl. Punkt 1 im Abschn. 6.2: Fehlerquellenanalyse). Dann interessieren ja vor allem diejenigen Fehler, die die größten Beiträge zum Gesamtfehler leisten. In [100] [150] wird diese Methode der Meßmittelfehleranalyse am Beispiel demonstriert.

Somit kann festgestellt werden, daß das Fortpflanzungsgesetz für Maximalfehler in der Praxis nur von geringer Bedeutung ist, da es bei der Berechnung von Unsicherheitsgrenzen in der Regel auf zu große Werte führt. In einigen speziellen Fällen, wenn es mehr um orientierende Werte geht, kann seine Anwendung zweckmäßig sein.

7.3.8. Fehlerfortpflanzung in Meßketten

Ein Problem, das trotz seiner großen praktischen Bedeutung in der Literatur zur Meßfehlerproblematik bisher nur wenig Beachtung gefunden hat, ist die Fehlerfortpflanzung in Meßketten. Dabei handelt es sich um einen umfangreichen, vielschichtigen Komplex. Die Vielfalt der Aspekte und damit der anzustellenden Betrachtungen entsteht dadurch, daß die Fehlerfortpflanzung in Meßketten von folgenden Sachverhalten abhängt:

• von der Struktur des untersuchten Meßsystems
• vom Charakter der Fehler
• von der Reaktion der einzelnen Übertragungsglieder auf die verschiedenen Fehleranteile
• von den Wechselwirkungen zwischen den einzelnen Übertragungsgliedern, speziell der Rückwirkung auf das vorhergehende Übertragungsglied.

Der Begriff *Meßkette* [571] [634], der nicht mit dem im Abschnitt 3.1 benutzten Ausdruck Meßmittelkette verwechselt werden darf, ist deswegen zweckmäßig, weil er die einfachste Form der Zusammenschaltung einzelner Übertragungsglieder zu einer Meßanordnung, die Hintereinander- oder Reihenschaltung, charakterisiert. Diese kann sehr häufig als gegeben angenommen werden, weil die Aufteilung in einzelne Übertragungsglieder für die folgenden Betrachtungen so vorgenommen werden kann, daß die auftretenden Rückführungen innerhalb einer Baugruppe liegen und damit nicht in Erscheinung treten. Daneben gibt es noch hinreichend viele Meßsysteme, bei denen für Strukturanalysen Parallelschaltungen und Rückführungen (Kreisstrukturen) sowie Kombinationen dieser Grundstrukturen angesetzt werden müssen. Für derartige Fälle finden sich in der Literatur erst vereinzelt Ansätze zur Behandlung der Fehlerfortpflanzung.

Zweifellos wäre es bei solchen Fehleranalysen sinnvoll, systematische und zufällige Fehleranteile wiederum getrennt zu untersuchen. Dies ist jedoch nicht möglich, da die Meßmittelfehlerkennwerte diese Trennung normalerweise nicht erlauben. Hinzu kommt, daß nahezu ausschließlich Grenzen zu betrachten sind, und zwar solche, die unter normalen Meßbedingungen kaum erreicht werden.

Wesentlich ist ferner, daß die einzelnen Übertragungsglieder einer Meßkette meist unterschiedliches dynamisches Verhalten haben, also Filtereigenschaften aufweisen. Da alle Fehleranteile ein bestimmtes Frequenzverhalten haben und die Übertragungsglieder Tief-, Hoch- oder Bandpaßverhalten unterschiedlicher Breite aufweisen, ist eine reale

Behandlung der Fehlerfortpflanzung nur in konkreten Fällen bei ausreichender Kenntnis der Übertragungsglieder und des Charakters der Störungen möglich. Wenn allgemeine Betrachtungen zur Fehlerfortpflanzung in Meßketten angestellt werden, dann muß man sich also im klaren sein, daß es sich nur um Modellvorstellungen handeln kann, deren Anwendung auf den konkreten Einzelfall stets problematisch bleibt. Aber auch die Meßmittelfehlerkennwerte enthalten z.T. so viele Unklarheiten (s. Abschn. 6.1), daß ohnehin nur grob orientierende Ergebnisse erwartet werden können. Es ist also zwecklos, den Aufwand für solche Abschätzungen sehr hoch zu treiben. Wird zunächst vorausgesetzt, daß die einzelnen Glieder der Meßkette beliebig breitbandig sind, so wäre der Gesamtfehler der Meßkette durch aufeinanderfolgende Faltungen der WDF der einzelnen Übertragungsglieder zu erhalten. Das setzt natürlich die Kenntnis der Fehlerverteilungen voraus. Außerdem impliziert diese Voraussetzung die Annahme eines stochastischen Charakters und einer Unabhängigkeit der einzelnen Fehleranteile voneinander. Nach den Überlegungen im Abschnitt 3.3.4, nach denen der systematische Restfehler angesichts der in ihm zusammengefaßten vielen Einzelbeiträge mit einer gewissen Berechtigung als Zufallsgröße angesehen werden kann, die oft in erster Näherung auch normalverteilt sein dürfte, ist dieses Fehlermodell für die Meßkette sicherlich akzeptabel.

Natürlich ist, auch wenn über die konkreten Verteilungen etwas bekannt sein sollte, die Berechnung des Gesamtfehlers mit Hilfe der Faltungsoperationen kompliziert, und es sind einschränkende Annahmen erforderlich. Der Aufwand reduziert sich jedoch erheblich, wenn statt dessen die Momentenmethode (vgl. Abschn. 7.3.4) benutzt wird. Da in den meisten Fällen nur symmetrische Fehlergrenzen bekannt sind, kann man auch annehmen, daß symmetrische Verteilungen vorliegen, so daß die Momentenmethode auf die Addition der Varianzen (3.51) bzw. auf die pythagoreische Addition der Fehlergrenzen

$$\delta_{\text{ges}}{}^{*} = \sqrt{\sum_{j=1}^{r} \delta_j{}^{*2}} \tag{7.55}$$

hinausläuft. Im Unterschied zu (7.5) gehen also alle Einzelfehler mit gleichem Gewicht in den Gesamtfehler ein. Diese Vorgehensweise wird in der Literatur mehrfach empfohlen (z.B. [44] [302]), auch mit dem Hinweis, daß es sich um eine „Verlegenheitslösung" handelt [22]. So wird z.B. in [474] der Gesamtfehler für eine Längenmeßanordnung, die sich aus mehreren Komponenten zusammensetzt, deren Fehlergrenzen bekannt sind, nach (7.55) bestimmt. Wichtig ist auch hier, daß für alle Fehlergrenzen das gleiche Vertrauensniveau gilt. In [629] wird vorgeschlagen, die Einzelmeßspiele (vgl.S.80) der Glieder einer Meßkette pythagoreisch zu einem Gesamtmeßspiel der Kette zu addieren. Dabei sind ggf. auch die gegenseitigen Abhängigkeiten von Meßabweichungen zu berücksichtigen. Demgegenüber wird in [557] die algebraische Addition der Einzelgliedabweichungen zum Gesamtfehler der Meßkette empfohlen.

Es gibt aber auch andere Auffassungen, die vom Maximalfehlercharakter der Meßmittelfehlergrenzen ausgehen und demzufolge eine Zusammenfassung der Einzelfehler der Übertragungsglieder nach (7.54) empfehlen. So soll nach [557] der Gesamtfehler (die Gesamtfehlergrenze) einer Meßkette aus der algebraischen Summe der Fehler (Fehlergrenzen) der einzelnen Übertragungsglieder errechnet werden, wobei das Ergebnis den ungünstigsten Fall berücksichtigt. Auch dabei wird betont, daß selbstverständlich alle Fehler (Fehlergrenzen) in gleicher Weise angegeben sein müssen, z.B. als reduzierte Fehler mit gleicher Bezugsgröße (vgl. auch [124]).

Da beide Auffassungen etwas für sich haben, dürfte man wohl mit einer Ungleichung, die (7.47) entspricht, der Realität am besten gerecht werden. Zumindest dürfte nach diesen Verfahren eine erste Abschätzung möglich sein. Bei der Wertung der erhaltenen Ergebnisse muß aber stets beachtet werden, daß die vereinfachenden Voraussetzungen (normalverteilte Fehler und ideale Breitbandigkeit der Übertragungsglieder) oft nicht als erfüllt angesehen werden können. Außerdem ist vielfach unklar, welche Schlußfolgerungen hinsichtlich des Vertrauensniveaus aus den vorliegenden Meßmittelfehlerkennwerten (vgl. Abschn. 6.1) zu ziehen sind. Zu bemerken ist noch, daß (7.54) nur auf Meßketten mit wenigen Gliedern anwendbar ist; denn schon bei mehr als drei Gliedern wird der Gesamtfehler irreal groß [44].

Völlig anders sind die Überlegungen, die anzustellen sind, wenn es darum geht, die Fortpflanzung eines konkreten Fehlers e_e durch die Meßkette zu untersuchen. Betrachtet man eine ideale statische Meßkette mit z. B. drei in Reihe liegenden Übertragungsgliedern nach **Bild 7.5**, so ergibt sich aus den drei statischen Kennlinien

$$x_1 = f_1 (x_e), \quad x_2 = f_2 (x_1) \text{ und } x_a = f_3 (x_2) \tag{7.56}$$

für das Gesamtübertragungsverhalten die Beziehung

$$x_a = f (x_e) = f_3 \{f_2 [f_1 (x_e)]\}. \tag{7.57}$$

Gl. (7.57) vereinfacht sich bei linearen Übertragungsgliedern $x_{j+1} = K_{j+1} x_j$ zu

$$x_a = (K_1 K_2 \cdots K_r) x_e. \tag{7.58}$$

Ein einzelner Fehler e_e am Eingang der Meßkette wird genauso nach (7.57) übertragen wie eine Meßgrößenänderung $\triangle x_e$. Dazu kommen noch die in den einzelnen Übertragungsgliedern entstehenden Fehler e_1, e_2 und e_3, woraus der am Ausgang auftretende Fehler zu

$$e_a = f_3 \{f_2 [f_1 (e_e)]\} + f_3 \{f_2 (e_1)\} + f_3 (e_2) + e_3 \tag{7.59}$$

bestimmt werden kann. Das bedeutet, daß die Fehler in den jeweils folgenden Übertragungsgliedern die gleichen Wandlungen erfahren wie Nutzsignale. Ist z. B. das zweite Übertragungsglied ein Verstärker mit der Verstärkung 100, so werden alle Fehler, die bis dahin aufgetreten sind, 100fach verstärkt. Das Signal-Rausch-Verhältnis läßt sich also durch breitbandige Übertragungsglieder nicht verbessern; es kann durch die hinzukommenden Fehler (z. B. Verstärkerrauschen) dagegen noch verschlechtert werden. Als eine allgemeingültige Erkenntnis folgt aus diesen Überlegungen, daß es i. allg. zweckmäßig ist, Sensoren höherer Empfindlichkeit zu bevorzugen, die von vornherein ein gutes Signal-Rausch-Verhältnis erwarten lassen. Damit werden die Fehler im primären Abbildungssignal, die sich in e_e besonders stark auswirken, klein gehalten. Diese Empfehlung widerspricht nicht der Feststellung im Abschnitt 2.6, daß hohe Empfindlichkeit nicht automatisch auch hohe Genauigkeit bedeutet [100] [148] [150]. Diese Aussage bezog sich auf eine Empfindlichkeitserhöhung eines vorhandenen Meßmittels durch konstruktive Veränderungen, die vielfach eine Vergrößerung einzelner Fehlerbeiträge mit sich bringt. Die Wahl eines anderen Sensorprinzips, das von vornherein größere Abbildungssignale liefert, ist ein ganz anderer Fall.

Die Beziehung (7.59) beruht natürlich auf stark simplifizierten Annahmen. Insbesondere erlaubt es häufig der Unterschied in den Frequenzbereichen von Meß- und Fehlersignal, schmalbandige Filter in die Meßkette einzufügen, die das Meßsignal unbeeinflußt passieren kann, die aber die Fehler stark reduzieren. Außerdem setzt sich in der Praxis jeder der Fehler e_j aus unterschiedlich vielen Fehlerbeiträgen zusammen, die in ihrem Zusammenwirken den stochastischen Charakter der Fehler zur Folge haben, womit diese determinierte Betrachtungsweise unzulässig wird. Das gilt besonders für das Rauschen; die obigen Bemerkungen können sich also nur auf einzelne Signale, z. B. Maximalamplituden beziehen. Nützlich ist diese Betrachtungsweise jedoch dann, wenn die Auswirkung eines *einzelnen* konkreten Fehlerbeitrags zu analysieren ist.

Eine andere Erkenntnis aus diesen Überlegungen besteht darin, daß durch unterschiedliches Übertragungsverhalten der Meßkettenglieder Fehlerreduzierungen möglich sind. Diese Fragen sind im Zusammenhang mit den dynamischen Fehlern (Abschn. 5) schon erörtert worden. Auf alle Fälle ist die Fehlerfortpflanzung durch eine Meßkette ein Problem, das ohne die Einbeziehung konkreter Angaben zum Übertragungsverhalten der einzelnen Glieder und zum Charakter der auftretenden Fehler nicht befriedigend lösbar ist.

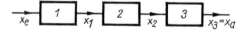

Bild 7.5. Meßkette aus drei Übertragungsgliedern

7.4. Vollständiges Meßergebis

7.4.1. Allgemeine Problematik; Ergebnisse geringer Genauigkeit

Möglichkeiten zur Angabe von Meßergebnissen. Aufgabe eines vollständigen Meßergebnisses ist es, dem Nutzer ein Maximum an den Informationen zu geben, die für die Beurteilung der Brauchbarkeit dieses Ergebnisses erforderlich sind, ohne den Umfang der Angaben unnötig groß werden zu lassen. Ähnlich wie bei den Genauigkeitskennwerten von Meßmitteln (Abschn. 6.2) läuft dies auf einen Kompromiß zwischen umfassender Information und weitgehender Kürze derartiger Angaben und damit möglicherweise auch auf eine Minimierung des Aufwands für ihre Ermittlung hinaus.

Die Lösung dieser Optimierungsaufgabe kann nicht losgelöst von der Frage betrachtet werden, wer der Nutzer dieses Meßergebnisses ist und wofür es benötigt wird. Schließlich ist es ein erheblicher Unterschied, ob das Ergebnis einer Durchflußmessung für die Dosierung bei einer kritischen chemischen Reaktion, für eine Verkaufshandlung oder für die Kontrolle, ob noch „genügend" Kühlwasser fließt, benötigt wird. Eine scharf präzisierte Meßaufgabe [148] ist also Voraussetzung für eine sachgerechte Angabe von Meßergebnissen.

Bei einer Differenzierung der Meßaufgaben in solche mit geringen, normalen und hohen Genauigkeitsforderungen (s. S. 161) können folgende Möglichkeiten, Meßergebnisse anzugeben, unterschieden werden:

- Angabe als Wert einer Größe, d.h. nur Zahlenwert und Einheit
- Angabe als Wert einer Größe mit Meßunsicherheit
- Angabe als Wert der Größe mit Bemerkungen zu seiner Ermittlung (Meßverfahren, Meßbedingungen [341], angebrachte Korrektionen usw.) sowie umfassende Information über die Meßunsicherheit (Art der Meßwertverteilung, ggf. auch Verteilungsfunktion für systematische Anteile, Vorgehen bei Abschätzung des systematischen Restfehlers usw.).

Die letztgenannte Art, Meßergebnisse anzugeben, wird beispielsweise bei der Darstellung (teilweise auch bei der Weitergabe) von Einheiten, bei der Ermittlung von Naturkonstanten und von wichtigen Stoffparametern usw. praktiziert. Da derartige Meßaufgaben ohnehin sehr gute meßtechnische Fachkenntnisse sowie materiell und personell gut ausgestattete Laboratorien voraussetzen, kann man davon ausgehen, daß dort auch die Informationen über das Zustandekommen eines Meßergebnisses und seine Genauigkeit den Bedürfnissen der Nutzer entsprechen. Deshalb wird auf diesen Fall nicht näher eingegangen; bei Bedarf können weitere Informationen (Beispiele) der Literatur entnommen werden (z.B. [160] [179] [255] [258] [332]).

Meßergebnisse geringer Genauigkeit. Die Angabe des Wertes einer gemessenen Größe ohne Hinzufügen von Unsicherheitsaussagen kann für Meßaufgaben mit geringen Genauigkeitsforderungen durchaus legitim sein; denn es ist nicht gerechtfertigt, für jedes Meßergebnis unter allen Umständen eine Angabe zur Meßunsicherheit zu fordern. So kann z.B. nach DIN 2257 [637] die Angabe der Meßunsicherheit entfallen, wenn $K_T \leq 0,1$ ist, wobei in (2.6) für Meßtoleranz die Meßunsicherheit und für Merkmalstoleranz die geforderte Fehlergrenze der Messung einzusetzen ist. Auch im täglichen Leben (z.B. Temperatur- und Luftdruckwerte im Wetterbericht, Zeitangaben), bei einfachen Werkstattarbeiten (Maurer, Tischler usw.), in der Medizin (Messung von Körpermasse, Blutdruck, Körpertemperatur usw.), bei orientierenden Messungen (z.B. Aufnahme prinzipieller Kurvenverläufe, Bestimmung möglicher Änderungsbereiche von Größen) und bei vielen anderen Problemen ist es üblich und auch sinnvoll, auf die Angabe von Meßunsicherheiten beim einzelnen Meßergebnis zu verzichten. In bestimmten Fällen kann es trotzdem nützlich sein, Angaben zur Unsicherheit derartiger Meßwerte zu machen, beispielsweise in pauschaler Form für ganze Gruppen von Meßaufgaben.

Wird auf das Hinzufügen einer Unsicherheitsangabe verzichtet, so ist zu beachten, daß auch die Anzahl der signifikanten Ziffern des Zahlenwerts eine Aussage über die Genauigkeit des Meßresultats enthält [635]. Danach soll die Anzahl der signifikanten Ziffern so gewählt werden, daß die Meßunsicherheit kleiner ist als die Hälfte des Stellenwerts der letzten Ziffer. Das bedeutet, z.B. beim Zahlenwert 111 darf die Meßunsicherheit maximal ± 0,5 betragen, der richtige Wert soll also zwischen 110,5 und 111,5 liegen (vgl. auch [264] [375] u.a.).
Diese Festlegung hat nur orientierenden Charakter; denn

1. bei dieser Vorgehensweise fehlt jeder Hinweis auf das Vertrauensniveau der auf diese Weise charakterisierten Meßunsicherheit (im Beispiel $u \leq 0{,}5$), und
2. es kann nicht die Forderung erhoben werden, in solchen Fällen die Meßunsicherheit erst zu bestimmen, um kontrollieren zu können, ob sie eine bestimmte Grenze nicht überschreitet.

Die Anzahl signifikanter Ziffern als Maß für die Meßunsicherheit ist folglich nur in *dem* Sinne zu interpretieren, daß Stellenzahl des Zahlenwerts und Meßunsicherheit einander annähernd entsprechen sollen. Oft wird die Erfüllung dieser Forderung schon durch die Meßmittelanzeige gewährleistet, wenn ein Meßgerät nicht genauer abgelesen werden kann als der Unsicherheit der damit gemessenen Werte entspricht. Es wäre deshalb auch falsch, die Ablesegenauigkeit eines Meßgeräts zu erhöhen, wenn nicht seine Fehlergrenzen im gleichen Maße eingeengt werden können (vgl. S. 88). In dieser Beziehung werden die Benutzer von Geräten mit digitaler Anzeige leider noch manchmal irregeführt, indem durch zu hohe Stellenzahl eine nicht gegebene Genauigkeit vorgetäuscht wird.
Was bei direkten Messungen durch die Übereinstimmung von Ablese- und Meßgenauigkeit relativ problemlos erreichbar ist, wird bei indirekten Messungen schwieriger, da dort die Verantwortung dafür beim Messenden liegt. So ist immer wieder zu beobachten, daß in die Ergebnisgrößen Genauigkeiten (z.B. durch die Anzahl signifikanter Ziffern ausgedrückt) „hineingerechnet" werden, die durch die Messungen nicht gerechtfertigt sind. Das folgende Beispiel entspricht leider der Realität, insbesondere in solchen Fällen, in denen die Unzulässigkeit dieser Methode weniger offensichtlich ist.
Beispiel. Zur Bestimmung der Dichte eines Minerals wird ein Gesteinsbrocken mit einer Federwaage (unter Feldbedingungen) gewogen: $m = 3{,}8$ kg. Diese Angabe kann als korrekt gelten; denn unter diesen Bedingungen ist $u_m \approx \pm 50$ g noch real. Das Volumen wird durch Wasserverdrängung zu $V = 1{,}5$ l ermittelt. Auch die Unsicherheit $u_V \approx \pm 50$ ml kann bei nichtporösem Material annähernd der Realität entsprechen. Nun ist es keine Schwierigkeit, mit einem Taschenrechner eine Dichte von $\varrho = 3{,}8\,\text{kg}/1{,}5\,\text{l} = 2{,}533\,\text{g/cm}^3$ zu errechnen. Dieses Ergebnis, ohne zusätzliche Bemerkungen angegeben, entspräche einer Meßunsicherheit von $u_\varrho \approx \pm 0{,}0005$ g/cm^3, während man aus (7.5) ableiten kann, daß bestenfalls eine Unsicherheit von $u_\varrho \approx \pm 0{,}09$ g/cm^3 real ist. Die errechnete Dichte dürfte also höchstens mit $\varrho \approx 2{,}5$ g/cm^3 angegeben werden, was bei Berücksichtigung der signifikanten Ziffern ohnehin schon auf eine Unsicherheit $u_\varrho \leq 0{,}05$ g/cm^2 schließen ließe.
Richtige Anzahl signifikanter Ziffern. Als Faustregel für die Angabe der Unsicherheit von Ergebnisgrößen indirekter Messungen mit Hilfe der Anzahl signifikanter Ziffern kann gelten: Bei zwei Eingangsgrößen mit gleicher Anzahl signifikanter Ziffern ist die gleiche Anzahl in der Ergebnisgröße meist gerade noch vertretbar; in der Regel – insbesondere bei mehr als zwei Eingangsgrößen – ist die Ergebnisgröße mit *einer* signifikanten Ziffer weniger anzugeben [375]. Auf jeden Fall muß man mit der Angabe signifikanter Ziffern sehr zurückhaltend sein, wenn keine zusätzlichen Aussagen zur Meßunsicherheit gemacht werden. Natürlich sind zu viele signifikante Ziffern auch *mit* Meßunsicherheitsangabe falsch (s. Abschn. 7.4.2).
Die Stellenzahl wird bei Zahlenangaben mit Ziffern hinter dem Komma durch Weglassen und Runden in bekannter Weise (z.B. [375] [496] oder DIN 1333 [635]) reduziert. Bei

ganzzahligen Zahlenwerten gibt es zwei Möglichkeiten: Entweder man wählt einen anderen Vorsatz bei der Maßeinheit, z.B. Mega... anstelle von Kilo..., so daß sich entsprechend kleinere Zahlenwerte ergeben, oder es wird die Potenzschreibweise verwendet, falls ein Maßeinheitenwechsel unzweckmäßig ist.

Beispiel. Wenn eine Entfernungsangabe, bei der die Verwendung von Mm leider unüblich ist, mit einer Unsicherheit von $\pm$ 500 km behaftet ist, dann ist die Angabe $l = 100\,000$ km falsch, weil daraus auf eine maximale Meßunsicherheit von $u_l \approx \pm$ 0,5 km geschlossen werden muß. Die korrekte Angabe muß also lauten: $l = 100 \cdot 10^3$ km, weil man nur so auf die richtige Größenordnung der Unsicherheit dieser Entfernungsangabe schließen kann. Zahlenwerte nur mit einer gerechtfertigten Anzahl signifikanter Ziffern anzugeben ist eine Forderung, gegen die in der Meßtechnik leider sehr oft verstoßen wird.

7.4.2. Vollständiges Meßergebnis bei normalen Genauigkeitsforderungen

Als meßtechnischer Normalfall für die Angabe von Meßergebnissen können alle diejenigen Formulierungen gelten, bei denen neben dem korrigierten Meßwert (damit sollen im folgenden korrigierte Meßergebnisse ebenfalls gemeint sein) auch eine Angabe zur Meßunsicherheit enthalten ist. Dabei soll der korrigierte Meßwert die bestmögliche Annäherung an den richtigen Wert darstellen, d.h., alle verfügbaren Kenntnisse über meßwertverfälschende Einflüsse sollen (unter Berücksichtigung des vertretbaren Aufwands) für die Meßwertauswertung herangezogen werden. Es sind dies vor allem

- Reduzierung des Einflusses zufälliger Fehler durch geeignete Mittelwertbildung (unter Beachtung der Meßwertverteilung)
- Eliminierung der Wirkung systematischer Fehler durch Korrekturen
- Tilgung von dynamischen Fehlern und Driftfehlern durch Berücksichtigung aller Kenntnisse über das Zeitverhalten der Meßmittel
- Eliminierung der Auswirkungen von Einflußgrößen mit Werten, die zu weit von den Nennbedingungen abweichen (durch Reduktionen; vgl. z.B. [652])
- Berücksichtigung des Unterschieds zwischen Meß- und Aufgabengröße unter Benutzung aller Kenntnisse über das Meßobjekt (Modell)
- nötigenfalls Eliminierung nicht erfaßbarer Fehler des Meßverfahrens und/oder des Meßmittels durch zusätzliche Messungen mit anderen Meßverfahren und/oder Meßmitteln (evtl. gewichtete Mittelung).

Der auf diese Weise erhaltene *korrigierte Meßwert* ist damit nur noch in *dem* Maße *unrichtig*, wie es unter den gegebenen Bedingungen unvermeidlich ist; außerdem ist er mehr oder minder *unsicher*.

Es liegt im Charakter der Unsicherheit begründet, daß sie im Meßwert selbst nicht berücksichtigt werden kann. Dazu ist stets eine weitere Angabe erforderlich. Diese Unsicherheit wird, solange die Fehlerverteilungen nur wenig unsymmetrisch sind, mit doppeltem Vorzeichen zusammen mit dem korrigierten Meßwert angegeben. Steht sie allein, so genügt der (vorzeichenlose) positive Wert (s. Tafel 7.4). Bei schiefen Verteilungen werden obere und untere Grenze des Unsicherheitsbereichs getrennt angegeben (s. Abschn. 7.3.4).

Unabhängig von den verschiedenen Formen der Unsicherheitsangaben ist zunächst die Feststellung wichtig, daß sie praktisch wertlos sind, wenn nicht klar ist, auf welches Vertrauensniveau sie sich beziehen. Sofern also nicht (z.B. für ein bestimmtes Anwendungsgebiet) eindeutig und allgemein verbindlich festgelegt ist, mit welcher statistischen Sicherheit P alle Unsicherheitsmaße anzugeben sind, gehört die Angabe von P bzw. $1 - \alpha$ als unabdingbarer Bestandteil zu jedem Meßergebnis. Das Vertrauensniveau (in den folgenden Beispielen wird $1 - \alpha = 95\%$ angenommen [634]) kann entweder als Index an das Formelzeichen angehängt werden, also u_{95}, oder die Angabe $1 - \alpha$ bzw. $P = 95\%$ wird explizit hinzugesetzt.

Da die Meßunsicherheit wie alle Fehlerangaben auch in relativer Form ausgedrückt werden kann, und zwar als Dezimalzahl (Zehnerpotenz) oder in %, ergeben sich die in **Tafel 7.4** zusammengestellten Möglichkeiten für die Angabe des vollständigen Meßergebnisses. Die mit ! gekennzeichneten Varianten sollten bevorzugt werden.

Tafel 7.4. Mögliche Schreibweise für das vollständige Meßergebnis bei symmetrischen Fehlergrenzen

Meßunsicher-heit	x_c und u getrennt	x_c und u zusammengefaßt
Absolut	$x = \{x_c\}\,[x]$ $u = \{u\}\,[x],\ P = 95\%^1)$ oder $u_{95} = \{u\}\,[x]\,!$	$x = \{x_c\}\,[x] \pm \{u\}\,[x],\ P = 95\%!$ oder $x = (\{x_c\} \pm \{u\})\,[x],\quad P = 95\%$
Relativ	$x = \{x_c\}\,[x]$ $u^* = \{u^*\}$ bzw. $= \{u_\%^*\}\,\%,$ $P = 95\%$ oder $u_{95}^* = \{u^*\}$ bzw. $= \{u_\%^*\}\,\%!$	$x = \{x_c\}\,[x] \pm \{u_\%^*\}\,\%,$ $P = 95\%!$ oder $x = \{x_c\}\,(1 \pm \{u^*\})\,[x],$ bzw. $x = \{x_c\}[x](1 \pm \{u^*\})$ [634] $P = 95\%!$

¹) statt P auch $1 - \alpha$
x_c korrigierter Meßwert; u Meßunsicherheit, $u^* = u/x_c$
$u_\%^* = 100\ u/x_c$; $\{x\}$ Zahlenwert von x, $[x]$ Einheit von x

Es besteht außerdem die Möglichkeit, zusätzliche Hinweise zu geben. So kann auf einen Standard, in dem z. B. ein bestimmtes Vertrauensniveau festgelegt ist, verwiesen oder die für den systematischen Restfehler angenommene Verteilung vermerkt werden. Wenn dem Benutzer sehr detaillierte Informationen gegeben werden sollen, ist es evtl. zweckmäßig, statt der Meßunsicherheit die Vertrauensgrenzen für den zufälligen Fehleranteil und für den systematischen Restfehler mit dem jeweiligen Vertrauensniveau getrennt anzugeben [634]. Die Vertrauengrenzen für die zufälligen Fehler können dabei auch durch die Standardabweichungen unter Hinzufügung des Meßreihenumfangs ersetzt werden. Ist aus früheren Messungen die Standardabweichung σ bekannt, so kann auch diese anstelle der empirischen Standardabweichung s angegeben werden. Schließlich ist auch eine Beschreibung der Meßunsicherheit durch die Spannweite, die Wahrscheinlichkeitsdichtefunktion (WDF) usw. zulässig. Als Grundsatz muß jedoch in jedem Fall gelten, daß die Angaben zur Unsicherheit für den Nutzer des Meßresultats eindeutig sein und alle Informationen enthalten müssen, die er benötigt, um die Verwendbarkeit der übermittelten Meßinformation für die Lösung der gestellten Aufgabe abschätzen zu können.

7.4.3. Berechnung der Meßunsicherheit

Mit der Meßunsicherheit oder einer ihr adäquaten Kenngröße soll dem Nutzer eines Meßresultats eine Information über die Vertrauenswürdigkeit des korrigierten Meßwerts mitgeteilt werden, und zwar im Hinblick auf die gestellte Meßaufgabe. Somit hängt auch der Aufwand, der für die Ermittlung der Meßunsicherheit gerechtfertigt ist, von der Aufgabenstellung ab, und es ist nicht möglich und auch nicht zweckmäßig, ein für alle

Meßprobleme verbindliches, einheitliches Verfahren für die Bestimmung der Meß-unsicherheit festzulegen. In den meisten Fällen wird jedoch das Verfahren nach DKD-3 [595] anwendbar sein.

Daß die Meßunsicherheit oft zu Diskussionen Anlaß gibt, hängt damit zusammen, daß in ihr oftmals zwei Fehleranteile, die zufälligen und die nicht erfaßten systematischen, zu-sammengefaßt werden sollen, die auf völlig verschiedene Art ermittelt werden müssen. Das macht nicht nur die ,,Berechnung'' der Meßunsicherheit so problematisch, sondern auch ihre Interpretation.

Zufällige Fehleranteile in der Meßunsicherheit. Die Möglichkeiten zur Berücksichtigung der zufälligen Fehleranteile bei direkten Messungen, z. B. in Form von Vertrauensgrenzen (3.59), wurden im Abschnitt 3.4.2.3, die bei indirekten Messungen in den Abschnitten 7.2 und 7.3 erörtert. Zur Ermittlung der Meßunsicherheit in der Ergebnisgröße einer indi-rekten Messung ist es oft üblich, zunächst die Unsicherheiten der einzelnen Eingangs-größen zu bestimmen und sie dann nach (7.5) bzw. (7.44) zu einem Wert zusammen-zufassen. Zweckmäßiger und mathematisch besser begründbar ist es, erst die Ver-trauensgrenzen für die zufälligen Fehleranteile der Eingangsgrößen pythagoreisch zu-sammenzufassen und auf diese Weise eine Vertrauensgrenze für die zufälligen Fehler in der Ergebnisgröße zu bestimmen, aus der dann die Meßunsicherheit gebildet werden kann (z. B. [453]).

Wenn die Voraussetzungen für die Berechnung von Vertrauensgrenzen nach (3.59), wie unkorrelierte Meßwerte, Vorliegen einer Normalverteilung usw., nicht erfüllt sind, müssen die Ausführungen aus den Abschnitten 9.6 und/oder 3.4.2.4 berücksichtigt wer-den. Bei geringen Asymmetrien lassen sich auch Symmetrierungsverfahren anwenden [506]. Die nach Abschnitt 3.4.2.5 ermittelten Unsicherheitsmaße enthalten i. allg. alle, also nicht nur die zufälligen Fehleranteile, so daß für diese Fälle die folgenden Ausfüh-rungen nicht zutreffen.

Systematischer Restfehler als Bestandteil der Meßunsicherheit. Der systematische Rest-fehler, speziell die Frage seiner Ermittlung und der für ihn anzusetzenden Verteilungs-funktion, wurde im Abschnitt 3.3.4 bereits diskutiert. Daraus schlußfolgernd, darf für Meßprobleme mit normalen Genauigkeitsforderungen die Randomisierung der nicht erfaßten systematischen Fehleranteile [179] [481] [507], d.h. ihre Betrachtung als Zu-fallsvariable und damit verbunden die Annahme ihrer Normalverteiltheit – zumindest solange keine Gründe für andere Annahmen vorliegen [442] –, als ein plausibles Fehler-modell betrachtet werden. Dabei ist die in der OIML-Empfehlung INC-1 (1980) [179] vorgeschlagene Unterteilung in solche Fehler, die mit statistischen Methoden, und solche, die auf andere Weise behandelt werden (wobei man die letzteren durch Näherungen für entsprechende Varianzen charakterisiert, deren Existenz angenommen wird [180]) für die normale meßtechnische Praxis sicherlich irrelevant [257].

Für die Präzisionsmeßtechnik werden in [255] [256] [257] [258] Vorschläge zur Ermitt-lung des systematischen Restfehlers gemacht. Diese laufen darauf hinaus, die Beiträge, aus denen sich der systematische Restfehler zusammensetzt, einzeln als symmetrische Rechteckverteilungen mit den Grenzen $- a$ und $+ a$ abzuschätzen und daraus für den Fall der direkten Messung nach

$$v_s = c \, t_{P, \infty} \sqrt{\frac{1}{3} \sum_{j=1}^{r} a_j^2} \tag{7.60}$$

eine Vertrauensgrenze zu bestimmen. Dabei hat c für $P = 99,73\%$ den Wert 0,576 ($P = 99\% \rightarrow c = 0,665$; $P = 95\% \rightarrow c = 0,840$). In [255] [258] wird das Verfahren (auch für indirekte Messungen) ausführlich beschrieben und mit anderen Verfahren ver-glichen. Nach [470] soll algebraisch addiert werden, was in [290] nur für r < 4 gefordert wird.

Im Normalfall ist mit einer größeren Anzahl von Einzelbeiträgen zum systematischen Restfehler zu rechnen, so daß für v_s auf Grund des zentralen Grenzwertsatzes eine Verteilung angenommen werden kann, die für die diskutierten Abschätzungen ohne Bedenken als normal anzusehen ist.

Das in DKD-3 [595] für Kalibrierlaboratorien vorgegebene Verfahren zur Ermittlung von Meßunsicherheiten weicht insofern von den vorstehenden Überlegungen ab, als auf die Bestimmung eines systematischen Restfehlers ganz verzichtet wird. Statt dessen werden nach Korrektur des Meßwerts hinsichtlich der (erfaßbaren) systematischen Fehler für alle außer der Meßgröße noch in die Ergebnisgröße eingehenden Größen (Unsicherheit der Normale, Einflußgrößen, Konstanten usw.) bekannte bzw. abgeschätzte empirische Standardabweichungen s_i pythagoreisch zum Schätzwert der Standardabweichung s_x der Meßgröße hinzuaddiert. Diese Summe mit einem Faktor k multipliziert ergibt die Meßunsicherheit, wobei innerhalb der WECC $k=2$ vereinbart ist, so daß für die ermittelte Meßunsicherheit ein Vertrauensniveau von rund 95% gilt. Für den Fall korrelierter Eingangsgrößen und für Meßreihen mit $n < 10$ vgl.[595].

Zusammenfassung von Vertrauensgrenzen. Die algebraische Addition der Beträge von v_f und v_s zur Meßunsicherheit u ergibt, wenn die Schätzwerte für v_s real sind, zu große Werte [481]. Deshalb wird, speziell auch im Zusammenhang mit der Randomisierung, zunehmend die pythagoreische Addition nach.

$$u = \sqrt{v_f^2 + v_s^2}$$ (7.61)

für sinnvoll erachtet ([442] [470] u.a.; vgl. Zusammenstellung in [255]). Werden jedoch für die Restfehlerbeiträge Rechteckverteilungen mit den Grenzen a_j und den Standardabweichungen $\sigma_j = a_j/\sqrt{3}$ angenommen, so ist nach DIN 6817 [638] anstelle von (7.61)

$$u = k\, s_{ges}$$ (7.62)

für die Ermittlung der Gesamtvertrauensgrenze (Meßunsicherheit) zu verwenden, wobei sich die Gesamtstandardabweichung s_{ges} aus

$$s_{ges} = \sqrt{\sum_{j=1}^{r} \frac{a_j^2}{3} + \frac{s^2}{n}}$$ (7.63)

ergibt [470]. Darin ist s die empirische Standardabweichung für ein großes n. Für die statistische Sicherheit gilt $P \approx 2/3$. Andere statistische Sicherheiten lassen sich durch den Faktor k aus Tafel 3.7 in (7.62) berücksichtigen. Ist eine der Rechteckverteilungen sehr breit (a_{br}), so wird der Schätzwert für u nach (7.62) bei $k > 1,73$ zu groß. Deshalb wird a_{br} bei der Summation in (7.63) weggelassen und anschließend algebraisch hinzuaddiert.

Auch gegen (7.61) gibt es Bedenken, z.B. hinsichtlich des gleichen Vertrauensniveaus der beiden Summanden [481]. Deshalb wird z.B. in [481] die Unsicherheit als ein *Zustand* aufgefaßt, der durch eine *Kovarianzmatrix* und ein *Vertrauensellipsoid* quantitativ beschreibbar ist (vgl. Teil 4, DIN 1319 [634]). Damit ist der "Normal"-Meßtechnik aber auch nicht weitergeholfen. In [258] wird empfohlen, den kleineren dieser beiden Werte zu verwenden, wobei in der pythagoreischen Addition $(v_s/c)^2$ nach (7.60) als Summand für den Restfehler einzusetzen ist. Bei nur zwei Einzelmessungen kann auch der Betrag der Differenz dieser beiden Werte anstelle der Meßunsicherheit verwendet werden [634]. Dieser Wert wird nur in 5% der Fälle überschritten.

In [258] sind insgesamt neun mögliche Verfahren zur Zusammenfassung der beiden Bestandteile von u einander gegenübergestellt, was ein weiteres Anzeichen dafür ist, daß diese Frage noch keine befriedigende Lösung gefunden hat, da es für die Zusammenfassung von zwei so unterschiedlichen Bestandteilen kein mathematisch begründbares Verfahren gibt, das allen Forderungen genügen kann [134] [442]. Auch die Berechnung der Unsicherheit im Schätzwert für die Meßunsicherheit (nach [505] z.B. mit Hilfe der Ausgleichsrechnung) ist bestenfalls in Spezialfällen der Präzisionstechnik anwendbar, weil i.allg. die unzureichenden Eingangsinformationen derartige Rechnungen nicht zulassen. Deshalb darf den für u ermittelten Werten auch keine übertriebene Bedeutung beigemessen werden. Folglich soll die Anzahl der signifikanten Ziffern in Genauigkeitskennwerten nicht größer als zwei sein. Bei allen Überlegungen zu dieser Problematik darf man vor allem nie aus den Augen verlieren, wie schwierig es in der normalen meßtechnischen Praxis ist, einen sachlich begründeten Wert für den systematischen Restfehler zu schätzen, weshalb das Verfahren nach [595] sicherlich zunehmend weitere Verbreitung finden dürfte.

8. Fehlerkorrektur und ihre Grenzen

8.1. Prinzipien der Fehlerkorrektur

Ziel einer Fehlerkorrektur ist es, die systematischen Fehler aus einem Meßresultat zu eliminieren (vgl. Abschn. 3.3.3 und 5). Dies kann nach Abschluß der Messung auf rechnerischem Wege durch Anbringen einer Korrektion geschehen, wie es in der Vergangenheit üblich war. Den Erfordernissen der modernen Meßtechnik entspricht demgegenüber die Korrektur im Echtzeitbetrieb, die nachfolgend im Vordergrund stehen soll. Dabei wird die vom Meßgerät abgegebene und mit Fehlern behaftete Ausgangsgröße y_{real} (vgl. Abschn. 5.1)

$$y_{real} = O_{Preal}\{x\} \qquad (8.1\,a)$$

nach **Bild 8.1** einer zusätzlichen Verarbeitung in einem nachgeschalteten Korrektursystem unterzogen:

$$y_K = O_{PK}\{y_{real}\}. \qquad (8.1\,b)$$

Die Meßfehler sollen dadurch verringert werden.

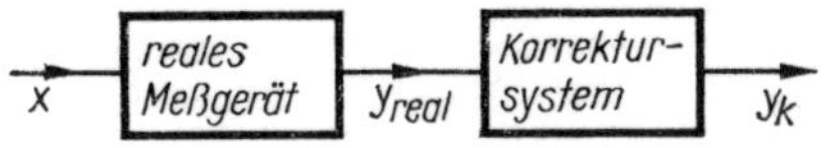

Bild 8.1. Prinzip der Korrektur

Das Korrektursystem kann sowohl ein einzelnes Korrekturglied, ein analog arbeitendes System, z. B. ein Regelkreis (Kompensationsverfahren), als auch ein digital arbeitendes System, z. B. ein Mikrorechner, sein. Die noch vor einem Jahrzehnt vorherrschend verwendeten Analogsysteme werden zunehmend durch Digitalsysteme verdrängt. Bei diesen wird (8.1b) durch ein entsprechendes Programm realisiert. Moderne Meßgeräte sind ohnehin meist mit einem Mikrorechner für die automatische Meßwertverarbeitung oder für den periodischen automatischen Selbsttest (vgl. Abschn. 6.4) ausgestattet. Diese Rechner können die laufende Korrektur „nebenbei" mit übernehmen, so daß oft kein zusätzlicher Hardwareaufwand erforderlich ist.

Grundsätzliche Unterschiede bestehen zwischen der Behandlung der systematischen und der zufälligen Fehleranteile. Während bei den systematischen Fehlern die richtige, unverfälschte Ausgangsgröße durch Rückrechnung – zumindest bis zu einem gewissen Grade – aus der unverfälschten Größe gewonnen werden kann (Abschn. 5.4.1, 5.4.3, 5.5.1), ist bei den zufälligen Fehlern nur eine Verminderung der Unsicherheit nach den Regeln der Statistik möglich (Abschn. 3.4).

In der Praxis sind meist beide Fehleranteile zu berücksichtigen. Dann ist stets nur eine Verminderung einer Fehlerart auf Kosten der anderen möglich **(Bild 8.2)**. Dabei gibt es ein Minimum, d. h. einen minimalen Fehler. Grundsätzlich sind die Vorteile auf einem Gebiet (hier die Reduzierung der Fehler) mit Nachteilen auf einem anderen Gebiet (z. B. mit einer Zunahme der Parameterempfindlichkeit) zu bezahlen.

Bevor die Korrekturverfahren für die einzelnen Fehleranteile näher besprochen werden, sei einleitend anhand einiger anschaulicher Beispiele das Prinzip der Korrektur erläutert.

Beispiel 1. Bei der Bestimmung der Masse durch Wägung entsteht dadurch ein Fehler, daß der Körper entsprechend seinem Volumen einen Auftrieb erhält, der dem Gewicht des verdrängten Luftvolumens gleich ist. Über eine zusätzliche Messung des Volumens und des Luftdrucks läßt sich der Fehler mit einem entsprechend programmierten Rechner korrigieren.

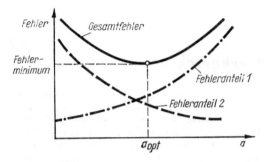

Bild 8.2. Grundsätzliche Abhängigkeit der Fehleranteile vom Korrekturparameter a

Beispiel 2. Aus (5.3) erhält man für einen Temperaturfühler mit der Zeitkonstanten $T_1 = c \gamma \, V/(\alpha \, A)$ näherungsweise die Differentialgleichung [514]

$$T_1 \dot{y} + y = x; \tag{8.2a}$$

c spezifische Wärmekapazität, γ Dichte, V Volumen, α Wärmeübergangskoeffizient, A Oberfläche.
Die zugehörige Übergangsfunktion ist im **Bild 8.3** dargestellt.

$$h(t) = 1 - e^{-t/T_1}. \tag{8.2b}$$

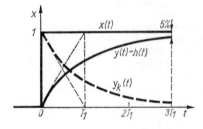

Bild 8.3. Zur Erklärung des Prinzips der Korrektur am Beispiel des Temperaturfühlers

Um zum unverfälschten Verlauf der Eingangsgröße $x(t)$ zu kommen, hätte man offensichtlich die in das Bild 8.3 als gestrichelte Kurve eingezeichneten Werte $y_k(t)$ zum verfälschten Verlauf $y(t)$ hinzuzuaddieren. Die Abhängigkeit $y_k(t)$ hat als fallende e-Funtion den Verlauf

$$y_k(t) = e^{-t/T_1}. \tag{8.2c}$$

Wie man sieht, ergibt sich tatsächlich

$$y(t) + y_k(t) = (1 - e^{-t/T_1}) + e^{-t/T} = 1. \tag{8.2d}$$

Der Verlauf für $y_k(t)$ läßt sich rechnerisch aus dem Verlauf des verfälschten Meßwerts $y(t)$ gewinnen, wenn man

$$y(t) + y_k(t) = y(t) + T_1 \dot{y}(t) \tag{8.2e}$$

bildet. Dies ist die gesuchte Rechenoperation, die der Korrekturrechner auszuführen hat.

Zur Realisierung der Rechenoperation sind also ein proportionaler Anteil $y(t)$ und ein differentieller Anteil $\dot{y}(t)$ zu addieren. Dies könnte man z. B. durch einen Digitalrechner verwirklichen. Da der Meßwert jedoch oft als Verlauf einer physikalischen Größe (z. B. einer elektrischen Spannung) vorliegt, eignen sich Analogrechner für die Durchführung derartiger Rechenoperationen besser. In diesem Fall muß der Analogrechner aus einem P-Glied (proportionaler Anteil y) und einem D-Glied (differenzierter Anteil $\dot{y}$) bestehen. Die Schaltung eines derartigen PD-Gliedes als elektrischer Analogrechner wird im **Bild 8.4** gezeigt.

Bild 8.4. Korrekturnetzwerk für das Beispiel

Der direkten Anschauung zugänglich und sehr aussagekräftig sind Näherungsbetrachtungen im Frequenzbereich, insbesondere unter Benutzung des Frequenzkennlinienverfahrens. **Bild 8.5** zeigt die Kennlinie für das Originalsystem mit Verzögerung 1. Ordnung:

$$G\,(\mathrm{j}\,\omega) = \frac{1}{1 + \mathrm{j}\,\omega\,T_1}. \tag{8.3a}$$

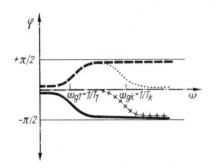 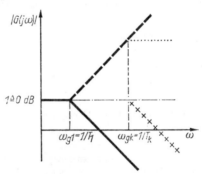

Bild 8.5. Betrachtungen zur Systemkorrektur im Frequenzbereich [521]
——— gegebenes Originalsystem $G\,(\mathrm{j}\,\omega)$
- - - - ideales Korrektursystem $G_{k\,\mathrm{id}}\,(\mathrm{j}\,\omega)$
...... reales Korrektursystem $G_k\,(\mathrm{j}\,\omega)$
$\times\times\times$ Gesamtsystem $G\,(\mathrm{j}\,\omega)\,G_k\,(\mathrm{j}\,\omega)$

Ein ideales System, das keine dynamischen Fehler erzeugt, müßte die im Bild 8.5 strichpunktiert eingezeichnete Kennlinie aufweisen. Es würde ein in Reihe geschaltetes Korrekturnetzwerk erfordern (ideales PD-System):

$$G_{k\,\mathrm{id}}\,(\mathrm{j}\,\omega) = 1 + \mathrm{j}\,\omega\,T_1, \tag{8.3b}$$

das jedoch nicht realisierbar ist. Für $\omega \to \infty$ wächst nämlich auch $G_{k\,\mathrm{id}}\,(\mathrm{j}\,\omega)$ über alle Grenzen, was natürlich nicht möglich ist.
Realisieren läßt sich dagegen das System

$$G_k\,(\mathrm{j}\,\omega) = \frac{1 + \mathrm{j}\,\omega\,T_1}{1 + \mathrm{j}\,\omega\,T_k}, \tag{8.3c}$$

dessen Kennlinien im Bild 8.5 punktiert vermerkt sind. Die zugehörige Schaltung nach Bild 8.4 hat bis auf eine Konstante den Frequenzgang nach (8.3c) mit $R_1\,C = T_1$ und

15*

$R_2 C = T_k$. Man erhält dann den im Bild 8.5 mit Kreuzen gekennzeichneten Verlauf für das mit diesem Netzwerk korrigierte Gesamtsystem

$$G\,(\mathrm{j}\,\omega)\,G_k\,(\mathrm{j}\,\omega) = \frac{1}{1 + \mathrm{j}\,\omega\,T_k}. \tag{8.3 d}$$

Das dynamische Verhalten des Systems ist also für dieses Korrektursystem entsprechend dem Verhältnis der Grenzfrequenzen bzw. Zeitkonstanten

$$\frac{\omega_{gk}}{\omega_{g1}} = \frac{T_1}{T_k} \tag{8.3 e}$$

verbessert worden.

Oft kann auf die Forderung $\varphi_{ges} = 0$ verzichtet und statt dessen nur $\varphi_{ges} = c\,\omega$ gefordert werden. Für diesen Fall konstanter Laufzeit erhält man die unverzerrte Eingangsgröße, nur um eine Laufzeit

$$T_L = c \tag{8.4}$$

verschoben. Dann wird neben dem behandelten sog. Dämpfungsausgleich ein Laufzeitausgleich durch zusätzliche Allpässe durchgeführt, um die Dämpfungskurve zu glätten. Das ist im Abschnitt 8.2.2 erläutert.

8.2. Korrektur systematischer Fehler

8.2.1. Korrektur statischer systematischer Fehler

Die wichtigsten Überlegungen zur Korrektur statischer systematischer Fehleranteile sind bereits in den Abschnitten 3.3.3, 6.2, 6.4 und 9.5 enthalten, so daß hier nur eine knappe Übersicht gegeben wird.

Nachträgliche (Off-line-)Korrekturen [313]

Additive Anteile. Der nach Betrag und Vorzeichen ermittelte systematische Fehler e_c (s. Abschn. 3.3.2) wird vom Meßwert abgezogen bzw. mit umgekehrtem Vorzeichen als *Korrektion* [590] (oder Berichtigung [360]) zum Meßwert hinzuaddiert, um den *korrigierten Meßwert* x_c zu erhalten (vgl. Abschn. 3.3.3). Beispiel: Prüfung von Gewichtsstücken aus anderem Material als die Normal-Gewichtsstücke (Auftriebskorrektur vgl. Beispiel auf S. 225 und [343]).

Multiplikative Anteile. Steigungsfehler beeinträchtigen zwar das Übertragungsverhalten des Meßmittels, sie sind jedoch bei der einzelnen Messung in der systematischen Abweichung e_c des gemessenen vom richtigen Wert enthalten, also durch die additive Korrektion mit erfaßt. Bei der Durchführung von Off-line-Korrekturen mit Rechnern werden die Korrekturwerte meist in diesen unverlierbar gespeichert; bei Korrekturen von Hand bzw. mit Tisch- und Taschenrechnern werden dafür Tafeln, Nomogramme oder Kurven benutzt.

Zeitgleiche (On-line-)Korrekturen mit Rechnern

Konstante additive Anteile, die nicht durch Eingriffe in das Meßmittel (Justage) vor der Messung behoben werden können, lassen sich als Korrekturwerte im geräteinternen Rechner speichern, so daß sie bei jedem einzelnen Meßwert rechnerisch berücksichtigt werden können.

Meßwertabhängige additive Anteile müssen als Funktion $e_c = \mathrm{f}\,(x_e)$ oder – speziell bei komplizierter funktioneller Abhängigkeit – als Werteliste gespeichert werden. Der Korrekturwert wird in Abhängigkeit vom erfaßten Meßwert aus den gespeicherten Angaben ermittelt und rechnerisch berücksichtigt.

Multiplikative Anteile wirken sich im einzelnen Meßwert wie meßwertabhängige additive Anteile aus. Bei einem reinen Steigungsfehler, d.h. e_{KP} in (3.4) $\neq 0$, braucht dafür nur die inverse Kennlinie $e_{Korr} = \mp e_{KP} x_e$ mit dem *Korrekturfaktor* [590] e_{KP} gespeichert zu werden. Als Beispiel sei die Korrektur von Kennlinienfehlern angeführt (vgl. [205] und Abschn. 3.3.3). Diese Korrektur ist möglich durch

- Herabsetzen der Meßspanne
- Kompensation (Gegenkopplung)
- Parallelschalten ähnlicher Bauelemente (Differenzmethode).

Diese drei Methoden sind keine eigentlichen On-line-Korrekturen, sondern nur das
- Nachschalten eines Korrekturglieds mit inverser Kennlinie gemäß Bild 8.1.

Die *Kennlinienapproximation* (z.B. durch das Newtonsche Polynom [409] oder durch Spline-Funktionen [451]) ist für den Einsatz von Korrekturrechnern unter besonderer Berücksichtigung des Speicherplatzbedarfs in [172] erörtert.

Die Korrekturwerte sind in bestimmten Zeitabständen durch Meßmittelprüfungen (Abschnitt 6.3) zu kontrollieren bzw. bei selbstkalibrierenden Meßmitteln (Abschn. 6.4) automatisch zu verbessern (statisches *adaptives Meßsystem* [451]).

Korrektur einflußgrößenabhängiger Fehler. Der Wert einer genauigkeitsbeeinflussenden Einflußgröße (Störgröße) wird – falls möglich – laufend gemessen, und der Rechner entnimmt der gespeicherten Einflußgrößenfehlerkurve den Korrekturwert für den aktuellen Meßwert, um ihn rechnerisch zu berücksichtigen. Die benötigten Fehlerkurven werden vor Einsatz des Meßmittels experimentell aufgenommen (vgl. Abschnitt 6.2). Moderne Konzeptionen für rechnergestützte Meßmittel [241] sehen vor, anstelle der aufwendigen analogen Eingangsschaltungen (Präzisionsbauelemente, Thermostatisierung usw.) relativ einfache Schaltungen zu verwenden und diese durch den Rechner überwachen und rechnerisch korrigieren zu lassen (Beispiele s. [241]).

Veränderungen der Meßgröße infolge von Abweichungen des Wertes einer Einflußgröße von einem vorgegebenen Bezugswert können mit Hilfe einer Einflußgrößenkurve $x_e = f(z)$ in ähnlicher Weise vom Rechner berücksichtigt werden. Diese Maßnahme nennt man *Reduktion* .

Analoge Korrekturelemente. Auswirkungen der Einflußgröße Temperatur lassen sich oft durch die Temperaturabhängigkeit bestimmter Korrekturelemente (Bimetallfedern, Ausdehnungsstäbe, temperaturabhängige elektrische Widerstände usw.) eliminieren, die in geeigneter Weise in das Meßmittel eingefügt werden. Als Beispiele seien genannt: Bimetallstreifen zur Korrektur der Wärmeeinwirkung auf Waagebalken [127], eine Spannkrafteinrichtung zur Korrektur von Durchhang- und Dehnungsfehlern bei Meßbändern aus Stahl oder die Dreileiter- statt der Zweileiterschaltung bei Widerstandsthermometern [148]. Andere Störgrößenwirkungen lassen sich häufig durch Differenzoder Verhältnismethoden (vgl. Abschn. 6.2) ganz oder teilweise korrigieren.

8.2.2. Korrektur dynamischer Fehler

Unter der Annahme, daß die statischen systematischen Fehleranteile durch die im Abschnitt 8.2.1 zusammengestellten Methoden korrigiert sind, werden im folgenden die dynamischen Fehleranteile behandelt. Das Kriterium für optimale Korrektur lautet daher, den dynamischen Fehler $\varepsilon(t)$ zu minimieren. Dieses Optimum ist nach Abschnitt 5.5.1 gekennzeichnet durch das Kriterium

$$\varepsilon(t) \to 0 \tag{8.5a}$$

bzw., durch die entsprechende Leistung ausgedrückt,

$$\overline{\varepsilon^2\,(t)} \to 0. \tag{8.5b}$$

Bei Berücksichtigung der Störungen ergeben sich andere Kriterien [201] [519].

Betrachtungen im Zeit- und im Frequenzbereich

Zunächst wird ein dem realen System mit den Kennfunktionen $g\,(t)$ bzw. $h\,(t)$ und $G\,(j\,\omega)$ bzw. $G\,(p)$ nachgeschaltetes Korrektursystem $g_k\,(t)$ bzw. $h_k\,(t)$ und $G_k\,(j\,\omega)$ bzw. $G_k\,(p)$ angenommen. Die Kennfunktionen des Gesamtsystems $g^*\,(t)$, $h^*\,(t)$ und $G^*\,(j\,\omega)$, $G^*\,(p)$ ergeben sich nach Abschnitt 5.3.2 zu

$$g^*\,(t) = g\,(t) \divideontimes g_k\,(t) = \int\limits_0^t g\,(\tau)\,g_k\,(t-\tau)\,d\tau$$

$$h^*\,(t) = \frac{d}{d\,t}[h\,(t) \divideontimes h_k\,(t)] = \frac{d}{d\,t}\int\limits_0^t h\,(\tau)\,h_k\,(t-\tau)\,d\tau \tag{8.6a,b}$$

bzw.

$$G^*\,(j\,\omega) = G\,(j\,\omega)\cdot G_k\,(j\,\omega)$$

$$G^*\,(p) = G\,(p)\cdot G_k\,(p), \tag{8.6c,d}$$

wobei zwischen Zeit- und Frequenzbereich die im Abschnitt 5.3.4 abgeleiteten Umrechnungen über die Laplace-Transformation bestehen.
Mit dem Verhalten des idealen Meßsystems (Modell)

$$g_{id}\,(t);\,h_{id}\,(t);\,G_{id}\,(j\,\omega);\,G_{id}\,(p) \tag{8.7a bis d}$$

erhält man unter Beachtung von (8.5) und (5.50 a) bzw. (5.50 b)

$$g_{id}\,(t) = g^*\,(t) = \int\limits_0^t g\,(\tau)\,g_{k\,id}\,(t-\tau)\,d\tau$$

$$h_{id}\,(t) = h^*\,(t) = \frac{1}{d\,t}\int\limits_0^t h\,(\tau)\,h_{k\,id}\,(t-\tau)\,d\tau \tag{8.8a,b}$$

$$G_{id}\,(j\,\omega) = G^*\,(j\,\omega) = G\,(j\,\omega)\cdot G_{k\,id}\,(j\,\omega)$$

$$G_{id}\,(p) = G^*\,(p) = G\,(p)\cdot G_{k\,id}\,(p). \tag{8.8c,d}$$

Durch Auflösen dieser Gleichungen nach dem idealen Korrektursystem erhält man die gesuchte Lösung, z. B. im Frequenzbereich

$$G_{k\,id}\,(j\,\omega) = \frac{G_{id}\,(j\,\omega)}{G\,(j\,\omega)} \tag{8.9a}$$

oder im Zeitbereich (Rückfaltung)

$$g_{k\,id}\,(t) = g_{id}\,(t) \divideontimes \bar{g}\,(t) = \int\limits_0^t g_{id}\,(\tau)\,\bar{g}\,(t-\tau)\,d\tau, \tag{8.9b}$$

wobei $\bar{g}\,(t)$ die Gewichtsfunktion des inversen Systems zu $g\,(t)$ darstellt

$$\bar{g}\,(t)\,L^{-1}\left\{\frac{1}{G\,(p)}\right\} = \frac{1}{2\,\pi\,j}\int\limits_{c-j\infty}^{c+j\infty}\frac{e^{pt}}{G\,(p)}\,dp. \tag{8.9c}$$

Die Zusammenhänge lassen sich auch anhand des Pol-Nullstellen-Planes darstellen. Nach Abschnitt 5.3.1 läßt sich jede Übertragungsfunktion $G(p)$ durch ein Polynom darstellen, d.h., man kann für die Übertragungsfunktion des gegebenen Meßsystems schreiben:

$$G(p) = c\,\frac{(p-p_1{}^*)\,(p-p_2{}^*)\,\cdots\,(p-p_m{}^*)}{(p-p_1)\,(p-p_2)\,\cdots\,(p-p_n)}. \qquad (8.10\,a)$$

Dabei stellen $p_1\cdots p_n$ die Pole, $p_1{}^*\cdots p_m{}^*$ die Nullstellen der Übertragungsfunktion dar.

Nimmt man den in der Meßtechnik sehr oft zutreffenden Fall einer gewünschten direkten Abbildung der Eingangsgröße auf die Ausgangsgröße – d.h. $G_{id}(p) = c_{id}$ – an, so ergibt sich unter Beachtung von (8.9a)

$$G_{k\,id}(p) = \frac{C_{id}}{c}\cdot\frac{(p-p_1)\,(p-p_2)\,\cdots\,(p-p_n)}{(p-p_1{}^*)\,(p-p_2{}^*)\,\cdots\,(p-p_m{}^*)}. \qquad (8.10\,b)$$

Es müssen sich also an der gleichen Stelle, an der im gegebenen System Polstellen liegen, beim Korrektursystem Nullstellen befinden und umgekehrt. Das leuchtet auch ein, da sich die Wirkungen von Polen und Nullstellen am gleichen Ort aufheben. Praktisch ist es allerdings nie exakt möglich, Pole und Nullstellen genau an den gleichen Ort im Pol-Nullstellen-Plan zu legen, so daß sich die Korrektur nur bis zu einer gewissen Genauigkeit realisieren läßt. Korrigierte Systeme sind daher auch grundsätzlich sehr empfindlich gegenüber Verschiebungen der Pole bzw. Nullstellen infolge von Parameterschwankungen (z.B. bei Erwärmung oder bei anderen Umwelteinflüssen). Sie haben also eine relativ große Sensitivität gegenüber Parameterschwankungen, auch *Parameterempfindlichkeit* genannt [201] [204] [510]. Besondere Schwierigkeiten entstehen dadurch, daß inverse Übertragungsfunktionen zu realen Systemen nicht exakt realisierbar sind, wie anschließend gezeigt wird.

Realisierbarkeit der idealen Korrektursysteme, reale Korrektursysteme. Korrektursysteme müssen stabil sein, d.h., sie dürfen keine Pole in der rechten Halbebene des Pol-Nullstellen-Plans aufweisen. Ferner muß die Bedingung

$$\lim_{p\to\infty} G(p) = C;\, C < \infty \qquad (8.11)$$

erfüllt sein. Diese Bedingung ist nur erfüllt, wenn

$$m < n \qquad (8.12)$$

ist (8.10a). Falls die Bedingung nicht erfüllt ist, gelten die entsprechenden Beziehungen bei der Anwendung der Laplace-Transformation im Sinne der Distribution [338] [519] [527]. In der Netzwerksynthese wird gelegentlich auch der Grenzfall $m = n$ noch zugelassen; genaugenommen gilt jedoch stets (8.12).

Zunächst sei der einfachere Fall angenommen, daß keine Nullstellen in der rechten Halbebene des Pol-Nullstellen-Plans liegen (Abschn. 5.3.1). Dann enthält das Meßsystem keine Allpässe, d.h., es handelt sich um ein *Minimalphasensystem* [519]. Damit treten im inversen System, dem Korrektursystem, keine Polstellen in der rechten Halbebene auf, es ist also stabil.

Wegen der Stabilität des Originalsystems liegen dessen Polstellen ebenfalls in der linken Halbebene; das Korrektursystem weist daher auch keine Nullstellen in der rechten Halbebene auf, ist also ebenfalls ein Minimalphasensystem. Da der Grad des Nennerpolynoms des zu korrigierenden Meßsystems wegen der Bedingung (8.12) größer als der des Zählerpolynoms ist, kann (8.11) beim inversen Korrektursystem nicht erfüllt sein. Daher muß man zur Erfüllung der Realisierungsbedingung (8.11) bzw. (8.12) zusätzliche Pole einführen, also

$$G_{k\,real}(p) = G_{k\,id}(p)\,\frac{1}{(1+T_k\,p)^{n-m+1}} \qquad (8.13)$$

mit den Korrekturzeitkonstanten T_k. Für den Grenzfall $T_k \to 0$ geht $G_{k\,real}(p)$ beliebig genau in $G_{k\,id}$ über.

Falls das zu korrigierende Meßsystem Minimalphasenverhalten aufweist, läßt sich das dynamische Verhalten im Grenzfall beliebig gut korrigieren, sofern Störungen und Parameterempfindlichkeit unberücksichtigt bleiben.

Die Berücksichtigung der stets vorhandenen Störungen sowie der Parameterempfindlichkeit setzt der Korrektur in der Praxis Grenzen, auf die im Abschnitt 8.4 eingegangen wird.

Schwieriger liegt der Fall, wenn das zu korrigierende Meßsystem Allpässe enthält. Dann hat die zugehörige Übertragungsfunktion $G(p)$ Nullstellen in der rechten Halbebene. Bei der Inversion würden diese Nullstellen in $G_{k\,id}(p)$ als Pole erscheinen, so daß das Korrektursystem mit genau inversem Verhalten instabil werden würde.

Sind z. B. $p_1{}^*$ und $p_2{}^*$ die Nullstellen in der rechten Halbebene des zu $G(p)$ gehörenden Pol-Nullstellen-Plans, so kann man diese Nullstellen formal abspalten in

$$G(p) = c\,\frac{(p-p_3{}^*)\,(p-p_4{}^*)\,\cdots\,(p-p_m{}^*)}{(p-p_1)\,(p-p_2)\,\cdots\,(p-p_n)}\,(p-p_1{}^*)\,(p-p_2{}^*). \qquad (8.14\,\mathrm{a})$$

Hierin stellt der erste Teil ein Minimalphasensystem dar, für das das inverse Korrektursystem nach (8.13a) im Grenzfall realisiert werden kann, und zwar

$$G_{k\,1}(p) = c\,\frac{(p-p_1)\,(p-p_2)\,\cdots\,(p-p_n)}{(p-p_3{}^*)\,(p-p_4{}^*)\,\cdots\,(p-p_m{}^*)}\,\frac{1}{(1+T_k\,p)^{n-m+1}}. \qquad (8.14\,\mathrm{b})$$

Die Realisierung der Inversion des zweiten Teils, d.h. von $[(p-p_1{}^*)\,(p-p_2{}^*)]^{-1}$, ist nicht möglich, da es sich um ein instabiles System handeln würde.

Realisieren läßt sich dagegen ein entsprechendes System mit an der jω-Achse gespiegelten Polstellen, die durch Überstreichen $\overline{p_1}{}^*$, $\overline{p_2}{}^*$ gekennzeichnet werden sollen:

$$G_{k\,2}(p) = \frac{1}{(p-\overline{p_1}{}^*)\,(p-\overline{p_2}{}^*)}. \qquad (8.14\,\mathrm{c})$$

Der zugehörige Pol-Nullstellen-Plan ist in der linken Halbebene in **Bild 8.6** dargestellt. Das realisierte inverse System $G_{k\,real}(p)$, das sich aus den zwei Anteilen $G_{k1}(p)$ und $G_{k2}(p)$ zusammensetzt, ergibt sich damit zu

$$G_{k\,real}(p) = G_{k\,1}(p)\,G_{k\,2}(p) = c\,\frac{(p-p_1)\,(p-p_2)\,\cdots\,(p\ldots p_n)}{(p-p_3{}^*)\,(p-p_n{}^*)\,\cdots\,(p-p_m{}^*)}$$
$$\times\,\frac{1}{(p-\overline{p_1}{}^*)\,(p-\overline{p_2}{}^*)}\,\frac{1}{(1+T_k\,p)^{n-m+1}}. \qquad (8.15)$$

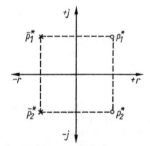

Bild 8.6. Realisierung des inversen Systems bei allpaßhaltigen zu korrigierenden Meßsystemen

Zur Kontrolle bildet man die Übertragungsfunktion des gesamten korrigierten Systems aus (8.14a) und (8.15):

$$G_{ges}(p) = G_1(p)\,G_{k\,real}(p) = c_{ges}\,\frac{1}{(1+T_k\,p)^{n-m+1}}\,\frac{(p-p_1{}^*)\,(p-p_2{}^*)}{(p-\overline{p_1}{}^*)\,(p-\overline{p_2}{}^*)}$$
$$(8.16)$$

Selbst für den Grenzfall $T_k \to 0$ ergibt sich also in diesem Fall keine ideale Korrektur, sondern ein Allpaß, dessen Pol-Nullstellen-Plan im Bild 8.6 dargestellt ist. Ein derartiger Allpaß weist einen konstanten Amplitudengang auf, so daß das korrigierte System die Korrekturbedingung bezüglich des Amplitudengangs erfüllt. Dagegen weist es i. allg. eine komplizierte Phasenkurve auf.

Oft kann – gerade in der Meßtechnik – eine Verzögerung des Ausgangssignals um eine Laufzeit T_L zugelassen werden. Dann erscheint also das Ausgangssignal unverfälscht, jedoch um die Laufzeit T_L später.

Zu einem derartigen Totzeitglied gehört der Frequenzgang

$$G(j\,\omega) = c\,e^{-j\omega T_L}, \tag{8.17a}$$

also eine konstante Dämpfung

$$|G(j\,\omega)| = c \tag{8.17b}$$

und eine linear von der Frequenz abhängige Phasendrehung

$$\varphi(\omega) = -\omega T_L. \tag{8.17c}$$

Im Fall allpaßhaltiger Meßsysteme muß man daher eine linear von der Frequenz abhängige Phasendrehung anstreben, d.h., man muß weitere Allpässe nachschalten, die den Phasengang korrigieren, damit die Abhängigkeit nach (8.17c) im jeweils interessierenden Frequenzbereich möglichst genau erfüllt ist (sog. Phasenkorrektur oder Laufzeitausgleich). Das entsprechende Netzwerk zu finden, das diese Bedingungen erfüllt, ist eine Aufgabe der Systemsynthese (**Tafel 8.1**). Hier sei auf die Spezialliteratur verwiesen: [144] [204] [227] [322] [458].

Korrektur mit Rechnern

Zur Durchführung der Korrektur können auch Rechner benutzt werden, und zwar sowohl Analog- als auch Digitalrechner.

Korrektur mit Analogrechner. Bild 8.7 zeigt eine Realisierungsmöglichkeit mit einem über den komplexen Widerstand $\underline{Z}_0$ rückgekoppelten Operationsverstärker. Beträgt der Verstärkungsfaktor des nicht rückgekoppelten Verstärkers $\underline{V}_0$, so erhält man für die Übertragungsfunktion $G_v(p)$ des Verstärkers mit Gegenkopplung, wegen des mit dem Rückkopplungsfaktor $\underline{K} = \underline{Z}_1/\underline{Z}_0$ geschlossenen Regelkreises [445] [519],

$$G_v(p) = \frac{\underline{V}_0}{1 - \underline{K}\,\underline{V}_0} = \frac{\underline{V}_0}{1 - \dfrac{\underline{Z}_1}{\underline{Z}_0}\,\underline{V}_0} = \frac{1}{\dfrac{1}{\underline{V}_0} - \dfrac{\underline{Z}_1}{\underline{Z}_0}}. \tag{8.18a}$$

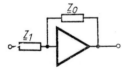

Bild 8.7. Rückgekoppelter Operationsverstärker als Analogrechner zur Realisierung der Korrektur

Beim Operationsverstärker ist $\underline{V}_0$ i. allg. negativ und sehr groß, d.h., es gilt in guter Näherung $\underline{V}_0 \to -\infty$. Daher wird aus (8.18a)

$$G_v(p) = -\underline{Z}_0/\underline{Z}_1. \tag{8.18b}$$

Für ohmsche Widerstände $\underline{Z}_0 = R_0$, $\underline{Z}_1 = R_1$ erhält man also einen Verstärker, dessen Verstärkungsgrad praktisch nicht von den Eigenschaften des Verstärkers $\underline{V}_0$ abhängt.

Für das hier interessierende Problem der Korrektur ist es wichtig, daß man inverse Übertragungsfunktionen direkt mit einem derartigen rückgekoppelten Operationsverstärker realisieren kann. Für einen ohmschen Widerstand im Rückkopplungszweig $\underline{Z}_0 = R_0$ erhält man aus (8.18b)

$$G_v(p) = -R_0/\underline{Z}_1, \tag{8.18c}$$

Tafel 8.1. Wichtige Korrekturnetzwerke [201]

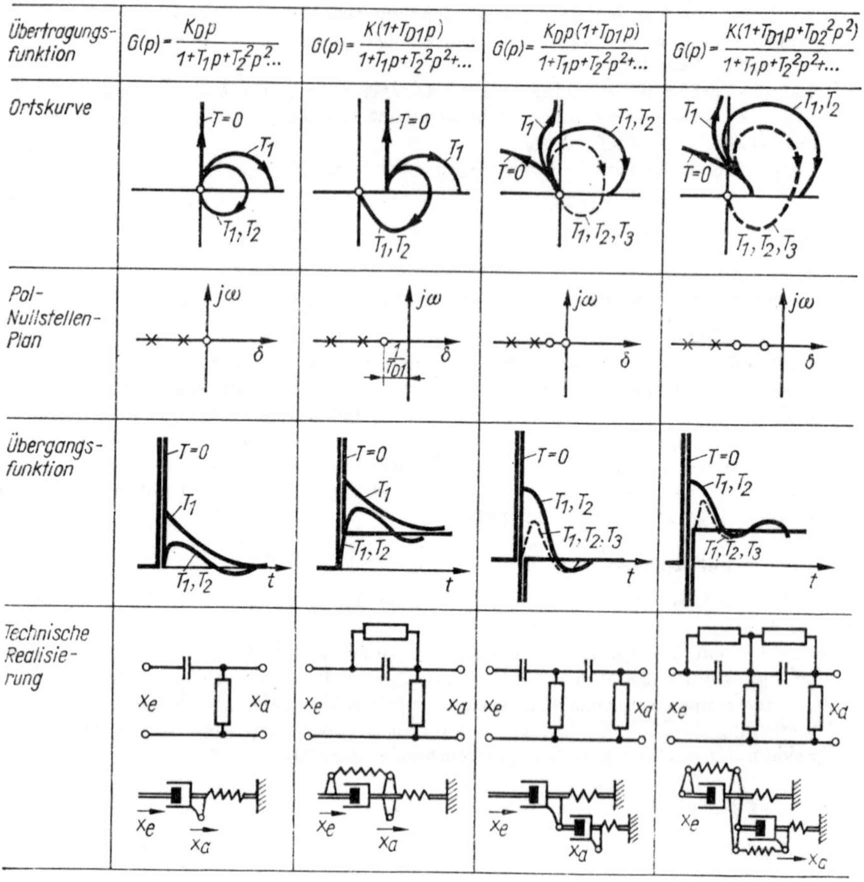

Übertragungs-funktion	$G(p) = \dfrac{K_D p}{1+T_1 p + T_2^2 p^2 \dots}$	$G(p) = \dfrac{K(1+T_{D1} p)}{1+T_1 p + T_2^2 p^2 + \dots}$	$G(p) = \dfrac{K_D p(1+T_{D1} p)}{1+T_1 p + T_2^2 p^2 + \dots}$	$G(p) = \dfrac{K(1+T_{D1} p + T_{D2}^2 p^2)}{1+T_1 p + T_2^2 p^2 + \dots}$
Ortskurve				
Pol-Nullstellen-Plan				
Übergangs-funktion				
Technische Realisie-rung				

d.h., bis auf eine Vorzeichenumkehr entsteht ein Verhalten, das genau dem inversen von $\underline{Z}_1$ entspricht. Schaltet man also als Netzwerk $\underline{Z}_1$ ein System ein, das dasselbe Verhalten wie das zu korrigierende System $G(p)$ aufweist, so entsteht direkt das inverse System. Dabei sind jedoch die Realisierungs- und Stabilitätsbedingungen, die zuvor behandelt wurden, ebenso zu beachten. Genauere Untersuchungen zeigen, daß es u.a. wegen der stets vorhandenen Phasendrehungen im realen Verstärker i. allg. schwierig ist, diese Bedingungen einzuhalten, so daß die Gefahr der Instabilität des gegengekoppelten Verstärkers groß ist [204].

Beispiel. Es sei wiederum der Temperaturaufnehmer mit der Übertragungsfunktion

$$G(p) = \frac{1}{1+T_1 p}$$

betrachtet. Die ideale Korrekturfunktion $G_{\text{k id}}(p)$ lautet:

$$G_{\text{k id}}(p) = 1 + T_1 p.$$

Nach (8.18 b) muß folglich ein Netzwerk

$$\underline{Z}_1(p) = \frac{1}{1 + T_1 p}$$

im Eingang des rückgekoppelten Operationsverstärkers verwendet werden. Im **Bild 8.8** wird die Schaltung des entsprechenden Analogrechners gezeigt. Ohne Berücksichtigung der gestrichelt eingezeichneten Schaltkapazität C_2 erhält man für die Übertragungsfunktion nach (10.18 b)

$$G_v(p) = - R_2 C_1 \left(p + \frac{1}{R_1 C_1} \right) = - \frac{R_2}{R_1}(1 + R_1 C_1 p). \qquad (8.19\,\text{a})$$

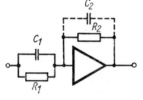

Bild 8.8. Schaltbild des Analogrechners zur Korrektur eines Temperaturaufnehmers

Für die Dimensionierung

$$R_1 C_1 = T_1 \qquad (8.19\,\text{b})$$

liegt damit ideale Korrektur vor. Diese Übertragungsfunktion stellt jedoch eine Idealisierung dar. Wegen der unvermeidlichen Schaltkapazitäten C_2 gilt tatsächlich

$$G_v(p) = \frac{C_1}{C_2} \frac{\left(p + \dfrac{1}{R_1 C_1} \right)}{\left(p + \dfrac{1}{R_2 C_2} \right)} = - \frac{R_2}{R_1} \frac{(1 - R_1 C_1 p)}{(1 - R_2 C_2 p)}. \qquad (8.19\,\text{c})$$

Auf Grund der endlichen oberen Grenzfrequenz des Verstärkers ergibt sich genaugenommen ein weiteres Dämpfungsglied $(1 + T_3 p)$ im Nenner von (8.19 c).
Korrektur mit Digitalrechner. Der Digitalrechner muß zur Korrektur die durch die Übertragungsfunktion des Korrekturnetzwerks unter Berücksichtigung der Realisierbarkeit $G_{k\,real}(p)$ festgelegte Rechenoperationen ausführen. Werden die behandelten Realisierbarkeitsbedingungen nicht eingehalten, so entsteht ein instabiles Programm (Überlauf der Register!).
Mit der Gewichtsfunktion $g_{k\,real}(t)$ des realisierbaren inversen Systems – vgl. auch (8.19 c) –

$$g_{k\,real}(t) = \text{L}^{-1}\{G_{k\,real}(p)\} = \frac{1}{2\pi\,\text{j}} \int\limits_{c-\text{j}\infty}^{c+\text{j}\infty} G_{k\,real}(p)\,e^{pt}\,\text{d}p \qquad (8.20\,\text{a})$$

erhält man zur Berechnung der realen korrigierten Ausgangsgröße $y_{k\,real}$ aus der verfälschten Ausgangsgröße y_{real} den folgenden Algorithmus, der durch ein entsprechendes Programm des Digitalrechners zu realisieren ist (s. Abschn. 8.1):

$$y_{k\,real}(t) = \int\limits_0^t y_{real}(\tau)\,g_{k\,real}(t - \tau)\,\text{d}\tau. \qquad (8.20\,\text{b})$$

Ein bequemer Weg zur Bestimmung der Rechenoperation besteht im Aufstellen der Differentialgleichung. Hierzu transformiert man (8.20b) in den Frequenzbereich [519] und erhält nach dem Faltungssatz der Laplace-Transformation [89]

$$Y_{k\,real}(p) = Y_{real}(p)\,G_{k\,real}(p)$$

bzw.

$$\hat{Y}_{k\,real}(\text{j}\,\omega) = \hat{Y}_{real}(\text{j}\,\omega)\,G_{k\,real}(\text{j}\,\omega). \qquad (8.20\,\text{c, d})$$

Nach der im Abschnitt 5.3.1 und in (5.17 a, b) demonstrierten Methode kann man die Differentialgleichung sofort ablesen, wenn man

bzw.
$$Y_{k\,real}\,(p) \to y_{k\,real};\; Y_{real}\,(p) \to y_{real};\; p^n \to d^n/dt^n$$

$$\hat{Y}_{k\,real}\,(j\,\omega) \to y_{k\,real};\; \hat{Y}_{real}\,(j\,\omega) \to y_{real};\; (j\,\omega)^n \to d^n/dt^n \tag{8.20 e, f}$$

setzt [519].

Beispiel. Aus dem Frequenzgang des Temperaturaufnehmers

$$G\,(j\,\omega) = \frac{1}{1 + j\,\omega\,T_1}$$

erhält man für den realisierbaren Frequenzgang des Korrektursystems

$$G_{k\,real}\,(j\,\omega) = \frac{1 + j\,\omega\,T_1}{1 + j\,\omega\,T_k}.$$

Dies führt zu der Differentialgleichung für das realisierbare Programm des Rechners

$$T_k \frac{d}{dt}\,y_{k\,real} + y_{k\,real} = y_{real} + T_1 \frac{d}{dt}\,y_{real}.$$

Für den idealen Fall $T_k \to 0$ erhält man damit dieselben Ergebnisse wie im Abschnitt 8.1.

Korrektur mit Regelkreisen (Kompensationsmethode)

Im **Bild 8.9** ist ein anderes Prinzip dargestellt, das in der Meßtechnik zur Verbesserung des dynamischen Verhaltens benutzt werden kann. Bei diesem Prinzip wird dem Differenzwertmesser mit den Übertragungsfunktionen $G_{M2}\,(p)$, $G_{M1}\,(p)$ und $G_{M3}\,(p)$ neben

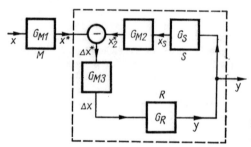

Bild 8.9. Kompensationsprinzip mit Regelkreis

der zu messenden Eingangsgröße x eine zweite Größe x_s zugeführt. Durch den gestrichelt umrandeten Regelkreis soll erreicht werden, daß der Verlauf der Ausgangsgröße y möglichst genau dem der Eingangsgröße x proportional ist. Der physikalische Sinn der Verbesserung des dynamischen Verhaltens durch diesen Regelkreis besteht darin, daß es durch eine Energieverstärkung im Regler R oder Umsetzer S leicht möglich ist, die zur Beschleunigung oder schnellen Aufheizung des Aufnehmers M erforderliche relativ große Energie aufzubringen (Kompensationsprinzip). Rechnerisch erhält man für die das dynamische Verhalten der Meßanordnung kennzeichnende Übertragungsfunktion $G_{y,x}\,(p)$ mit den Bezeichnungen des Bildes 8.9 nach elementarer Rechnung unter Benutzung der aus der Regelungstechnik bekannten Beziehungen [445] [519]:

$$G_{y,x}\,(p) = \frac{G_{M1}\,(p)\,G_{M3}\,(p)\,G_R\,(p)}{1 + G_S\,(p)\,G_R\,(p)\,G_{M2}\,(p)\,G_{M3}\,(p)}. \tag{8.21 a}$$

Dieser Frequenzgang ist nichts anderes als der mit $G_{M1}(p)/[G_{M2}(p) \, G_S(p)]$ multiplizierte Führungsfrequenzgang des Regelkreises [445] [519]. Sieht man zunächst von der Stabilitätsbedingung

$$G_S(p) \, G_R(p) \, G_{M2}(p) \, G_{M3}(p) \geqq -1 \qquad (8.21\,b)$$

ab, so ergibt sich als Bedingung für ideales dynamisches Verhalten der Meßanordnung $G_{y,x}(p) = 1$ die Beziehung

$$G_S(p) \, G_{M2}(p) = G_{M1}(p) \qquad (8.22\,a)$$

mit der zusätzlichen Bedingung

$$G_R(p) = C; \, C \rightarrow \infty. \qquad (8.22\,b)$$

Man kann zeigen, daß bei Erfüllung dieser Bedingungen (8.22 a, b) der Regelkreis als dem Aufnehmer mit $G_{M1}(p)$ nachgeschaltetes Korrekturnetzwerk aufgefaßt werden kann, dessen Übertragungsfunktion $G_{k\,y,x^*}(p)$ nach Bild 8.9 genau die Bedingung für ideale Korrektur erfüllt.

Man erhält nämlich für

$$G_{k\,y,x^*}(p) = \frac{G_{M3}(p) \, G_R(p)}{1 + G_S(p) \, G_R(p) \, G_{M2}(p) \, G_{M3}(p)}. \qquad (8.23\,a)$$

Wird (8.22 a) eingesetzt, so ergibt sich

$$G_{k\,y,x^*}(p) = \frac{1}{\dfrac{1}{G_{M3}(p) \, G_R(p)} + G_{M1}(p)}. \qquad (8.23\,b)$$

Berücksichtigt man zusätzlich (8.22 b), so wird

$$G_{k\,y,\,x^*}(p) = 1/G_{M1}(p),$$

womit die Behauptung bewiesen ist, der Regelkreis könne auch als nachgeschaltetes Korrekturnetzwerk aufgefaßt werden. Auch hier ist die ideale Korrektur nur als Grenzwert für den Fall unendlich hoher Verstärkung des Reglers erreichbar.

Untersucht man die Stabilität des Regelkreises, so stellt man fest, daß durch die Forderung nach Stabilität des Regelkreises dieselben Einschränkungen entstehen, wie sie bereits ausführlich dargestellt wurden, da $G_{k\,y,\,x^*}(p)$ selbstverständlich ebenfalls die Realisierbarkeitsbedingungen erfüllen und ein stabiles System darstellen muß.

Beispiel. Nimmt man wieder einen Aufnehmer mit der Übertragungsfunktion

$$G_{M1}(p) = \frac{c_{M1}}{1 + T_1 p}$$

an, so zeigt die Übertragungsfunktion des Systems G_{M2} ein ebensolches Verhalten.

$$G_{M2}(p) = \frac{c_{M2}}{1 + T_2 p}.$$

Die übrigen Glieder des Regelkreises im Bild 8.9 können in guter Näherung durch konstante Übertragungsfaktoren beschrieben werden, da sie in elektronischer Ausführung eine gegenüber dem dynamischen Verhalten der Meßsysteme vernachlässigbar kleine Zeitkonstante aufweisen. Daraus folgt

$$G_R(p) = c_R, \, G_{M3}(p) = c_{M3}, \, G_S(p) = c_S.$$

Nach (8.21 a) erhält man für die Übertragungsfunktion des Gesamtsystems

$$G_{y,x}(p) = \frac{c_{M1} \, c_{M3} \, c_R}{(1 + T_1 p) \cdot \left(1 + \dfrac{c_S \, c_R \, c_{M2} \, c_{M3}}{1 + T_2 p}\right)}.$$

Stellt man $T_1 = T_2$ ein, so wird

$$G_{y,x}(p) = \frac{c_{M1}\, c_{M3}\, c_R}{1 + c_S\, c_R\, c_{M2}\, c_{M3} + T_1\, p} = c_1\, c_2 \frac{1}{1 + c_2\, T_1\, p}$$

mit $c_1 = c_{M1}\, c_{M3}\, c_R$ und $c_2 = (1 + c_S\, c_R\, c_{M2}\, c_{M3})^{-1}$.

Bis auf einen konstanten Faktor ergibt sich damit eine um c_2 kleinere Zeitkonstante $T_k = c_2\, T_1$ als beim unkorrigierten System, wobei für $c_R \to \infty$ die Zeitkonstante $T_k \to 0$ geht. Dies sind bis auf eine Konstante (Verstärkung) dieselben Ergebnisse wie bei der Korrektur durch ein Korrekturnetzwerk.

Für die Einschätzung dieses Verfahrens sei darauf hingewiesen, daß es i. allg. schwierig ist, die Stabilitätsbedingungen einzuhalten, zumal Regler und Umsetzer nie ideales Verhalten aufweisen, sondern bei hohen bzw. tiefen Frequenzen eine Phasendrehung bewirken. Diese Probleme werden in [204] ausführlicher behandelt.

Weitere Verfahren zur Korrektur dynamischer Fehler

Bei den bisherigen Überlegungen stand eine möglichst ideale Korrektur dynamischer Fehler durch Veränderung der Kennfunktionen des gegebenen Meßsystems $G(p)$ bzw. $G(j\,\omega)$ oder $g(t)$ bzw. $h(t)$ im Mittelpunkt, und zwar so, daß sie möglichst genau mit denen des idealen, gewünschten Systems übereinstimmen. In der Praxis werden eine Reihe weiterer Verfahren verwendet, die sich aus der geschilderten idealen Korrektur dynamischer Fehler ableiten und die u. U. leichter realisierbar sind, da sie Näherungen darstellen:

Es liege die Übertragungsfunktion des realen Systems in der Form

$$G(p) = c\, \frac{1 + a_1\, p + a_2\, p^2 + \cdots a_n\, p^n}{1 + b_1\, p + b_2\, p^2 + \cdots b_n\, p^n} \tag{8.24a}$$

vor. Dann erhält man ideales Verhalten – das Ausgangssignal entspricht exakt dem mit c multiplizierten Eingangssignal – für

$$a_i = b_i;\ i = 1, \ldots, n. \tag{8.24b}$$

Dies ist lediglich eine andere Schreibweise der im vorigen Abschnitt behandelten idealen Korrektur.

Dieses Verfahren der *verschwindenden Fehlerkoeffizienten* verlangt, daß möglichst viele der Koeffizienten $a_i = b_i$ sind. Ist $a_1 = b_1$, so folgt das Ausgangssignal „geschwindigkeitsgetreu", für $a_1 = b_1$, $a_2 = b_2$ „geschwindigkeits-" und „beschleunigungsgetreu" usw. [125]. Begnügt man sich mit der einfachsten Näherung einer geschwindigkeitsgetreuen Einstellung, so ergeben sich leicht schwingende Übergangsfunktionen [203].

Das eben geschilderte Verfahren bedeutet, daß die Übertragungsfunktion $G(p)$ für kleine Frequenzen näherungsweise eine Konstante ergibt. Das Verfahren ist nicht anwendbar, wenn das Zählerpolynom vom Grad Null ist, d.h. der Zähler eine Konstante darstellt. Typische Beispiele hierfür sind Systeme mit Verzögerung 1. oder 2. Ordnung und Ausgleich. In diesen Fällen kann man die wesentlich schwächere Forderung „Der Betrag des Frequenzgangs, d.h. der Amplitudengang, soll für kleine Frequenzen konstant sein" realisieren [203]. Für Minimalphasensysteme folgt dann auch ein für kleine Frequenzen idealer Phasengang $\varphi = \text{const}\ \omega$ [519].

Neben den eben behandelten zwei wichtigsten Verfahren im Frequenzbereich werden auch entsprechende Verfahren im Zeitbereich, ausgehend von der Übergangsfunktion, verwendet. So kann man z.B. für die Übergangsfunktion eine *kritische Dämpfung* anstreben [125]. Dies bedeutet, daß die Polstellen reell sind, also keinen Imaginärteil aufweisen. Die Übergangsfunktion verläuft dann aperiodisch, ohne Überschwingen. Beim Feder-Masse-Dämpfungssystem z.B. ist $D = 1$ zu wählen. An diesem Beispiel erkennt man, daß das Kriterium des konstanten Amplitudengangs mit $D = 0{,}7$ bessere Werte liefert, da zu dieser Dämpfung die kürzeste Einschwingzeit gehört [519].

Als weiteres Kriterium zur Optimierung im Zeitbereich wird das ITAE-Kriterium vorgeschlagen (Integral of Time multiplied Absolute of Error Criterion)

$$Q = \int\limits_0^\infty |\varepsilon(t)| \, t \, \mathrm{d}t \rightarrow \text{Minimum.} \tag{8.25}$$

Dieses Kriterium bewertet wegen der Wichtung mit der Zeit t langandauernde Fehler stärker. Das Verfahren läßt sich – im Gegensatz zum mittleren quadratischen Fehler (vgl. Abschn. 5.5.1) – nicht analytisch behandeln; eine Modellierung auf dem Rechner führt jedoch zum Ziel. Es ergibt eine leicht schwingende Einstellung [10] [125] [142] [203].

8.3. Verminderung der Auswirkungen zufälliger Fehler

Während bei den bisherigen Betrachtungen die zufälligen Fehler (Störungen, Rauschen usw.) außer acht gelassen wurden, sollen nunmehr sie allein betrachtet werden.
Die Verminderung der Auswirkungen zufälliger Fehleranteile ist mit Vergrößerung der dynamischen Fehler zu bezahlen.
Zur Beschreibung wird der mittlere quadratische Fehler, d.h. die Varianz σ^2, verwendet, da diese der Störleistung P_z entspricht:

$$P_z \triangleq \sigma^2. \tag{8.26}$$

Der zufällige Fehler läßt sich gemäß Abschnitt 3.4.2.3 durch $(n-1)$-fach wiederholte, unabhängige Messungen um den Faktor $\sqrt{n}$ verringern [203] [303]. Die Meßunsicherheit beträgt bei Vernachlässigung von e_s in (3.62)

$$u = k \, \sigma/\sqrt{n}. \tag{8.27}$$

Daraus ergibt sich die folgende Feststellung:

■ Mit $(n-1)$-fach wiederholten, unabhängigen Messungen kann der zufällige Fehler durch Mittelwertbildung um den Faktor $\sqrt{n}$ verringert werden.

Auch für Störungen mit der Struktur des weißen Rauschens, d.h. mit konstanter spektraler Leistungsdichte $S_{zz}(\omega) = c$, ergibt sich der gleiche Sachverhalt.
Für die Störleistung P_{z0} erhält man bei gegebener Bandbreite ω_0

$$P_{z0} = \int\limits_{-\omega_0}^{+\omega_0} S_{zz}(\omega) \, \mathrm{d}\omega = 2 \int\limits_0^{\omega_0} S_{zz}(\omega) \, \mathrm{d}\omega = 2 \, c \, \omega_0. \tag{8.28a}$$

Mittelwertbildung über n Werte entspricht einer Verringerung der Grenzfrequenz auf

$$\omega_K = \omega_0/n. \tag{8.28b}$$

Damit verringert sich die Störleistung auf

$$P_{zk} = \int\limits_{-\omega_0/n}^{+\omega_0/n} S_{zz}(\omega) \, \mathrm{d}\omega = 2 \int\limits_0^{\omega_0/n} S_{zz}(\omega) \, \mathrm{d}\omega = 2 \, c \, \omega_0/n. \tag{8.28c}$$

Wird die Meßunsicherheit zu

$$u \sim \sigma = \sqrt{P_{zn}} = \frac{P_{z0}}{\sqrt{n}} \tag{8.28d}$$

angenommen, so erhält man auch hier das oben bereits abgeleitete Ergebnis. Grundsätzlich ergibt sich damit der im **Bild 8.10** dargestellte Zusammenhang.

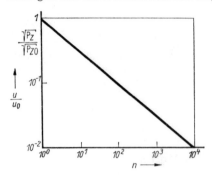

Bild 8.10. Grundsätzlicher Verlauf des zufälligen Fehlers in Abhängigkeit von den in die Mittelwertbildung einbezogenen Werten bzw. der Verringerung der Bandbreite durch die Mittelwertbildung über n Werte

Durch die Mittelwertbildung nimmt die Anzahl der unterscheidbaren Amplitudenstufen m_n gegenüber dem Wert m_0 zu:

$$m_n = m_0 \sqrt{n}. \tag{8.29a}$$

Gleichzeitig nimmt die Grenzfrequenz nach (8.28 b) ab.
Die im Abschnitt 3.4.2.6 eingeführte Kanalkapazität C_t lautet damit

$$C_{t\,0} = 2 f_g \, \mathrm{lb} \, m = \frac{\omega_0}{\pi} \, \mathrm{lb} \, m_0 \tag{8.29b}$$

bzw.

$$C_{t\,n} = \frac{\omega_0}{\pi n} \, \mathrm{lb} \, (m_0 \sqrt{n}) = \frac{\omega_0}{\pi} \frac{1}{n} \left[\mathrm{lb} \, m_0 + \frac{1}{2} \, \mathrm{lb} \, n \right]. \tag{8.29c}$$

Da die Abnahme der Kanalkapazität bei der Division durch n gegenüber der Zunahme infolge der Summation mit $(1/2)\,\mathrm{lb}\,n$ überwiegt, ergibt sich insgesamt eine Abnahme der Kanalkapazität

$$\frac{C_{t\,n}}{C_{t\,0}} = \frac{1}{n} \left[1 + \frac{\mathrm{lb}\,n}{2\,\mathrm{lb}\,m_0} \right] \tag{8.29d}$$

wie im **Bild 8.11** dargestellt [517].

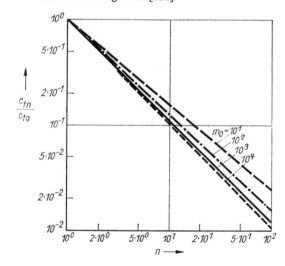

Bild 8.11. Verlauf der bezogenen Kanalkapazität als Funktion von n [517]

Die Überlegungen zeigen, daß Meßsysteme unter Anwendung der beschriebenen Verfahren grundsätzlich mit einer Reserve in dynamischer Hinsicht korrigiert werden sollten, d. h. mit größerer Bandbreite im Vergleich zur Bandbreite des Signals oder, anders ausgedrückt, mit gegenüber den dynamischen Fehlern überwiegenden zufälligen Fehlern. Da Mittelwertbildungen mit Mikrorechnern bzw. mit Tiefpässen bequem durchzuführen sind, bringt die Realisierung des beschriebenen Prinzips keine besonderen Probleme mit sich.

8.4. Grenzen der Korrekturmöglichkeiten

Bereits 1969 wurde von *Williams* die Frage aufgeworfen, ob eine Korrektur von schlechten Meßsystemen bzw. Meßgrößenaufnehmern zu einer beliebigen Verbesserung führt und ob bei zunehmendem Einsatz von Rechnern eine derartige Korrektur durch entsprechende Programmierung (d. h. durch eine Softwarelösung) gewissermaßen „nebenbei" vorgenommen werden könnte [497]. Die nachfolgenden Ausführungen werden diese Frage dahingehend beantworten, daß grundsätzlich eine Korrektur um so wirksamer ist, je besser das Originalmeßsystem ist. Dies bedeutet, daß gerade zum Ausschöpfen der Korrekturmöglichkeiten erhöhte Anforderungen an die Qualität der Meßsysteme zu stellen sind [512] [520].
Die Untersuchung der Korrekturgrenzen eines Meßsystems erfolgt mit Hilfe des Qualitätsmaßes Q. Es ist die Frage zu behandeln, bei welchen Werten der Parameter T_r dieses Qualitätsmaß Q ein Maximum wird. Dabei wird anstelle des allgemeinen Qualitätsmaßes

$$Q = f(\vec{T}), \qquad (8.30\,a)$$

worin $\vec{T}$ der aus allen Systemparametern T_r gebildete Vektor ist, die Beziehung

$$Q = f(T_1, \ldots, T_n) \qquad (8.30\,b)$$

benutzt. Aus der Gesamtzahl $\vec{T}$ der Systemparameter $T_r \in \vec{T}$ werden meist nur einige besonders charakteristische Parameter $T_1, \ldots, T_n$ zur Beurteilung der Verbesserung des Systemverhaltens ausgewertet. So wird z. B. in der Praxis oft ein „gutes stationäres Verhalten" bei Meßgeräten in den Vordergrund gestellt [204]. Demgegenüber wird das „gute dynamische Verhalten" erst in zweiter Linie berücksichtigt. Andere Kriterien, z. B. das Kriterium „verschwindende Fehlerkoeffizienten", lassen die Störsignale unberücksichtigt [204]. Auch Kriterien auf informationstheoretischer Grundlage können verwendet werden [92] [201] [226].
Bei den folgenden Betrachtungen sei das mittlere Fehlerquadrat $\overline{e^2}$ als Qualitätsmaß herangezogen (Abschn. 5.5.1):

$$Q = \overline{e^2(t)} = \lim_{T \to \infty} \frac{1}{2T} \int_{-T}^{+T} e^2(t)\,\mathrm{d}t. \qquad (8.30\,c)$$

Das Kriterium Q → Min! berücksichtigt gleichermaßen dynamische Fehler $\varepsilon(t)$ und die durch die Störleistung P_z charakterisierten zufälligen Fehler, wie anschließend näher erläutert wird.
Berücksichtigung der dynamischen und der störungsbedingten Fehler (Meßsysteme mit dynamischer Reserve bzw. Störungsreserve). Meßsysteme können als Filter aufgefaßt werden. Die Eingangssignale $x(t)$ sollen in Ausgangssignale $y_{\mathrm{id}}(t)$ umgesetzt werden,

wobei zwischen beiden möglichst ohne Fehler eine gewünschte Umrechnung vorgenommen werden soll,

$$y_{\mathrm{id}} = \mathrm{Op}_{\mathrm{id}} \{x\,(t)\}. \qquad (8.31\,\mathrm{a})$$

Bei der meist vorliegenden linearen mathematischen Operation erhält man durch Transformation in den Frequenzbereich

$$F\,\{y_{\mathrm{id}}\,(t)\} = F\,\{\mathrm{Op}_{\mathrm{id}}\}\,F\,\{x\,(t)\}$$

$$\hat{Y}_{\mathrm{id}}\,(\mathrm{j}\,\omega) = G_{\mathrm{id}}\,(\mathrm{j}\,\omega)\,\hat{X}\,(\mathrm{j}\,\omega). \qquad (8.31\,\mathrm{b})$$

Damit berechnet sich der infolge des nichtidealen Verhaltens des Meßsystems $G\,(\mathrm{j}\,\omega)$
entstehende mittlere, quadratische dynamische Fehler $\overline{\varepsilon^2\,(t)}$ zu (vgl. Abschn. 5.5.1):

$$\overline{\varepsilon^2\,(t)} = \int\limits_{-\infty}^{+\infty} S_{xx}\,(\omega)|G_{\mathrm{id}}\,(\mathrm{j}\,\omega) - G\,(\mathrm{j}\,\omega)|^2\,\mathrm{d}\omega. \qquad (8.32\,\mathrm{a})$$

Tritt am Eingang des Meßsystems eine Störung mit der spektralen Leistungsdichte
$S_{zz}\,(\omega)$ additiv hinzu, so erhält man nach Abschnitt 5.5.1 am Ausgang einen von diesen
Störungen herrührenden mittleren quadratischen Fehler

$$P_{za} \triangleq \sigma^2 = \int\limits_{-\infty}^{+\infty} S_{zz}\,(\omega)|G\,(\mathrm{j}\,\omega)|^2\,\mathrm{d}\omega. \qquad (8.32\,\mathrm{b})$$

Meist kann vorausgesetzt werden, daß Nutz- und Störsignale nicht korreliert sind, da
sie unterschiedlichen Signalquellen entstammen. Dann dürfen die einzelnen Fehleranteile zum Gesamtfehler $\overline{e^2\,(t)}$ addiert werden, d.h., man erhält

$$\overline{e^2\,(t)} = \overline{\varepsilon^2\,(t)} + P_{za} = 2\left[\int\limits_{0}^{\infty} S_{xx}\,(\omega)|G_{\mathrm{id}}\,(\mathrm{j}\,\omega) - G\,(\mathrm{j}\,\omega)|^2\,\mathrm{d}\omega\right.$$

$$\left. + \int\limits_{0}^{\infty} S_{zz}\,(\omega)|\,G\,(\mathrm{j}\,\omega)|^2\,\mathrm{d}\omega\right] \qquad (8.33\,\mathrm{a})$$

bzw. für den in der Meßtechnik normalerweise vorliegenden Fall $G_{\mathrm{id}}\,(\mathrm{j}\,\omega) = 1$

$$\overline{e^2\,(t)} = \overline{\varepsilon^2\,(t)} + P_{za} = 2\left[\int\limits_{0}^{\infty} S_{zz}\,(\omega)|1 - G\,(\mathrm{j}\,\omega)|^2\,\mathrm{d}\omega\right.$$

$$\left. + \int\limits_{0}^{\infty} S_{zz}\,(\omega)|\,G\,(\mathrm{j}\,\omega)|^2\,\mathrm{d}\omega\right]. \qquad (8.33\,\mathrm{b})$$

Dieselbe Beziehung kann auch im Zeitbereich unter Benutzung der Gewichtsfunktionen
und Korrelationsfunktionen geschrieben werden [201] [519]. Für die folgenden Betrachtungen wird jedoch wegen der besseren Anschaulichkeit der Frequenzbereich benutzt.
Die eingangs erwähnte Auffassung des Meßsystems als Filter ergibt die Forderung, bei
sich überschneidenden Spektren von Nutz- und Störsignalen (ein in der Praxis meist
vorliegender Fall) das Gesamtsystem durch Dimensionierung des nachgeschalteten Korrektursystems $G_{\mathrm{k}}\,(\mathrm{j}\,\omega)$ nach Bild 8.1 so zu wählen, daß die Summe beider Fehleranteile
$\overline{\varepsilon^2\,(t)}$ und P_{za}, d.h. der mittlere quadratische Fehler $\overline{e^2\,(t)}$, zu einem Minimum wird
(Bild 8.2). Dies ist der Grundgedanke der Optimalfiltertheorie nach *Wiener* und *Kol-
mogoroff* bzw. *Kalman* [92] [288] [378] [385] [489].

Zur Bildung des optimalen Frequenzgangs des Wiener-Filters $G_{\text{Wiener}}(j\,\omega)$ hat man nach *Euler* [282] mit dem Ansatz

$$G(j\,\omega,\lambda) = G_{\text{Wiener}}(j\,\omega) + \lambda\,F(j\,\omega)$$

$$\frac{\partial\,\overline{e^2(t)}}{\partial\lambda} = 0$$

zu bilden. Damit erhält man aus (8.33b) für den optimalen Frequenzgang des Meßsystems

$$G_{\text{Wiener}}(j\,\omega) = \frac{S_{xx}(\omega)}{S_{xx}(\omega) + S_{zz}(\omega)}\,. \tag{8.34a}$$

Für den mit diesem Meßsystem erreichbaren minimalen mittleren quadratischen Fehler ergibt sich durch Einsetzen von (8.34a) in (8.33b)

$$\overline{e^2(t)}_{\text{Wiener}} = 2\int_0^\infty \frac{S_{xx}(\omega)\,S_{zz}(\omega)}{S_{xx}(\omega) + S_{zz}(\omega)}\,d\omega. \tag{8.34b}$$

Bei der Ableitung von (8.33b) wurde ein Meßsystem mit dem Frequenzgang $G(j\,\omega)$ angenommen, an dessen Eingang sowohl das Signal der Meßgröße $S_{xx}(\omega)$ als auch additiv das Störsignal $S_{zz}(\omega)$ liegen. Um die Beziehungen an die Verhältnisse des **Bildes 8.12** mit den vor dem Korrektursystem eintretenden Störungen anzupassen, hat man das Störsignal auf den Eingang der Reihenschaltung von Originalmeßsystem und Korrekturnetzwerk $G(j\,\omega)\,G_k(j\,\omega)$ umzurechnen. Man hat also in (8.33a) für

$$S_{zz}(\omega) = S_{zz}{}^* / |\,G(j\,\omega)|^2$$

einzusetzen und erhält für den optimalen Frequenzgang der Reihenschaltung von Originalmeßsystem und Korrektursystem

$$G_{\text{Wiener}}(j\,\omega) = G(j\,\omega)\,G_{k\,\text{opt}}(j\,\omega) = \frac{S_{xx}{}^*(\omega)\,|G(j\,\omega)|^2}{S_{xx}{}^*(\omega)\,|G(j\,\omega)|^2 + S_{zz}{}^*(\omega)} \tag{8.35a}$$

nnd damit für den optimalen Frequenzgang des Korrektursystems

$$G_{k\,\text{opt}}(j\,\omega) = \frac{S_{xx}{}^*(j\,\omega)\,|G(j\,\omega)|}{S_{xx}{}^*(\omega)\,|G(j\,\omega)|^2 + S_{zz}{}^*(\omega)}\,. \tag{8.35b}$$

Bei den bisherigen Berechnungen ergab sich nach (8.34a), (8.35a), (8.35b) ein Frequenzgang ohne Phasendrehung, da $G_{\text{Wiener}}(j\,\omega)$ rein reell ist. Ein derartiger Frequenzgang ist nicht realisierbar. Man muß daher durch Aufspalten des Frequenzgangs einen realisierbaren Anteil (bzw. durch Anwenden eines Realisierbarkeitsoperators das realisierbare Wiener-Kolmogoroffsche Optimalfilter) gewinnen. Bezüglich näherer Einzelheiten sei auf die Literatur verwiesen [201] [206] [385] [413], wobei in [413] ein grafisch-analytisches Verfahren zur Auswertung experimentell aufgenommener spektraler Leistungsdichten angegeben ist.

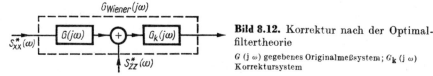

Bild 8.12. Korrektur nach der Optimalfiltertheorie

$G(j\,\omega)$ gegebenes Originalmeßsystem; $G_k(j\,\omega)$ Korrektursystem

Beispiel. Es sei ein Eingangssignal mit der spektralen Leistungsdichte

$$S_{xx}(\omega) = \frac{S_{xx\,0}}{1 + (\omega/\omega_0)^2} \tag{8.36a}$$

angenommen; die Störung sei weißes Rauschen

$$S_{zz}(\omega) = S_{zz\,0}. \tag{8.36b}$$

Damit kommen die Signale den in der Praxis vorkommenden nahe. Das gegebene Meßsystem habe ein Tiefpaßverhalten mit der Bandbreite $\omega_{g\,0}$. Durch das Korrektursystem wird diese Bandbreite um den Faktor a auf ω_g geändert, d. h.

$$a = \omega_g / \omega_{g\,0}. \tag{8.37}$$

Es lassen sich zwei Fälle unterscheiden:
Falls beim unkorrigierten Meßsystem der zufällige Fehleranteil $P_{z\,a} = \sigma^2$ überwiegt, ist dieser mit der im Abschnitt 8.3 erläuterten Methode durch Verringern der Grenzfrequenz ω_g zu erniedrigen, $a < 1$. Hierzu ist eine Mittelwert bildung oder Tiefpaßfilterung (Integrationsprogramm) im Korrektursystem erforderlich. Damit nimmt wegen des Abschneidens der entsprechenden Spektralanteile des Meßsignals S_{xx} ($\omega > \omega_g$) der dynamische Fehleranteil $\overline{\varepsilon^2}\,(t)$ zwangsläufig zu (vgl. Abschn. 8.2.2). Man erhält damit die im **Bild 8.13a** dargestellten Verhältnisse.

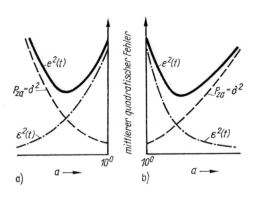

Bild 8.13. Grundsätzlicher Verlauf des Gesamtfehlers $\overline{e^2}\,(t)$ sowie des zufälligen Anteils $P_{z\,a} = \sigma^2$ und des dynamischen Anteils $\overline{\varepsilon^2}\,(t)$ in Abhängigkeit vom Korrekturgrad $a = \omega_g / \omega_{g\,0}$ in doppelt-logarithmischer Darstellung [518]

a) Integration $a < 1$: System mit „dynamischer Reserve";
b) PD-Programm $a > 1$: System mit „Störungsreserve"

Während beim eben behandelten Fall die störungsbedingten Fehler auf Kosten der dynamischen Fehler verringert wurden, das System also eine „dynamische Reserve" aufwies, ist der umgekehrte Fall überwiegender dynamischer Fehler im Bild 8.13b dargestellt. Hier ist eine Reduzierung der dynamischen Fehler auf Kosten der zufälligen zweckmäßig; das System hat eine Reserve bezüglich der zufälligen Fehler, eine „Störungsreserve". Nach Abschnitt 8.2.2 ist dann ein PD-Korrekturprogramm anzuwenden und damit die Grenzfrequenz ω_g zu erhöhen, $a > 1$.
Die zunächst nur auf Grund der Anschauung geführten Überlegungen zeigen, wie grundsätzlich ein Fehleranteil nur auf Kosten des anderen reduziert werden kann. Gleichzeitig erkennt man den physikalischen Hintergrund für das Zustandekommen des Fehlerminimums bei einem optimalen Korrekturgrad a und damit den Grundgedanken der Optimalfilterung.
Rechnerisch erhält man wegen des Tiefpaßverhaltens vom korrigierten Meßsystem mit der kritischen Frequenz $\omega_g = a\,\omega_{g\,0}$ nach (8.33b)

$$\overline{e^2}\,(t) = 2 \int\limits_{a\,\omega_{g\,0}}^{\infty} \frac{S_{xx\,0}}{1 + (\omega/\omega_0)^2}\, d\omega + 2 \int\limits_{0}^{a\,\omega_{g\,0}} S_{zz\,0}\, d\omega$$

$$= 2\,S_{xx\,0}\,\omega_0 \left[\frac{\pi}{2} - \arctan \frac{a\,\omega_{g\,0}}{\omega_0} \right] + 2\,S_{zz\,0}\,a\,\omega_{g\,0}. \tag{8.38a}$$

Um die Verbesserung gegenüber dem unkorrigierten Originalmeßsystem zu erkennen, bezieht man auf den mittleren quadratischen Fehler des Originalsystems $\overline{e_0^2}\,(t)$

$$\frac{\overline{e^2\,(t)}}{\overline{e_0^2\,(t)}} = \frac{a + \dfrac{S_{xx0}}{S_{zz0}}\,\dfrac{\omega_0}{\omega_{g0}}\left[\dfrac{\pi}{2} - \text{arc tan}\,\dfrac{\omega_{g0}}{\omega_0}\,a\right]}{1 + \dfrac{S_{xx0}}{S_{zz0}}\,\dfrac{\omega_0}{\omega_{g0}}\left[\dfrac{\pi}{2} - \text{arc tan}\,\dfrac{\omega_{g0}}{\omega_0}\right]}. \qquad (8.38\,\text{b})$$

Die Ergebnisse der Berechnungen sind in den **Bildern 8.14 a bis c** für den Fall eines Systems mit dynamischer Reserve – ersichtlich am relativ kleinen Verhältnis von $\omega_0/\omega_{g\,0}$ – dargestellt. **Bild 8.15** zeigt, wie der Verlauf der einzelnen Fehleranteile zu dem

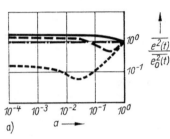
a)

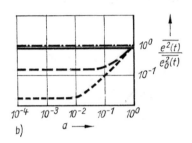
b)

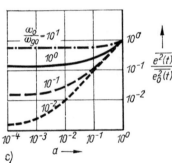
c)

Bild 8.14. Verlauf des Fehlers (auf den des unkorrigierten Meßsystems bezogen) in Abhängigkeit vom Korrekturgrad [518]

a) $S_{xx0}/S_{zz0} = 10^1$; b) $S_{xx0}/S_{zz0} = 10^0$;
c) $S_{xx0}/S_{zz0} = 10^{-1}$
(ω_0/ω_{g0}-Werte der Kurven in den Bildteilen a) und b) analog wie in Bildteil c)

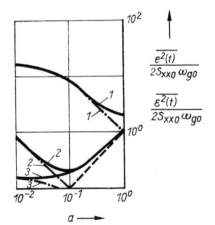
a —▶

Bild 8.15. Verlauf der (auf den störungsbedingten Fehler des Originalsystems $2\,S_{xx0}\,\omega_{g0}$ bezogenen) Fehleranteile in Abhängigkeit vom Korrekturgrad [518]

– – – a störungsbedingter normierter Fehleranteil
– · – $\overline{\varepsilon^2}\,(t)/2\,S_{xx\,0}\,\omega_{g\,0}$ dynamischer bezogener Fehleranteil
——— $\overline{e^2}\,(t)/2\,S_{xx\,0}\,\omega_{g\,0}$ bezogener Gesamtfehler
$1\,S_{xx0}/S_{zz0} = 10^1$, $\omega_0/\omega_{g\,0} = 10^{-1}$; $2\,S_{xx\,0}/S_{zz0} = 10^2$
$\omega_0/\omega_{g\,0} = 10^{-1}$; $3\,S_{xx\,0}/S_{zz\,0} = 10^0$, $\omega_0/\omega_{g0} = 10^{-1}$

typischen Verhalten der Kurven (Bilder 8.14a bis c) führt. Bei relativ großen Werten von $\omega_0/\omega_{g\,0}$ überwiegen die dynamischen Fehler, d. h., das Meßsystem hat eine Reserve hinsichtlich der zufälligen Fehler (**Bilder 8.16a bis c**).

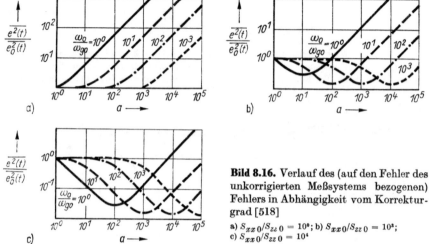

Bild 8.16. Verlauf des (auf den Fehler des unkorrigierten Meßsystems bezogenen) Fehlers in Abhängigkeit vom Korrekturgrad [518]

a) $S_{xx\,0}/S_{zz\,0} = 10^0$; b) $S_{xx\,0}/S_{zz\,0} = 10^2$; c) $S_{xx\,0}/S_{zz\,0} = 10^4$

Es zeigt sich, daß für die Wirksamkeit einer Korrektur die „Reserve" des Originalsystems ausschlaggebend ist. Damit ist zugleich die eingangs gestellte Frage nach der erforderlichen Güte des Originalsystems beantwortet:

■ Beim Vergleich der Abhängigkeiten erkennt man, daß die Korrektur um so wirksamer ist, je besser das Originalmeßsystem hinsichtlich des dynamischen Verhaltens und auch des Störverhaltens ist. (8.39)

Diese Aussage wird anschaulich bestätigt, wenn die optimalen Werte für den Korrekturgrad a_{opt} und die sich dann ergebenden Bestwerte für die Fehlerreduzierung $\overline{[e^2(t)/e_0{}^2]}_{\min}$ berechnet werden:

Aus (8.38b) erhält man durch Nullsetzen des Differentialquotienten $\partial \overline{(e^2(t)/e_0{}^2(t))}/\partial_a$ den optimalen Wert des Korrekturgrads a_{opt}

$$a_{\mathrm{opt}} = \frac{\omega_0}{\omega_{g\,0}} \sqrt{\frac{S_{xx\,0}}{S_{zz\,0}} - 1} \qquad (8.40\,\mathrm{a})$$

bzw. für $S_{xx\,0}/S_{zz0} \gg 1$

$$a_{\mathrm{opt}} = \frac{\omega_0}{\omega_{g\,0}} \sqrt{\frac{S_{xx\,0}}{S_{zz\,0}}}. \qquad (8.40\,\mathrm{b})$$

Bild 8.17 zeigt die Ergebnisse. Sie weisen aus, daß für Integrationsprogramme $a < 1$ die Werte um so größer sind, je größer die dynamische Reserve ω_{g0}/ω_0 ist, während umge­kehrt für PD-Programme $a > 1$ der Signal-Rausch-Abstand $S_{xx\,0}/S_{zz\,0}$ (d. h. die Störungsreserve) ausschlaggebend ist.

Schließlich erhält man die besten Werte für die Fehlerreduzierung, wenn man die Werte für a_{opt} nach (8.40a) in Beziehung (8.38b) einsetzt

$$\frac{\overline{e^2(t)}}{e_0{}^2(t)}\bigg|_{\min} = \frac{\dfrac{\omega_0}{\omega_{g\,0}}\left\{\sqrt{\dfrac{S_{xx\,0}}{S_{zz\,0}} - 1} + \dfrac{S_{xx\,0}}{S_{zz\,0}}\left[\dfrac{\pi}{2} - \arctan\sqrt{\dfrac{S_{xx\,0}}{S_{zz\,0}} - 1}\right]\right\}}{1 + \dfrac{\omega_0}{\omega_{g\,0}}\dfrac{S_{xx\,0}}{S_{zz\,0}}\left[\dfrac{\pi}{2} - \arctan\dfrac{\omega_{g\,0}}{\omega_0}\right]}. \qquad (8.40\,\mathrm{c})$$

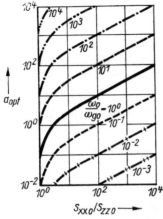

Bild 8.17. Günstige Werte für den Korrekturgrad [518]

Die im **Bild 8.18** enthaltenen Ergebnisse der numerischen Auswertung (8.40 c) zeigen je nach den System- und Signalparametern drei mögliche Fälle: Entweder es existiert ein Minimum für den Fehler mit einem entsprechenden Wert a_{opt}, oder das Optimum liegt bei $a_{opt} = 1$, d. h., es ist keine Korrektur zweckmäßig, bzw. der Wert liegt bei $a_{opt} = 0$ oder ∞. Die Ausführungen bezüglich der „Reserve" werden auch hier bestätigt.

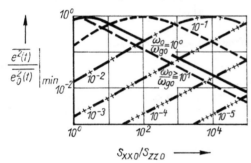

Bild 8.18. Optimale Werte der Fehlerreduzierung [518]

Grenzen infolge Parameterempfindlichkeit und weiterer Einflüsse

Kennfunktionen und Kennwerte von Meßsystemen hängen von den Parametern k_i des Systems ab, z. B. von Zeitkonstanten, Eigenfrequenzen oder vom Dämpfungsgrad. Diese Parameter haben in der Praxis meist keine konstanten Werte, sondern verändern sich mehr oder weniger stark durch Einflußgrößen, wie Temperatur, Luftdruck, Geschwindigkeit strömender Gase usw.

Damit kann man für die Kennfunktionen Frequenzgang bzw. Übertragungsfunktion, Gewichtsfunktion und Übergangsfunktion schreiben:

$$G\,(\mathrm{j}\,\omega;\,k_i),\ G\,(p;\,k_i),\ g\,(t;\,k_i),\ h\,(t;\,k_i). \tag{8.41a}$$

Für den in der Praxis oft zutreffenden Fall relativ kleiner Parameteränderungen

$$\frac{\triangle k_i}{k_{i0}} = \frac{k_i - k_{i0}}{k_{i0}} \ll 1$$

erhält man z. B. für die Übergangsfunktion mit der Parameteranzahl $\vec{k}_i$ den Zusammenhang

$$h\,(t;\,\vec{k}_{i0}) = h\,(t;\,\vec{k}_{i0}) + \sum_{i=1}^{m}\left[\frac{\partial h\,(t;\,\vec{k}_i)}{\partial k_i}\right]_{k_i = k_{i0}}\triangle k_i. \tag{8.41b}$$

Die sog. Parametereinflußzahl v_i

$$v_i = \left[\frac{\partial h\,(t;\vec{k_i})}{\partial k_i} \right]_{k_i = k_{i0}} \tag{8.41c}$$

ist eine Zeitfunktion, die sich als Lösung einer Differentialgleichung ergibt [120] [387]. Eine Umrechnung in den Frequenzbereich ist mit der Laplace-Transformation möglich [387].

In der Meßtechnik kann dieses allgemeine Konzept meist vereinfacht werden. Anstelle der für genauere Untersuchungen (wie in der Regelungstechnik) üblichen Kennfunktionen [120] [387] kann man sich z.B. mit den Kennwerten Einschwingzeit T_E oder Grenzfrequenz f_g begnügen.

Für die Grenzfrequenz ergibt sich die der Gl. (8.41 b) entsprechende Beziehung

$$f_g\,(\vec{k_i}) = f_g\,(\vec{k_{i0}}) + \sum_{i=1}^{m} \left[\frac{\partial f_g\,(\vec{k_i})}{\partial k_i} \right]_{k_i = k_{i0}} \triangle k_i. \tag{8.42a}$$

Die Parametereinflußzahl für die Grenzfrequenz $v_{fg\,i}$ ist im Gegensatz zu (8.41 c) nicht von der Zeit abhängig

$$v_{fg\,i} = \left[\frac{\partial f_g\,(\vec{k_i})}{\partial k_i} \right]_{k_i = k_{i0}}. \tag{8.42b}$$

Die gleiche Betrachtung kann für die Einschwingzeit T_E durchgeführt werden, nämlich

$$T_E\,(\vec{k_i}) = T_E\,(\vec{k_{i0}}) + \sum_{i=1}^{m} \left[\frac{\partial T_E\,(\vec{k_i})}{\partial k_i} \right]_{k_i = k_{i0}} \triangle k_i, \tag{8.43a}$$

woraus sich die Parametereinflußzahl für die Einschwingzeit $v_{TE\,i}$ ergibt

$$v_{TE\,i} = \left[\frac{\partial T_E\,(\vec{k_i})}{\partial k_i} \right]_{k_i = k_{i0}}. \tag{8.43b}$$

Um den Zusammenhang zwischen $v_{fg\,i}$ und $v_{TE\,i}$ zu gewinnen, wird (8.43a) in das Abtasttheorem eingesetzt

$$\begin{aligned} f_g\,(\vec{k_i}) &= \frac{1}{2\,T_E\,(\vec{k_i})} = \frac{1}{2\,T_E\,(\vec{k_{i0}})} \frac{1}{\left[1 + \dfrac{1}{T_E\,(\vec{k_{i0}})} \sum\limits_{i=1}^{m} v_{TE\,i} \triangle k_i \right]} \\ &= \frac{1}{2\,T_E\,(\vec{k_{i0}})} - \frac{1}{2\,T_E^2\,(\vec{k_{i0}})} \sum_{i=1}^{m} v_{TE\,i} \triangle k_i. \end{aligned}$$

Damit erhält man die gesuchte Beziehung

$$v_{fg\,i} = -\frac{v_{TE\,i}}{2\,T_E^2\,(\vec{k_{i0}})}. \tag{8.44a}$$

Ebenso ergibt sich von (8.42 a, b) ausgehend

$$v_{TE\,i} = -\frac{v_{fg\,i}}{2\,f_g^2\,(\vec{k_{i0}})}. \tag{8.44b}$$

Änderung der Parameterempfindlichkeit bei Korrektur. Zur Korrektur sind nach Abschnitt 8.2.2 die Polstellen des zu korrigierenden Meßsystems durch Nullstellen des Korrektursystems an möglichst genau dem gleichen Ort zu kompensieren. Generell wirken sich dabei geringe Fehlabweichungen um so stärker aus, je größer der Korrekturgrad ist. Korrigierte Meßsysteme weisen folglich eine größere Parameterempfindlichkeit auf als unkorrigierte. Dies soll an einem auch für die Praxis wichtigen Beispiel näher erläutert

werden; die Parameterempfindlichkeit anderer Meßsysteme, z. B. eines Feder-Masse-Dämpfungssystems mit und ohne Festpunkt, wird in [125] [201] [510] untersucht.
Beispiel. Als Meßsystem mit Verzögerung 1. Ordnung und Ausgleich sei ein Temperaturaufnehmer betrachtet: Für das unkorrigierte System gilt die Übertragungsfunktion [201] [519]

$$G\,(p) = \frac{1}{1 + p\,T} \tag{8.45a}$$

mit der Zeitkonstanten

$$T = \frac{c\,\gamma\,V}{\alpha\,A}\,. \tag{8.45b}$$

Während die spezifische Wärme c, die spezifische Dichte γ, das Volumen V und die Oberfläche A praktisch konstant sind, ergibt sich beim Parameter der Wärmeübergangszahl α eine starke Abhängigkeit von der Strömungsgeschwindigkeit. Daher sei diese Parametereinflußzahl zunächst für das unkorrigierte Originalsystem berechnet. Aus (8.45a, b) ermittelt man eine Grenzfrequenz f_g bzw. Einschwingzeit T_E von

$$f_g = \frac{1}{2\,\pi\,T}\,, \qquad T_E \approx 3\,T \approx \pi\,T.$$

Entsprechend (8.42b) und (8.43b) ergeben sich damit die Parametereinflußzahlen des unkorrigierten Originalsystems zu

$$v_{fg\,\alpha} = \frac{\partial}{\partial\,\alpha}\,\frac{\alpha\,A}{2\,\pi\,c\,\gamma\,V} = \frac{A}{2\,\pi\,c\,\gamma\,V}$$

$$v_{TE\,\alpha} = \frac{\partial}{\partial\,\alpha}\,\frac{\pi\,c\,\gamma\,V}{\alpha\,A} = -\frac{\pi\,c\,\gamma\,V}{\alpha^2\,A}\,. \tag{8.46a, b}$$

Zwischen beiden Parametereinflußzahlen besteht in Übereinstimmung mit (8.44a, b) der Zusammenhang

$$\frac{A}{2\,\pi\,c\,\gamma\,V} = \frac{\pi\,c\,\gamma\,V}{\alpha^2\,A}\,\frac{1}{2\,\pi^2\,T^2}\,.$$

Im Korrekturfall erhält man nach Abschnitt 8.1

$$G_{\text{ges}}\,(p) = G\,(p)\,G_k\,(p) = \frac{c\,(1 + T_0\,p)}{(1 + T\,p)\,(1 + T_k\,p)}\,. \tag{8.47a}$$

Bei Einhaltung der Korrekturbedingung $T_0 = T$ ergibt sich damit eine um den Faktor

$$a = \omega_{gk}/\omega_g = T/T_k \tag{8.47b}$$

erhöhte Grenzfrequenz bzw. verkleinerte Zeitkonstante (vgl. Abschn. 5.5.2).
Die exakte Einhaltung der Korrekturbedingung $T_0 = T$ wird bei Parameteränderungen – hier infolge einer Änderung der Wärmeübergangszahl $\triangle\,\alpha/\alpha_0$ – durch Änderung der Zeitkonstante des Orginalsystems

$$\triangle\,T/T = -\,\triangle\,\alpha/\alpha_0 \tag{8.47c}$$

gestört. Anstelle der ideal korrigierten Übertragungsfunktion $G_{\text{ges}}\,(p) = c/(1 + T_k\,p)$ erhält man

$$G_{\text{ges}}\,(p) = \frac{c\,(1 + T\,p + \triangle\,T\,p)}{(1 + T\,p)\left(1 + \dfrac{T}{a}\,p + \dfrac{\triangle\,T}{a}\,p\right)}\,. \tag{8.47d}$$

Die zugehörige Übergangsfunktion errechnet sich unter Anwendung der Laplace-Transformation [201] [510] zu

$$h(t) = \frac{c}{2\pi j} \int_{c-j\infty}^{c+j\infty} \frac{G_{ges}}{p} e^{pt} \, dp = c \left[1 - e^{-at/(T+\triangle T)}\right]$$

$$+ c \frac{\triangle T}{T - (T + \triangle T)/a} \left[e^{-t/T} - e^{-at/(T+\triangle T)}\right]. \tag{8.48}$$

Wie **Bild 8.19** zeigt, weicht diese Übergangsfunktion bereits bei relativ kleinen Parameteränderungen erheblich von der idealen Übergangsfunktion für $\triangle T/T = 0$ ab. So kommt es bei positivem $\triangle T/T$ zu einem Überschwingen. Ferner zeigt das Bild, daß wegen der Verlängerung des Übergangsvorgangs die Vorteile der Korrektur z. T. wieder verlorengehen.

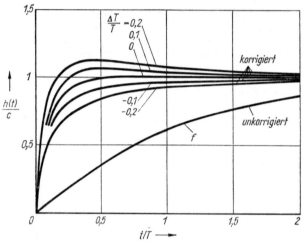

Bild 8.19. Übergangsfunktion für das korrigierte System mit Verzögerung 1. Ordnung und Ausgleich bei Änderung der Zeitkonstanten T um $\triangle T$ für $a = 10$, $c = 1$

Um den Einfluß einer Parameteränderung auf die Grenzfrequenz zu ermitteln, errechnet man aus (8.47 d)

$$G_{ges}(j\omega) = \frac{c[1 + j\omega T(1 + \triangle T/T)]}{(1 + j\omega T)\left[1 + \frac{j\omega T}{a}(1 + \triangle T/T)\right]} \tag{8.49a}$$

den Amplituden- und Phasengang

$$|G_{ges}(j\omega)| =$$

$$c \frac{\left[\left\{1 + \omega^2 T^2 \left[1 + \frac{\triangle T}{T} + \frac{\triangle T}{aT} + a\left(\frac{\triangle T}{aT}\right)^2\right]\right\}^2 + \left\{\frac{\omega T}{a}\left(1 - \frac{a\triangle T}{T} + \frac{\triangle T}{T}\right) + \frac{\omega T^3}{a}\left[1 + 2\frac{\triangle T}{T} + \left(\frac{\triangle T}{T}\right)^2\right]\right\}^2\right]^{1/2}}{1 + \frac{\omega^2 T^2}{a^2}\left[a^2 + 1 + 2\frac{\triangle T}{T} + \left(\frac{\triangle T}{T}\right)^2\right] + \frac{\omega^4 T^4}{a^2}\left[1 + 2\frac{\triangle T}{T} + \left(\frac{\triangle T}{T}\right)^2\right]} \tag{8.49b}$$

$$\varphi(\omega) = -\arctan \times \frac{\frac{\omega T}{a}\left(\frac{1}{a} - \frac{\triangle T}{T} + \frac{\triangle T}{aT} + \omega^3 T^3\right)\left[1 + 2\frac{\triangle T}{T} + \left(\frac{\triangle T}{T}\right)^2\right]}{1 + \omega^2 T^2\left[1 + \frac{\triangle T}{T} + \frac{\triangle T}{aT} + a\left(\frac{\triangle T}{aT}\right)^2\right]}. \tag{8.49c}$$

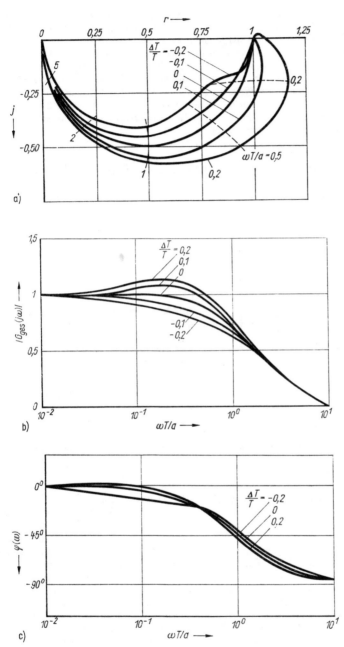

Bild 8.20. Korrigiertes System mit Verzögerung 1. Ordnung und Ausgleich bei Änderung der Zeitkonstanten $\Delta T/T$ für $a = 10$, $c = 1$

a) Ortskurve; b) Amplitudengang; c) Phasengang

Im **Bild 8.20** sind die Abhängigkeiten dargestellt [510]. Man erkennt den starken Einfluß der Parameteränderung. Das Ansteigen des Amplitudengangs bei positivem $\triangle\,T/T$ entspricht dem Überschwingen der Übergangsfunktion nach Bild 8.19.

Da eine numerische Auswertung von (8.49b) zur Gewinnung der Abhängigkeit der Grenzfrequenz von der Parameteränderung und damit der Parameterempfindlichkeit des korrigierten Systems schwierig ist, wird ein grafisches Verfahren verwendet. **Bild 8.21** stellt den aus Bild 8.20 auf diese Weise gewonnenen Verlauf der bezogenen Grenzfrequenz $\omega_g\,T/a$ als Funktion der bezogenen Parameteränderung (gestrichelte Kurve) dar. In das gleiche Bild wurde (ausgezogene Kurve) die Abhängigkeit der Parametereinflußzahl von der bezogenen Parameteränderung

$$v_{\omega g\,T/a} = \partial\,(\omega_g T/a)/\partial\,(\triangle\,T/T) \tag{8.50a}$$

eingetragen, wobei auch hier eine grafische Differentiation vorgenommen wurde.

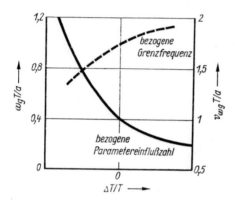

Bild 8.21. Verlauf der Grenzfrequenz und der Parametereinflußzahl des korrigierten Systems mit $a = 10$, $c = 1$ in Abhängigkeit von der Änderung der Zeitkonstanten (bezogene Größen) nach [510]

Zum Vergleich wird aus (8.45a) die ebenfalls auf die Zeitkonstante T bezogene Parametereinflußzahl $v_{\omega g\,T}$ des unkorrigierten Systems ermittelt.

$$v_{\omega g\,T} = \partial\,(\omega_g\,T)/\partial\,(\triangle\,T/T) = -1. \tag{8.50b}$$

Aus Bild 8.21 entnimmt man, daß die bezogene Parametereinflußzahl des korrigierten Systems $v_{\omega g\,T/a}$ auch bei etwa 1 liegt. Die Parameterempfindlichkeit für die Grenzfrequenz ω_g ist daher bei Korrektur etwa um den Faktor a größer, da ω_g um diesen Faktor gegenüber der Grenzfrequenz des unkorrigierten Systems zunimmt.

Durch die Parameterempfindlichkeit wird also der Korrekturgrad a in der Praxis begrenzt. Es sei jedoch darauf hingewiesen, daß durch die Änderung der Übergangsfunktion schwerwiegende Fehleinschätzungen des Meßergebnisses hervorgerufen werden. Das Meßergebnis (wie Bild 8.19 für $\triangle\,T/T = 0{,}1$ zeigt) täuscht ein sehr schnelles Ansteigen des Endwerts bereits nach relativ kurzer Zeit vor. Der Endwert wird jedoch tatsächlich wegen des „Abknickens" der Übergangsfunktion erst sehr viel später erreicht. Will man trotz Parameteränderungen größere Korrekturgrade realisieren, so muß als Korrektursystem ein sich selbst anpassendes, adaptives System verwendet werden. Voraussetzung hierzu ist, daß man die Parameter des Originalmeßsystems im On-line-Betrieb mißt, wofür sich die im Abschnitt 5.3.2 behandelten Verfahren unter Benutzung der Korrelationsfunktionen eignen. Die Parameter des Korrektursystems müssen dann laufend an die sich ändernden Parameter des Originalsystems angepaßt werden, um die Korrekturbedingungen einzuhalten. Adaptive Korrektursysteme bzw. entsprechende Rechenprogramme werden daher zweifellos auch in der Meßtechnik künftig eine wachsende Rolle spielen.

Weitere Einflüsse. Neben der Parameterempfindlichkeit und den Störungen verursachen weitere Einflüsse eine Begrenzung der Wirksamkeit von Korrekturmaßnahmen:

- Die Fehler wegen der nicht exakten Realisierungsmöglichkeiten für Korrektursysteme können ähnlich wie die behandelten Parametereinflüsse abgeschätzt werden.
- Die stets vorhandenen Nichtlinearitäten wirken sich – ebenso wie die Parameterempfindlichkeit – grundsätzlich um so stärker aus, je größer der Korrekturgrad wird. Hier können jedoch, da die Nichtlinearität bekannt ist, Rechnerkorrekturprogramme bzw. Korrektursysteme mit inverser Nichtlinearität Verbesserungen bringen.
- Schließlich sprechen Aufwand-Nutzen-Betrachtungen in vielen Fällen für eine Verbesserung der Meßsysteme selbst (anstelle eines Korrektursystems). Dabei sei nochmals darauf hingewiesen, daß bessere Meßsysteme zugleich die Grundlage für wirkungsvollere Korrekturmaßnahmen sind.

9. Fehler bei geometrischen Messungen als Beispiel für Fehleranalysen

9.1. Zweck und Gegenstand geometrischer Messungen

Unter geometrischen Messungen wird nachfolgend die Bestimmung oder Prüfung der Geometrie fester und geometrisch definierter Werkstücke verstanden. Geometrische Messungen bilden den Hauptgegenstand der Fertigungsmeßtechnik; sie haben in erster Linie die Qualitätskontrolle und Qualitätssteuerung zum Ziel. Die Prüfung eines Werkstücks durch Messen oder Lehren hat die Bestimmung geometrischer Merkmale als Längen- und Winkelmaße oder Maßabweichungen sowie als Form-, Oberflächen- und Lageabweichungen zum Gegenstand. Maße und Abweichungen sowie deren Toleranzen sind dabei i. allg. auf den Bereich 1 μm ≤ Länge ≤ 10 m und 1″ ≤ Winkel ≤ 360° beschränkt. Die Messung größerer Objekte wird vornehmlich mit den Methoden und Mitteln der Geodäsie und Photogrammetrie durchgeführt. Im Bereich der Fertigung mikroelektronischer Schaltkreise und spezieller physikalischer Apparaturen sind zunehmend auch Messungen im Nanometerbereich notwendig.

Grundlage für die Auswahl von Meßverfahren und Meßgeräten ist die Abschätzung der Meßunsicherheit u, die nach der „Goldenen Regel der Meßtechnik" zur Toleranz T des zu prüfenden Merkmals im Verhältnis (vgl. Tafel 2.5)

$$0,1 < K_T = \frac{u}{T} < 0,2 \qquad (9.1)$$

stehen soll [32].

Zweck dieser Regel ist die Herabsetzung fehlerhafter Prüfurteile an den Toleranzgrenzen auf vertretbare Werte, die sich über die Operationscharakteristik der Prüfung bzw. Prüfmittel erklären lassen [509].

Die Operationscharakteristik beschreibt die Annahmewahrscheinlichkeit L als Funktion des Merkmalswerts x des Prüflings. Sie genügt bei völlig fehlerfreier Prüfung mit den Toleranzgrenzen x_u und x_0 (Toleranz $T = x_0 - x_u$) der Funktion

$$L(x) = \begin{cases} 0 \text{ für } x < x_u \\ 1 \text{ für } x_u \leq x \leq x_0 \\ 0 \text{ für } x > x_0. \end{cases} \qquad (9.2)$$

Infolge von Meßfehlern kann diese ideale Operationscharakteristik (OC-Kurve) nicht realisiert werden. Da sich den Merkmalswerten x die Meßfehler überlagern, werden die Verteilungsfunktionen der Meßfehler als unscharfe Prüfgrenzen wirksam (**Bild 9.1**), so daß die ideale Operationscharakteristik nach (9.2) nur annähernd wirksam wird. Unter der Voraussetzung normalverteilter Meßfehler mit der Verteilungsdichte $\varphi(z)$ und der Verteilungsfunktion $\Phi(z)$

$$\varphi(z) = \frac{1}{\sqrt{2\pi}\,\sigma} \exp(-z^2/2\,\sigma^2) \qquad (9.3)$$

$$\Phi_{(z)} = \int_{-\infty}^{z} \varphi(\xi)\,d\xi \qquad (9.4)$$

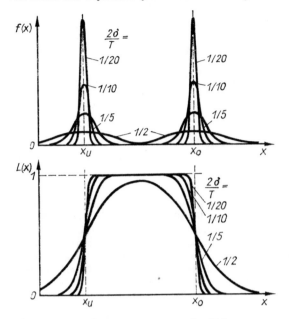

Bild 9.1. Operationscharakteristik $L(x)$ eines Prüfmittels bei der Toleranzprüfung mit normalverteilten Meßfehlern mit der Standardabweichung σ, bezogen auf die Toleranz T

mit $z = x - x_u$ bzw. $z = x - x_0$ an den Toleranzgrenzen und σ als Standardabweichung der Messung, folgt für die Annahmewahrscheinlichkeit $L(x)$ eines geprüften Werkstücks mit dem Merkmalswert x

$$L(x) = \Phi(x - x_u) - \Phi(x - x_0). \tag{9.5}$$

Beispiele für die Operationscharakteristik $L(x)$ zeigt Bild 9.1 für $K_T = 0,05 \cdots 0,5$ bei $u = 2\sigma$.

Durch die Unsicherheit der Messung wird die Operationscharakteristik verschliffen, wodurch fälschlich gute Teile zurückgewiesen und schlechte Teile angenommen werden (Fehler 1. und 2. Art, vgl. S. 72). Die einzelnen Anteile folgen aus der Verteilungsdichtefunktion $f_w(x)$ der zu prüfenden Werkstücke **(Bild 9.2).**

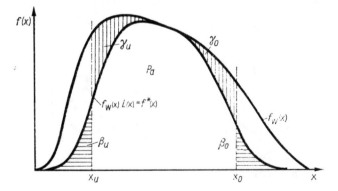

Bild 9.2. Ergebnis der Toleranzprüfung eines Fertigungsloses mit unsicherem Prüfmittel

$f_w(x)$ Verteilungsdichte des Fertigungsloses; $f^*(x)$ durchgelassener Anteil; β_u, β_0 fälschlich angenommene Teile; γ_u, γ_0 fälschlich zurückgewiesene Teile

Für den Anteil angenommener Werkstücke folgt

$$p_\mathrm{a} = \int\limits_{-\infty}^{+\infty} \varphi(x)\, L(x)\, \mathrm{d}x, \tag{9.6}$$

davon fälschlich angenommen („Schlecht-Annahmen" = Fehler 2. Art.)

$$\beta = p_\mathrm{a} - \int\limits_{x_\mathrm{u}}^{x_0} \varphi(x)\, L(x)\, \mathrm{d}x \tag{9.7}$$

und fälschlich zurückgewiesen („Gut-Rückweisung" = Fehler 1. Art)

$$\gamma = \int\limits_{x_\mathrm{u}}^{x_0} \varphi(x)\, (1 - L(x))\, \mathrm{d}x. \tag{9.8}$$

Für den Fall normalverteilter Merkmalswerte der Werkstücke sind in Abhängigkeit von den Standardabweichungen des Prüfgeräts und der Werkstücke sowie von der Toleranz T die obigen Werte in [253] vertafelt. Daraus läßt sich ableiten, daß für $u/T \leq 1/5$ die Anteile β und γ vernachlässigt werden können und daß bei größeren Werten die Kontrollgrenzen x_u und x_0 gegenüber den Toleranzgrenzen einzurücken sind. Dagegen hat die Vernachlässigung des Einflusses der Meßunsicherheit auf die Toleranz u. U. große ökonomische Auswirkungen, indem es infolge der Fehlurteile bei der Montage oder dem Betrieb zu Ausfällen oder bei der Kooperation zu Rückweisungen kommt.

9.2. Zur Fehlerrechnung bei geometrischen Messungen

Die Regeln zur Berechnung systematischer und zufälliger Fehler bei Längenmessungen sind prinzipiell in Übereinstimmung mit der Fehlerrechnung in anderen Gebieten. Auch methodisch sind die gleichen Schritte zu vollziehen, wobei von den verschiedenen Arten geometrischer Meßanordnungen auszugehen ist **(Bild 9.3):**
- direkte Messung des gesuchten Maßes (vgl. Bild 9.3a)
- indirekte Messung, wobei die gesuchte Meßgröße nicht direkt meßbar und aus einer oder mehreren anderen gemessenen Werten zu berechnen ist (z. B. indirekte Messung des Durchmessers eines Werkzeugs im Prisma nach Bild 9.3b; vgl. Abschn. 7).

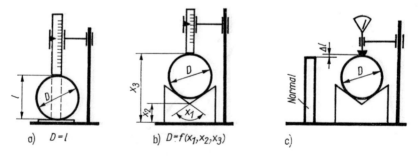

Bild 9.3. Prinzipielle Arten geometrischer Meßanordnungen

a) direkte unmittelbare Messung; b) indirekte unmittelbare Messung; c) Unterschiedsmessung zu einem Normal

Ferner ist bei geometrischen Messungen zu unterscheiden zwischen

- unmittelbar messenden Geräten, die eine Maßverkörperung enthalten und damit unmittelbar den Vergleich zwischen Prüfling und Normal ausführen (vgl. Bild 9.3a, b), und
- Unterschiedsmeßgeräten, die mit einem gesonderten Normal (oft Parallelendmaße) einzustellen sind und die nur kleine Längen- oder Winkeldifferenzen zwischen Prüfling und Normal zu messen gestatten (Bild 9.3c).

Der allgemeine Fall ist die indirekte Messung eines gesuchten Maßes y aus mehreren Meßgrößen $x_1 \cdots x_l$. Die Aufstellung der Auswertegleichung ist dann der erste Schritt der Messung

$$y = y\,(x_1, \ldots, x_l). \tag{9.9}$$

Beispielsweise gilt für die Messung des Durchmessers einer Welle im Prisma nach Bild 9.3b mit dem Prismenwinkel $x_1 = 2\,\alpha$, der Prismenhöhe $x_2 = h_P$ und der meßbaren Scheitelhöhe $x_3 = h$

$$d = 2\,(h - h_P)/(1 + 1/\sin \alpha).$$

Die Auswertegleichung ist damit aber zugleich Ausgangspunkt für die weiterführende Fehleranalyse nach dem linearen Fortpflanzungsgesetz für systematische Fehler (vgl. Abschn. 7.3.6)

$$\triangle y = \sum_{j=1}^{l} \frac{\partial y}{\partial x_j} \triangle x_j \tag{9.10}$$

sowie nach dem quadratischen Fortpflanzungsgesetz für zufällige Fehler (vgl. Abschnitt 7.2), ausgedrückt durch die Standardabweichungen σ_j

$$\sigma_y = \sqrt{\sum_{j=1}^{l} \left(\frac{\partial y}{\partial x_j}\, \sigma_j \right)^2}. \tag{9.11}$$

Die Gl. (9.11) gilt jedoch nur unter der Bedingung, daß zwischen den einzelnen Meßgrößen keine Korrelation besteht. Diese Voraussetzung ist in der Praxis bei den meisten Messungen auch erfüllt. Es gibt jedoch eine Reihe wichtiger Meßaufgaben, bei denen die Korrelation zwischen den einzelnen Meßwerten oder auch zwischen den Ergebnissen indirekter Messungen nicht mehr vernachlässigt werden kann. Dann ist das vollständige Fehlerfortpflanzungsgesetz unter Einbeziehung der Kovarianzen (3.48) zu berücksichtigen (vgl. Abschn. 9.6).

9.3. Maßdefinition und Fehlergeometrie

Die Analyse geometrischer Fehler setzt die eindeutige Definition der Geometrie und der geometrischen Abweichungen eines Werkstücks sowie den Anschluß an die geometrischen Grundgrößen Länge und Winkel voraus. Demgemäß umfaßt die vollständige Maßdefinition (Präzisierung der Meßaufgabe) Festlegungen zu sämtlichen Größen, die auf die Geometrie eines Körpers Einfluß haben. Das sind

- Gestalt und Abmessungen des idealgeometrischen Nennkörpers und Festlegungen zu den Abweichungen und Maßableitungen am realgeometrischen Werkstück
- Bezugstemperatur 20 °C
- Festlegungen zu den einwirkenden Kräften
- Festlegungen zu weiteren Einflußgrößen, wie Feuchte, Druck, Zeit (z. B. bei Plastwerkstücken) und anderen geometrisch wirksamen Größen.

Sämtliche Abweichungen von den definierten Bezugswerten führen unmittelbar zu systematischen Fehlern, die nach den im Abschnitt 3.3.3 beschriebenen Methoden zu behandeln sind.
Die geometrische Maßdefinition legt die maßbestimmenden Merkmale fest.
Beispiele. Durchmesser einer Welle, Durchmesser und Winkel eines Kegels, Durchmesser und Teilung am Gewinde, Grundkreisdurchmesser und Zahndicke am Zahnrad, u. a. **(Bild 9.4).** Bei realgeometrischen Werkstücken sind diese Definitionen infolge stets vorhandener Gestaltabweichungen, d. h. Form-, Lage- und Oberflächenabweichungen, oft nicht eindeutig und damit schon von der Definition her unsicher. Beim Kreis **(Bild 9.5)** ist z. B. ersichtlich, daß am realen Werkstück unendlich viele verschiedene Durchmesserwerte meßbar sind und aus der Streuung derselben eine real gegebene und nicht durch die Meßfehler verursachte Unsicherheit der gemessenen Größe folgt. Für die Beurteilung der Toleranzhaltigkeit realer Werkstücke sind deshalb spezielle Maßdefinitionen festgelegt, und zwar

- das Istmaß IM als punktförmig zu messender Abstand (Bild 9.5a)
- das Paarungsmaß PM (Bild 9.5b) als Maß des luftseitig angrenzenden formidealen Profils (meist mit der Nebenbedingung minimaler Zone für die Formabweichung)
- das mittlere Maß MM entsprechend dem Fehlerquadratminimum nach *Gauß* (Bild 9.5c).

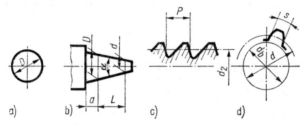

Bild 9.4. Beispiele für geometrische Merkmale und die beschreibenden Maße
a) Welle; b) Kegel; c) Gewinde; d) Zahnrad

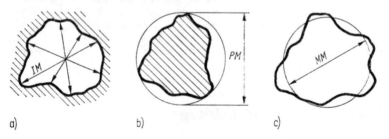

Bild 9.5. Meßdefinition am realgeometrischen Werkstück
a) Istdurchmesser; b) Paarungsdurchmesser als Maß des angrenzenden formidealen Profils; c) mittlerer Durchmesser

Die geometrischen Toleranzen der Werkstücke beziehen sich auf diese unterschiedlichen Maße, und zwar gilt bei Paarungsteilen auf der Gut-Seite das Paarungsmaß und auf der Ausschuß-Seite bei Spielpassungen das Istmaß bzw. bei Preßpassungen das mittlere Maß [474]. Die Nichteinhaltung der Maßdefinition (z. B. Messung des Istmaßes anstelle des Paarungsmaßes) führt bereits zu Fehlern (vgl. S. 21).
Fehler infolge von thermischen Längenänderungen sind praktisch unvermeidlich, da selbst in klimatisierten Meßräumen und Fertigungsstätten die Temperatur 20 °C günstigenfalls auf ± 0,1 K einhaltbar ist.

Vergleichbar ist die Situation bezüglich der Kräfte; Gewichtskraft der Eigenmasse, Spann- sowie Meßkräfte haben stets fehlerwirksame Deformationen zur Folge. Von den vorstehend skizzierten geometrisch wirksamen Fehlerursachen werden jedoch nicht nur die Werkstücke, sondern alle an der Messung beteiligten Elemente beeinflußt. Darüber hinaus ist die geometrische Fehlertheorie gleichermaßen für die Analyse der entstehenden geometrischen Fertigungsabweichungen von Werkstücken auf Werkzeugmaschinen sowie anderen Fertigungsmitteln anwendbar.

Zur Berechnung der Fehler sind in jedem Fall geometrische Modelle einzuführen und mit Hilfe geometrischer Beziehungen die einzelnen fehlerwirksamen Verformungen oder Verlagerungen zu bestimmen [194].

9.4. Analyse und Elimination systematischer Fehler

Die Kenntnis von Ursache, Ort und Auswirkung systematischer Fehler bei Messungen ist Voraussetzung zur Abschätzung ihrer Größe im Vergleich mit der zulässigen Unsicherheit, zur Elimination der Fehler bereits bei der Konstruktion oder beim Aufbau von Meßeinrichtungen sowie zur Fehlerkorrektur bei der Auswertung und Berechnung der Meßergebnisse (vgl. Abschn. 3.3). Prinzipiell ähnliche Überlegungen sind auch bei Fertigungsmitteln zur Abschätzung oder Aufklärung von Maß-, Form- und Lageabweichungen, insbesondere bei Werkstücken mit kleinen Toleranzen, notwendig. Die Theorie der systematischen Fehler in der Längenmeßtechnik – Fehlergeometrie genannt – ist damit ein wichtiges Handwerkszeug nicht nur für den Meßtechniker, sondern gleichermaßen für den Konstrukteur und Technologen des Maschinen- und Gerätebaus.

9.4.1. Der Meßkreis

Der Prinzipaufbau eines Meßgeräts für geometrische Messungen ist aus **Bild 9.6** ersichtlich. Jede geometrische Meßgröße (Länge, Winkel) hat Anfang und Ende und wird zur Messung mit Hilfe mechanischer, optischer, elektrischer oder anderer Taster in den Endpunkten angetastet. Prüfling und Meßgerät bilden stets einen geschlossenen Kreis, der bei Meßgeräten als *Meßkreis* und bei Fertigungsmitteln als *maßbestimmender Kreis* bezeichnet wird. An den eigentlichen Meßwertaufnehmer schließt sich die Meßkette zur Signal- und Meßwertverarbeitung an. Jegliche Verlagerung der Antastelemente und der angetasteten Werkstückflächen in Meßrichtung führt zu Meßfehlern. Zu derartigen Verlagerungen können sämtliche Elemente von Prüfling, Meßgerät sowie mechanischem

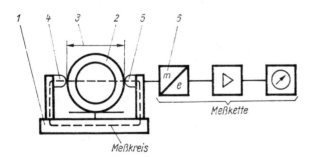

Bild 9.6. Meßkreis bei Längenmeßgeräten (Prinzip)

1 mechanische Meßvorrichtung; *2* zu messendes Werkstück; *3* zu messendes Maß, begrenzt durch Meßstücke *4* und *5*; *6* Aufnehmer

17*

Meßaufbau beitragen. Der Meßkreis sollte deshalb so klein wie möglich sein und keine Elemente enthalten, die infolge von Spiel, Wärme oder Kräften größere Verformungen erleiden. Das Auffinden des Meßkreises, dessen Segmentierung in einzelne Elemente mit spezifischem Funktions- und Fehlerverhalten sowie ggf. dessen gezielte Änderung sind Gegenstand jeder Fehleranalyse von Längen- und Winkelmeßgeräten bzw. Fertigungsmitteln.

Beispiel. Die Optimierung des Meßkreises einer Anordnung zur Messung der Positionierfehler einer Werkzeugmaschine durch ein Laserinterferometer zeigt **Bild 9.7**. In der Anordnung (Bild 9.7a) ist das Interferometer (*3*) neben der Werkzeugmaschine (*1*) aufgebaut (im Grenzfall nicht einmal auf dem gleichen Fundament (*2*)). Der Meßkreis ist sehr groß, mehrfach verzweigt und enthält eine Reihe sehr unsicherer Elemente, wie z.B. die Fundamentfedern (*4*).

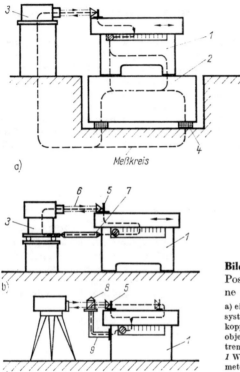

a) Meßkreis

Bild 9.7. Meßkreis bei der Prüfung der Positionierfehler einer Werkzeugmaschine

a) einfacher Aufbau mit getrenntem Laserwegmeßsystem; b) Reduzierung des Meßkreises durch Ankopplung des Meßgeräts unmittelbar an das Meßobjekt; c) weiter verkleinerter Meßkreis durch getrenntes Interferometer-Teilerprisma
1 Werkzeugmaschine; *2* Fundament; *3* Interferometer; *4* Fundamentfedern; *5* Reflektor; *6* Meßweg; *7* Verbindungsstab; *8* Interferometer-Teilerprisma

Eine Entkopplung des Maschinengestells und des Fundaments vom Meßkreis ist mit Bild 9.7b angedeutet. Das Interferometer ist auf seiner Unterlage beweglich aufgestellt (Rollen, Parallelfederführung) und mit einem Verbindungsstab (*7*) an die Werkzeugmaschine gekoppelt.

Mit modernen Laserwegmeßsystemen kann der Meßkreis durch das getrennte Interferometer-Teilerprisma (*8*) von weiteren Fehlerquellen befreit werden (Bild 9.7c). Der Meßkreis wird sehr klein und kann durch Verschieben des Reflektors (*5*) auf dem Maschinentisch weiter optimiert werden (Austausch Luftstrecke gegen Werkstoff des Maschinentischs).

9.4.2. Fehlerordnungsmatrix

Zur Analyse der systematischen Fehler der einzelnen Elemente des Meßkreises leistet die Fehlerordnungsmatrix nach **Bild 9.8** gute Hilfe. Sie enthält, geordnet nach Ursache, Entstehungsort und Zeitverlauf, die wichtigsten Fehler geometrischer Meß- und Fertigungsanordnungen. In der praktischen Handhabung wird für eine gegebene Anordnung der Meßkreis segmentiert und für jedes Element die Fehlerordnungsmatrix vollständig abgefragt. Im Ergebnis wird auch der weniger Geübte mit gutem Erfolg alle erkennbaren Fehler komplizierter Meßanordnungen mehr oder minder sicher erfassen.

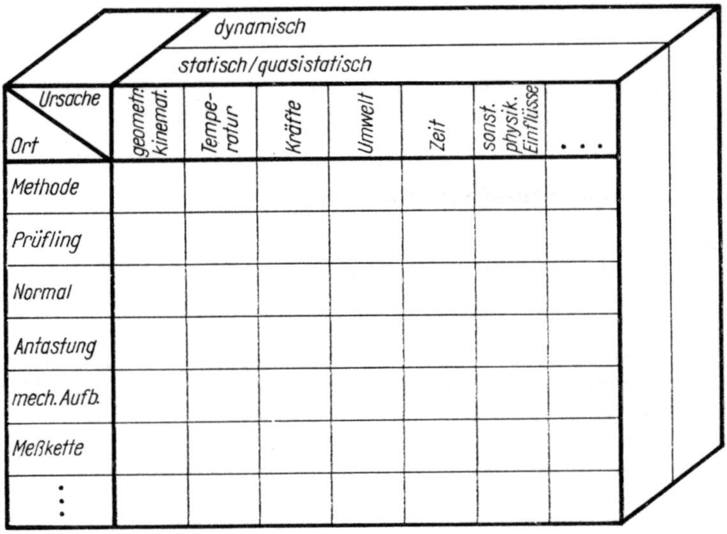

Bild 9.8. Ordnungsmatrix für systematische Fehler bei geometrischen Messungen

Beispiel. Anhand des Meßaufbaus nach Bild 9.7 b sei dieses Vorgehen kurz erläutert. Der Meßkreis umfaßt bei grober Strukturierung die folgenden Elemente mit den angegebenen Hauptfehlerquellen:

1. Werkzeugmaschine (*1*) (Prüfling)
   - Temperaturfehler
   - Verformung durch Kräfte
   - gesuchte Positionierfehler.
2. Koppelstange (*7*) zwischen Interferometer und Werkzeugmaschine
   - Spiel an den Koppelstellen
   - Temperaturausdehnung
   - elastische Verformung durch Kräfte.
3. Laserinterferometer (*3*) (Normal, Meßkette)
   - Kippung gegenüber der Werkzeugmaschine
   - thermische Verlagerung des Interferometerprismas
   - Frequenzänderung des Lasers
   - fehlerhafte Korrektur der Umweltparameter
   - elektrische Störimpulse.

4. Luftstrecke (6) mit dem Laserstrahl als Normal
   - Unparallelität von Meßstrecke und Verschiebung
   - Brechzahländerung der Luft durch Druck, Temperatur, Feuchte, Luftzusammensetzung (Dämpfe).
5. Reflektor (5)
   - Spiel, fehlerhafte Lage
   - thermische Verlagerung
   - elastische Verlagerung, Schwingungen u. a.

Zur Aufklärung der durch die Messung festgestellten Positionierfehler der Werkzeugmaschine kann wiederum ihr Meßkreis (bestehend aus Maschinengestell, Führung, Maßverkörperung, Meßsystem u. a.) gleichermaßen im Detail analysiert werden.
Für die Abschätzung der aufgelisteten einzelnen Fehler sind die Fehlerursachen nach Art und Größe zu ermitteln oder anzunehmen, die Fehlergleichungen aufzustellen, die Einzelfehler zum Gesamtfehler zusammenzufassen und mit dem zulässigen Wert des Meßfehlers zu vergleichen. Ist dabei die „Goldene Regel" nicht eingehalten, so läßt die vorstehende Systematik rasch die Hauptfehlerquelle erkennen und bekämpfen.

9.4.3. Elimination systematischer Fehler

Ziel der Analyse systematischer Fehler ist deren Verminderung bis auf vernachlässigbare Restfehler, die (s. Abschn. 3.3.4) der Meßunsicherheit zugeschlagen werden. Für die Elimination systematischer Fehler gibt es zwei Grundprinzipien mit mehreren Realisierungsmöglichkeiten:

1. Nach dem Prinzip der *Fehlerfreiheit* aufgebaute Meßgeräte (oder Fertigungsmittel) liefern innerhalb nachzuweisender Grenzen bereits bei der Messung praktisch fehlerfreie Meßwerte, indem

• durch Vermeidung der Fehler überhaupt – entweder durch Ausschluß der Fehlerquellen selbst (z. B. Klimatisierung) oder durch Vermeidung der Fehlerübertragung – oder

• durch einander aufhebende (kompensierende) Fehler gleicher Ursache
nach außen hin keine Fehler wirksam werden (z. B. gleiche Werkstoffe und gleiche Temperatur von Prüfling und Meßgerät).

2. Nach dem Prinzip der *Fehlerkorrektur* werden systematische Fehler bei der Auswertung eliminiert (korrigiert). Da diese Fehler gewissermaßen zusätzliche Unbekannte sind, erfordern sie in jedem Fall zusätzliche Messungen. Drei Wege haben sich bewährt, und zwar

• Messung der fehlerverursachenden Größe (z. B. Temperatur, Kippwinkel, Spiel u. a.) und Korrektur über die Fehlergleichung

• überzählige Messung bei veränderter Größe des Fehlereinflusses und Elimination durch gewichtete Mittelbildung der Meßwerte (z. B. Geradheitsmessung mit fehlerbehaftetem Lineal nach der Umschlagmethode)

• gesonderte Messung und Speicherung der zeitlich konstanten systematischen Fehler zur späteren Korrektur während der Messung (z. B. mit Korrekturlineal für die Spindelsteigungsfehler an Meßspindeln, Linearisierung von Kennlinien durch Rechner).

Beispiel. Die prinzipiellen Wege seien anhand der Elimination von Kippfehlern bei Längenmessungen erläutert:
Den Prinzipaufbau eines Längenkomparators mit parallel im Abstand a angeordnetem Prüfling und Normal zeigt **Bild 9.9a**. Infolge von Formabweichungen und Spiel der Führung tritt beim Verschieben der Visiereinrichtung eine Kippung um den Winkel φ

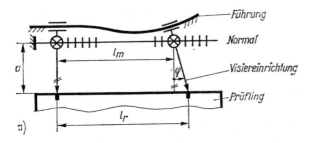

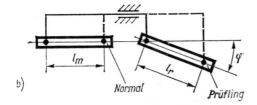

Bild 9.9. Kippfehler bei Längenmessungen (Komparatorfehler)

a) Prüfling und Normal nebeneinander; b) fluchtend hintereinander angeordnet

ein (in der Praxis ist der Winkel $\varphi \ll 1$), wodurch gesuchte Länge l_r und Meßwert l_m um den systematischen Fehler e abweichen:

$$e = l_m - l_r = a \tan \varphi \approx a\,\varphi. \qquad (9.12)$$

Die Elimination dieses Fehlers nach dem Prinzip der *Fehlerfreiheit* führt auf folgende Lösungen:

- Vermeidung der Kippung ($\varphi = 0$)
  Diese Lösung erfordert sehr präzise und damit teure Führungen und wird z.B. bei Werkzeugmaschinen für allgemeine Zwecke weitgehend angewendet.
- Vermeidung der Fehlerübertragung ($a = 0$)
  Zur Realisierung dieses Weges sind Prüfling und Normal fluchtend hintereinander (oder optisch virtuell ineinander) anzuordnen (Abbescher Grundsatz), wodurch Kippfehler 1. Ordnung verschwinden. Die Restfehler (infolge Schrägmessung) sind nach Bild 9.9b für kleine Kippwinkel ($\varphi \ll 1$) mit

$$e = l_m - l_r = l_r (\cos \varphi - 1) \approx -l_r\,\varphi^2/2$$

klein und von 2. Ordnung (die fehlerverursachende Größe steht in dieser Gleichung in 2. Potenz).

Die Wertung der Fehler nach ihrer Ordnung, d.h. nach der Potenz, in der die fehlerverursachende Größe entweder direkt oder nach Reihenentwicklung steht, spielt in der Fehlergeometrie eine große Rolle, indem Fehler höherer als 1. Ordnung vielfach vernachlässigbar klein werden. Beispielsweise wird bei einem Kippwinkel von $\varphi = 1'$ $\approx 0{,}3$ mrad und $a = l_r = 1$ m der Fehler 1. Ordnung $e \approx 0{,}3$ mm, während sich für den Fehler 2. Ordnung $e \approx 0{,}05$ μm ergibt.

Die Elimination der Kippfehler nach dem Prinzip der *Kompensation* ist beim Eppenstein-Prinzip realisiert, angewendet in der Universal-Längenmeßmaschine der Carl Zeiss JENA GmbH. Die dort gewählte optische Anordnung führt dazu, daß sich die Kippfehler bis auf Restfehler 3.Ordnung herausheben [38].

Bei Winkelmessungen wird dieses Prinzip zur Kompensation der Exzentrizitätsfehler durch optische Koinzidenzablesung gegenüberliegender Teilstriche des Teilkreises allgemein angewendet (vgl. Abschn. 9.5.1).

Die Elimination der Kippfehler nach dem Prinzip der *Fehlerkorrektur* ist beispielsweise wie folgt realisierbar:

• Messung der Fehlerursache mit einem zusätzlichen Meßgerät für den Kippwinkel φ und Korrektur über die Grundgleichung

$$l_{\mathrm{r}} = l_{\mathrm{m}} - a \tan \varphi. \tag{9.14}$$

Als Winkelmeßgerät kann z. B. ein Autokollimationsfernrohr **(Bild 9.10 a)**, eine Richtwaage o. ä. eingesetzt werden.

• Mehrfachmessung und Mittelbildung ist z. B. möglich durch Anordnung paralleler Normale im Abstand a_1 und a_2 zum Prüfling (Bild 9.10 b) und Berechnung des Meßwerts zu

$$l = \frac{a_2}{a_1 + a_2} \, l_1 + \frac{a_1}{a_1 + a_2} \, l_2. \tag{9.15}$$

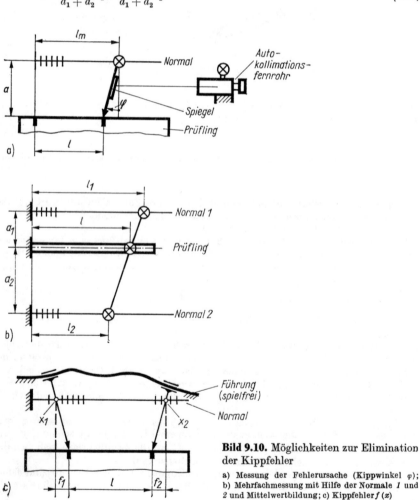

Bild 9.10. Möglichkeiten zur Elimination der Kippfehler

a) Messung der Fehlerursache (Kippwinkel φ); b) Mehrfachmessung mit Hilfe der Normale *1* und *2* und Mittelwertbildung; c) Kippfehler $f(x)$

Anwendung findet dieses Prinzip z. B. bei interferometrischen Längenmessungen von Maßstäben und Meßspindeln, wobei mit Hilfe eines großen Tripelspiegels der hin- und der rücklaufende Strahl gleichabständig zu beiden Seiten des Prüflings verlaufen [248].

- Speicherung der Kippfehler $f(x)$ abhängig von der Schlittenstellung und Korrektur nach der Auswertegleichung

$$l = (x_2 - f(x_2)) - (x_1 - f(x_1)) \qquad (9.16)$$

setzt voraus, daß die Fehler über eine gewisse Zeit konstant und reproduzierbar bleiben (Bild 9.10 c).

Die Speicherung der Fehler ist bisher in sog. Korrekturlinealen üblich gewesen, die mit einem Hebel abgetastet werden, der entsprechend dem Korrekturwert das Normal mechanisch oder optisch (z. B. mit Planplatte) verschiebt. Heute legt man die Fehler als Fehlertabelle in einem Speicherschaltkreis direkt im Meßsystem oder im angeschlossenen Auswerterechner ab. Mit Hilfe spezieller Kalibrierprogramme kann diese Fehlertabelle von Zeit zu Zeit aktualisiert werden. Vorteil dieser Lösung ist, daß mechanischer Justageaufwand für die Geräte in die Software des Rechners verlegt werden kann. Beispielsweise wird das bei Koordinatenmeßgeräten zur Korrektur der Fehler infolge nicht genau rechtwinkliger Achsen durchgeführt.

Die vorstehend erläuterten Methoden zur Elimination systematischer Fehler dienen als Beispiel für die allgemeinen Ausführungen im Abschnitt 3.3 und der Demonstration der prinzipiellen Wege; sie sind entsprechend übertragbar auf alle anderen Fehlerursachen bei Längen- und Winkelmeßgeräten.

9.5. Theorie ausgewählter systematischer Fehler

9.5.1. Geometrisch-kinematische Fehler

Geometrische und kinematische Fehler werden bei Längen- und Winkelmessungen insbesondere durch zwei Ursachenkomplexe bewirkt:

- Nichteinhaltung der geometrischen Maßdefinition
- fehlerhafte Maßübertragung vom Prüfling zum Normal bzw. zum Aufnehmer.

Ein Längenmaß ist als Abstand l_r der Durchstoßpunkte P_1, P_2 der das Maß definierenden Geraden g (bei Winkeln ein Kreis) durch die Werkstückoberflächen O_1, O_2 definiert oder definierbar. Die bei der Messung verwirklichte oder wirksame Gerade $\tilde{g}$ weicht infolge von Lage- und Richtungsabweichungen stets davon ab **(Bild 9.11)**. Die gemessene Länge $l_m = \overline{\tilde{P}_1 \tilde{P}_2}$ ist dadurch um die Differenz e zur definierten Länge $l_r = \overline{P_1 P_2}$ fehlerhaft

$$e = \overline{\tilde{P}_1 \tilde{P}_2} - \overline{P_1 P_2}. \qquad (9.17)$$

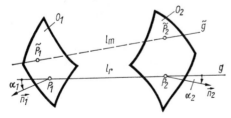

Bild 9.11. Definition eines Längenmaßes als Abstand der Punkte P_1, P_2 längs der definierenden Geraden g

Dieser Fehler ist abhängig von den Winkeln $\alpha_{1,2}$ der Flächennormalen zur Meßgeraden. Im allgemeinen Fall mit $\alpha_i \neq 0$ ist die Lösung kompliziert. Der Charakter dieser Fehler soll deshalb vereinfachend am ebenen Fall nach **Bild 9.12** erläutert werden.

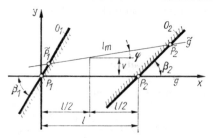

Bild 9.12. Geometrische Fehler infolge Lage-abweichung der Meßgeraden

Das Werkstück werde durch die beiden Oberflächen O_1 und O_2 (Geraden im Bild) begrenzt und das Maß längs der Geraden g definiert. Infolge der Querverschiebung v und der Neigung φ der Meßgeraden $\tilde{g}$ ergibt sich die gemessene Meßlänge l_m aus den fehlerhaften Schnittpunkten zu

$$l_m = \overline{\tilde{P}_1 \tilde{P}_2} = \sqrt{(x_2 - y_1)^2 + (x_2 - x_1)^2} \tag{9.18}$$

mit den Schnittpunktkoordinaten

$$x_1 = \left(v - \frac{l}{2} \tan \varphi\right)/(\tan \beta_1 - \tan \varphi) \tag{9.19a}$$

$$y_1 = \left(v - \frac{l}{2} \tan \varphi\right) \tan \beta_1/(\tan \beta_1 - \tan \varphi) \tag{9.19b}$$

$$x_2 = \left(l \tan \beta_2 - v - \frac{l}{2} \tan \varphi\right)/(\tan \beta_2 - \tan \varphi) \tag{9.19c}$$

$$y_2 = \left(v + \frac{l}{2} \tan \varphi\right)/(\tan \beta_2 - \tan \varphi). \tag{9.19d}$$

Eine weitergehende Auswertung unmittelbar nach diesen Gleichungen ist nur numerisch sinnvoll. Bei Beschränkung auf kleine Lageabweichungen und Fehler 1. Ordnung lassen sich jedoch für $v \ll l$ und $\varphi \ll 1$ übersichtliche Näherungsgleichungen angeben:

$$x_1 \approx \left(v - \frac{l}{2} \varphi\right)/\tan \beta_1 \tag{9.20a}$$

$$y_1 \approx v - \frac{l}{2} \varphi \tag{9.20b}$$

$$x_2 \approx l + \left(v + \frac{l}{2} \varphi\right)/\tan \beta_2 \tag{9.20c}$$

$$y_2 \approx v + \frac{l}{2} \varphi. \tag{9.20d}$$

Werden diese Näherungen in (9.18) für l_m eingesetzt, so erhält man durch Reihenentwicklung des Wurzelausdrucks nach v und φ bei Vernachlässigung von Gliedern höherer Ordnung eine einfache und übersichtliche Fehlergleichung:

$$e = l_m - l_r \approx (\cot \beta_2 - \cot \beta_1) v + \frac{l}{2} (\cot \beta_2 + \cot \beta_1) \varphi. \tag{9.21}$$

Der Fehler ist sowohl von der Querverschiebung v als auch von der Neigung φ der Meß-geraden in 1. Ordnung abhängig. Sonderfälle (**Bild 9.13**) zeichnen sich ab für

a) $\beta_2 = \beta_1 = 90° \rightarrow e \approx 0$

b) $\beta_2 = \beta_1 = \beta \rightarrow e \approx l\,\varphi \cot\beta$

c) $\beta_2 = 180° - \beta_1 \rightarrow e \approx 2\,v \cot\beta$.

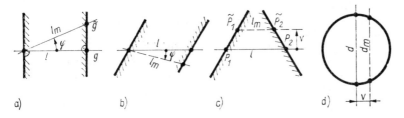

Bild 9.13. Sonderfälle für geometrische Fehler nach Bild 9.12

a) $\beta_1 = \beta_2 = 90°$ b) $\beta_1 = \beta_2$;   c) $\beta_2 = 180° - \beta_1$;   d) Sehnenmessung im Abstand v vom Mittelpunkt

In den Fällen a und b, die z. B. bei Kegelmessungen, Gewindemessungen, Messungen an Verzahnungen u. ä. in vielfältiger Weise auftreten, ist deshalb die genaue Einstellung der Meßgeraden zum Werkstück oder umgekehrt (d. h. die Gewährleistung der Richtig-keit der Bezugsbasis) für die Genauigkeit der Messung sehr wichtig, weil Lageabwei-chungen zu Fehlern 1. Ordnung führen. Die Messung kann in diesem Fall nicht genauer sein als die Meßbasis.

Der zugleich praktisch dominierende Sonderfall $\beta_1 = \beta_2 = 90°$ (d. h. die Dickenmessung an Werkstücken mit parallelen Ebenen, an Kugeln oder Zylindern) führt auf die Grund-aufgaben *Schrägmessung* und *Sehnenmessung*.

Bei der Schrägmessung (Bild 9.13a) folgt für die gemessene Strecke l_{m}

$$l_{\mathrm{m}} = l/\cos\varphi \tag{9.22}$$

und damit für den Fehler

$$e = l_{\mathrm{m}} - l = l\,(1 - \cos\varphi)/\cos\varphi. \tag{9.23}$$

Durch Reihenentwicklung nach dem Neigungswinkel $\varphi \ll 1$ ergibt sich bei Vernach-lässigung von Gliedern höherer Ordnung

$$e \approx l\,\frac{\varphi^2}{2}. \tag{9.24}$$

Der Fehler ist klein von 2. Ordnung und unabhängig von der Querverschiebung v der Meßgeraden.

Die Durchmessermessung an Kugeln oder Zylindern erfolgt nach Bild 9.13d im all-gemeinen Fall als Sehnenmessung im Abstand v vom Mittelpunkt, so daß sich ein fehler-hafter Meßwert für den Durchmesser ergibt:

$$d_{\mathrm{m}} = 2\,\sqrt{\left(\frac{d}{2}\right)^2 - v^2}. \tag{9.25}$$

Vereinfachung durch Reihenentwicklung führt bei $v \ll d$ auf

$$e = d_{\mathrm{m}} - d \approx -2\,\frac{v^2}{d}. \tag{9.26}$$

Sehnenmessung führt also ebenfalls auf einen Fehler 2. Ordnung.

Von Vorteil ist bei derartigen Messungen mit Fehlern 2. Ordnung, daß infolge des quadratischen Fehlerverlaufs nach (9.24) und (9.26) bei Erreichen des Minimalwerts durch Änderung des Winkels φ oder der Querverschiebung v der Fehler Null wird. Der Extremwert kann dadurch als sog. „Umkehrpunkt der Anzeige des Meßgeräts" ohne weitere Hilfsmittel manuell oder auch automatisch aufgesucht werden. Damit kann die richtige Lage der Meßgeraden, d. h. die richtige Meßbasis für das Werkstück, am einfachsten empirisch und ohne spezielle Hilfsmittel für die Gewährleistung der definierten Lage der Meßgeraden gefunden werden.

Bei Winkelmessungen treten insbesondere zwei geometrische Fehlerquellen auf, und zwar der Scheiteldeckungsfehler und der Pyramidalfehler.

Der *Scheiteldeckungsfehler* ist auf die Anordnung im **Bild 9.14 a** zurückführbar, wobei der Winkelscheitel S des zu messenden Winkels und der Scheitel $\tilde{S}$ (bzw. die Achse des Meßgeräts oder Normals) um die Exzentrizität a voneinander abweichen. Der Winkelfehler ergibt sich aus dem Fehlerdreieck $S\tilde{S}P_1$ mit dem Sinussatz zu

$$\sin e_\varphi = (a/r) \sin \varphi. \tag{9.27}$$

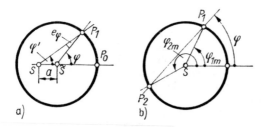

Bild 9.14. Winkelfehler infolge von Exzentrizität (Scheiteldeckungsfehler)

a) Prinzip der Fehlerentstehung; b) Prinzip der Fehlerkorrektur mit Hilfe von Doppelablesung und Mittelwertbildung

Dieser Fehler ist ein Fehler 1. Ordnung bezüglich der Exzentrizität a und beträgt unter der Voraussetzung $a \ll r$ sowie bei Vernachlässigung von Fehlern höherer Ordnung näherungsweise

$$e_\varphi = (a/r) \sin \varphi. \tag{9.28}$$

Unter praktischen Bedingungen ist dieser Fehler sehr störend. Er ist allein durch gute Zentrierung (kleines a) und großen Radius r nicht auf hinreichend kleine Werte herabzudrücken. Nach dem Prinzip der Doppelablesung an gegenüberliegenden Stellen eines Teilkreises nach Bild 9.14 b und Mittelbildung nach der Gleichung

$$\varphi = \frac{1}{2}(\varphi_{1m} + \varphi_{2m} - 180°) \tag{9.29}$$

hebt sich aber der Fehler nach dem Prinzip der Fehlerkorrektur heraus, da nach (9.28) die Bedingung $e(\varphi) = -e(\varphi + 180°)$ gilt.

Der Scheiteldeckungsfehler entsteht bei Winkelmessungen und Winkelübertragungen durch Exzentrizität des Prüflings zum Meßgerät. Der gleiche Fehler wird aber auch durch Lagerspiel verursacht, wobei sich dann Größe und Richtung der Exzentrizität zufällig einstellen und einen entsprechenden zufälligen Fehler verursachen.

Der *Pyramidalfehler* entsteht bei Lageabweichungen von der Parallelität zwischen Meßebene und tatsächlicher Winkelebene. Er ist mit der Schrägmessung bei Längenmaßen vergleichbar. Dieser Fehler läßt sich an der Einheitskugel mit sphärischer Trigonometrie darstellen **(Bild 9.15).** Aus dem sphärischen rechtwinkligen Dreieck ABB' mit dem Winkel ε zwischen Winkelebene und Meßebene folgt für den gemessenen Winkel

$$\tan \varphi_r = \cos \varepsilon \tan \varphi_m \tag{9.30}$$

und damit für den Winkelfehler $e_\varphi = \varphi_\mathrm{m} - \varphi_\mathrm{r}$

$$\tan e_\varphi = \frac{\tan \varphi_\mathrm{r}}{\tan^2 \varphi_\mathrm{r} + \cos \varepsilon}(\cos \varepsilon - 1). \tag{9.31}$$

Durch Reihenentwicklung folgt daraus bei Vernachlässigung von Gliedern höherer Ordnung die Beziehung

$$e_\varphi = \frac{\varepsilon^2}{4}\sin 2\,\varphi. \tag{9.32}$$

Der Pyramidalfehler ist mithin klein von 2. Ordnung und doppelt periodisch über $2\,\pi$. Die Pyramidalfehler können aber durchaus auch Fehler 1. Ordnung sein, wenn die Ableitung im Bild 9.15 kein rechtwinkliges Dreieck ABB' ergibt. Dieser Fall tritt z. B. bei Teilungsmessungen an schrägverzahnten Stirnrädern u. ä. auf, so daß dann die Meßebene durch gesonderte Hilfsmittel oder Messungen sehr genau ausgerichtet werden muß.

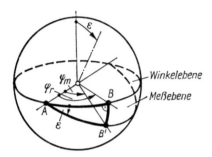

Bild 9.15. Winkelfehler infolge Neigung ε zwischen Winkel- und Meßebene (Pyramidalfehler)

9.5.2. Thermische Fehler

Für die Länge l eines Körpers als Funktion der Temperatur gilt in einem weiten Temperaturbereich die physikalische Grundgleichung

$$l = l_0\,[1 + \alpha\,(\vartheta - \vartheta_0)]; \tag{9.33}$$

l_0 Länge bei Bezugstemperatur ϑ_0, ϑ Temperatur des Körpers, α linearer Wärmeausdehnungskoeffizient.

Diese Gleichung gilt jedoch nur bei isothermer Erwärmung isotroper Körper. Nur in diesem Fall bleibt der Körper frei von inneren Spannungen, dehnt sich nach allen Richtungen gleich aus und erfährt demzufolge auch keine Winkelverzerrungen. Winkelmaße sind somit unter den gleichen Voraussetzungen nicht temperaturabhängig.
Die Berechnung der thermischen Verformung komplizierter Körper unter Einschluß zeitlicher Wärmeausgleichsvorgänge und Wärmeströmungen im Werkstück ist sehr kompliziert und erfordert die Lösung der partiellen Differentialgleichungen für die Wärmeleitung und die elastischen Verformungen [436].
Für zahlreiche Einzelprobleme mit einfachen Randbedingungen liegen in der Literatur ausführliche Lösungen vor, aus denen das Verhalten der thermischen Fehler unter allgemeineren Bedingungen abgeschätzt werden kann [159] [294]. Die folgenden Darstellungen beschränken sich deshalb auf die Temperaturfehler eindimensionaler Längenmaße unter einfachen Bedingungen.

Als Maß eines Werkstücks ist international einheitlich die Länge l_0 bei der Bezugstemperatur $\vartheta_0 = 20\,°C$ definiert. Bei praktischen Messungen weichen die Temperaturen von Prüfling, Meßgerät und Normal untereinander sowie von der definierten Bezugstemperatur ab, so daß bei Messungen stets nur die augenblicklichen Längen und nicht die Maße verglichen werden, und dadurch entstehen Fehler.

Unmittelbare Messung. Bei der unmittelbaren Messung werden Prüfling und Normal (z.B. Strichmaßstab oder Parallelendmaß) direkt verglichen. Es gilt dann **(Bild 9.16)** die Komparatorbeziehung „Länge Prüfling = Länge Normal", d.h.

$$l = P\,(1 + \alpha_P\,\Delta\vartheta_P) = N\,(1 + \alpha_N\,\Delta\vartheta_N) \text{ mit } \Delta\vartheta = \vartheta - \vartheta_0;$$

woraus das gesuchte Maß P des Prüflings aus dem am Normal abgelesenem Maß N und den Temperaturen von Prüfling und Normal folgt:

$$P = \frac{1 + \alpha_N\,\Delta\vartheta_N}{1 + \alpha_P\,\Delta\vartheta_P}\,N. \tag{9.35}$$

Wegen $\alpha_P\,\Delta\vartheta_P \ll 1$ läßt sich der Nenner von (9.35) in eine Reihe entwickeln, und es folgt bei Vernachlässigung von kleinen Gliedern

$$P = N\,(1 + \alpha_N\,\Delta\vartheta_N - \alpha_P\,\Delta\vartheta_P). \tag{9.36}$$

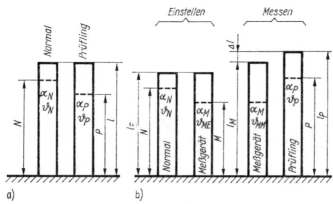

Bild 9.16. Längenfehler infolge Nichteinhaltung der Bezugstemperatur
a) bei unmittelbarer Messung; b) bei Unterschiedsmessung

Ohne Berücksichtigung des Temperaturfehlers wird die Ablesung N am Normal als fehlerhaftes Maß P erhalten, so daß für den thermisch bedingten Fehler

$$e = N\,(\alpha_P\,\Delta\vartheta_P - \alpha_N\,\Delta\vartheta_N) \tag{9.37}$$

gilt. Diese einfache Fehlergleichung zeigt zugleich Wege für die Vermeidung dieser Fehler auf, und zwar

- Vermeidung durch $\Delta\vartheta_P = \Delta\vartheta_N = 0$, d.h. genaue Einhaltung der Temperatur $\vartheta = \vartheta_0$
- Vermeidung der Fehlerübertragung durch $\alpha_P = \alpha_N = 0$
  Dieser Fall ist für den Maschinenbau bedeutungslos; er wird jedoch mit Hilfe spezieller Werkstoffe, wie Invar, Quarzglas, Kohlefaserverbunde [182] verwirklicht.
- Kompensation durch $\alpha_N = \alpha_P$ und $\vartheta_N = \vartheta_P$, d.h. durch Verwendung gleicher Werkstoffe bei gleicher Temperatur.
  Dieser Fall ist praktisch die Grundlage der gesamten industriellen Fertigung.

Unterschiedsmessung. Bei der Unterschiedsmessung nach Bild 9.16 b zerfällt der gesamte Meßvorgang in zwei oft räumlich und zeitlich auseinanderliegende Teilschritte. Die Teilschritte sind das Einstellen oder Kalibrieren des Meßgeräts mit einem Normal (z. B. Parallelendmaß) und das Messen des Prüflings als Längendifferenz Δl, so daß sich das gesuchte und noch mit thermischen Fehlern behaftete Maß zu

$$P_m = N + \Delta l$$

ergibt. Unter Beachtung der Temperaturen und Längenausdehnungszahlen für Normal, Prüfling und Meßgerät gilt für das Einstellen (Index E)

$$l_E = N\,(1 + \alpha_N\,\Delta\vartheta_N) = M\,(1 + \alpha_M\,\Delta\vartheta_{ME}) \tag{9.38}$$

und für das Messen (Index M)

$$l_M = M\,(1 + \alpha_M\,\Delta\vartheta_{MM}) + \Delta l = P\,(1 + \alpha_P\,\Delta\vartheta_P) \tag{9.39}$$

und damit für das gesuchte Maß des Prüflings

$$P = N\,\frac{1 + \alpha_M\,\Delta\vartheta_{MM}}{1 + \alpha_P\,\Delta\vartheta_P} \cdot \frac{1 + \alpha_N\,\Delta\vartheta_N}{1 + \alpha_M\,\Delta\vartheta_{ME}} + \frac{\Delta l}{1 + \alpha_P\,\Delta\vartheta_P}\,. \tag{9.40}$$

Für den Temperaturfehler folgt daraus mit ähnlichen Vereinfachungen wie bei der unmittelbaren Messung

$$e = N\,(\alpha_P\,\Delta\vartheta_P - \alpha_M\,(\vartheta_{MM} - \vartheta_{ME}) - \alpha_N\,\Delta\vartheta_N)\,. \tag{9.41}$$

Komplizierter sind die Verhältnisse bei ausgedehnten Meßanordnungen und ungleicher Erwärmung der einzelnen Bauteile. So wird z. B. ein einseitig erwärmter Balken **(Bild 9.17)** gekrümmt mit

$$\frac{1}{r} = \alpha\,(\vartheta_u - \vartheta_0)/h\,. \tag{9.42}$$

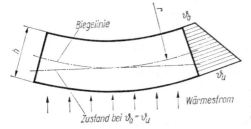

Bild 9.17. Krümmung des Balkens bei einseitiger Erwärmung

Anderer Art sind dynamische Temperaturfehler, wenn Körper mit ungleichen thermischen Zeitkonstanten erwärmt werden und sich dadurch zeitweilig unterschiedlich ausdehnen. Ein Beispiel dafür zeigt **Bild 9.18**. Grundlage zur Berechnung dieser Fehler ist die Grundgleichung für den Austausch der inneren Wärmemenge $m\,c$ des Körpers über die Oberfläche A. Die Abkühlungs- bzw. Erwärmungskurve ist mit guter Näherung eine Exponentialfunktion

$$\vartheta = \vartheta_u + (\vartheta_0 - \vartheta_u)\,[1 - \exp\,(-\,t/T)]\,. \tag{9.43}$$

Für die thermische Zeitkonstante T gilt dabei [273]

$$T = \frac{m\,c}{a_W\,A}\,; \tag{9.44}$$

m Masse des Körpers, c spezifische Wärmekapazität des Werkstoffs, A Oberfläche, a_W Wärmeübergangszahl.
Bild 9.18 a zeigt eine Anordnung mit zwei Säulen aus gleichem Werkstoff ($\alpha_1 = \alpha_2$), jedoch mit unterschiedlichen thermischen Zeitkonstanten ($T_2 > T_1$). Bei einem Sprung der Umgebungstemperatur folgt eine zeitlich unterschiedliche Erwärmung der beiden Säulen und dadurch eine Längendifferenz Δl (vgl. Bild 9.18 c) zu

$$\Delta l = l\,\alpha\,(\vartheta_0 - \vartheta_u)\,[\exp.\,(-\,t/T_2) - \exp\,(-\,t/T_1)]\,. \tag{9.45}$$

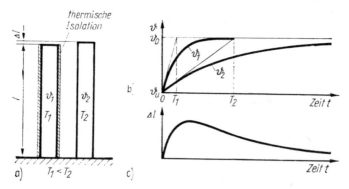

Bild 9.18. Dynamischer Längenfehler bei Erwärmung von Werkstücken mit unterschiedlichen thermischen Zeitkonstanten

a) Anordnung der Werkstücke; b) Zeitverlauf der thermischen Längenänderung; c) Zeitverlauf der Längendifferenz

Infolge der unterschiedlichen thermischen Zeitkonstanten T_2 und T_1 entsteht unmittelbar nach Änderung der Umgebungstemperatur ein größerer Fehler, der nach $t > 3\,T_2$ (vgl. Abschn. 5) näherungsweise wieder abgeklungen ist. Dieses Verhalten ist die Ursache dafür, daß viele Geräte und Werkzeugmaschinen nach der Inbetriebnahme einen sehr starken Temperaturgang aufweisen und eine gewisse Warmlaufzeit erfordern. Diese Fehler können durch annähernd gleiche Zeitkonstanten der Bauteile und kleine zeitliche Temperaturgradienten vermindert werden. Besonders ausgeprägt ist dieser Fehler auch bei interferometrischen Längenmessungen, da die Luft in der Meßstrecke (z. B. in turbulenten Strömungen) sehr schnell ihre Temperatur ändern kann (Verminderung durch Einkapselung des Meßstrahlengangs).

Generell sind aus den vorstehenden Überlegungen folgende Regeln zur Verminderung thermischer Fehler bei Längen- und Winkelmessungen abzuleiten:

1. Gestalte den Meßkreis so klein wie möglich.

2. Vermeide innere Wärmequellen in Meßgeräten (Lampen, Motoren, Trafos, Elektronik u. ä.).

3. Vermeide äußere Wärmequellen (Beleuchtung, Sonneneinstrahlung, Heizkörper, Berührung mit der Hand usw.).

4. Lasse Meßgerät, Prüfling und Normal hinreichend lange (zweckmäßig 24 Stunden) im gleichen Raum temperieren. Anhaltswerte für die erforderlichen Zeiten zum Temperaturausgleich von Werkstücken vermittelt **Bild 9.19.**

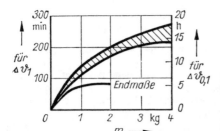

Bild 9.19. Temperaturausgleich von Werkstücken

m Masse; $\Delta\vartheta_1$, $\Delta\vartheta_{0,1}$ Temperaturausgleich von $\Delta\vartheta = 5$ K auf $\Delta\vartheta = 1$ K bzw. $\Delta\vartheta = 0,1$ K

9.5.3. Fehler infolge elastischer Verformung

Alle während des Meßvorgangs auf einen Körper einwirkenden Kräfte infolge Aufspannung, Eigengewicht und Antastung bewirken elastische Verformungen und damit Änderungen von Gestalt und Abmessungen des Werkstücks, die zu Fehlern führen. Grundlage für die Berechnung der Verformungen sind die Grundgleichungen der technischen Mechanik [244] [436]. Zur Fehlerabschätzung kann man von den folgenden Belastungs- und Verformungsfällen ausgehen:

- Verformung durch Eigengewicht
- Verformung durch Einspannkräfte
- Verformung durch Meßkräfte
- Verformung an der Antaststelle (Abplattung).

Die erstgenannten drei Grundfälle können i. allg. mit den von der technischen Mechanik bereitgestellten Modellierungsregeln und Grundgleichungen für den Zugstab und Biegebalken gelöst werden. Strenge Lösungen der elastischen Grundgleichungen oder numerische Lösungen z. B. mit finiten Elementen sind nur in Ausnahmefällen notwendig.

An einigen Beispielen soll das Vorgehen zur Abschätzung der Fehler demonstriert werden:

Fehler durch Eigengewicht (Gewichtskraft der Eigenmasse). Typisch für den Fehlereinfluß des Eigengewichts ist die Durchbiegung und Verkürzung eines in zwei Punkten unterstützten Maßstabs. Die Lösung dafür ist von *Bessel* [422] als Grundlage für die optimale Gestaltung des Urmeters erarbeitet worden. Angenommen werde zunächst ein Maßstab mit rechteckigem Querschnitt und einer auf der Oberseite angebrachten Teilung. Infolge des Eigengewichts biegt sich der in A und B unterstützte Maßstab wie ein Biegebalken mit Streckenlast durch **(Bild 9.20).** Dabei wird die Länge der neutralen Faser nicht geändert, und die Querschnitte bleiben eben und senkrecht zur Biegelinie (Grundtatsachen der linearen Biegetheorie). Dadurch wird aber infolge Streckung und Stauchung der Oberseite des Maßstabs die Teilung verändert; es entstehen Teilungsfehler, die von der Krümmung der Biegelinie abhängig sind. Grundlage der Berechnung ist die Funktion $y = y(x)$ der Biegelinie (neutrale Faser). Aus Bild 9.20 folgt dann für einen an der Stelle x beobachtbaren Teilstrich die zugehörige Maßstablänge l als Bogenlänge längs der Biegelinie aus

$$x_\mathrm{m} = x + h\,y'/2 \tag{9.46}$$

$$l = \int_0^x \sqrt{1 + y'(\xi)^2}\,\mathrm{d}\xi. \tag{9.47}$$

Für den Fehler der Strichlage infolge Durchbiegung ergibt sich

$$e = x_\mathrm{m} - l = x_\mathrm{m} - \int_0^x \sqrt{1 + y'(\xi)^2}\,\mathrm{d}\xi. \tag{9.48}$$

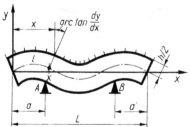

Bild 9.20. Deformation eines Maßstabs unter Eigengewicht

Eine Vereinfachung durch die Reihenentwicklung des Integranden ergibt bei Vernachlässigung von Gliedern höherer Ordnung wegen $y'^2 \ll 1$

$$e \approx \frac{h}{2} y'(x) - \int_0^x y'^2(\xi)\, d\xi. \tag{9.49}$$

Der Fehler ist mithin in 1. Ordnung von der Neigung der Biegelinie abhängig. Dieser Anteil wird Null durch Verlegung der Teilungsebene in die neutrale Biegelinie (Vermeidung der Fehlerübertragung). Bei Präzisionsmaßstäben wird dies durch U- oder X-förmigen Querschnitt (Urmeter) realisiert. Der zweite Fehleranteil ist klein von 2. Ordnung; er kann durch Variation der Biegelinie mit den Unterstützungspunkten minimiert werden [422]. Demnach wird der Fehler der Gesamtlänge eines in zwei Punkten unterstützten Maßstabs ein Minimum, wenn die Unterstützung in den Besselschen Punkten bei $a = 0,22031\ L$ erfolgt.

Weitere ausgezeichnete Stützstellen sind

$\qquad a = 0,2113\ L$ für parallele Endflächen (Endmaß)

$\qquad a = 0,2386\ L$ für minimale Durchbiegung (Lineal).

Zahlreiche weitere Beispiele für Fehler infolge Durchbiegung unter Eigengewicht (z.B. beim Spanndraht für Geradheitsmessung [268], Führungen an Meßgeräten u.a.) sind bekannt.

Fehler durch Spannkräfte. Wird ein Werkstück zur Bearbeitung oder Messung eingespannt, so bewirken die Spannkräfte sowohl Maß- als auch Formänderungen. Die Spannkräfte sind aus diesem Grund möglichst klein zu wählen und nur lokal an der Einspannstelle durch das Werkstück zu führen.

Zur Demonstration der Fehlerentstehung zeigt **Bild 9.21** die Einspannung einer Lagerbuchse beim Rundschleifen und die dadurch entstehende Formabweichung. Die Spannkräfte verformen das zylindrisch vorgearbeitete Werkstück (Bild 9.21a) in der dargestellten Weise, so daß es nach erneutem zylindrischem Ausschleifen die im Bild 9.21b dargestellte gegensinnige Formabweichung annimmt. Die Größe und der Verlauf der Formabweichung hängen von der Anzahl der Stützstellen (Spannbacken) und der Kraft ab. Das vorstehende Beispiel mit dreigipfliger Kreisformabweichung führt zugleich auf

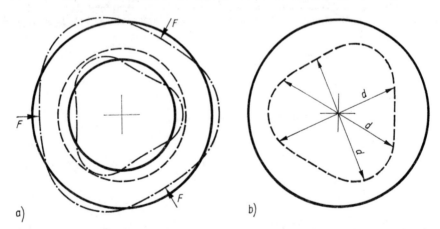

a)   b)

Bild 9.21. Entstehung von Maß- und Formabweichungen infolge von Spannkräften bei der Fertigung eines Ringes im Dreibackenfutter

a) Verformung durch Spannkräfte; b) Formabweichung nach zylindrischem Ausschleifen

———— Ausgangszustand

—·— verformte Buchse

– – – – – bearbeitete Buchse

ein spezielles Fehlerverhalten der Längenmeßtechnik, und zwar auf ein *Gleichdick*. Dieser Fehler zeigt sich darin, daß die Bohrung nicht rund, der Durchmesser jedoch in jeder Richtung gleich ist. Dieses Verhalten läßt sich aus dem Fourier-Ansatz der Formabweichung

$$f(\varphi) = \sum_{i=2}^{\infty} c_i \cos(i\varphi - \delta_i) \tag{9.50}$$

ableiten, der im vorliegenden Fall aus Symmetriegründen nur die Glieder $i = 3, 6, 9, \ldots$ enthalten kann. Berücksichtigt man nur das erste Glied ($i = 3$), dann ergibt sich für den Durchmesser d in Richtung φ aus $d = r_{(\varphi)} + r_{(\varphi + 180°)}$.

$$d = 2 r_0 + c_3 \cos(3\varphi - \delta_3) + c_3 \cos(3\varphi + 540° - \delta_3) = 2 r_0. \tag{9.51}$$

Der Durchmesser ist also in der Tat richtungsunabhängig. Diese Eigenschaft tritt bei allen ungeraden Harmonischen $i = 3, 5, 7, \ldots$ auf, und man spricht von 3-, 5-, 7seitigen Gleichdicken usw. Gleichdicke treten in der Praxis, neben dem zitierten Fall, insbesondere bei der Rundbearbeitung ohne geführte Achse auf (spitzenloses Rundschleifen, Bohren und Reiben, Rundschmieden u.a.), und sie sind Gegenstand vieler Untersuchungen zur Fehlergeometrie der Meß- und Fertigungstechnik [420].

Fehler durch Meßkräfte. Meßkräfte treten besonders bei Meßgeräten mit mechanisch berührender Antastung auf, und sie betragen üblicherweise 0,1 bis 10 N. Die Kräfte bei pneumatischer Messung sind aber ebenfalls nicht vernachlässigbar klein, obgleich sie sich auf eine größere Fläche verteilen; die Kraftwirkungen berührungsloser induktiver und kapazitiver Meßwertaufnehmer sind dagegen vernachlässigbar.

Fehler infolge der Meßkräfte entstehen vor allem durch zwei Ursachen, und zwar durch

- Meßkraftschwankungen des Meßgeräts (Reibung, Federkräfte)
- unterschiedliche elastische Steifigkeit von Normal und Prüfling

Die Fehlerentstehung möge bei der Unterschiedsmessung eines dünnwandigen Ringes verfolgt werden (**Bild 9.22**). Der dargestellte Meßkraftverlauf des eingesetzten mechanischen Feinzeigers zeigt die beiden charakteristischen Merkmale

- Meßkraftanstieg als Funktion der Meßbolzenverschiebung durch die eingebaute Feder zur Meßkrafterzeugung
- Umkehrspanne $\triangle F_R$ der Meßkraft bei Richtungsumkehr des Meßbolzens infolge der Reibung.

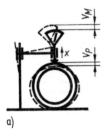 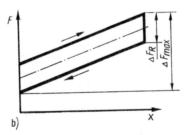

a)   b)

Bild 9.22. Elastische Verformung von Meßgerät und Prüfling bzw. Normal
a) bei mechanischen Messungen; b) Meßkraftverlauf mechanischer Meßgeräte

Die elastische Verformung der gesamten Meßanordnung setzt sich aus der Aufbiegung v_M des Meßgeräts und der Verformung v_P des Prüflings bzw. v_N des Normals zusammen und beträgt

$$v = (n_M + n_P) F; \tag{9.52}$$

F Meßkraft, n elastische Nachgiebigkeit von Meßgerät, Prüfling bzw. Normal (Index M, P, N).

Wegen unterschiedlicher Steifigkeit von Prüfling und Normal ergibt sich der Fehler zu

$$e = (n_{\mathrm{N}} - n_{\mathrm{P}})\, F, \tag{9.53}$$

und er kann nur durch Verkleinerung der Meßkraft selbst sowie durch Wahl eines Normals mit etwa gleicher Steifigkeit verringert werden.

Für den Fehler infolge einer Meßkraftschwankung ΔF (Anstieg und Umkehrspanne) folgt [244]

$$e = (n_{\mathrm{M}} + n_{\mathrm{P}})\, \Delta F = n_{\mathrm{ges}}\, \Delta F. \tag{9.54}$$

Dieser Fehler kann nur durch sehr steife Meßaufbauten sowie Meßgeräte mit sehr kleiner Meßkraftschwankung (Feder- oder Wälzführung des Meßbolzens, wegunabhängige Meßkraft) verringert werden.

Sehr störend ist dieser Fehler bei der fortlaufenden Messung sich periodisch oder stochastisch ändernder Meßgrößen (z. B. Profil- und Oberflächenprüfung, Rundlaufprüfung), da dann die Meßkraftumkehrspanne bei jeder Richtungsumkehr des Meßtasters voll fehlerwirksam wird (**Bild 9.23**). Der Meßbolzen verschiebt sich nach Richtungsumkehr in seiner Führung infolge der Reibungskraft jeweils erst dann, wenn die elastische Aufbiegung $n_{\mathrm{ges}}\, \Delta F$ aufgebraucht worden ist. Der entstehende Fehler läßt sich als richtungsabhängige Nullpunktverschiebung um $n_{\mathrm{ges}}\, \Delta F$ auffassen. Diese Verschiebung wirkt in der Meßkette als nichtlineares Übertragungsglied; es wird sowohl der Signalverlauf verzerrt als auch die gemessene Amplitude verringert. Für den Fall eines periodischen Meßgrößenverlaufs bei der Rundlaufprüfung nach Bild 9.23 wird beispielsweise ein fehlerhafter Wert für die Rundlaufabweichung erhalten zu

$$\tilde{K}_{\mathrm{R}} = K_{\mathrm{R}} - n_{\mathrm{ges}}\, \Delta F \gtreqless 0. \tag{9.55}$$

Der erhaltene Signalverlauf und dessen Entstehung sind ebenfalls aus Bild 9.23b ersichtlich. Bei $K_{\mathrm{R}} < n_{\mathrm{ges}}\, \Delta F$ wird sogar ein von Rundlaufabweichungen freies Werkstück vorgetäuscht.

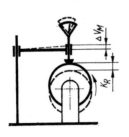 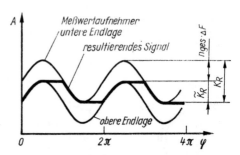

Bild 9.23. Fehlereinfluß der Meßkraftschwankung bei Rundlaufmessungen
a) Meßanordnung; b) Verlauf der erhaltenen Rundlaufabweichung

Abplattung an der Berührungsstelle. Bei mechanischer Antastung des Prüflings strebt man zur Sicherung eindeutiger Anlage des Tasters stets Punktberührung an. Man wählt deshalb die Anlageflächen mit stark unterschiedlicher Krümmung (z. B. als Paarung Ebene—Kugel, Zylinder—Kugel, gekreuzte Zylinder u. a.). Die aufgebrachte Meßkraft führt dann zu sehr hoher örtlicher Flächenpressung, die ihrerseits an der Antaststelle merkbare örtliche Verformungen, die sog. Hertzsche Abplattung [158] [537], bewirkt. Die dadurch entstehenden Fehler sind bei Präzisionsmessungen sowie bei der Messung von Werkstücken aus sehr elastischen Materialien zu berücksichtigen.

Der Vorgang der elastischen Verformung der beiden berührenden Körper ist im **Bild 9.24** für den Fall Kugel—Ebene dargestellt. Beide Körper werden vor allem in der Umgebung der Berührungsstelle verformt; die Summe beider Verformungen v_1 und v_2 ist die Abplattung v. Die Abplattung ist von den Krümmungsparametern (Hauptkrümmungsradien R_{ij}, Winkel ω zwischen den Hauptebenen I_1 und I_2 der Flächen im Berührungspunkt), den Werkstoffparametern und von der Meßkraft abhängig. Die Berechnung nach den Hertzschen Gleichungen ist sehr aufwendig. Die Grundgleichung hat die Form

$$v = k \sqrt[3]{\frac{9}{512} (\vartheta_1 + \vartheta_2)^2 \, \varrho \, F^2} \qquad (9.56)$$

mit $\vartheta_i = 4\,(1 - m_i)/E_i$ für Körper 1 und 2 sowie

und
$$\varrho = \varrho_{11} + \varrho_{12} + \varrho_{21} + \varrho_{22}$$

$$\varrho_{ij} = 1/R_{ij};$$

F Meßkraft, E Elastizitätsmodul, m Querkontraktionszahl, R_{ij} Hauptkrümmungsradien.

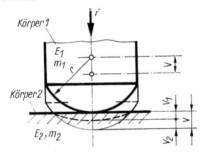

Bild 9.24. Elastische Abplattung zweier Körper mit Punktberührung

Die Abplattungskonstante k hängt von den Hauptkrümmungsradien R_{ij} sowie dem Winkel ω zwischen den Hauptebenen I_1 und I_2 beider Körper ab **(Bild 9.25)**. Üblicherweise wird $k = k\,(\tau)$ als Funktion eines Hilfswinkels τ ausgedrückt bzw. vertafelt [158]:

$$\cos \tau = \frac{1}{\varrho} \sqrt{(\varrho_{11} - \varrho_{12})^2 + 2\,(\varrho_{11} - \varrho_{12})\,(\varrho_{21} - \varrho_{22})\cos 2\,\omega + (\varrho_{21} - \varrho_{22})^2}. \qquad (9.57)$$

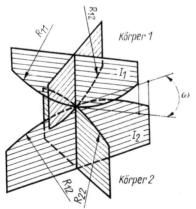

Bild 9.25. Hauptebenen und Hauptkrümmungsradien im Berührungspunkt als Grundlage zur Berechnung der Abplattung

Eine hinreichende Näherung für die Abplattungskonstante liefert nach [158] die Gleichung

$$k \approx \sqrt{\sin \tau}. \tag{9.58}$$

Tafel 9.1 enthält die exakten Werte. Für einige übliche Berührungsfälle vermittelt **Bild 9.26** nach [474] die zugeschnittenen Gleichungen zur Berechnung der Abplattung; **Bild 9.27** zeigt für den Fall Kugel—Ebene und die Werkstoffkombination Stahl—Stahl die Abplattungsfunktion. Die vorstehenden Gleichungen gehen von idealen Modellvorstellungen aus. Infolge von Oberflächenrauheit, Anisotropie der Werkstoffe in der Abplattungszone usw. treten Abweichungen auf, die jedoch in der Praxis vernachlässigbar sind [249].

Berührungsfall	Abplattung Δa in μm (alle übrigen Längenmaße in mm, F in N)
Ebene–Kugel	 $\Delta a_1 = 0{,}415 \sqrt[3]{\dfrac{F^2}{d}}$
Kugel zwischen zwei Ebenen	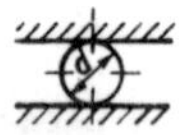 $\Delta a_2 = 2 \cdot \Delta a_1$
Ebene–Zylinder	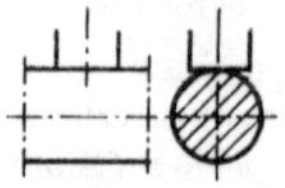 $\Delta a_3 = 4{,}69 \cdot 10^{-2} \dfrac{F}{\sqrt[3]{d}}$
Zylinder zwischen zwei Ebenen	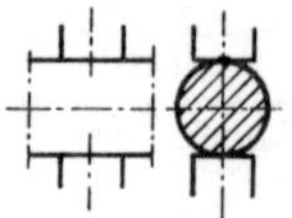 $\Delta a_4 = 2 \cdot \Delta a_3$
Kugel–Kugel	 $\Delta a_5 = 0{,}415 \sqrt[3]{F^2\left(\dfrac{1}{d} + \dfrac{1}{D}\right)}$
Kugel–Zylinder	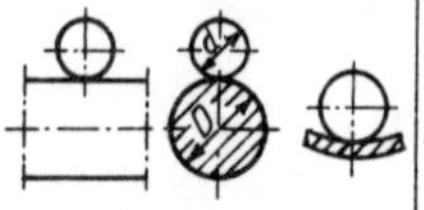 $\Delta a_6 = 0{,}480 \sqrt[3]{F^2} \cdot \dfrac{\sqrt[4]{\left(\dfrac{1}{d} + \dfrac{1}{D}\right)\dfrac{1}{d}}}{\sqrt[6]{\dfrac{2}{d} + \dfrac{1}{D}}}$ *)
Zylinder zwischen zwei Kugeln	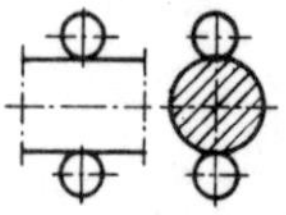 $\Delta a_7 = 2 \cdot \Delta a_6$

*) bei Hohlzylinder muß D negativ gesetzt werden

Bild 9.26. Zusammenstellung der häufigsten Berührungsfälle bei der Abplattung (Werkstoff Stahl—Stahl) [474]

Tafel 9.1. Koeffizient k der Abplattungsfunktion als Funktion des Hilfswinkels τ

τ in °	$\cos \tau$	k
0	1	0
5	0,9962	0,2969
10	0,9848	0,428
15	0,9659	0,5253
20	0,9397	0,6038
25	0,9063	0,6698
30	0,866	0,7263
35	0,8192	0,7752
40	0,766	0,8177
45	0,7071	0,8547
50	0,6428	0,8867
55	0,5736	0,9143
60	0,5	0,9376
65	0,4226	0,957
70	0,342	0,9726
75	0,2588	0,9847
80	0,1736	0,9932
85	0,0872	0,9983
90	0	1

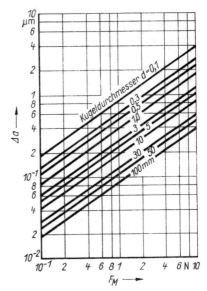

Bild 9.27. Abplattung bei der Antastung einer Ebene mit einer Kugel (Werkstoff Stahl—Stahl) [474]

F_M Meßkraft; Δa Abplattung

9.6. Ausgewählte Kapitel der Theorie korrelierter zufälliger Fehler

9.6.1. Einführung

Für das im Abschnitt 7 eingeführte Modell zur Berechnung der Ergebnisgröße y aus mehreren Eingangsgrößen x_j (indirekte Messung) mit Hilfe der Auswertegleichung

$$y = f(x_1, x_2, \ldots, x_l) \tag{9.59}$$

wird zur Berechnung der zugehörigen Varianz σ_y^2 das quadratische Fehlerfortpflanzungsgesetz in der Form

$$\sigma_y^2 = \left(\frac{\partial f}{\partial x_1}\sigma_1\right)^2 + \left(\frac{\partial f}{\partial x_2}\sigma_2\right)^2 + \cdots + \left(\frac{\partial f}{\partial x_l}\sigma_l\right)^2 \tag{9.60}$$

angegeben. Diese Vorschrift ist ein eingeschränkter Sonderfall der allgemeinen Theorie zufälliger Fehler. Sie ist nur unter der Bedingung statistisch unabhängiger (d.h. nicht korrelierter) Eingangsgrößen anwendbar. Das allgemeine Modell der Fortpflanzung zufälliger Fehler schließt die Korrelation sowohl zwischen den Eingangsgrößen als auch zwischen den Ergebnisgrößen, die Berechnung mehrerer Ergebnisgrößen aus den gleichen Eingangsdaten, die Fehlerfortpflanzung bei der Ausgleichsrechnung, die Auswertung unter Beachtung von Nebenbedingungen u.a. ein. Nachfolgend sollen einige Elemente der allgemeinen Lösung eingeführt werden. Weiterführende Lösungen sowie die

19*

allgemeine Theorie mehrdimensionaler Zufallsgrößen sind in der Literatur nachzulesen [276] [299] [634, Teil 4]. Vielseitige Anwendungen hat dieses Gebiet der Fehlerrechnung in der Geodäsie gefunden [352], und es ist dort im Zusammenhang mit der Ausgleichsrechnung für vielparametrige Auswerteprobleme weitgehend systematisiert und für die Anwendung aufbereitet. Die dort eingeführte spezielle Terminologie und Schreibweise komplizieren jedoch die Übertragung auf andere Gebiete.

9.6.2. Varianz und Kovarianz; die Kovarianzmatrix

Gegenstand vieler Messungen sind Meßreihen aus n simultan aufgenommenen unterschiedlichen Meßgrößen, die in einer großen Matrix angeordnet werden können (Tafel 9.2). Die Spalten der Matrix enthalten die nacheinander aufgenommenen Werte der einzelnen Meßgrößen; in den Zeilen stehen die zur gleichen Zeit erhaltenen Meßwerte.

Tafel 9.2. Meßwertmatrix zur Analyse der Korrelation zwischen den Meßgrößen über je n Meßwerte

i	X_1	X_2	$\cdots$	X_l
1	x_{11}	x_{21}		x_{l1}
2	x_{12}	x_{22}		x_{l2}
3	x_{13}	x_{23}		x_{l3}
.	.	.	.	.
.	.	.	.	.
.	.	.	.	.
n	x_{1n}	x_{2n}		x_{ln}
$\bar{x}$	$\bar{x}_1$	$\bar{x}_2$		$\bar{x}_l$
s	s_1	s_2		s_l

Werden während des Meßablaufs die Meßwerte einer Zeile durch innere Zusammenhänge oder äußere Einflüsse gleichermaßen von Fehlern beeinflußt, so sind letztendlich, auch gemittelt über alle Meßwerte, die einzelnen Spalten (Meßgrößen) statistisch ähnlich, d.h. miteinander korreliert. Das Maß dafür ist die Kovarianz als Erwartungswert der gemischten Produkte (vgl. (3.48)):

$$\sigma_{kj} = \mathrm{cov}\,(x_k, x_j) = E\,(x_k - \mu_k)\,(x_j - \mu_j). \tag{9.61}$$

Die Gesamtheit aller möglichen Kovarianzen zwischen den unterschiedlichen Meßreihen (Spalten in Tafel 9.2) wird als Kovarianzmatrix geschrieben und damit zugleich die Matrizenrechnung als wichtiges Hilfsmittel zur Behandlung mehrdimensionaler Fehler eingeführt:

$$S_x' = \begin{pmatrix} \sigma_1{}^2 & \sigma_{12} & \sigma_{13} & \cdots & \sigma_{1l} \\ \sigma_{21} & \sigma_2{}^2 & \sigma_{23} & & \\ \vdots & \vdots & \sigma_3{}^2 & & \\ \sigma_{l1} & \sigma_{l2} & & \cdots & \sigma_l{}^2 \end{pmatrix}. \tag{9.62}$$

In der Hauptdiagonalen stehen die Varianzen $\sigma_k{}^2$ der einzelnen Meßwerte:

$$\sigma_k{}^2 = E\,(x_k - \mu_k)^2. \tag{9.63}$$

Die Kovarianzmatrix ist symmetrisch ($\sigma_{kj} = \sigma_{jk}$) und positiv definit [56].
Als Maß für die statistische Verwandtschaft zwischen zwei Meßgrößen dient der Korrelationskoeffizient

$$\varrho_{kj} = \frac{\sigma_{kj}}{\sigma_k \, \sigma_j} \, . \tag{9.64}$$

Bei praktischen Messungen kann natürlich nur mit der empirischen Kovarianzmatrix
gearbeitet werden [299]; es gilt

$$S_x = \begin{pmatrix} s_1{}^2 & s_{12} & s_{13} & \cdots & s_{1l} \\ s_{21} & s_2{}^2 & s_{23} & & \vdots \\ \vdots & \vdots & s_3{}^2 & & \vdots \\ s_{l1} & & & \cdots & s_l{}^2 \end{pmatrix} \tag{9.65}$$

mit den Varianzen und Kovarianzen

$$s_k{}^2 = \frac{1}{n} \sum_{i=1}^{n} (x_{ki} - \bar{x}_k)^2 \tag{9.66}$$

$$s_{kj} = \frac{1}{n} \sum_{i=1}^{n} (x_{ki} - \bar{x}_k)\,(x_{ji} - \bar{x}_j) \tag{9.67}$$

und dem empirischen Korrelationskoeffizienten

$$r_{kj} = \frac{s_{kj}}{s_k \, s_j} \, . \tag{9.68}$$

Dabei gilt für die Mittelwerte $\bar{x}$

$$\bar{x}_k = \frac{1}{n} \sum_{i=1}^{n} x_{ki}, \quad \bar{x}_j = \frac{1}{n} \sum_{i=1}^{n} x_{ji}; \tag{9.69}$$

n Anzahl der Meßwerte.

Im Fall nicht korrelierter Meßwerte mit $r_{kj} = 0$ reduziert sich die Kovarianzmatrix auf
eine Diagonalmatrix mit den Varianzen $s_k{}^2$ der einzelnen Meßgrößen. Die Gültigkeit der
Annahme $r_{kj} = 0$ läßt sich mit Hilfe statistischer Testverfahren [284] prüfen (vgl.
Abschn. 3.4). Damit läßt sich das statistische Modell ggf. vereinfachen.
Ein anderer typischer Fall der Korrelation tritt bei der Messung von Ortsfunktionen
(z. B. bei der Form- und Oberflächenprüfung) auf, wobei dann die Meßwerte innerhalb
einer Meßreihe (Spalte in Tafel 9.2) korreliert sind. Diese Korrelation ist bedingt durch
die zusammenhängende Oberfläche (aber nicht nur dort), wodurch eng benachbarte
Punkte nahezu gleiche Informationen liefern und erst über größere Abstände ihren Zusammenhang verlieren. Zur Analyse dieser Eigenschaften ist dann die Autokorrelationsfunktion für das gemessene Profil heranzuziehen. Beispiele dafür sind in der Literatur
ausführlich dargestellt [24]. Die Theorie der Zeitfunktionen (vgl. Abschn. 5) liefert dafür
die Grundlagen.
Faßt man die Merkmalswerte x_k in (9.59) als Komponenten eines Vektors X im l-dimensionalen Raum R^l auf, dann ist die Kovarianzmatrix zugleich das Streuungsmaß für den
Vektor und beschreibt die Streuung im Merkmalsraum um den Mittelwert

$$\bar{X} = \frac{1}{n} \sum_{i=1}^{n} X_i. \tag{9.70}$$

Das Streuungsgebiet wird durch die l-dimensionale Verteilungsdichtefunktion beschrieben. Im Fall der Normalverteilung gilt dafür

$$\varphi(\boldsymbol{x}) = \sqrt{\frac{\det(S_x)}{(2\,\pi)^l}} \exp(-Q/2) \tag{9.71}$$

mit

$$Q(\boldsymbol{x}) = (\boldsymbol{x} - \boldsymbol{\mu})^T S_x^{-1} (\boldsymbol{x} - \boldsymbol{\mu}). \tag{9.72}$$

Für $Q = \text{const}$ beschreibt (9.71) den Ort gleicher Verteilungsdichte im Raum R^l als
l-dimensionales Ellipsoid. Die Eigenvektoren der Inversen der Kovarianzmatrix S_x sind
zugleich die Hauptachsen dieses Streuungsellipsoids: die Eigenwerte sind die zugehörigen Varianzen.
Im Fall $l = 2$ und $l = 3$ läßt sich dieses Streuungsellipsoid in der Ebene bzw. im Raum
darstellen **(Bild 9.28)**.
Mit der Kovarianzmatrix S für $l = 2$

$$S_x = \begin{pmatrix} \sigma_1{}^2 & \varrho_{12}\,\sigma_1\,\sigma_2 \\ \varrho_{12}\,\sigma_1\,\sigma_2 & \sigma_2{}^2 \end{pmatrix} \tag{9.73}$$

gilt für die Verteilungsdichte

$$\varphi(x_1, x_2) = \frac{1}{2\,\pi\,\sigma_1\,\sigma_2\,\sqrt{1 - \varrho_{12}{}^2}} \exp(-Q/2) \tag{9.74}$$

mit

$$Q(x_1, x_2) = \frac{1}{1 - \varrho_{12}} \left\{ \frac{(x_1 - \mu_1)^2}{\sigma_1{}^2} - 2\,\varrho_{12}\,\frac{(x_1 - \mu_1)\,(x_2 - \mu_2)}{\sigma_1\,\sigma_2} + \frac{(x_2 - \mu_2)^2}{\sigma_2{}^2} \right\} \tag{9.75}$$

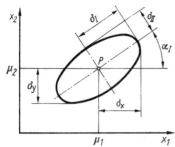

Bild 9.28. Streuungsellipse als zweidimensionaler
Unsicherheitsbereich eines Meßpunkts in der
x-y-Ebene

und für die Hauptachsenwerte (vgl. Bild 9.28)

$$\sigma_{\mathrm{I,II}}{}^2 = \frac{2\,(1 - \varrho_{12}{}^2)\,\sigma_1{}^2\,\sigma_2{}^2}{\sigma_1{}^2 + \sigma_2{}^2 \mp \sqrt{(\sigma_1 - \sigma_2)^2 + (2\,\varrho_{12}\,\sigma_1\,\sigma_2)^2}} \tag{9.76}$$

$$\alpha_{\mathrm{I}} = \frac{1}{2} \arctan\left(-2\,\varrho_{12}\,\frac{\sigma_1\,\sigma_2}{(\sigma_2{}^2 - \sigma_1{}^2)}\right). \tag{9.77}$$

Entsprechende Gleichungen gelten für die empirischen Standardabweichungen s. Eine
geometrische Interpretation der Fehlerellipse bzw. des Fehlerellipsoids ist aber nur im
Fall von gleichartigen Variablen mit der Dimension Länge sinnvoll (vgl. Abschn. 9.6.4).
Bei praktischen Messungen wird als Ergebnis der Mittelwertvektor $\overline{X}$ berechnet, und es
ist der Vertrauensbereich des erhaltenen Ergebnisses abzuschätzen. Bei eindimensionaler
Ergebnisgröße gilt dafür die bekannte Gleichung (vgl. (3.60) und [284])

$$\bar{x} - t\,s_x \leqq x \leqq \bar{x} + t\,s_x \tag{9.78}$$

mit $t_{n-1,\,P}$ als Wert der Student-Verteilung für $n-1$ Freiheitsgrade (n Anzahl der Meßwerte) und $P = 1 - \alpha$ als statistische Sicherheit. Bei mehrdimensionalem Ergebnisvektor sind zwei unterschiedliche Problemstellungen zu unterscheiden:

- Mehrdimensionaler Konfidenzbereich
  Dieser Bereich ist ein Fehlerellipsoid

$$(\boldsymbol{x} - \boldsymbol{\mu})^T \, S^{-1} \, (\boldsymbol{x} - \boldsymbol{\mu}) = Q \qquad (9.79)$$

mit

$$Q = l \, F_{l,\,n-l,\,1-\alpha}, \qquad (9.80)$$

wobei F die F- oder Fischer-Verteilung ist (n Anzahl der Meßwerte, l Anzahl der Parameter, $1 - \alpha$ statische Sicherheit) [284].
Praktische Bedeutung hat diese Lösung jedoch nur in den wenigen Fällen, wo gleichartige Ergebnisgrößen im Zusammenhang beurteilt werden müssen und der Parameterraum physikalisch interpretierbar ist, wie beispielsweise bei der Bestimmung der Lage eines Punktes in der Ebene oder im Raum.

- Eindimensionaler Konfidenzbereich der eindimensionalen Randverteilung einer mehrdimensionalen Verteilung

Die Randverteilung erhält man durch Integration der Verteilungsfunktion über alle $l - 1$ nicht interessierenden Parameter [56]:

$$\varphi\,(x_k) = \int\limits_{-\infty}^{+\infty} \cdots \int\limits_{-\infty}^{+\infty} \varphi\,(\boldsymbol{x}) \, \mathrm{d}x_1 \cdots \mathrm{d}x_i \cdots \mathrm{d}x_l \quad (i \neq k). \qquad (9.81)$$

Sehr anschaulich läßt sich die eindimensionale Randverteilung der zweidimensionalen Normalverteilung nach (9.74) angeben und darstellen **(Bild 9.29)**. Wird die Randverteilung auf einer vorgegebenen Geraden (d.h. der zufällige Fehler in der vorgegebenen Richtung ξ) verlangt, dann ist senkrecht dazu zu integrieren, und man erhält die eindimensionale Randverteilung

$$\varphi\,(\xi) = \frac{1}{\sqrt{2\,\pi} \cdot \sigma_\xi{}^2} \, \exp\left(-\,(\xi - \mu)^2/2\,\sigma_\xi{}^2\right) \qquad (9.82)$$

mit der Varianz

$$\sigma_\xi{}^2 = \sigma_\mathrm{I}{}^2 \cos^2 \gamma + \sigma_\mathrm{II}{}^2 \sin^2 \gamma. \qquad (9.83)$$

Dieser Wert wird aber gerade erhalten, wenn die Fehlerellipse nach (9.75) auf die Gerade ξ im Bild 9.29 projiziert wird.

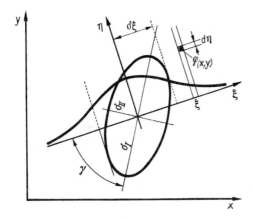

Bild 9.29. Eindimensionale Randverteilung in vorgegebener Richtung zu einer zweidimensionalen Normalverteilung

9.6.3.   Fehlerfortpflanzung bei einer Ergebnisgröße

Für die Auswertung der Meßwerte gelte die Auswertegleichung (9.59). Unter Beachtung der Korrelation zwischen den Eingangsgrößen folgt dann für die Streuung der Ergebnisgröße nach dem quadratischen Fehlerfortpflanzungsgesetz mit Korrelation

$$s_y^2 = \sum_{i=1}^{l} \left(\frac{\partial f}{\partial x_i} s_i \right)^2 + 2 \sum_{\substack{i,k=1 \\ k<i}}^{l} \varrho_{ik} \frac{\partial f}{\partial x_i} \cdot \frac{\partial f}{\partial x_k} s_i s_k. \tag{9.84}$$

Diese Gleichung läßt sich mit der Kovarianzmatrix S_x und der Funktional- oder Jacobi-Matrix J sehr kurz schreiben:

$$s_y^2 = J S_x J^T. \tag{9.85}$$

Die Funktionalmatrix [276] enthält die ersten partiellen Ableitungen der Auswertefunktionen nach den unabhängigen Variablen x.

$$J = \left(\frac{\partial f}{\partial x_1} \frac{\partial f}{\partial x_2} \cdots \frac{\partial f}{\partial x_l} \right) \tag{9.86}$$

J^T ist die Transponierte von J, so daß ausführlich auch

$$s_y^2 = \left(\frac{\partial f}{\partial x_1} \cdots \frac{\partial f}{\partial x_l} \right) \begin{pmatrix} s_1^2 & s_{12} & \cdots & s_{1l} \\ \cdot & s_2^2 & & \cdot \\ \cdot & & & \cdot \\ \cdot & & & \cdot \\ s_{l1} & & \cdots & s_l^2 \end{pmatrix} \begin{pmatrix} \partial f / \partial x_1 \\ \vdots \\ \partial f / \partial x_l \end{pmatrix} \tag{9.87}$$

gilt. Die vorstehenden Gleichungen zur Berechnung der Streuung s_y^2 sind auch für Aufgaben mit Nebenbedingungen und unbekannter Korrelation anwendbar. Aufgaben dieser Art treten bei Messungen auf, bei denen die gesuchte Größe indirekt als Summe direkt meßbarer Teilgrößen erhalten wird und bei denen Anfangs- und Endpunkt vorgegeben sind und als Nebenbedingung der Auswertung in Erscheinung treten.
Beispiel. Betrachtet werde eine Summenteilungsmessung an Zahnrädern durch Einzelteilungsmessung von Zahn zu Zahn (**Bild 9.30**). Für den Winkel über k Zähne des Zahnrads mit z Zähnen folgt aus den Einzelteilungswinkeln τ_i

$$\varphi_k = \sum_{i=1}^{k} \tau_i. \tag{9.88}$$

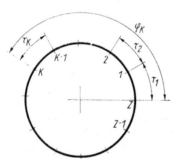

Bild 9.30. Indirekte Messung der Teilungswinkel φ_k als Summe der Einzelteilungen τ_i

Gesucht ist die Standardabweichung des Winkels φ_k als Maß für die Unsicherheit, abgeleitet aus der Standardabweichung σ_τ für den Einzelteilungswinkel.
Ohne Beachtung der Korrelation ergäbe sich nach (9.60) für den Zahn Nr. k die Beziehung

$$\sigma_k = s_\tau \sqrt{k}. \tag{9.89}$$

Beim Fortschreiten in umgekehrter Richtung ergäbe sich für den gleichen Zahn an der Stelle $z - k$

$$\sigma_k = s_\tau \sqrt{z - k}. \tag{9.90}$$

Aus dem erhaltenen Widerspruch folgt, daß offensichtlich das gewählte Modell für die Fehlerfortpflanzung falsch ist und die Korrelation nicht vernachlässigt werden darf. Grund dafür ist die Nebenbedingung

$$\varphi_z = 360° \text{ mit } \sigma_z = 0,$$

wonach Anfangs- und Endpunkt fehlerfrei sind. Bei Annahme gleicher Korrelation ($\varrho_{kj} = \varrho$) zwischen den Einzelwinkeln folgt nach (9.84) als allgemeine Fehlerfortpflanzungsgleichung

$$\sigma_k{}^2 = k\,\sigma_\tau{}^2 + 2\,\varrho \sum_{\substack{i,j=1 \\ i<j}}^{k} \sigma_\tau{}^2 = \left(k + 2\,\varrho\,\frac{k^2 - k}{2}\right)\sigma_\tau{}^2. \tag{9.91}$$

Der unbekannte Korrelationskoeffizient ϱ folgt für $k = z$ aus der Bedingung $\sigma_z = 0$ zu

$$\varrho = -1/(z - 1), \tag{9.92}$$

so daß sich die Streuung für den Winkel φ_k zu

$$\sigma_k{}^2 = \frac{k\,(z - k)}{z - 1}\,\sigma_\tau{}^2 \tag{9.93}$$

ergibt. **Bild 9.31** zeigt den Verlauf der Standardabweichung σ_k für $z = 10, 15, 20, 25$ Zähne (im Vergleich zu den Werten aus der einfachen Fehlerfortpflanzungsgleichung ohne Korrelation). Die Unterschiede und damit der Einfluß der Korrelation sind offensichtlich.
Die Wirkung und die Notwendigkeit der Berücksichtigung der Korrelation sind für $z = 2$ sehr deutlich. Infolge $\varrho = -1$ (nach (9.92)) zieht nämlich ein zufälliger Fehler $\triangle \tau_1$ im ersten Intervall notwendigerweise im zweiten Intervall den zufälligen Fehler $\triangle \tau_2 = -\triangle \tau_1$ nach sich, damit die Bedingung $\tau_1 + \tau_2 = 2\,\pi$ erfüllt ist. Von systematischen Fehlern wird dabei abgesehen.

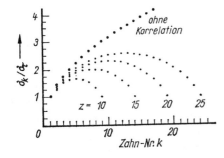

Bild 9.31. Standardabweichung σ_k der Summenteilung φ_k bezogen auf die Standardabweichung σ_τ der Einzelteilungsmessung in Abhängigkeit vor der Zähnezahl

9.6.4. Fehlerfortpflanzung bei mehreren Ergebnisgrößen

Sind bei indirekten Messungen aus gleichen Meßwerten mehrere unterschiedliche Ergebnisse zu berechnen, so sind diese i. allg. stets korreliert. Die Modellgleichungen für die Auswertung der l unterschiedlichen Meßwerte zu p Ergebniswerten seien

$$y_1 = f_1 (x_1, \ldots, x_l)$$
$$y_2 = f_2 (x_1, \ldots, x_l)$$
$$\vdots \qquad \ldots \qquad\qquad\qquad (9.94)$$
$$y_p = f_p (x_1, \ldots, x_l).$$

Die weitere Rechnung ist in diesem Fall nur in Matrizenschreibweise zweckmäßig. Eingangs- und Ergebnisgrößen werden als einspaltige Matrizen (Vektoren) zusammengefaßt:

$$Y = (y_1, y_2, \ldots, y_p)^T, \quad X = (x_1, x_2, \ldots, x_l)^T. \qquad (9.95)$$

Für den Meßwertvektor sei die Kovarianzmatrix S_x nach (9.73) bekannt. Für den Ergebnisvektor ergibt sich dann als Maß für die Unsicherheit ebenfalls eine Kovarianzmatrix:

$$S_y = J_y S_x J_y^T, \qquad (9.96)$$

wobei J wieder die Funktional- oder Jacobi-Matrix ist

$$J_y = \begin{pmatrix} \partial f_1/\partial x_1 & \cdots & \partial f_1/\partial x_l \\ \partial f_2/\partial x_1 & & \\ \vdots & & \vdots \\ \partial f_p/\partial x_1 & \cdots & \partial f_p/\partial x_l \end{pmatrix}. \qquad (9.97)$$

Gl. (9.96) ist die allgemeine Fassung der quadratischen Fehlerfortpflanzungsgleichung für zufällige Fehler. Sie ist ebenfalls anzuwenden, wenn einige oder alle Ergebniswerte mit Hilfe einer weiteren Funktion in einen abgeleiteten Ergebnisvektor umzurechnen sind und wenn nach der Streuung des Ergebnisses gefragt wird.
Die Berechnungsgleichung sei in diesem Fall

$$Z = (g_1 (Y) \, g_2 (Y) \cdots g_h (Y))^T. \qquad (9.98)$$

Mit der Jacobi-Matrix

$$J_z = \begin{pmatrix} \partial g_1/\partial y_1 & \cdots & \partial g_1/\partial y_p \\ \partial g_2/\partial y_1 & & \\ \vdots & & \vdots \\ \partial g_h/\partial y_1 & \cdots & \partial g_h/\partial y_p \end{pmatrix} \qquad (9.99)$$

folgt dann für die gesuchte Kovarianzmatrix

$$S_z = J_z S_y J_z^T.$$

Die ausführliche Gleichung für die zweistufige (entsprechend auch die mehrstufige) Fehlerfortpflanzung ist dann

$$S_z = J_z J_y S_x J_y^T J_z^T. \qquad (9.100)$$

Beispiel. Es bestehe die Aufgabe, auf einem Koordinatenmeßgerät Durchmesser und Mittelpunkt eines Kreises aus drei Punkten nach dem „Thaleskreis-Algorithmus" gemäß **Bild 9.32** zu ermitteln. Dazu werden längs zweier zueinander senkrechter Geraden drei Punkte $P\,(x_j,\,y_j)$ der Kreiskontur gemessen. Aus vorhergehenden Untersuchungen sei bekannt, daß die Koordinaten x_i und y_i statistisch unabhängig sind und gleiche Streuung $\sigma_x{}^2 = \sigma_y{}^2 = \sigma_p{}^2$ aufweisen. Damit ist die Kovarianzmatrix der Meßpunkte bereits bekannt

$$S_\mathrm{p} = \begin{pmatrix} \sigma_p{}^2 & 0 \\ 0 & \sigma_p{}^2 \end{pmatrix}. \tag{9.101}$$

Die Fehlerellipse der drei Meßpunkte ist demzufolge ein Kreis (vgl. Bild 9.32).

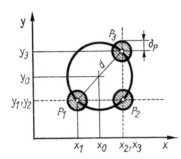

Bild 9.32. Messung eines Kreises in der x-y-Ebene nach der Thaleskreis-Methode
P_1, P_2, P_3 Meßpunkte mit Streuungskreisen

Für die Koordinaten des Mittelpunkts des gesuchten Kreises folgt

$$\begin{aligned} x_0 &= (x_1 + x_2)/2 \\ y_0 &= (y_2 + y_3)/2 \end{aligned} \tag{9.102}$$

und für den Durchmesser

$$d_0 = \sqrt{(x_3 - x_1)^2 + (y_3 - y_1)^2}. \tag{9.103}$$

Aus sechs Eingangswerten sind mithin drei Ergebnisparameter zu berechnen. In Vektorschreibweise gilt damit

$$X = (x_1, y_1, x_2, y_2, x_3, y_3)^T \tag{9.104}$$
$$Y = (x_0, y_0, d_0)^T. \tag{9.105}$$

Die Kovarianzmatrix S_x des Eingangsvektors X (aus den drei Meßpunkten) erhält man, unter der Voraussetzung der Unabhängigkeit der drei Meßpunkte untereinander, als Hypermatrix aus den Kovarianzmatrizen der einzelnen Meßpunkte zu

$$S_x = \begin{pmatrix} S_\mathrm{p1} & 0 & 0 \\ 0 & S_\mathrm{p2} & 0 \\ 0 & 0 & S_\mathrm{p3} \end{pmatrix}. \tag{9.106}$$

Da die Meßpunkte der gleichen Grundgesamtheit entstammen, gilt sehr einfach

$$S_x = \sigma_p{}^2\,E; \tag{9.107}$$

$E = 6{,}6$-Einheitsmatrix.
Die Jacobi-Matrix ergibt sich aus (9.102) und (9.103) zu

$$J = \begin{pmatrix} 1/2 & 0 & 1/2 & 0 & 0 & 0 \\ 0 & 0 & 0 & 1/2 & 0 & 1/2 \\ -\dfrac{x_3 - x_1}{d_0} & -\dfrac{y_3 - y_1}{d_0} & 0 & 0 & \dfrac{x_3 - x_1}{d_0} & \dfrac{y_3 - y_1}{d_0} \end{pmatrix}. \tag{9.108}$$

Zur Vereinfachung der Rechnung wird, ohne Beschränkung der Allgemeinheit, der Sonderfall $|x_3 - x_1| = |y_3 - y_1| = d/\sqrt{2}$ diskutiert. Für die Kovarianzmatrix S_K der Kreisparameter folgt dann

$$S_K = \begin{pmatrix} 1/2 & 0 & -\sqrt{2}/4 \\ 0 & 1/2 & \sqrt{2}/4 \\ -\sqrt{2}/4 & \sqrt{2}/4 & 2 \end{pmatrix} \sigma_p^2. \tag{9.109}$$

Für die weitere Diskussion, einschließlich der grafischen Darstellung, ist zwischen der x-y-Meßebene (zweidimensional) und dem x_0-y_0-d_0-Parameterraum zu unterscheiden (Bild 9.33). Jeder Kreis in der Meßebene wird im Parameterraum (oberer Halbraum $d > 0$) als Punkt dargestellt. Aus der Kovarianzmatrix (9.109) ist ersichtlich, daß die Mittelpunktkoordinaten x_0 und y_0 nicht korreliert sind und als Streuungsgebiet ein Kreis zu erwarten ist. Dagegen sind Durchmesser und Lage des Mittelpunkts voneinander abhängig; bei einer zufälligen Verschiebung des Mittelpunkts in seinem Streubereich kann dann nicht noch gleichzeitig der Durchmesser seinen gesamten Streubereich ausfüllen.

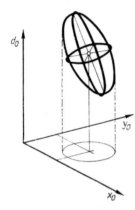

Bild 9.33. Streuungsellipsoid für Mittelpunktkoordinaten und Radius im x_0-y_0-d_0-Parameterraum des Kreises nach Bild 9.32

Das statistische Verhalten der Kreisparameter ist anschaulich im Parameterraum (Bild 9.33) ersichtlich. Dargestellt ist das Streuungsellipsoid nach (9.75), für das mit den obigen Zahlenwerten gilt:

$$Q = \frac{1}{3\,\sigma_p^2} \{7\,\xi^2 + 7\,\eta^2 + 2\,\zeta^2 - 2\,\xi\,\eta + 2\,\sqrt{2}\,\xi\,\zeta - 2\,\sqrt{2}\,\eta\,\zeta\} \tag{9.110}$$

mit

$$\xi = x_0 - \mu_x$$
$$\eta = y_0 - \mu_y$$
$$\zeta = d_0 - \mu_d.$$

Der Mittelpunkt des Ellipsoids stellt den Kreis aus den Meßwerten und das Ellipsoid den minimalen Bereich zufälliger Fehler dar, in dem der wirkliche Wert mit einer vorgegebenen statistischen Sicherheit zu erwarten ist (totaler Konfidenzbereich).

Das Streuungsgebiet des Mittelpunkts in der Ebene x-y (für alle möglichen Werte des Durchmessers d) erhält man als zweidimensionale Randverteilung, für die sich nach einiger Zwischenrechnung

$$\varphi(x, y) = \frac{1}{2\,\pi\,\sigma_0^2} \exp\left(-(\xi^2 + \eta^2)/2\,\sigma_0^2\right) \tag{9.111}$$

mit $\sigma_0{}^2 = \sigma_p{}^2/2$

ergibt. Als Streubereich erhält man in Übereinstimmung mit der Kovarianzmatrix einen Kreis:

$$Q = \frac{1}{\sigma_0{}^2}\,(\xi^2 + \eta^2) = \frac{2}{\sigma_p{}^2}\,(\xi^2 + \eta^2). \tag{9.112}$$

Dieser Kreis ergibt sich im Bild 9.33 auch als Projektion des Streuungsellipsoids auf die x_0-y_0-Ebene.

Als Weiterführung der Rechnung soll ein Maß für die Unsicherheit eines durch den Winkel φ definierten Kreispunkts **(Bild 9.34 a)** berechnet werden. Dafür folgt die Fehlerfortpflanzung aus der Gleichung

$$\mathbf{Z} = \begin{pmatrix} x \\ y \end{pmatrix} = \begin{pmatrix} x_0 + \dfrac{d_0}{2}\cos\varphi \\[2mm] y_0 + \dfrac{d_0}{2}\sin\varphi \end{pmatrix}. \tag{9.113}$$

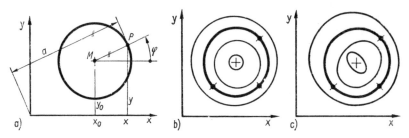

Bild 9.34. Konfidenzbereiche des Kreises aus unsicheren Meßpunkten

a) Parameter für die Ableitung; b) Konfidenzbereich für Thaleskreis-Algorithmus nach Bild 9.33; c) Konfidenzbereich für allgemeinen Dreipunktkreis

Mit der Jacobi-Matrix

$$J = \begin{pmatrix} 1 & 0 & \dfrac{1}{2}\cos\varphi \\[2mm] 0 & 1 & \dfrac{1}{2}\sin\varphi \end{pmatrix} \tag{9.114}$$

und der Kovarianzmatrix S_k für die Kreisparameter folgt dann die Kovarianzmatrix S_z eines Kreispunkts mit fest vorgegebenem Winkel φ

$$S_z = \frac{\sigma_p{}^2}{2}\begin{pmatrix} 1 - \dfrac{\sqrt{2}}{2}\cos\varphi + \cos^2\varphi & \dfrac{\sqrt{2}}{4}(\cos\varphi - \sin\varphi) + \sin\varphi\cos\varphi \\[3mm] \dfrac{\sqrt{2}}{4}(\cos\varphi - \sin\varphi) + \sin\varphi\cos\varphi & 1 + \dfrac{\sqrt{2}}{2}\sin\varphi + \sin^2\varphi \end{pmatrix}. \tag{9.115}$$

Die vorstehende Kovarianzmatrix ist ein Maß für die Unsicherheit eines festen Punktes des Kreises, die aus der Unsicherheit von Mittelpunkt und Durchmesser resultiert. Für den Kreis selbst ist dieses Ergebnis jedoch weniger interessant, da die Unsicherheit längs der Kreislinie nicht signifikant ist. Zur Berechnung des radialen Konfidenzbereichs der Kreislinie kann nun aus der zu (9.115) gehörenden Verteilungsdichte mit (9.84) die eindimensionale Randverteilung in radialer Richtung ermittelt werden. Man kann aber auch unmittelbar die Lösung dafür ansetzen. Nach Bild 9.34a folgt für den radial gerichteten Abstand des Randpunkts zum festen Ursprung

$$a = x_0 \cos \varphi + y_0 \sin \varphi + \frac{d_0}{2}. \tag{9.116}$$

Für die Streuung dieses Abstands (und damit zugleich als Maß für den radialen Konfidenzbereich) ergibt sich daraus nach (9.84)

$$\sigma_f{}^2 = \left(1 - \frac{\sqrt{2}}{4} \cos \varphi + \frac{\sqrt{2}}{4} \sin \varphi\right) \sigma_p{}^2. \tag{9.117}$$

Damit läßt sich der Konfidenzbereich für den so ermittelten Kreis sowohl für den Mittelpunkt als auch für die Kreislinie angeben (Bild 9.34b).

Bei Wahl eines anderen Auswertealgorithmus für das gleiche Problem erhält man bei gleicher Unsicherheit für die Meßpunkte natürlich auch unterschiedliche Ergebnisse. Für den erläuterten Kreis aus drei Punkten ist das sehr anschaulich möglich. Berechnet man den Kreis über den Weg des Schnittpunkts der Mittelsenkrechten benachbarter Meßpunkte, dann ergeben sich für die gleiche Anordnung der drei Meßpunkte die im Bild 9.34c gezeigten Konfidenzbereiche [247]. Damit wird auch für dieses Beispiel deutlich, wie sich die Korrelation auf die Unsicherheit komplizierter Messungen auswirken kann. Weitere Überlegungen für den Kreis und die entstehenden Fehler bei unabhängiger Tolerierung korrelierter Maße sind in [245] [246] erläutert.

Literaturverzeichnis

Die Überschriften einiger Originalarbeiten und die Verlagsnamen wurden leicht gekürzt. Außerdem werden folgende Abkürzungen benutzt: ATM Archiv für Technisches Messen; fg Feingerätetechnik; msr messen steuern regeln; rtp Regelungstechnische Praxis; St. u. Qu. Standardisierung und Qualität; tm Technisches Messen; HUB Humboldt-Universität zu Berlin.

[1] *Ach, K.-H.:* Massebestimmung im Ringvergleich. PTB-Mitt. 93 (1983) 6, S. 383 bis 389

[2] *Acton, F. S.:* Analysis of straight-line data. New York: Springer 1959

[3] *Agekjan, T. A.:* Osnovy teorii ošibok dlja astronomov i fizikov (Grundlagen der Fehlertheorie für Astronomen und Physiker). Moskva: Nauka 1972

[4] *Von Alberti, H.-J.:* Maß und Gewicht. Berlin: Akademie-Verl. 1957

[5] *Alekseeva, I. U.,* u.a.: O klassifikacii pogrešnostej po vidu ich zakona raspredelenija (Fehlerklassifikation nach ihren Verteilungsgesetzen). Izmerit. Tech. (1975) 5, S. 23—24

[6] *Angersbach, F.:* „Genauigkeit" genau nehmen. H & B messwerte (1966) 3, S. 30 bis 32

[7] *Angersbach, F.:* Ermittlung der Sicherheit der Fehlergrenzen eines Meßergebnisses. Acta IMEKO 1970, D-TH-14. Budapest: Akadémiai Kiadó 1971

[8] *Angersbach, F.:* Über die Fehlergrenzen eines Meßergebnisses. Elektrotech. Z. (B) 23 (1971) 20, S. 476—477

[9] *Azizov, A. M.; Gordov, A. N.:* Točnost' izmeritel'nych preobrazovatelej (Genauigkeit von Meßwandlern). Moskva: Energija 1975

[10] *D'Azzo, I. J.; Houpis, C. H.:* Feedback control system analysis and synthesis. 2. Aufl. New York: Wiley 1966

[11] *Bach, H.-W.; Hoppe, W.:* Umweltbedingungen und Umweltprüfungen. DIN-Mitt. 63 (1984) 8, S. 429—432

[12] *Bacivarof, A. B.; Bacivarov, I. C.:* Zuverlässigkeitsmodelle für Software. Metrologia aplicată (Bukarest) 29 (1982) 3, S. 124—130

[13] *Bartford, N. C.:* Kleine Einführung in die statistische Analyse von Meßergebnissen. Frankfurt (Main): Akad. Verlagsges. 1970

[14] *Bartlett, M. S.:* Fitting a straight line when both variables are subject to error. Biometrics 5 (1949) S. 207—212

[15] *Barnett, V.; Lewis, T.:* Outliers in statistical data. New York: Wiley 1978

[16] *Bassière, M.; Gaignebet, E.:* Métrologie Générale. Paris: Dunod 1966

[17] *Bauer, C.:* Was sind Fehler? Werkstatt u. Betrieb 110 (1977) 5, S. 301—305

[18] *Bauer, G.:* Methoden zur Korrektur der Übertragungscharakteristik von Meßwertaufnehmern. tm 48 (1981) 2, S. 71—72

[19] *Bauer, G.:* Metrologische Inspektionen. St. u. Qu. 29 (1983) 6, S. 206

[20] *Baule, B.:* Die Mathematik des Naturforschers und Ingenieurs. Bd. II Ausgleichs- und Näherungsrechnung. 8. Aufl. Leipzig: Hirzel 1966

[21] *Baumann, E.:* Fehlerproblematik bei der elektrischen Messung mechanischer Größen. msr. 22 (1979) 5, S. 275—277; 7, S. 400—402

[22] *Baumann, E.:* Sensortechnik für Kraft und Drehmoment. Berlin: Verl. Technik 1983

[23] *Baur, H.:* Ein Kenngrößenanalysator. Diss. TU Hannover 1968

[24] *Beck, C.; Gutsch, R.:* Beschreibung technischer Oberflächen im Frequenzbereich. fg 26 (1977) 5, S. 224—227

[25] *Becker. G.:* Problems of time standards and time scales. PTB-Mitt. 92 (1982) 3, S. 194—201

[26] *Beiermann, N.,* u. a.: Messung von Strömungsgeschwindigkeiten nach einem Laufzeitkorrelationsverfahren. msr. 27 (1984) 4, S. 155—160

[27] *Beleites, E.:* Zuverlässigkeitskenngrößen der Langlebigkeit. St. u. Qu. 30 (1984) 2, S. 81—82; 4, S. 112—113

[28] *Bendat, J. S.; Piersol, A. G.:* Random data-analysis and measurement procedures. New York: Wiley 1971

[29] *Bender, D.; Pippig, E.:* Einheiten, Maßsysteme, SI. 5. Aufl. Berlin: Akademie-Verl. 1986

[30] *Berauer, G.:* Rekursive Berechnung statistischer Parameter bei lernenden Verfahren. Frequenz 26 (1972) 6, S. 166—168

[31] *Bernd, J.:* Statistische Verfahren für technische Meßreihen. München: Hanser 1979

[32] *Berndt, G.,* u. a.: Funktionstoleranz und Meßunsicherheit. Wiss. Z. TU Dresden 17 (1968) 2, S. 465—471

[33] *Bertrand, J.:* Méthode des moindres carrés. Paris: Mallet-Bachelier 1855

[34] *Beyer, O.,* u. a.: Wahrscheinlichkeitsrechnung und mathematische Statistik. 3. Aufl. Leipzig: Teubner 1982

[35] *Bielefeld, A.:* Beitrag zur experimentellen Simulation von Fehlerverteilungsmodellen. Diss. HUB 1979

[36] *Bielefeld, A.; Härtig, G.:* Modellierung der Fehleraddition durch Faltung. msr 23 (1980) 2, S. 82—84

[37] *Bielefeld, A.; Lippe, H.-J.:* Experimentelle Modellierung von Verteilungsdichten. Technik 30 (1975) 7, S. 438—440

[38] *Bischoff, W.:* Unschädliche Kippunkte. fg 5 (1956) 7, S. 314

[39] *Bitter, P.,* u. a.: Technische Zuverlässigkeit. Berlin: Springer 1971

[40] *Blichfeld, H.,* u. a.: Legal metrology in Denmark. Monthly Rev. Inst. Trad. Stand. 91 (1983) S. 140

[41] *Bock, H.:* Einführung in die Meßtechnik. Berlin: Verl. Technik 1954

[42] *Bol'šakov, V. D.:* Teorija ošibok nabljudenij (Theorie der Beobachtungsfehler). 2. Aufl. Moskva: Nedra 1983

[43] *Bondaros, J. G.; Konstantino, V.:* Ocenivanie sostojanija linejnych sistem (Zustandsbewertung linearer Systeme). Avtom. i Telemech. (1976) 5, S. 34—43

[44] *Bonfig, K. W.,* u. a.: Methoden zur Erhöhung der Präzision von Meßsystemen. m + pr/automat. 19 (1983) 1/2, S. 28, 30

[45] *Booster, P.; van Kampen, E. J.:* Auswertung von Meßergebnissen im Labor. Frankfurt (Main): Umschau-Verl. 1975

[46] *Börker, E.:* Das gesetzl. Meßwesen im Vereinigten Königreich von Großbritannien und Nordirland. PTB-Mitt. 89 (1979) 1, S. 28—30

[47] *Börsch, A.; Simon, P. (Hrsg.):* Abhandlungen zur Methode der kleinsten Quadrate von C. F. Gauss. Berlin: Stankiewicz 1887

[48] *Borucki, L.; Dittmann, J.:* Digitale Meßtechnik. 2. Aufl. Berlin: Springer 1971

[49] *Böse, H.:* Einführung in die Ausgleichsrechnung. München: Oldenbourg 1965

[50] *Braddick, H. J.:* Die Physik des experimentellen Arbeitens. Berlin: Dt. Verl. d. Wiss. 1959

[51] *Brammerts, P. H.:* Die Ursache für Form- und Meßfehler an feinbearbeiteten Werkstücken. Diss. RWTH Aachen 1960

[52] *Braslavskij, D. A.; Petrov, V. V.:* Točnost' izmeritel'nych ustrojstv (Genauigkeit von Meßeinrichtungen). Moskva: Mašinostroenie 1976

[53] *Breyer, K.-H.:* Genauigkeitsangaben in Zukunft vergleichbar. Feinwerktech. u. Meßtech. 91 (1983) 4, S. 9—10

[54] *Bridgman, P. W.:* Dimension analysis. New Haven 1931

[55] *Brinkmeyer, H.; Jansen, L.:* Die Eingangsprüfung als Mittel zur Erhöhung der Zuverlässigkeit in der Meßtechnik. m + pr/automat. 20 (1984) 7/8, S. 372—374

[56] *Bronstein, I. N.; Semendjajew, K. A.:* Taschenbuch der Mathematik. 20. Aufl. Leipzig: Teubner 1981

[57] *Bucciarelli, T.; Picardi, G.:* Analog to digital converters statistical analysis. Alta Frequenca (1975) 8, S. 454—460

[58] *Buchmann, R.:* Zur mathematischen Ermittlung des linearen Zusammenhanges zwischen zwei Meßgrößen. msr 17 (1974) 2, S. 55—57

[59] *Buchta, H.:* Messung der eindimensionalen Wahrscheinlichkeitsverteilung. Regelungstech. 14 (1966) 3, S. 102—109

[60] *Buchta, H.:* Beitrag zur Messung der Kennwerte tiefstfrequenter zufälliger Signale. Diss. TU Dresden 1967

[61] *Bur'jan, V. I.,* u.a.: Osnovy teorii izmerenij (Grundlagen der Meßtheorie). Moskva: Atomizdat 1977

[62] *Burmistrov, G. A.:* Osnovy sposoba naimen'šich kvadratov (Grundlagen der Methode der kleinsten Quadrate). Moskva: Gosgeoltechizdat 1963

[63] *Burr, I. W.:* Cumulative frequency functions. Ann. Math. Statist. 13 (1942) 2, S. 215—232

[64] *Chatfield, C.:* Analyse von Zeitreihen. München: Hanser 1983

[65] *Churkin, J. I.; Jakowlew, C. P.; Wunsch, G.:* Theorie und Anwendung der Signalabtastung. Berlin: Verl. Technik 1966

[66] *Cibina, A. A.; Danilevič, S. B.:* Ocenka dostovernosti rezul'tatov poverki sredstv izmerenij (Abschätzung der Richtigkeit der Ergebnisse von Meßmittelprüfungen). Izmerit. Tech. (1982) 5, S. 14—15

[67] *Cooper, W. D.:* Electronic instrumentation and measurement techniques. 2. Aufl. London: Prentice Hall 1978

[68] *Cordes, H. F.:* Was heißt „Automatische Kalibrierung"? Elektronik 32 (1983) 13, S. 98

[69] *Cordes, H. F.:* Multimeter digital kalibriert. Elektronik 33 (1984) 11, S. 16

[70] *Cornish, E. A.; Fisher, F. A.:* Moments and cumulants in the specification of distributions. Rev. Inst. Int. Stat. 5 (1937) S. 307—322

[71] *Cowden, D. J.:* Statistical methods in quality control. Englewood Cliffs: Prentice Hall 1957

[72] *Cschornack, P.:* Prüfeinrichtung für Flüssigkeits-Durchflußmeßmittel. msr 27 (1984) 5, S. 207—209

[73] *Csontó, J.:* Erhöhte Effektivität von Algorithmen der Datenkompression durch Ausscheiden von „Ausreißern". msr. 24 (1981) 10, S. 583—585

[74] *Czetto, R.:* Klassifizierungssysteme für Prüfmittel der industriellen Längenprüftechnik. Mainz: Krausskopf 1978

[75] *Czuber, E.:* Theorie der Beobachtungsfehler. Leipzig: Teubner 1891

[76] *Czuber, E.:* Wahrscheinlichkeitsrechnung und ihre Anwendung auf Fehlerausgleichung. Leipzig: Teubner 1903

[77] *Daeves, K.; Beckel, A.:* Großzahlforschung und Häufigkeitsanalyse. Weinheim: Verl. Chemie 1958

[78] *Dahlmann, H.; Bonfig, K.:* Eigenüberwachung von Meßgeräten mit Mikrorechnern m + pr/automat. 19 (1983) 11, S. 668—671

[79] *Damm, H.:* Einheitliche Prüfstandards und gegenseitige Anerkennung staatl. Meßmittelprüfungen. St. u. Qu. 26 (1980) 3, S. 126—128

[80] *Damm, H.,* u.a.: Zur gegenseitigen Anerkennung staatlicher Meßmittelprüfung Metrolog. Abh. 2 (1982) 1, S. 47—50

[81] *Damm, H.; Spott, S.:* Standardisierungsarbeit der OIML als Grundlage für den Gerätebau. fg 28 (1979) 12, S. 530

[82] *David, H. A.,* u.a.: The distribution of the ratio of range to standard deviation. Biometrica 41 (1954) S. 482

[83] *Davies, W. D. T.:* System identification for self-adaptive control. Chichester: Wiley 1970

[84] *Dietrich, C. F.:* Uncertainty, calibration and probability — the statistic of scientific and industrial measurement. London: Hilger 1973

[85] *Dittmann, H.:* Stand und Probleme bei der Darstellung von Einheiten elektrischer Größen. Metrolog. Abh. 1 (1981) 1, S. 45—51

[86] *Dixon, W. J.:* Ratios involving extreme values. Ann. Math. Statist. 22 (1951) 1, S. 68—78

[87] *Dixon, W. J.:* Processing data for outliers. Biometrics 9 (1953) 22, S. 74—89

[88] *Doetsch, G.:* Zerlegung einer Funktion in Gaußsche Fehlerkurven. Math. Z. 41 (1936) S. 283—318

[89] *Doetsch, G.:* Einführung in die Theorie und Anwendung der Laplace-Transformation. 3. Aufl. Basel: Birkhäuser 1976

[90] *Dolinskij, E. F.:* Obrabotka resul'tatov izmerenij (Bearbeitung von Meßresultaten). 2. Aufl. Moskva: Izd. Stand. 1973

[91] *Domračev, V. G.; Mejko, B. S.:* Cifrovye preobrazovateli ugla (Digitale Wandler für Winkel). Moskva: Energoatomizdat 1984

[92] *Dörfel, G.; Woschni, E. -G.:* Vergleich der informationstheoretisch optimalen Sampling-Filterung mit der nach Wiener und Kalman. Z. elektr. Inf.- u. Energietech. 13 (1983) 5, S. 385—394

[93] *Drachsel, R.; Richter, W.:* Grundlagen der elektrischen Meßtechnik. 7. Aufl. Berlin: Verl. Technik 1983

[94] *Drake, J.:* Taschenbuch für das Vermessungsingenieurwesen. 7. Aufl. Berlin: Verl. f. Bauwesen 1975

[95] *Drewitz, H.,* u.a.: Einsatzmöglichkeiten der stochastischen Meßtechnik. msr 18 ap (1975) 7, S. 169—172

[96] *Družinin, G. V.:* Metody ocenki i prognozirovanija kačestva (Methoden der Qualitätsbewertung und -vorhersage). Moskva: Radio i Svjaz' 1982

[97] *Düllmann, H.:* Bedeutung der staatlichen Zulassungsprüfung für Meßmittel. St. u. Qu. 27 (1981) 1, S. 32—33

[98] *Dunnington, G. W.:* C. F. Gauss — inaugural lecture on astronomie. Baton Rouge: Louisiana State Univ. Press 1937

[99] *Dutschke, W.:* Prüfplanung in der Fertigung. Mainz: Krausskopf 1975

[100] *Eberhardt, L.; Hart, H.:* Fehlerbedingte Grenzen der Empfindlichkeitssteigerung. Wiss. Z. THC, Leuna-Merseburg 11 (1969) 3, S. 252—255

[101] *Ebert, H.* (Hrsg.): Physikalisches Taschenbuch. Braunschweig: Vieweg 1951

[102] *Ebert, J.; Jürres, R.:* Digitale Meßtechnik. 3. Aufl. Berlin: Verl. Technik 1976

[103] *Eder, F. X.:* Moderne Meßmethoden der Physik. T. 1 Mechanik, Akustik. Berlin: Dt. Verl. d. Wiss. 1952

[104] *Eisenhart, C.:* Realistic evaluation of the precision and accuracy of instrument calibration systems. J. Res. Nat. Bur. Stand. 67 C (1963) S. 161—185

[105] *Engelmann, H.-G.; Kretzschmar, B.:* Algorithmus zur Wahrscheinlichkeitsrechnung. msr 16 (1973) 5, S. 163—165

[106] *Fabian, V.:* Statistische Methoden. 2. Aufl. Berlin: Dt. Verl. d. Wiss. 1970

[107] *Fahrun, E.; Schommartz, G.:* Driftkorrektur. Nachrichtentech./Elektronik 34 (1984) 11, S. 403—406

[108] *Fay, E.:* Stand der Entwicklung des Deutschen Kalibrierdienstes (DKD). PTB-Mitt. 93 (1983) 2, S. 99—100

[109] *Felber, E.; Felber, K.:* Toleranz- und Passungskunde. 8. Aufl. Leipzig: Fachbuch-verl. 1976

[110] *Feller, W.:* An introduction to probability theory and its applications. Bd. 2. New York: Wiley 1960

[111] *Fey, P.:* Informationstheorie. Berlin: Akademie-Verl. 1968

[112] *Finkelstein, L.:* Diss. TH Chemnitz 1979

[113] *Fischer, H.; Zerbe, H.:* Dominierende Faktoren im technologischen Prozeß und ihre Ermittlung. Ratio 4 (1971) 12, S. 448—451

[114] *Fischer, H. D.:* Detection of inconsistent measurements. Siemens F.- u. E. -Ber. 12 (1983) 2, S. 107—113

[115] *Fischer, H. W.:* Ermittlung von Schätzwerten — Einführung in die Fehler- und Ausgleichsrechnung. ATM V 00-9, Lfg. 461 (Juni 1974)

[116] *Fischer, R.; Vogelsang, K.:* Größen und Einheiten in Physik und Technik. 6. Aufl. Berlin: Verl. Technik 1993

[117] *Fisz, M.:* Wahrscheinlichkeitsrechnung und mathematische Statistik. 9. Aufl. Berlin: Dt. Verl. d. Wiss. 1977

[118] *Fleck, K.* (Hrsg.): Elektromagnetische Verträglichkeit (EMV) in der Praxis. Berlin: VDE-Verl. 1982

[119] *Frank, J.:* Experimentelles Verfahren zur Messung der Verteilungsdichte von Meßfehlern. Dipl.-Arb. HUB 1977

[120] *Frank, P. M.:* Empfindlichkeitsanalyse dynamischer Systeme. München: Oldenbourg 1976

[121] *Franzkowski, R.:* Vergleich von zwei Mittelwerten (annähernd) normalverteilter Grundgesamtheiten. Qual. u. Zuverl. 26 (1981) 11, S. 342—347

[122] *Friedrich, R.:* Approximationsmethoden für die WDF nichtgaußscher Prozesse. Z. elektr. Inf.- u. Energietech. 6 (1976) 6, S. 533—541

[123] *Friedrich, R.:* Nicht-Gaußsche Prozesse in der Informationstechnik. Diss. Univ. Rostock 1973

[124] *Fritz, W.; Poleck, H.:* Über Fehler beim Messen. ATM J 021—12, —13, —14 (März bis Mai 1965) S. 67—70/81—84/115—116

[125] *Frohne, H.; Ueckert, E.:* Grundlagen der elektrischen Meßtechnik. Stuttgart: Teubner 1984

[126] *Frühauf, U.:* Grundlagen der elektronischen Meßtechnik. Leipzig: Geest & Portig 1977

[127] *Gast, T.:* Korrektur systematischer Fehler bei Waagen. Konstruktion 29 (1977) 6, S. 231—235

[128] *Gauss, C. F.:* Theoria motus corporum coelestium in sectionibus conibus solem ambientum. Hamburg 1809

[129] *Geiger, W.:* Die Abweichung und der Fehler. Feinwerktech. u. Meßtech. 87 (1979) 1, S. 16—22

[130] *Geiger, W.:* Welche Abweichungen sind zulässig? Z. ind. Fertig. 71 (1981), S. 665 bis 668

[131] *Glimm, J.:* Über die Zuverlässigkeit eichpflichtiger Meßgeräte. PTB-Mitt. 93 (1983) 1, S. 15—20

[132] *Gola, K.,* u.a.: Stand und Perspektiven der Fehlertheorie. Wiss. Ber. IHS Leipzig (1975) 10, S. 35—56

[133] *Goldmann, S.:* Information theory. New York: Prentice Hall 1953

[134] *Gonella, L.:* Problems in theory of measurement today. IMEKO VIII, Moskau, 1979, Preprint S 1, S. 47—54

[135] *Gonella, L.:* Meaning and limits of the measurement accuracy. S. 6—7 in [580]

[136] *Görler, E.:* Beitrag zur Untersuchung statistischer Verteilungen von Meßwerten. Diss. TH Chemnitz 1979

[137] *Gößler, R.:* Prüfmethoden für AD-Umsetzer. Elektronik 24 (1975) 12, S. 56—60

[138] *Goto, M.,* u.a.: Analyse der Fehlercharakteristika von Kreisformmeßgeräten. Rep. N. R. L. M. (Tokyo) 28 (1979) 1, S. 18—24

[139] *Götte, K.; Hart, H.; Jeschke, G.* (Hrsg.): Taschenbuch Betriebsmeßtechnik. 2. Aufl. Berlin: Verl. Technik 1982

[140] *Graetsch, V.:* Ein Algorithmus für den multiplikativen Ausgleich von Meßfehlern. PTB-Mitt. 92 (1982) 3, S. 179—181

[141] *Graf, U.; Henning, H.-J.; Stange, K.:* Formeln und Tabellen der mathematischen Statistik. 2. Aufl. Berlin: Springer 1968

[142] *Graham, D.; Lathrop, R. C.:* Synthesis of „Optimum" transient response. Amer. Inst. Engrs.-Trans. 72 (1953) 9, S. 273—286

[143] *Gregor, J.:* Algorithm for decomposition of a distribution into Gaussian components. Biometrics 22 (1969) S. 79—93

[144] *Gutnikov, V. S.; Lenk, A.; Mende, U.:* Sensorelektronik. Berlin: Verl. Technik; Wien: Springer 1984

[145] *Habiger, E.:* Elektromagnetische Verträglichkeit. Berlin: Verl. Technik 1984

[146] *Hänsel, H.:* Grundzüge der Fehlerrechnung. 3. Aufl. Berlin: Dt. Verl. d. Wiss. 1967

[147] *Hart, H.:* Kontinuierliche Flüssigkeitsdichtemessung. Berlin: Verl. Technik 1968

[148] *Hart, H.:* Einführung in die Meßtechnik. 5. Aufl. Berlin: Verl. Technik; Braunschweig: Vieweg 1989

[149] *Hart, H.:* Einfluß der Mikroelektronik auf die Meßtechnik. Nachrichtentech./Elektronik 33 (1983) 1, S. 4—8

[150] *Hart, H.; Eberhardt, L.:* Zusammenhang zwischen Grundfehler und Empfindlichkeit. msr 12 (1969) 5, S. 189—191

[151] *Hart, H.; Härtig, G.:* Produktionskontrolle elektronischer Bauelemente mit statistischen Mitteln. fg 31 (1982) 2, S. 54—57

[152] *Hart, H.; Pippig, E.:* Größe, Größenart, Wert einer Größe. fg 27 (1978) 2, S. 87—88

[153] *Hart, H.; Radike, N.:* Ermittlung von *U-I*-Kennlinien von Metall-Halbleiter-Kontakten. Tag. Meßinformationssysteme u. Elektroniktechnol. Chemnitz 1982

[154] *Härtig, G.:* Entwicklungstendenzen der statistischen Behandlung von Fehlern in der Meßtechnik. Diss. B HUB 1982

[155] *Härtig, G.; Hart, H.:* Fertigungsüberwachung durch statistische Auswertung von Prüfdaten. Nachrichtentech./Elektronik 30 (1980) 7, S. 302—305

[156] *Härtig, G.; Krupke, H.; Hart, H.:* Versuchsanordnung zur Modellierung von Fehlerverteilungen. Qual. u. Zuv. 28 (1983) 5, S. 141—144

[157] *Hartley, G. C.,* u.a.: Technik der Pulskodemodulation in Nachrichtennetzen. Berlin: Verl. Technik 1970

[158] *Hartmann, M.:* Abplattungskorrektur bei der Bestimmung des Flankendurchmessers von Gewinden. Diss. TU Dresden 1966

[159] *Harz, F.:* Der Temperatureinfluß auf Meßeinrichtungen in der Fertigung. Diss. TH Stuttgart 1970

[160] *Hasche, K.:* Zum Stand der Darstellung der Größen Masse u.a. im ASMW. Metrolog. Abh. 1 (1981) 1, S. 25—36

[161] *Heinze, B.-R.:* Darstellung der Einheit Volt mittels Josephson-Effekt. Metrolog. Abh. 4 (1984) 3, S. 239—245

[162] *Herold, H.; Woschni, E.-G.:* Fehler bei der Abtastung von Signalen endlicher Dauer. msr. 28 (1985) 11, S. 485—489, 509

[163] *Hofmann, D.:* Temperaturmessungen und Temperaturregelungen mit Berührungsthermometern. Berlin: Verl. Technik 1977

[164] *Hofmann, D.:* Handbuch der Meßtechnik und Qualitätssicherung. 3. Aufl. Berlin: Verl. Technik 1986

[165] *Hofmann, D.* (Hrsg.): Proceedings of the IMEKO-Symposium „Measurement Theory – Error Analysis", Enschede 1975. Budapest: IMEKO 1976

[166] *Hofmann, D.:* Zum Wechselverhältnis zwischen Herstellungs- und Meßgenauigkeit. Jenaer Ingenieurtag 1977

[167] *Hofmann, D.; Meinhard, R.; Reineck, H.:* Meßwesen, Prüftechnik, Qualitätssicherung. Berlin: Verl. Technik 1980

[168] *Hofmann, W.; Gatzmanga, H.:* Einführung in die Betriebsmeßtechnik. 4. Aufl. Berlin: Verl. Technik 1979

[169] *Holbrook, J. G.:* Laplace-Transformation. 2. Aufl. Braunschweig: Vieweg 1973

[170] *Hultzsch, E.:* Ausgleichsrechnung mit Anwendungen in der Physik. Leipzig: Geest & Portig 1971

[171] *Huss, H.; Doose, U.:* Rechnergestützte Darstellung von Funktionsverläufen durch Spline-Funktionen. St. u. Qu. 28 (1982) 2, S. 92

[172] *Janocha, H.:* Digitales Speicherverfahren zur automatischen Linearisierung von Kennlinien der Form $u = g(x, y)$. tm 51 (1984) 5, S. 176—186

[173] *Jeschke, G.:* Kleines Lexikon der Prozeßmeßtechnik. 2. Aufl. Berlin: Verl. Technik 1970

[174] *Jochmann, H.:* Die Theorie und Praxis zufälliger Meßfehler. Vermessungstech. (1973) 3, S. 1—4

[175] *John, B.:* Statistische Verfahren für Technische Meßreihen. München: Hanser 1979

[176] *Jordan; Eggert; Kneissl* (Hrsg.): Handbuch der Vermessungskunde. Bd. I Math. Grundlagen. 10. Aufl. Stuttgart: Metzler 1961

[177] *Joza, J.:* Messen großer Längen. Berlin: Verl. Technik 1970

[178] *Junge, H.-D.* (Hrsg.): Messung – Meßgröße – Maßeinheit. Leipzig: Bibliogr. Inst. 1979

[179] *Kaarls, R.:* Report of the BIPM working group on the statement of uncertainties (Rec. INC-1; 1980). Paris 1980

[180] *Kaarls, R.:* The treatment and statement of measurement uncertainty. 2. Symp. IMEKO TC 8 (Metrology), Budapest 1983

[181] *Kariya, K.; Nakanishi, M.:* Amplitude probability distribution of measurement object. Acta IMEKO 1982, Bd. 3. Budapest 1983

[182] *Kaufmann, S.; Lauck, L.:* Einsatz von hochleistungsfaserverstärktem Plast beim Messen großer Längen. fg 31 (1982) 10, S. 460—464

[183] *Kerrich, J. E.:* Fitting the line y = ax when errors are present in both variables. Amer. Statist. 20 (1966) 2, S. 24

[184] *Kind, D.:* Erfahrungen mit der Einführung der SI-Einheiten. INSYMET '78, Bratislava 1978, Ber. S. 50—60

[185] *Kitai, R.; Majitha, J.:* Digital analyzer for statistical moments. IEE Trans. on Instr. a. Meas. 20 (1971) 4, S. 218—225

[186] *Klaus, G.; Liebscher, H.:* Wörterbuch der Kybernetik. Berlin: Dietz 1976

[187] *Klett, E.:* Bestimmung mathematischer Modellansätze bei Regressionsanalysen. msr 24 (1981) 11, S. 630—633

[188] *Klingenberg, G.:* Die Normalmeßeinrichtung der PTB für kleine Differenzen hoher Drücke. PTB-Mitt. 93 (1983) 1, S. 1—8

[189] *Kobayashi, Y.:* Neuestes System für Massenormale (japan.). Keisoko to Seigyo 9 (1970) 6, S. 439

[190] *Kochsiek, M.:* Fortschritte bei der Darstellung der Masseskale. PTB-Mitt. 89 (1979) 6, S. 421—428

[191] *Kochsiek, M.; Kunzmann, H.:* Measurement philosophy for the calibration of a set of mass standards. Acta IMEKO 1982, Bd. 2, Budapest: Akadémiai Kiadó 1983, S. 523—529

[192] *Kohlrausch, F.* (Hrsg.): Praktische Physik. 19. Aufl. Leipzig: Teubner 1950; Stuttgart: Teubner 1968

[193] *Koltik, E.*, u.a.: Optimization of costs for development of measuring instruments with an advanced level of accuracy. S. 52—53 in [580]

[194] *Kondaschevski, W. W.; Lotze, W.:* Meßsteuergeräte spanender Werkzeugmaschinen. Berlin: Verl. Technik 1974

[195] *Kondaševskij, V. V.; Savič, A. I.; Makarenko, V. V.:* Messen von Werkstücken komplizierter Profile. fg 30 (1981) 4, S. 156—158

[196] *König, H.:* Darstellung und Weitergabe der Einheiten thermodynamischer Größen im ASMW. Metrolog. Abh. 1 (1981) 1, S. 37—44

[197] *Kopacek, P.:* Identifikation von Regelsystemen mit veränderlichen Parametern. Regelungstech. 24 (1976) 11, S. 361—369

[198] *Korn, N.:* Einfaches Verfahren zur direkten Messung der WDF stationärer stochastischer Signale. msr 16 (1973) 4, S. 125—129

[199] *Kranz, E.:* Realisierung von Meßwertverarbeitungsalgorithmen in intelligenten Meßgeräten. Nachrichtentech./Elektronik 29 (1979) 1, S. 12—14

[200] *Krauß, M.:* Zur Grenze der Meßgenauigkeit bei gestörten Übertragungssystemen. msr. 22 (1979) 2, S. 78—80

[201] *Krauß, M.; Woschni, E.-G.:* Meßinformationssysteme. 2. Aufl. Berlin: Verl. Technik 1976; Heidelberg: Hüthig 1975

[202] *Kretzschmar, B.:* Ausreißertests für Weibull-verteilte Zufallsgrößen. Diss. IH Mittweida 1982

[203] *Kreyszig, E.:* Statistische Methoden und ihre Anwendungen. 4. Aufl. Göttingen: Vandenhoeck & Ruprecht 1973

[204] *Kronmüller, H.:* Methoden der Meßtechnik. Karlsruhe: Schnäcker-Verl. 1979

[205] *Kronmüller, H.:* Maßnahmen zur Verbesserung der Kennlinie von Meßeinrichtungen. tm 48 (1981) 7/8, S. 239—248

[206] *Kroschel, K.:* Statistische Nachrichtentheorie. 2.Aufl., Berlin: Springer 1988

[207] *Krüger, K.; Eckardt, J.; Lemke, W.:* Normalproben für die Mineralölindustrie. Metrolog. Abh. 4 (1984) 3, S. 281—286

[208] *Krupke, H.:* Untersuchungen zur Identifikation determinierter Fehleranteile. Diss. HUB 1984

[209] *Ku, H. H.:* Precision measurement and calibration. Bd. 1 Statistical concepts. Washington: Nat. Bur. of Standards 1969

[210] *Kugler, J.:* Beitrag zur meßtechnischen Erfassung instationärer stochastischer Prozesse. Diss. TH Magdeburg 1976

[211] *Kühl, B.:* Zur Theorie und Anwendung nicht Gaußscher stochastischer Vorgänge. Diss. TU Hannover 1970

[212] *Kühl, B.:* Ein adaptives WDF-Approximationsverfahren. Regelungstech. 20 (1972) 8, S. 346—352

[213] *Kulakow, M. W.:* Geräte und Verfahren der Betriebsmeßtechnik. Berlin: Verl. Technik 1969

[214] *Kunz, M.; Jäschke, H.:* Zerlegung überlagerte Infrarotspektren mit Analogrechner. Z. f. Chem. 5 (1965) 9, S. 338—341

[215] *Lange, F. H.:* Methoden der Meßstochastik. Berlin: Akademie-Verl. 1978; Braunschweig: Vieweg 1978

[216] *Lange, F. H.:* Störfestigkeit in der Nachrichten- und Meßtechnik. Berlin: Verl. Technik 1983

[217] *Lange, F. H.; Müller, W.:* Korrelationsanalyse. In: Taschenbuch Elektrotechnik. Bd. 2, Abschn. 4. Berlin: Verl. Technik 1977

[218] *Lange, R.; Sauer, W.:* Untersuchungen zur Driftzuverlässigkeit elektrochemischer Meßwertgeber. fg 32 (1983) 8, S. 362—365

[219] *Lauckner, G.:* Einsatz von Interpolatoren an inkrementalen Meßwandlern. fg 28 (1979) 4, S. 147—150

[220] *Laugwitz, E.:* Wirtschaftliche Aspekte der Kalibrierung. Elektronik 32 (1983) 13, S. 87—90

[221] *Lavergne, R.; Estival, R.:* Un projet de réforme de la vérification primitive des instruments de mesure de la neufs. Rév. de métrol. pratique et légale (1983) 11, S. 723 bis 727

[222] *Lavrov, K. A.:* Obščie voprosy izmerenij technologičeskich parametrov (Allgemeine Fragen der Messung technologischer Parameter). Leningrad: Izd. Leningr. Univ. 1976

[223] *Leaning, M. S.; Finkelstein, L.:* A probabilistic treatment of measurement uncertainty. IMEKO VIII, Moskau 1979, Prepr. S1, S. 17—25

[224] *Leaver, R.; Thomas, T.:* Versuchsauswertung. Braunschweig: Vieweg 1976

[225] *Lebedev, A. T.,* u.a.: Metodičeskaja pogrešnost' usrednenija (Methodische Fehler der Mittelung). Izmerit. Tech. (1982) 4, S. 17—18

[226] *Lehr, C.:* Informationsgewinnung aus stochastisch gestörten Zufallsprozessen in der Meßwertverarbeitung. Diss. Univ. Duisburg 1982

[227] *Lenk, A.:* Elektromechanische Systeme. 3 Bde. Berlin: Verl. Technik 1973 bis 1975

[228] *Lenk, A.:* Fehlerbewertung von Meßgeräten. msr 22 (1979) 9, S. 503—505

[229] *Lenk, A.:* Fehlerbeschreibung von Meßgeräten. Prepr. TU Dresden 1982

[230] *Lenk, A.; Menzel, U.:* Nichtlinearität dünner Kreisplatten als Wandler von Drükken. fg 30 (1981) 2, S. 56—60

[231] *Lenk, R.; Gellert, W.* (Hrsg.): Brockhaus abc Physik. 2 Bde. Leipzig: Brockhaus 1972/1973

[232] *Leuterer, H.:* Zum Einsatz von Mikroprozessoren in Meßgeräten. Nachrichtentech./ Elektron. 29 (1979) 1, S. 16—18

[235] *Liers, W.:* Einheitliche Einflußnahme auf Meßmittel – Ziel der OIML. St. u. Qu. 22 (1978) 8, S. 343—344

[236] *Lilie, H.* (Hrsg.): Qualitätssicherung und Standardisierung. Berlin: Wirtschaft 1979

[237] *Linder, A.:* Statistische Methoden für Naturwissenschaftler, Mediziner und Ingenieure. 4. Aufl. Basel: Birkhäuser 1976

[238] *Linnik, J.:* Die Methode der kleinsten Quadrate in moderner Darstellung. Berlin: Dt. Verl. d. Wiss. 1961

[239] *Litvinov, B. A.:* Osnovy uravnitel'nych vyčislenij i ocenka točnosti resul'tatov izmerenij (Grundlagen der Ausgleichsrechnung und Genauigkeitsschätzung von Meßresultaten). Moskva: Nedra 1979

[240] *Löber, C.; Will, G.:* Mikrorechner in der Meßtechnik. Berlin: Verl. Technik 1983

[241] *Lobjinski, M.:* Meßtechnik mit Mikrocomputern. München: Oldenbourg 1990

[242] *Lohse, H.; Ludwig, R.:* Prüfstatistik. Leipzig: Fachbuchverl. 1982

[243] *Lorenz, P.:* Über die Analyse von Verteilungskurven. Technik 2 (1947) 2, S. 83 bis 88

[244] *Lotze, W.:* Lineare Theorie statisch und kinematisch unbestimmter ebener elastischer Systeme. fg 21 (1972) 3, S. 104—108

[245] *Lotze, W.:* Zum Einfluß der Korrelation zufälliger Fehler bei geometrischen Messungen. Prepr. 14-26-76 TU Dresden 1976

[246] *Lotze, W.:* Rechnergestützte Koordinatenmessung. Fertigungstech. u. Betrieb 29 (1979) 1, S. 18—21

[247] *Lotze, W.:* Unsicherheit des Ausgleichskreises aus Koordinatenmessungen. fg 32 (1983) 2, S. 72—75

[248] *Lotze, W.; Freitag, H.-J.:* Interferometrische Steigungsmessung an Wälzschraubtrieben. fg 23 (1974) 6, S. 248—249

[249] *Lüdicke, F.:* Gültigkeitsbereich der Hertzschen Abplattung beim mechanischen Antasten. Feinwerktech. u. Meßtech. 91 (1983) 5, S. 242—246

[250] *Ludwig, R.:* Methoden der Fehler- und Ausgleichsrechnung. 2. Aufl. Berlin: Dt. Verl. d. Wiss.; Braunschweig: Vieweg 1969

[251] *Lugtenburg, J.:* Aussprachetag „Mehrkoordinaten-Meßtechnik". Feinwerktech. u. Meßtech. 89 (1981) 3, S. 121—124

[252] *Majitha, J.:* Digital moments analyzer; design and error characteristics. Diss. McMaster Univ., Hamilton, Ont. (Kanada) 1971

[253] *Markov, N. N.*, u. a.: Fehler und Auswahl von Meßgeräten für Längenmessungen (russ.). Moskva: Mašinostroenie 1967

[254] *Markuze, J. I.:* Uravnivanie i ocenka točnosti planovych geodezičeskich setej (Ausgleich und Genauigkeitsschätzung von geodätischen Netzen). Moskva: Nedra 1982

[255] *v. Martens, H.-J.:* Analyse von Verfahren zur Beschreibung des Meßfehlers. Metrolog. Abh. 1 (1981) 4, S. 39—71

[256] *v. Martens, H.-J.:* Vergleichende Betrachtungen von Verfahren zur Beschreibung des Meßfehlers. fg 30 (1981) 10, S. 443—451; 11, S. 514—517

[257] *v. Martens, H.-J.:* Zum Problem der Beschreibung des Meßfehlers durch Vertrauensgrenzen. Metrolog. Abh. 4 (1984) 1, S. 15—36

[258] *v. Martens, H.-J.; Pippig, E.:* Beschreibung des Fehlers eines korrigierten Meßergebnisses. fg 28 (1979) 8, S. 359—364

[259] *v. Martens, H.-J.; Wabinski, W.:* Einhaltung von Festlegungen zu Schwingungs- und Stoßmessungen. St. u. Qu. 28 (1982) 3, S. 121—122

[260] *Masing, W.:* Über die Informationsfähigkeit eines Meßgerätes. Metrologia 11 (1975) 4, S. 169—177

[261] *Masing, W.* (Hrsg.): Handbuch der Qualitätssicherung. München: Hanser 1980

[262] *Mayer, F.:* Berechnung der Meßfehler- und Streuungsfortpflanzung mit Hilfe von Variationen. m + pr/automat. 13 (1977) 5, S. 279—286

[263] *Mayer, N.; Rohrbach, C.:* Handbuch für fluidische Meßtechnik. Düsseldorf: VDI-Verl. 1977

[264] *Mazmišvili, A. I.:* Teorija ošibok i metod naimen'šich kvadratov (Fehlertheorie und die Methode der kleinsten Quadrate). Moskva: Nedra 1978

[265] *Medgyessy, P.:* Some recent results concerning the decomposition of compound probability distributions. Magy. T. Akad. Alk. Mat. Int. Közl. 3 (1964) S. 155 bis 169

[266] *Medgyessy, P.:* Decomposition of superpositions of density functions and discrete distributions. Budapest: Akadémiai Kiadó 1977

[267] *Meiling, W.:* Digitalrechner in der elektronischen Meßtechnik. 2 Bde. Berlin: Akademie-Verl. 1978

[268] *Meister, G.:* Anwendung straff gespannter Drähte zur Präzisionsgeradheitsmessung. Diss. TU Dresden 1983

[269] *Mende, U.; Gutnikov, V.:* Zufallsfehler in Meßketten mit automatischer Nullpunktkorrektur. Tag. Meßinformationssysteme u. Elektroniktechnologie, Karl-Marx-Stadt 1982, Ber. S. 25

[270] *Mende, U.; Lenk, A.:* Korrektur zufallsbestimmter Driftvorgänge in Meßketten. Prepr. 09-06-82 TU Dresden 1982

[271] *Mesch, F.:* Opas Meßtechnik – eine Stellungnahme zu DIN 1319 „Grundbegriffe der Meßtechnik". rtp 26 (1984) 6, S. 243—246

[272] *Michaelis, B.; Holub, H.:* Linearisierung nichtlinearer Kennlinien unter Nutzung von A-priori-Informationen. msr. 25 (1982) 7, S. 365—367

[273] *Michejew, M. A.:* Grundlagen der Wärmeübertragung. Berlin: Verl. Technik 1962

[274] *Michelsson, P.; Weinmann, F.:* Grundbegriffe der allgemeinen Meßtechnik. Lehrbrief 4301/1; TH Ilmenau 1965

[275] *Mif, N. P.:* Sostojanie i razvitie rabot po soveršenstvovaniju metodik vypolnenija izmerenij (Entwicklungsstand der Arbeiten zur Vervollkommnung der Meßmethodik). Izmerit. Tech. (1980) 11, S. 6—7

[276] *Mikhail, E.; Ackermann, F.:* Observations and least squares. New York: Harper & Row 1976

[277] *Mögel, D.:* Zum Einfluß der Meßwertausgabe auf die Empfindlichkeit und den reduzierten Fehler. Reprint TU Dresden 1987

[278] *Mudrov, V. I.; Kuško, V. L.:* Metody obrabotki izmerenij (Methoden der Auswertung von Messungen). Moskva: Radio i Svjaz' 1983

[279] *Müller, E.:* Wann dürfen Meßwerte bei der Auswertung von Messungen vernachlässigt werden? PTB-Mitt. 89 (1979) 2, S. 96—101

[280] *Müller, E.:* Berechnung der Korrelationsfunktion stochastischer Prozesse aus experimentellen Daten. Nachrichtentech./Elektron. 34 (1984) 11, S. 419, 422—424

[281] *Müller, G.:* Technologische Fertigungsvorbereitung im Maschinenbau. 6. Aufl. Berlin: Verl. Technik 1975

[282] *Müller, M.:* Variationsrechnung. Leipzig: Teubner 1959

[283] *Müller, P.* (Hrsg.): Wahrscheinlichkeitsrechnung und mathematische Statistik. 2. Aufl. Berlin: Akademie-Verl. 1975

[284] *Müller, P.; Neumann, P.; Storm, R.:* Tafeln der mathematischen Statistik. 3. Aufl. Leipzig: Fachbuchverl. 1979

[285] *Müller, S.:* Hochgenaues Meßverfahren für Gruppennormale (Normalelemente). Elektrie 35 (1981) S. 137 (vgl. auch S. 140)

[286] *Muth, P.; Uhlig, C.:* Verfahren und Werkzeuge zur Prüfung von DV-Software. Qual. u. Zuverl. 28 (1983) 8, S. 242—246

[287] *Naas, J.; Schmid, H.* (Hrsg.): Mathematisches Wörterbuch. Berlin: Akademie-Verl.; Leipzig: Teubner 1972

[288] *Nahi, N.:* Estimation theory and application. New York: Wiley 1969

[289] *Neuburger, E.:* Genauere Meßresultate. Elektronik-Ztg. (7. 9. 1982), S. 6, 8, 10, 12, 14

[290] *Neumann, H.; Stecker, K.:* Temperaturmessung. Berlin: Akademie-Verl. 1983

[291] *Ney, G.:* Théorie et calculs des erreurs expérimentales. Paris: Dunod 1963

[292] *Neymann, J.:* First course in probability and statistics. New York 1950

[293] *Nicolai, E.:* Normalmeßverfahren und Normalmeßeinrichtungen für Längenmessungen. Metrolog. Abh. 4 (1984) 3, S. 223—229

[294] *Nicolai, E.; Klopp, J.:* Thermisches Verhalten stabförmiger Längenmaßverkörperungen. fg 31 (1982) 4, S. 173—175; 5, S. 202—204

[295] *Niebuhr, J.; Lindner, G.:* Physikalische Meßtechnik mit Sensoren. München/Wien: Oldenbourg 1994

[296] *Nitsche, K.; Trumpold, H.:* Einführung in die Längenmeßtechnik. 7. Aufl. Leipzig: Fachbuchverl. 1972

[297] *Nix, H.:* Zuverlässigkeit — Verfügbarkeit — Sicherheit? rtp 26 (1984) 8, S. 339 bis 341

[298] *Noack, S.:* Statistische Auswertung von Meß- und Versuchsdaten mit Taschenrechner und Tischcomputer. Berlin: de Gruyter 1980

[299] *Nollau, V.:* Statistische Analysen. Leipzig: Fachbuchverl. 1975

[300] *Nothnagel, K.:* Grafisches Verfahren zur Zerlegung von Mischkollektiven. Qualitätskontr. 13 (1968) 2, S. 21—24

[301] *Novickij, P. V.:* Osnovy informacionnoj teorii izmeritel'nych ustrojstv (Grundlagen der Informationstheorie von Meßeinrichtungen). Leningrad: Ènergija 1968

[302] *Novickij, P. V.:* Gütekriterien für Meßeinrichtungen. Berlin: Verl. Technik 1978

[303] *Novickij, P. V.; Knorring, V. G.; Gutnikov, V. S.:* Frequenzanaloge Meßeinrichtungen. Berlin: Verl. Technik 1975

[304] *Novickij, P. V.; Alekseeva, I. U.:* O edinoj matematičeskoj modeli zakonov raspredelenija pogrešnostej (Über ein mathematisches Einheitsmodell der Fehlerverteilungsgesetze). Izmerit. Tech. (1975) 5, S. 29—30

[305] *Oberdorfer, G.:* Das Internationale Maßsystem und die Kritik seines Aufbaus. Leipzig: Fachbuchverl. 1969

[306] *Oberhofer, M.:* Strahlenschutzpraxis. T. II Meßtechnik. 2. Aufl. München 1972

[307] *Oehme, F.; Jola, M.:* Betriebsmeßtechnik unter Einsatz von in-line und on-line Analysatoren. Heidelberg: Hüthig 1982

[308] *Oehme, F.; Schuler, P.:* Gelöst-Sauerstoff-Messung. Heidelberg: Hüthig 1983

[309] *Olejnikova, L. D.:* Edinicy fizičeskich veličin v energetike (Einheiten physikalischer Größen in der Energetik). Moskva: Energoatomizdat 1983

[310] *Olzewski, L.:* Informational criterion of assessment in accuracy class of measuring apparatus. IMEKO VIII, Moskau 1979, Prepr. S. 327—334

[311] *Ordyncev, V. M.:* Sistemy avtomatizacii eksperimental'nych naučnych issledovanij (Automatisierung von experimentellen Systemen für wissenschaftliche Untersuchungen). Moskva: Mašinostroenie 1984

[312] *Ornatskij, P. P.:* Teoretičeskie osnovy informacionno izmeritel'noj techniki (Theoretische Grundlagen der Meßinformationstechnik). Kiev: Vyšča Škola 1976

[313] *Ostrovskij, L. A.:* Elektrische Meßtechnik – Grundlagen einer allgemeinen Theorie. 2. Aufl. Berlin: Verl. Technik 1974

[314] *Padelt, E.:* Menschen messen Zeit und Raum. Berlin: Verl. Technik 1971

[315] *Padelt, E.; Laporte, H.:* Einheiten und Größenarten der Naturwissenschaften. 3. Aufl. Leipzig: Fachbuchverl. 1976

[316] *Palm, R.:* Fehleranalyse durch Identifikation und Separation aus stationären und instationären Prozessen. Diss. HUB 1981

[317] *Palm, R.:* Berechnung von Konfidenzintervallen bei Driftprozessen. msr 24 (1981) 1, S. 26—29

[318] *Palm, R.; Härtig, G.:* Separation systematischer und zufälliger Fehleranteile aus statistisch schwankenden Meßwertfolgen. 24. IWK TH Ilmenau 1979, Vortr.-R. A 3, S. 7—10

[319] *Palm, R.; Härtig, G.:* Ansatz zur Darstellung und Identifikation von Driftfaktoren. Wiss. Z. HUB, Math.-Nat. R. 27 (1978) 2, S. 143—147

[320] *Palm, R.; Härtig, G.:* Fehleranalyse statistisch schwankender Meßwertfolgen durch Korrelationsfunktionen. msr. 23 (1980) 2, S. 72—76

[321] *Paßmann, W.:* Auswerten von Meßreihen. 2. Aufl. Berlin: Beuth 1974

[322] *Paul, M.:* Digitale Meßwertverarbeitung. Berlin: VDE-Verl 1987

[323] *Pawlowski, Z.:* Einführung in die mathematische Statistik. Berlin: Wirtschaft 1971

[324] *Pearson, E.; Stephens, M.:* The ratio of range to standard deviation in the same normal sample. Biometrica 51 (1964) S. 484

[325] *Pearson, K.:* Contributions to the mathematical theory of evaluation. Phil. Trans. Roy. Soc. (London) Ser. A 186 (1895) S. 393—415

[326] *Peinke, W.:* Betrachtungen zur Genauigkeit von Betriebsmeßgeräten. rtp 24 (1982) 5, S. 175—177

[327] *Peiter, A.,* u.a.: Kalibrierstand und Ausgleichskurven für induktive Wegaufnehmer. m + pr/automat. 20 (1984) 7/8, S. 362—367

[328] *Pelz, H.:* Elektromagnetische Störeinwirkungen auf elektronische Geräte. rtp 26 (1984) 9, S. 383—391

[329] *Peschel, M.:* Anwendung statistischer Verfahren in der Regelungstechnik. Berlin: Verl. Technik 1971

[330] *Peterson, W. W.:* Prüfbare und korrigierbare Codes. München: Oldenbourg 1967

[331] *Piotrowski, J.:* Podstawy metrologii. Warszawa: Pánstwowe Wydawnistwo Naukowe 1979

[332] *Pippig, E.:* Faltung von Verteilungsfunktionen durch numerische Berechnung. Wiss. Z. HUB, Math.-Nat. R. 28 (1978) 2, S. 131—141

[333] *Pippig, E.:* Untersuchungen zur optimalen Angabe von Fehlerkennwerten und zur Fehlerfortpflanzung. Diss. HUB 1980

[334] *Poleck, H.:* Die Sicherheit statistischer Fehlergrenzen bei der Fehlergrenzenfortpflanzung. ATM J 021-8, -9, -10, -17, -18 (Sept. bis Nov. 1964; Jan. und Aug. 1966)

[335] *Popkov, J. S.,* u.a.: Identifikacija i optimizacija nelinejnych stochastičeskich sistem (Identifizierung und Optimierung nichtlinearer stochastischer Systeme). Moskva: Ènergija 1976

[336] *Poppe, E.; Hart, H.; Härtig, G.:* Prüfplatz für Zuverlässigkeitsuntersuchungen. fg 24 (1975) 10, S. 469—470

[337] *Pöschel, W.:* Das Problem des „Wahren Wertes" in der Meßtechnik. Beleg TH Leuna-Merseburg 1984

[338] *Posthoff, C.; Woschni, E.-G.:* Funktionaltransformationen der Informationstechnik. Berlin: Akademie-Verl. 1984

[339] *Preuss, H.:* Zuverlässigkeit elektronischer Einrichtungen. Berlin: Verl. Technik 1976

[340] *Profos, H.; Pfeifer, T.*(Hrsg.): Handbuch der industriellen Meßtechnik. 6. Aufl. München/Wien: Oldenbourg 1994

[341] *Profos, P.:* Meßfehler. Stuttgart: Teubner 1984

[342] *Profos, P.; Ruhm, K.:* Repräsentativfehler. Neue Tech. (1976) 10, S. 605

[343] *Prokic, D.:* Kalibrieren von Gewichten mit elektronischen Waagen. Metrologia aplicată (Bukarest) 29 (1982) 3, S. 106—107

[344] *Pugatschow, W. S.:* Grundlagen der Statistik. Berlin: Verl. Technik 1964

[345] *Pugh, E. M.; Winslow, G. H.:* Analysis of physical measurements. Reading (Mass.): Addison-Wesley 1966

[346] *Puttich, W.; Raatz, H.:* Physikalische Forderungen an den Meßraum. St. u. Qu. 28 (1982) 2, S. 74—75

[347] *Rabinovič, S. G.:* Pogrešnosti izmerenij (Meßfehler). Leningrad: Ènergija 1978

[348] *Räntsch, K.:* Genauigkeit von Messung und Meßgerät. München: Hanser 1950

[349] *Rasch, E.:* Elementare Einführung in die mathematische Statistik. 2. Aufl. Berlin: Dt. Verl. d. Wiss. 1970

[350] *Reichardt, W.:* Gleichungen in Naturwissenschaft und Technik. Leipzig: Fachbuchverl. 1983

[351] *Reinschke, K.:* Zuverlässigkeitstheorie von Systemen. Berlin: Verl. Technik 1973

[352] *Reißmann, G.:* Die Ausgleichsrechnung. 3. Aufl. Berlin: Verl. f. Bauwesen 1972

[353] *Reißmann, G.:* Unterschied zwischen mittlerem Fehler und Standardabweichung. Vermessungstech. 31 (1983) 11, S. 382—383

[354] *Rényi, A.:* Wahrscheinlichkeitsrechnung. 6. Aufl. Berlin: Dt. Verl. d. Wiss. 1979

[355] *Richter, H.; Mammitzsch, H.:* Methode der kleinsten Quadrate mit Übungen und Aufgaben. Stuttgart: Berliner Union 1973

[356] *Richter, W.:* Zum Störungsproblem in der Meßtechnik. Wiss. Ber. IH Leipzig (1975) 16, S. 29—41

[357] *Richter, W.:* Meßfehler infolge additiver elektrischer Störungen. 21. IWK TH Ilmenau 1976, Vortr.-R. A 3, S. 145—148

[358] *Richter, W.:* Meßdynamik und Meßfehler beim Erfassen verfahrenstechnischer Sachverhalte. 21. IWK TH Ilmenau 1976, S. 167—170

[359] *Riehl, H.:* Aussagekraft der Parameter Schiefe und Exzeß bei der statistischen Auswertung. Diss. TH Magdeburg 1969

[360] *Rohrbach, C.* (Hrsg.): Handbuch für elektrisches Messen mechanischer Größen. Düsseldorf: VDI-Verl. 1967

[361] *Röhrig, B.:* Testverfahren zum Nachweis determinierter Komponenten in Meßwertfolgen. Wiss. Ber. IH Leipzig (1975) 18, S. 27—31

[362] *Romanowski, M.:* Random errors in observations and the influence of modulation on their distribution. Stuttgart: Wittwer 1979

[363] *Romer, E.:* Miernictwo przemysłowe. 3. Aufl. Warszawa: Pánstwowe Wydawnictwo Naukowe 1978

[364] *Rommerskirch, W.:* Die Qualitätssicherung von Meß- und Prüfmitteln. Feinwerktech. u. Meßtech. 83 (1975) 7, S. 349—353

[365] *Roth, G.; Pfadler, H.:* Aufgabengerechte Gestaltung von Linear-Skalen für Anzeigeinstrumente. rtp 25 (1983) 6, S. 233—237

[366] *Roth, T.:* Antastverfahren mit Koordinatenmeßgeräten. Feinwerktech. u. Meßtech. 91 (1983) 4, S. 177—179

[367] *Rothe, A.:* Mikrorechnereinsatz für den Nachweis von Drifterscheinungen. Diss. HUB 1982

[368] *Rothe, A.; Kciuk, M.:* Prozeßkontrolle durch statistische Datenauswertung. 24. IWK TH Ilmenau 1979, S. 179—181

[369] *Rothe, A.; Viessmann, W.:* On-line-Analyse von Produktionsmeßdaten. fg 29 (1980) 1, S. 19—20

[370] *Rothe, A.; Viessmann, W.; Hart, H.:* Verfahren zur direkten Bestimmung statistischer Momente. WP 148398 v. 20. 5. 1981

[371] *Rudolph, H.; Rehberg, K.:* Parameterminimale Modelle zur Beschreibung zeitvarianter Prozesse. msr. 20 (1977) 3, S. 133—136

[372] *Rumšiskij, L. Z.:* Matematičeskaja obrabotka resul'tatov eksperimenta (Mathematische Bearbeitung experimenteller Ergebnisse). Moskva: Nauka 1971

[373] *Runge, K.; König, H.:* Vorlesungen über numerisches Rechnen. Berlin: Springer 1924

[374] *Rupprecht, W.:* Signalstörabstand bei gewöhnlicher Demodulation nichtäquidistant abgetasteter bandbegrenzter Signale. Nachrichtentech. Z. 28 (1975) 4, S. 119—121

[375] *Sachs, L.:* Angewandte Statistik. 4. Aufl. Berlin: Springer 1974

[376] *Sachse, H.-D.:* Eichung von Arbeitsmeßmitteln. Metrolog. Abh. 4 (1984) 3, S. 287 bis 290

[377] *Sachse, H.-D.; Thiele, J.:* Eichung der Hauptnormale. St. u. Qu. 30 (1984) 2, S. 52—53

[378] *Sage, A.; Melsa, J.:* Estimation theory with applications to communication and control. New York: McGraw-Hill 1971

[379] *Sahner, G.:* Digitale Meßverfahren. 4.Aufl. Berlin: Verlag Technik 1990

[380] *Sahner, G.,* u.a.: Meßwertvorverarbeitung mit Mikrorechnern. Tag. Anwdg. v. Mikrorechnern in d. Meß- u. Automatisierungstech., Magdeburg 1983, Ber. S. 48 bis 53

[381] *Sawabe, M.; Furue, T.:* Untersuchung von Meßverfahren der Zylinderformabweichung. Rep. N.R.L.M. (Tokyo) 28 (1979) 1, S. 25—28

[382] *Sawelski, F. S.:* Die Masse und ihre Messung. Moskau: Mir; Leipzig: Fachbuchverl. 1977

[383] *Schaller, M.; Rademacher, H.-J.:* Calibration of standards for industrial metrology. Acta IMEKO 1982, Bd. 2, Budapest: Akadémiai Kiadó 1983, S. 481—488

[384] *Schindowski, E.; Schürz, O.:* Statistische Qualitätskontrolle. 7. Aufl. Berlin: Verl. Technik 1976

[385] *Schlitt, H.:* Systemtheorie für stochastische Vorgänge. Berlin: Springer 1992

[386] *Schmidt, D.:* Kombinationsverfahren als Methode zur Verringerung von Meßunsicherheiten. Wiss. Ber. IH Leipzig (1975) 10, S. 57—64

[387] *Schmidt, G.:* Parameterempfindlichkeit von Regelkreisen. msr 7 (1964) 3, S. 101—106

[388] *Schmidt, K.:* Stand und Perspektive des Meteranschlusses im ASMW. Metrolog. Abh. 1 (1981) 1, S. 7—23

[389] *Schmidt, K.*, u.a.: Zur Redefinition des Meters und der Festlegung eines festen Wertes der Lichtgeschwindigkeit. fg 30 (1981) 10, S. 441—442

[390] *Schneeweiss, W.*: Fehlerschätzungen und Optimierungen in der statistischen Meßtechnik. Diss. TH München 1968

[391] *Schneeweiss, W.*: Zuverlässigkeitstheorie. Berlin: Springer 1973

[392] *Schönberger, W.*; *Urbanski, K.*; *Wahrburg, J.*: Mikrorechnergesteuertes Statistik-Auswertegerät. m + pr/automat. 15 (1979) 5, S. 373—376

[393] *Schrader, H.-J.*: Metrologie und ihre Bedeutung für die industrielle Entwicklung in der BRD. PTB-Mitt. 92 (1982) 3, S. 176—178

[394] *Schröder, A.*: Durchflußmeßtechnik. In: Messen, Steuern und Regeln in der chemischen Technik. Bd. 1, 3. Aufl. Berlin: Springer 1980

[395] *Schulz, W.*: Das gesetzliche Meßwesen in der Bundesrepublik Deutschland. PTB-TWD-36, Braunschweig 1990

[396] *Schumny, H.*: Problematik der digitalen Schnittstellen bei eichpflichtigen Meßgeräten. PTB-Mitt. 93 (1983) 3, S. 157—167

[397] *Schüssler, H.-H.*: Prüfkörper für Koordinatenmeßgeräte, Werkzeugmaschinen und Meßroboter. tm 51 (1984) 3, S. 83—95

[398] *Schwarze, H.*: Bestimmung der WDF stochastischer Prozesse mit Quasimomenten. Diss. TH Hannover 1969

[399] *Schwarze, H.*: Meßgerät zur Bestimmung der WDF mit Quasimomenten. Regelungstech. 19 (1971) 2, S. 66—71

[400] *Ščigolev, B. M.*: Matematičeskaja obrabotka nabljudenij (Mathematische Bearbeitung von Beobachtungen). Moskva: Nauka 1969

[401] *Seiler, E.*: Probleme bei der Bauartzulassung von Meßgeräten mit elektron. Einrichtungen. INSYMET '78 Bratislava 1978. Ber. S. 132—138

[402] *Seiler, E.*: Das Eichwesen in den USA. PTB-Mitt. 91 (1981) 6, S. 439—445

[403] *Seiler, E.*: Grundbegriffe des Meß- und Eichwesens. Braunschweig: Vieweg 1983

[404] *Seiler, E.*: Pattern approval principles for electronic measuring instruments. Bull. OIML (1984) 12

[405] *Seliger, N. B.*: Kodierung und Datenübertragung. Berlin: Verl. Technik 1974

[406] *Shannon, C.*; *Weaver, W.*: The mathematical theory of communication. Urbana: Univ. of Illinois Press 1949 u. 1963

[407] *Shannon, C.*: A mathematical theory of communication. BSTJ 27 (1948) S. 379 bis 423

[408] *Skripnik, A. Ju.*: Povyšenie točnosti izmeritel'nych ustrojstv (Genauigkeitserhöhung von Meßmitteln). Kiev: Technika 1976

[409] *Sliwa, H.*: BASIC-Programm approximiert Kennlinien. Elektronik 33 (1984) 14, S. 51—53

[410] *Smart, W.*: Combination of observations. Cambridge: Univ. Press 1958

[411] *Smirnov, N. N.*; *Dunin-Barkowski, J. W.*: Mathematische Statistik in der Technik. 3. Aufl. Berlin: Dt. Verl. d. Wiss. 1973

[412] *Sobolev, V. I.*: Osnovy izmerenij v mnogomernych sistemach (Gundlagen der Messung in mehrdimensionalen Systemen). Moskva: Ėnergija 1975

[413] *Solodownikow, W. W.*: Einführung in die statistische Dynamik linearer Regelungssysteme. München/Wien: Oldenbourg 1963

[414] *Sommer, M.*: Konzept eines einheitlichen Genauigkeitssystems für Geodäsie und Kartographie. Vermessungstech. 28 (1980) 9, S. 285—289

[415] *Spal, J.*: Glättungsalgorithmen für die digitale Meßwerterfassung. Regelungstech. 18 (1970) 9, S. 390—395

[416] *Spott, S.*: Internationale Vorschriften für Kenngrößen von Meßmitteln. fg 30 (1981) 5, S. 210—211

[417] *Squires, G. L.*: Practical physics. London: McGraw-Hill 1968

[418] *Squires, G. L.*: Meßergebnisse und ihre Auswertung. Berlin: de Gruyter 1971

[419] *Srivastava, A. B.:* Effect of non-normality on the power function of t-test. Biometrica 45 (1958) S. 421—429

[420] *Steger, A.:* Grenzen der Dreipunkt-Messung zur Bestimmung der Formabweichung vom Kreis. Diss. TH Karl-Marx-Stadt 1977

[421] *Stein, P. K.,* u.a.: Measurement engineering. Bd. 1 Basic principles. 6. Aufl. Phoenix (Arizona) 1970

[422] *Steps, H.:* Über die Lagerung von Maßstäben und Endmaßen. Optik 4 (1949) 4/5, S. 294—322

[423] *Stille, U.:* Messen und Rechnen in der Physik. 2. Aufl. Braunschweig: Vieweg 1961

[424] *Storm, R.:* Wahrscheinlichkeitsrechnung, mathematische Statistik und statistische Qualitätskontrolle. 7. Aufl. Leipzig: Fachbuchverl. 1979

[425] *Strauch, H.:* Statistische Güteüberwachung. München: Hanser 1965

[426] *Strecker, A.:* Eichgesetz, Einheitengesetz und Durchführungsbestimmungen. Braunschweig: Dt. Eichverl. 1977

[427] *Strietzel, R.:* Modulationsverfahren zur Messung der WDF. Nachrichtentech. 17 (1967) 1, S. 26—32

[428] *Strietzel, R.:* Fehler bei der WDF-Messung infolge endlicher Integrationszeit. Nachrichtentech. 19 (1969) 11, S. 409—411

[429] *Strobel, H.:* Experimentelle Systemanalyse. Berlin: Akademie-Verl. 1975

[430] *Strümpel, J.:* Die ,,Klassifizierung der Umgebungsbedingungen'' in der IEC. Elektrie 37 (1983) 6, S. 302—306

[431] *Strutz, H.:* Untersuchungen zu Ausreißertests. Dipl.-Arb. IH Mittweida 1979

[432] *Strzalkowski, A.; Slizynski, A.:* Matematyczne metody opracowywania wynikow pomiarow. Warszawa: Pánstwowe Wydawnictwo Naukowe 1978

[433] *Surikova, E. I.:* Progrešnosti priborov i izmerenij (Fehler von Meßgeräten und Messungen). Leningrad: Izd. Leningr. Univ. 1975

[434] *Svincov, V. S.:* Optimizacija mežpoveročnych intervalov sredstv izmerenij (Optimierung der Prüfintervalle von Meßmitteln). Izmerit. Tech. (1980) 9, S. 25—29

[435] *Sweschnikow, A. A.,* u.a.: Wahrscheinlichkeitsrechnung und mathematische Statistik in Aufgaben. Leipzig: Teubner 1970

[436] *Szabo, I.:* Höhere Technische Mechanik. Berlin: Springer 1964

[437] *Szumowski, J.; Kostyrko, K.:* The permissible confidence interval useful in the accuracy check of meters. IMEKO VIII Moskau 1979, Prepr. S 3, S. 35—46

[438] *Taranov, S. G.,* u.a.: Selfadjusting measuring instruments. Acta IMEKO 1982, Bd. 3. Budapest: Akadémiai Kiodó 1983, S. 457—465

[439] *Tarbeyev, Yu. V.:* Theoretical and practical limits of measurement accuracy. S. 3—5 in [580]

[440] *Tarbeyev, Yu. V.,* u.a.: Metrecology – the problems and procedures. S. 55—56 in [580]

[441] *Tarnowski, W.:* Analyse- und Synthesemethoden statischer Fehler mechanischer Meßanordnungen. fg 31 (1982) 3, S. 121—124

[442] *Täubert, P.:* Abschätzung der Genauigkeit von Meßergebnissen. 2. Aufl. Berlin: Verl. Technik 1987

[443] *Teodurescu, D.:* Das optimierte Verteilungsmodell. ATM J 021-26 (1976) 5, S. 147 bis 150; 6, S. 191—194

[444] *Teodurescu, D.:* Methoden zur Analyse der Zuverlässigkeit elektronischer Geräte. ATM J 021-28 (1978) 7/8, S. 271—275

[445] *Thoma, M.:* Theorie linearer Regelsysteme. Braunschweig: Vieweg 1973

[446] *Thomanek, H.:* Approximation von Verteilungsdichtefunktionen. Nachrichtentech./Elektron. 29 (1979) 8, S. 318—320

[447] *Thrane, N.:* ZOOM FFT. Brüel & Kjaer Tech. Rev. (1980) 2

[448] *Tienstra, J. M.:* Theory of the adjustment of normally distributed observations. Amsterdam: Argus 1956

[449] *Topping, J.:* Fehlerrechnung. Weinheim: Physik-Verl. 1975

[450] *Tränkler, H.-R.:* Die Technik des digitalen Messens. München: Oldenbourg 1976

[451] *Tränkler, H.-R.:* Rechnerkorrigierte Sensoren. NTG-Fachber. Bd. 79 (1982) S. 68—72

[452] *Tränkler, H.-R.:* Meßtechnik und Meßsignalverarbeitung. Artikelserie. tm 51 (1984) 4 ff.

[453] *Trumpold, H.:* Längenprüftechnik – eine Einführung. Leipzig: Fachbuchverl. 1980

[454] *Trumpold, H.; Mack, R.:* Einsatz der Meßtechnik zur Qualitätssicherung. Wiss. Z. TH Karl-Marx-Stadt 24 (1982) 5, S. 596—606

[455] *Tsvetkov, E. I.,* u.a.: Errors due to statistical measurements performed by microprocessor means. Acta IMEKO 1982, Bd. 3. Budapest: Akadémiai Kiadó 1983, S. 227—233

[456] *Tukey, J. W.:* The future of data analysis. Ann. Math. Statist. 33 (1962) 1, S. 1—67

[457] *Uhlmann, M.:* Zur Fehlerabschätzung bei linearen Gleichungssystemen. msr 27 (1984) 5, S. 219—220

[458] *Unbehauen, R.:* Systemtheorie. München/Wien: Oldenbourg, 6.Aufl. 1993

[459] *Vaihinger, U.:* Fehlerabschätzung durch Ausgleichsrechnung an einer Koordinaten-Meßmaschine. ATM J 021-23 (Lfg. 479) 1975

[460] *Vieweg, R.:* Maß und Messen in Geschichte und Gegenwart. Köln: Westdt. Verl. 1958, S. 81—109

[461] *Vincze, I.:* Mathematische Statistik mit industriellen Anwendungen. Budapest: Akadémiai Kiadó 1971

[462] *Vladimirov, E. E.,* u.a.: Spezialisierter Digitalrechner für die statistische Informationsverarbeitung. UdSSR-Pat. 2729401 (1979)

[463] *Vogelei, K.:* Der Streit um die Kennlinienabweichung. m + pr/autonat. 19 (1983) 11, S. 664—667

[464] *Vogler, G.:* Wirkung additiver Störungen bei der digitalen Auswertung frequenzanaloger Signale. Diss. TU Dresden 1975

[465] *Wagenbreth, H.:* Vergleichbarkeit von Messungen mit geeichten Meßgeräten. PTB-Mitt. 91 (1981) 2, S. 101—107

[466] *Wagner, F.:* Selbstkalibrierende Meßsysteme. m + pr/automat. 17 (1981) S. 666 bis 668, 671—672, 757—761, 834, 837—839

[467] *Wagner, F.:* Selfcalibrating measuring systems. Acta IMEKO 1982, Bd. 3, Budapest: Akadémiai Kiadó 1983, S. 467—477

[468] *Wagner, F.; Mirahmadi, A.:* Automatische Kalibrierung. tm 46 (1979) 1, S. 15 bis 19

[469] *Wagner, G.; Lang, R.:* Statistische Auswertung von Meß- und Prüfergebnissen. 3. Aufl. Berlin: Dt. Ges. f. Qual. 1976

[470] *Wagner, S.:* Zur Behandlung systematischer Fehler bei der Angabe von Meßunsicherheiten. PTB-Mitt. 79 (1969) 5, S. 343—349

[471] *Wagner, S.:* Qualitative characterization of the uncertainty of experimental results. PTB-Mitt. 89 (1979) 2, S. 83—89

[472] *Wallis, W.; Roberts, H.:* Methoden der Statistik. Hamburg: Rowohlt 1971

[473] *Wallot, J.:* Größengleichungen, Einheiten und Dimensionen. Leipzig: Barth 1953

[474] *Warnecke, H.-J.; Dutschke, W.* (Hrsg.): Fertigungsmeßtechnik. Handbuch. Berlin: Springer 1984

[475] *Wartmann, R.:* Einige Bemerkungen zur logarithmischen Normalverteilung. Mitt. bl. math. Statist. 7 (1955) S. 152

[476] *Weber, E.:* Grundriß der biologischen Statistik. Jena: Fischer 1980

[477] *Weckenmann, A.:* Kenngrößen für die Angabe der Genauigkeit von Koordinatenmeßgeräten. tm 50 (1983) 5, S. 179—184

[478] *Wehrmann, W.,* u.a.: Korrelationstechnik, ein neuer Zweig der Betriebsmeßtechnik. Grafenau: Lexika-Verl. 1977

[479] *Weinstein, B.:* Handbuch der physikalischen Maßbestimmungen. Berlin 1886

[480] *Weise, H.:* Die unbestimmte Auflösung von Normalgleichungen bei der Ausgleichung von Funktionen zweiten und dritten Grades. Wiss. Z. TU Dresden 11 (1962) 4, S. 723—730

[481] *Weise, K.:* Vorschlag zum Begriff der Meßunsicherheit. PTB-Mitt. 93 (1983) 3, S. 161—167

[482] *Weise, K.:* Distribution-free confidence intervals. PTB-Mitt. 93 (1983) 6, S. 390 bis 394

[483] *Weise, L.:* Statistische Auswertung von Kernstrahlungsmessungen. München: Oldenbourg 1971

[484] *Weniger, J.:* Einheiten, Größen und Skalenwerte. Frankfurt (Main): Salle 1968

[485] *Wenzel, R.; Schölling, W.:* Null-Fehler-Produktion. St. u. Qu. 30 (1984) 5, S. 139 bis 141

[486] *Werner, L.:* Inhalt und Ergebnisse der XVII. Generalkonferenz für Maß und Gewicht. Metrolog. Abh. 4 (1984) 3, S. 215—222

[487] *Wernstedt, J.; Voigt, D.:* Rekursive Gestaltung der verallgemeinerten Regression. msr 19 (1976) 7, S. 241—243

[488] *Westphal, W.:* Die Grundlagen des physikalischen Begriffssystems. Braunschweig: Vieweg 1965

[489] *Wiener, N.:* Extrapolation, interpolation and smoothing of stationary time series. New York: Technol. Press/Wiley 1949

[490] *Wiener, U.:* A mathematical model for the analysis of metrological reliability. IMEKO VIII Moskau 1979, Prepr. S 3, S. 17—25

[491] *Wiener, U.:* The accuracy reserve: Micro- and macrometrological implications. S. 65—66 in [580]

[492] *Wienhöfer, W.:* Meßtechnik im Wandel. Elektrotech. 66 (1984) 11/12, S. 64—76

[493] *Wilcox, J.:* Marquart-Verfahren (Programmpaket der HUB; Übernahme von Institute of Ecology, Univ. of California 1970)

[494] *Wildhack, W.:* Accuracy of measurement standards. Acta IMEKO 1964, Stockholm, Nr. 1 — USA 262

[495] *Wilhelm, J.,* u.a.: Elektromagnetische Verträglichkeit (EMV). Grafenau: Expert-Verl.; Berlin: VDE-Verl. 1981

[496] *Wilkonson, J.:* Rundungsfehler. Berlin: Springer 1969

[497] *Williams, T.:* Interface requirements, transducers and computers for on-linesystems. IFAC-Kongr. Warschau 1969

[498] *Williamson, T.:* Digitalelektronik – optimal entstört. Elektronik 31 (1982) 19, S. 57—60

[499] *Winderlich, H.:* Schwingungen in Meßräumen für Längenmeßmittel. St. u. Qu. 28 (1982) 2, S. 91

[500] *Winkler.:* Nomographische Bestimmung des statistischen Fehlers von Kernstrahlungszählraten. Kernenergie 9 (1966) 4, S. 133—140; 12, S. 384—389

[501] *Wirsig, M.:* Vorrichtung und Verfahren zur statischen Eichung von Hochdruckaufnehmern. WP (DDR) 2499170 v. 17. 10. 1984

[502] *Wirtz, A.:* Maßbestimmung an fehlerbehafteten Werkstücken. Tag. Erfahrungsaustausch Dreikoordinaten-Meßgeräte 1977

[503] *Witting, H.; Nölle, G.:* Angewandte mathematische Statistik. Leipzig: Teubner 1970

[504] *Wloka, M.:* Staatliches Etalon der Einheit der Masse. Metrolog. Abh. 3 (1983) 2, S. 109—117

[505] *Wöger, W.:* Neuere Entwicklungen zu einer erweiterten Ausgleichsrechnung. PTB-Mitt. 89 (1979) 6, S. 401—406

[506] *Wöger, W.:* PTB-interne Regelungen über die Angabe von Meßunsicherheiten. PTB-Ber. ATWD-17 (1981) S. 5—16

[507] *Wöger, W.*: Confidence limits resulting from two models for the randomization of systematic uncertainties. PTB-Mitt. 93 (1983) 2, S. 80—84

[508] *Wolf, H.*: Ausgleichsrechnung. Bonn: Dümmler 1975

[509] *Wolf, H.-G.; Lotze, W.*: Probleme der Meß- und Sortiergenauigkeit bei Sortier-automaten. fg 24 (1975) 7, S. 294—298

[510] *Woschni, E.-G.*: Beispiele für Parameterempfindlichkeiten in der Meßtechnik. msr 10 (1967) 4, S. 124—130

[511] *Woschni, E.-G.*: Meßverfahren zur Messung stochastischer Größen. msr 11 (1968) 11, S. 428—432

[512] *Woschni, E.-G.*: Spielt die Qualität eines Aufnehmers beim Einsatz von On-line-Rechnern noch eine Rolle? msr 12 (1969) 10, S. 384—385

[513] *Woschni, E.-G.*: Informationstheoretische Analyse der Genauigkeit analoger und digitaler Meßverfahren. msr 13 (1970) 10, S. 380—383; 11, S. 409—412

[514] *Woschni, E.-G.*: Meßdynamik. 2. Aufl. Leipzig: Hirzel 1972

[515] *Woschni, E.-G.*: Meßfehler bei dynamischen Messungen und Auswertung von Meßergebnissen. 2. Aufl. Berlin: Verl. Technik 1972

[516] *Woschni, E.-G.*: Anwendung der Theorie rheolinearer Systeme in der Meßtechnik. msr 18 (1975) 7, S. 245—249

[517] *Woschni, E.-G.*: Meßfehlerreduzierung durch statistische Auswertung mit Mikro-rechnern. msr 23 (1980) 5, S. 274—277

[518] *Woschni, E.-G.*: Reduction of either statistical or dynamic errors in measurement. Z. elektr. Inf.- u. Energietech. 10 (1980) 5, S. 435—444

[519] *Woschni, E.-G.*: Informationstechnik. 4.Aufl. Berlin: Verl. Technik 1990

[520] *Woschni, E.-G.*: Korrekturmöglichkeit des Systemverhaltens durch Rechner – er-höhte Anforderungen an die Qualität der Originalsysteme. msr 24 (1981) 11, S. 640—642

[521] *Woschni, E.-G.*: Abschätzverfahren in der Automatisierungstechnik. Berlin: Verl. Technik 1982

[522] *Woschni, E.-G.*: Signals and systems in the time and frequency domains. In: Handbook of Measurement Science. Bd.1. London:: Wiley 1982

[523] *Woschni, E.-G.*: Linear condensation of data, demonstrated with the evaluation of disturbed signals by microcomputers. Acta IMEKO 1982, Bd. 3. Budapest: Akadémiai Kiadó 1983, S. 169—178

[524] *Woschni, E.-G.*: Some Problems of Error-Reduction in Artificial Intelligence based Measurement. IMEKO-TC 7 Symp. AIMAC '91 Kyoto, S. 351-358

[525] *Woschni, E.-G.*: Cut-Off and Aliasing Errors-Exact Solutions and Approximati-ons, Proc. XXIV. Gen. Assembly Intern. Union of Radio Science, Sekt. C, Kyoto 1993

[526] *Woschni, E.-G.*: The Influence of Signal Processing to the Sampling Errors and to the Sampling Frequency required. Proc. AIM '92, Univ. of Auckland, S. 39-41

[527] *Woschni, E.-G.; Woschni, H.-G.*: Vergleich der verschiedenen Definitionen des Faltungsintegrals und Schwierigkeiten bei deren Anwendung. msr 25 (1982) 3, S. 122—125

[528] *Woschni, H.-G.*, u.a.: Lagebestimmung einer optisch wirksamen Struktur mit einer CCD-Zeile. fg 33 (1984) 5, S. 219—222

[529] *Wunsch, G.*: Systemanalyse. Bd. 2: Statistische Systemanalyse. Berlin: Verl. Technik 1970

[530] *Wunsch, G.*: Systemtheorie der Informationstechnik. Leipzig: Geest & Portig 1971

[531] *Zajdel', A. N.*: Élementarnye ocenki ošibok izmerenij (Elementare Meßfehler-Schätzung). 2. Aufl. Leningrad: Nauka 1967

[532] *Zavarin, A. N.*: O summirovanij pogrešnostej izmerenij (Über die Meßfehler-Zu-sammenfassung). Izmerit. Tech. (1980) 8, S. 14—17

[533] *Zegžda, P. D.:* Približennoe summirovanie slučajnych pogrešnostej pri različnom sočetanii zakonov raspredelenija (Angenäherte Zusammenfassung zufälliger Fehler bei unterschiedlichen Verteilungen). Metrologija (1973) 1, S. 18—23

[534] *Zenev, I.,* u. a.: Anwendung der EDV zur Kontrolle der Kennlinien von Meßmitteln. Standarti i Kačestvo (Sofia) (1981) 3, S. 23—25

[535] *Zerbe, H.:* Statistische Methoden der Erfassung dominant wirkender Einflußgrößen. Diss. TH Ilmenau 1968

[536] *Ziesemer, M.:* Korrelatives Messen der Bewegung. Elektrotech. 66 (1984) 7, S. 16—19

[537] *Zill, H.:* Messen und Lehren im Maschinenbau und in der Feingerätetechnik. 3. Aufl. Berlin: Verl. Technik 1974

[538] *Zimmer, W.; Burr, I.:* Variables sampling plane based on non-normal population. Ind. Qual. Control 20 (1963) 1, S. 18—26

[539] *Zocev, C.,* u. a.: Bestimmung der Zwischenprüfungsintervalle der Meßmittel. Standarti i Kačestvo (Sofia) (1981) 3, S. 26—28

[540] *Zurmühl, R.:* Praktische Mathematik für Ingenieure und Physiker (Fehler- und Ausgleichsrechnung). Berlin: Springer 1953

[541] Allgemeintoleranzen für Längen- und Winkelmaße. ISO 2768

[542] Gesetz über das Meß- und Eichwesen (Eichgesetz); Fassung vom 22.2.1985. BGBl. I, S.410 und Neufassung des Eichgesetzes vom 23.3.1992. BGBl. I, S.711

[543] Eichordnung vom 12.8.1988. BGBl. I, S.1657 und Änderung der Eichordnung vom 24.9.1992. BGBl. I, S.1653 und Änderung der Eichordnung vom 19.11.1992. BGBl. I, S.1931

[544] Berührungslose Temperaturmessung mit Glasfiberkabel. eee 22 (1984) 19, S. 18

[545] Bürgerliches Gesetzbuch der BRD. 5. Aufl. (vgl. auch Kommentar). Münster: Verl. Aschendorf 1972

[546] Dekaden, Kalibratoren, Simulatoren. Elektrotech. 66 (1984) 17, S. 74

[547] Deutscher Kalibrierdienst (DKD). PTB-Mitt. 91 (1981) 6, S. 459

[548] Diebold research programm – Europa. Rep. Nr. E 146, Okt. 1976

[549] Digitaler Calibrator u. a., Serie AH 92520, 92630: Katalog-Rubrik 9. Apparatebau Hundsbach, Baden-Baden 1982

[550] Documents internationaux adoptés par le comité international de métrologie légale. Bull. OIML (1981) 82, S. 40—42

[551] Dritte Bekanntmachung über die gegenseitige Anerkennung der staatlichen Zulassung von Meßmittelbauarten. Mitt. ASMW 2-84, S. 2/13—2/16

[552] Richtlinie für die Prüfung und Überwachung nach dem Eichgesetz und nach der Eichordnung (Eichanweisung - Allgemeine Vorschriften -) vom 11.1.1989. BAnz. Nr. 28a - Beilage vom 9.2.1989. Änderung der Eichanweisung vom 13.6.1991, BAnz. Nr. 111 vom 20.6.1991

[553] Eichanweisung; Allgemeine Vorschriften. Bundesanzeiger Nr. 117 v. 28. 6. 1973, Beil.

[554] Eichungen in Frankreich. PTB-Mitt. 90 (1980) 2, S. 181—182

[555] Eidgenössisches Gesetz zum Meßwesen. PTB-Mitt. 89 (1979) 1, S. 30

[556] Èlektričeskie izmerenija (Elektrische Messungen). Leningrad: Ènergija 1973

[557] Fortpflanzung von Fehlergrenzen bei Messungen. VDE/VDI 2620, Bl.1 Grundlagen. 1/73

[558] Internationale meßtechnische Empfehlung: Arbeiten des OIML-Pilotsekretariats SP 21: Festlegung der meßtechnischen Eigenschaften von Meßmitteln. PTB-Mitt. 89 (1979) 5, S. 346—349

[559] Kalibriergeräte. Prosp. manu techn. erzeugnisse, Nürnberg 1984

[560] Kalibrator für Drucktransmitter. rtp 26 (1984) 8, S. 378

[561] Konsultationen zur Meßtechnik und Standardisierung. fg 33 (1984) 7, S. 328

[562] Richtlinie für die Eichung von Meßgeräten nach dem Einigungsvertrag vom 1.12.1990. PTB-Mitt. 1/91

[563] Verzeichnis der Vorschriften und anerkannten Regeln der Technik nach der Eichordnung (Stand: Dez.1992). PTB-Mitt. 1/93, S. 61-72

[564] Verkörperte Längenmaße - EWG Richtlinien. Zusammenfassung in PTB-Mitt. 96 (1986) Nr.3

[565] Längenmeßtechnik. DIN-Taschenbuch 11. 4. Aufl. Berlin: Beuth

[566] Meßdatenauswertung per Micro-Computer. Feinwerktech. u. Meßtech. 88 (1980) 2, S. A 21 – A 22

[567] Allgemeine Verwaltungsrichtlinien für die Eichung von Meßgeräten für strömende Flüssigkeiten außer Wasser. Nov. 1990 Eichanweisung 5 (EA 5)

[568] Meßeinrichtungen; Begriffe und Benennungen. Elektronorm 20 (1966) 11, S. 512 bis 533

[569] Anträge für die Prüfung von Normalgeräten, Hilfsmeßgeräten und Hilfseinrichtungen durch die PTB. 4/79

[570] Metody obrabotki resul'tatov nabljudenij pri izmerenijach (Methoden der Meßwertbearbeitung). Leningrad: Énergija 1977

[571] Metrologie (Meßtechnik). VDI/VDE 2600, Bl. 1 – 6 (Dez. 1973)

[572] OIML-Seminar über elektronische Einrichtungen in Waagen, Gas- und Flüssigkeitsmeßgeräten. PTB-Mitt. 92 (1982) 1, S. 39

[573] Principles for the selection of characteristics for the examination of ordinary measuring instruments (Draft of OIML Int. Doc.) OIML Rep. Secr. PS 22/RS 2 (Okt. 1984)

[574] Programmierter Widerstand. Elektronik-Ztg. (16. 11. 1982) S. 28

[575] Prüfmittelüberwachung, Grundlagen. Berlin: Beuth u. DGQ-Schr. 11-04 (1980)

[576] Prüfplanung. VDI/VDE/DGQ 2619

[577] PTB-Prüfregeln (viele Bände, z.B. Bd. 15 Flüssigkeitsmanometer). Braunschweig: PTB 1980

[578] Richtlinien des Deutschen Kalibrierdienstes. PTB-Mitt. 91 (1981) 3, S. 198 – 199; 92 (1982) 4, S. 270 – 273

[579] SI – Das Internationale Einheitensystem. Braunschweig: Vieweg; Berlin: Akademie-Verl. 1977

[580] Theoretical and practical limits of measurement accuracy. Abstracts. 2. Symp. IMEKO TC 8. Budapest 1983

[581] Transportables Kalibriergerät für Thermoelemente. rtp 25 (1983) 3, S. 122

[583] Umgang mit Genauigkeitsfehlern. Designbook '81, S. 96

[584] URSAMAT-Handbuch. Berlin: Verl. Technik 1969

[585] Anlage 20 zur Eichordnung (EO 20). EO 20-1 Elektrizitätszähler. (Teil 1: EWG-Anforderungen; Teil 2: Innerstaatliche Anforderungen). EO 20-2 Meßwandler für Elektrizitätszähler

[586] Verfahren zur Stichprobenprüfung von Elektrizitätszählern (Einphasen- und Mehrphasen-Wechselstromzähler mit Induktionsmeßwerk). PTB-Mitt. 95 (1985) Nr. 2

[589] Vocabulaire international des termes fondamentaux et généraux de métrologie. Paris: OIML 1984

[590] Vocabulary of legal metrology (fundamental terms). Paris: OIML 1978

[591] EWG-Richtlinien "Nichtselbsttätige Waagen" mit 1. und 2. Änderung. Als Zusammenfassung in EO abgedruckt: EWG-Verordnung Nr. 2208/87

[592] Widerstandsthermometer-Simulator, Thermoelement-Kalibrator u.a. Kurzübers. 10, 11, 12 u.a. Werne: Rössel-Meßtech.

[593] Ziele, rechtliche Grundlagen, Akkreditierungskriterien und -verfahren, Organisationsstruktur und Publikationen des Deutschen Kalibrierdienstes (DKD). DKD-1. Ausgabe 1994

[594] Akkreditierung von Kalibrierlaboratorien - Kriterien und Verfahren. DKD-2. Ausgabe 1993

[595] Ermittlung von Meßunsicherheiten. DKD-3. Ausgabe 1991

[596] Rückführung von Prüfmitteln auf nationale Normale. DKD-4. Ausgabe 1991

[597] Anleitung zum Erstellen eines DKD-Kalibrierscheins. DKD-5. Ausgabe 1993

[598] Leitfaden zur Erstellung eines Qualitätssicherungs-Handbuches für Kalibrierlaboratorien des Deutschen Kalibrierdienstes (DKD). DKD-6. Ausgabe 1993

[599] DIN 861 T.1 Ausg. 1.80. Parallelendmaße; Begriffe, Anforderungen, Prüfung

[600] DIN 878 Ausg. 10.83. Meßuhren

[601] DIN 1952 Ausg. 7.82. Durchflußmessung mit Blenden, Düsen und Venturirohren in voll durchströmten Rohren mit Kreisquerschnitt

[602] DIN 2239 Ausg. 5.89. Lehren der industriellen Längenprüftechnik; Anforderungen und Prüfung

[603] DIN 6818 Ausg. 4.92. Strahlenschutzdosimeter; Allgemeine Regeln

[604] DIN 16160 Ausg. 11.90. Thermometer; Begriffe

[605] DIN 32811 Ausg. 2.79. Bezugnahme auf Referenmaterialien in Normen

[606] DIN 32876 T.2 Ausg. 9.88. Elektrische Längenmessung mit digitaler Erfassung der Meßgröße; Begriffe, Anforderungen, Prüfung

[607] DIN 33800 Ausg. 7.86. Gaszähler; Turbinenradgaszähler

[608] DIN 45661 Ausg. 10.93. Schwingungsmeßeinrichtungen; Begriffe

[609] DIN 45662 Ausg. 5.93. Schwingungsmeßeinrichtungen; Allgemeine Anforderungen und Prüfung

[610] DIN 50010 T.1 Ausg. 10.77. Klimate und ihre technische Anwendung; Allgemeine Klimabegriffe

[611] DIN 50014 Ausg. 7.85. Klimate und ihre technische Anwendung; Normklimate

[612] DIN 50015 Ausg. 8.75. Klimate und ihre technische Anwendung; Konstante Prüfklimate

[613] DIN 50049 Ausg. 4.92. Metallische Erzeugnisse; Arten von Prüfbescheinigungen

[614] DIN 43751 T.1 Ausg. 5.87. Digitale Meßgeräte; Allgemeine Festlegungen über Begriffe, Prüfungen und Datenblattangaben

[615] DIN EN 20090 Ausg. 2.93. Verpackungen aus Feinstblech; Begriffe und Verfahren zur Bestimmung von Abmessung und Volumen

[616] DIN EN 20354 Ausg. 7.93. Akustik; Messung von Schallabsorption im Hallraum

[617] DIN EN 20534 Ausg. 10.93. Papier und Pappe; Bestimmung der Dicke und der scheinbaren Stapeldichte oder scheinbaren Blattdichte

[618] DIN EN 60051 T.1 bis 9 Ausg. 11.91. Direkt wirkende elektrische Meßgeräte und ihr Zubehör; Meßgeräte mit Skalenanzeige

[619] DIN ISO 2859 T.0 Ausg. 12.92 (Entwurf) und T.1 und 2 Ausg. 4.93. Ausnahmestichprobenprüfung anhand der Anzahl fehlerhafter Einheiten oder Fehler (Attributprüfung)

[620] DIN ISO 3269 Ausg. 12.92. Mechanische Verbindungselemente; Annahmeprüfung

[621] DIN ISO 5725 Ausg. 4.88. Präzision von Meßverfahren; Ermittlung der Wiederhol- und Vergleichspräzision von festgelegten Meßverfahren durch Ringversuche

[622] DIN ISO 5725 T.1 bis 6 (Entwürfe) Ausg. 2.91 bis 7.91. Genauigkeit (Richtigkeit und Präzision) von Meßverfahren und Meßergebnissen

[623] DIN ISO 8402 Entwurf 3.92. Qualitätsmanagement und Qualitätssicherung; Begriffe

[624] DIN ISO 9001 Ausg. 6.93. Qualitätssicherungssysteme; Modell zur Darlegung des Qualitätsmanagementsystems in Design/Entwicklung, Produktion, Montage und Kundendienst

[625] DIN ISO 10012 T.1 Ausg. 8.92. Forderungen an die Qualitätssicherung für Meßmittel; Bestätigungssysteme für Meßmittel

[626] DIN ISO 11095 Ausg. 7.93. Lineare Kalibrierung mit Hilfe von Referenzmaterialien

[627] ISO 3534-1 Ausg. 6.93. Statistics; Vocabulary and symbols. Part 1...3 (Part 3 Ausg. 11/85)

[628] ISO 5725 2.edition 1986-09-15. Precision of test methods; Determination of repeatability and reproducibility for a standard test method by inter-laboratory tests. Mit ISO 5725-4 Ausg. 1991-04-25. Accuracy (trueness and precision) of measurement methods and results

[629] VDI 2048 Ausg. 6.78. Meßungenauigkeit bei Abnahmeversuchen; Grundlagen

[630] MS 14-71. Metrologie; Begriffe und Definitionen

[631] MS 53-78. Metrologie; Normierung der metrologischen Kennwerte von Meßmitteln

[632] DIN 102 Ausg. 10.56. Bezugstemperatur der Meßzeuge und Werkstücke

[633] DIN 879 T.1 Ausg. 10.83. Feinzeiger mit mechanischer Anzeige

[634] DIN 1319 T.1 Entwurf 2.94. Grundlagen der Meßtechnik; Grundbegriffe. T.3 Entwurf 4.94. Grundlagen der Meßtechnik; Auswertung von Messungen einer Größe; Meßunsicherheit. T.4 Entwurf 7.94. Grundlagen der Meßtechnik; Auswertung von Messungen mehrerer Meßgrößen; Meßunsicherheit

[635] DIN 1333 T.1 Ausg. 2.92. Zahlenangaben, Dezimalschreibweisen (s.auch T.2)

[636] DIN 1343 Ausg. 1.90. Referenzzustand, Normzustand, Normvolumen; Begriffe und Werte

[637] DIN 2257 T.1 Ausg. 11.82. Begriffe der Längenprüftechnik; Einheiten, Tätigkeiten, Prüfmittel; Meßtechnische Begriffe und T.2 Ausg. 8.74. Begriffe der Längenprüftechnik; Fehler und Unsicherheiten beim Messen

[638] DIN 6817 Ausg. 10.84. Therapiedosimeter mit Ionisationskammern; Regeln für die Herstellung (mit Anhängen)

[639] DIN 8120 Ausg. 1.71. Waagenbau; Begriffe

[640] DIN 50010 Klimate und ihre technische Anwendung (mehrere Teile); dazu auch die folgenden DIN-Nr.

[641] DIN 53804 T. 1 Ausg. 9.81. Statistische Auswertungen; Meßbare (kontinuierliche) Merkmale; T.2 Ausg. 3.85. Zählbare (diskrete) Merkmale; T.3 Ausg. 1.82. Ordinalmerkmale; T.4 Ausg. 3.85. Attributmerkmale

[642] DIN 55302 T. 1 Ausg. 11.70. Statistische Auswertungsverfahren; Grundbegriffe und allgemeine Rechenverfahren (inzwischen zurückgezogen)

[643] DIN 55303 T. 3 Ausg. 5.78. Statistische Auswertung von Daten; Mittelwertvergleich bei gepaarten Beobachtungen (und andere Teile) (inzwischen zurückgezogen)

[644] DIN 55350 Ausg. 12.82 bis 3.89. Begriffe der beschreibenden Statistik (div.Blätter)

[645] DIN ISO 2533 Ausg. 12.79. Normalatmosphäre

[646] GOST 8.011-72. Staatl. System zur Sicherung der Einheitlichkeit der Messungen; Genauigkeitskennwerte, Angabe von Meßergebnissen

[647] GOST 8.207-76. Direkte Messungen mit mehrfachen Beobachtungen; Methoden der Bearbeitung von Beobachtungsergebnissen; Grundlagen

[648] GOST 13600-68. Staatl. System zur Sicherung der Einheitlichkeit der Messungen; Genauigkeitsklassen; Allgemeine Forderungen

[649] GOST 15895-70. Statistische Regelung technologischer Prozesse bei normalverteilten Kontrollparametern; Definitionen, Terminologie

[650] GOST 16263-70. Staatl. System zur Sicherung der Einheitlichkeit der Messungen; Termini und Definitionen

[651] Themenheft Software-Qualitätssicherung. Informatik-Spektrum 10 (1987) H. 3

[652] VDI/VDE 2040. Berechnungsgrundlagen für die Durchflußmessung mit Blen-
      den, Düsen und Venturirohren. Bl.1 Ausg. 191. Abweichungen und Ergänzun-
      gen zu DIN 1952. Bl.2 Ausg. 4.87. Gleichungen und Gebrauchsformeln. Bl.3
      Ausg. 5.90. Berechnungsbeispiele. Bl.5 Ausg. 3.89. Meßunsicherheiten
[653] VDI/VDE 2618. Prüfanweisungen zur Prüfmittelüberwachung. Bl.1 Ausg. 1/91.
      Einführung; Aufbau von Prüfanweisungen. Anhang: Liste der verfügbaren Prüf-
      anweisungen (als Bl.2 bis Bl.27)
[654] VDI/VDE 2619 Ausg. 6.85. Prüfplanung
[655] VDI/VDE 2627 Ausg. 2.94. Meßräume; Klassifizierung, Kenngrößen, Planung,
      Ausführung
[656] EN 45000 u. folgende: Prüflaboratorien

Sachwörterverzeichnis

Sachwörter in Tafeln und Bildern sind mit * gekennzeichnet